高等学校规划教材

UG NX7.0 三维建模基础教程

王庆顺　主　编
宋晓梅　副主编

北　京
冶 金 工 业 出 版 社
2016

内 容 提 要

UG NX 是美国 Siemens 公司推出的一套集 CAD、CAM、CAE 于一体的软件系统。本书系统地介绍了最新版本 UG NX7.0 的三维建模部分，涵盖了一般工程设计的常用功能。全书按照模块功能共分为 7 章，包括 UGS NX7.0 基础知识、草图、实体建模、装配、设计、工程图、曲线和曲面造型功能。

本书的特点在于图文并茂，理论和实际操作并重，结合实例、图解，详细介绍了 UG NX7.0 的主要建模功能及操作方法，每章都配有练习。通过对本书的学习，读者能迅速地掌握软件的使用方法，快速提升读者的三维建模设计水平。

本书可作为高等院校机械工程、工业产品设计、数控加工、模具设计与制造、材料成形等专业的计算机辅助设计、CAD/CAM 课程的教学用书，也可作为广大工程技术人员的自学用书及参考书。

图书在版编目(CIP)数据

UG NX7.0 三维建模基础教程/王庆顺主编.—北京:冶金工业出版社,2010.8(2016.11 重印)

高等学校规划教材

ISBN 978-7-5024-5324-4

Ⅰ.①U… Ⅱ.①王… Ⅲ.①工业产品—计算机辅助设计—应用软件,UG NX7.0—高等学校—教材 Ⅳ.①TB472-39

中国版本图书馆 CIP 数据核字(2010)第 124753 号

出 版 人 谭学余
地　　址 北京市东城区嵩祝院北巷 39 号 邮编 100009 电话 (010)64027926
网　　址 www.cnmip.com.cn 电子信箱 yjcbs@cnmip.com.cn
责任编辑 程志宏 美术编辑 李 新 版式设计 葛新霞
责任校对 石 静 责任印制 牛晓波
ISBN 978-7-5024-5324-4
冶金工业出版社出版发行;各地新华书店经销;固安华明印业有限公司印刷
2010 年 8 月第 1 版,2016 年 11 月第 4 次印刷
787mm×1092mm 1/16; 19.25 印张; 514 千字; 295 页
42.00 元

冶金工业出版社 投稿电话 (010)64027932 投稿信箱 tougao@cnmip.com.cn
冶金工业出版社营销中心 电话 (010)64044283 传真 (010)64027893
冶金书店 地址 北京市东四西大街 46 号(100010) 电话 (010)65289081(兼传真)
冶金工业出版社天猫旗舰店 yjgycbs.tmall.com
(本书如有印装质量问题,本社营销中心负责退换)

前　言

UG NX 是美国 Siemens 公司推出的一套集 CAD、CAM、CAE 于一体的软件系统。它的 CAD 功能可使制造业的工程设计以及制图工作实现自动化；CAM 功能采用 NX 设计模型，为现代机床提供 NC 编程，可以完成部件的自动化加工；CAE 功能提供了产品、装配和部件性能模拟能力，跨越了广泛的工程学科范围。UG NX 是当今世界上最先进的计算机辅助设计、分析和制造软件之一，它的功能覆盖了从概念设计到产品生产的整个过程，并且广泛地运用在汽车、航天、模具加工及设计和医疗器械行业等方面。

本书主要讲述了 UG NX7.0 三维实体建模各个模块，涵盖了工程设计中常用的功能。全书共分 7 章：第 1 章 UG NX7.0 基础知识、第 2 章草图、第 3 章实体建模、第 4 章装配设计、第 5 章工程图、第 6 章曲线、第 7 章曲面。

本书的特点在于图文并茂，理论与实际操作并重，其主要功能命令的讲解配有操作示例，在操作示例的描述中强调功能命令对话框中操作步骤与图形窗口对应操作的依存关系，可使初学者快速掌握命令的功能和操作方法，达到提高学习效率，注重实际应用之目的。

本书主编为王庆顺，副主编为宋晓梅。其中：王庆顺编写第 3 章～第 7 章，宋晓梅编写第 1 章和第 2 章。

在本书编写的过程中，张磊教授、叶旭明教授给予了大力支持和帮助，在此表示衷心的感谢。同时也感谢姚正辉、宋颖对本书的编写过程中提供的友情帮助。

编　者

2010 年 3 月

目　录

第 1 章　UG NX7.0 基础知识 …… 1

1.1　UG NX7.0 简介与安装 …… 1

1.1.1　UG NX7.0 简介 …… 1

1.1.2　UG NX7.0 安装 …… 3

1.1.3　启动 UG NX7.0 …… 7

1.2　文件管理 …… 8

1.2.1　新建部件文件 …… 8

1.2.2　打开部件文件 …… 9

1.2.3　关闭和保存部件文件 …… 10

1.3　UG NX7.0 界面和工具条简介 …… 10

1.3.1　UG NX7.0 建模工作界面 …… 10

1.3.2　工具条的定制 …… 11

1.3.3　对话框的使用 …… 14

1.4　UG NX7.0 的基本操作 …… 14

1.4.1　键盘与鼠标 …… 14

1.4.2　用户界面与工作平面的设置 …… 15

1.4.3　视图布局 …… 17

1.5　常用工具 …… 18

1.5.1　点捕捉工具 …… 19

1.5.2　点构造器 …… 19

1.5.3　矢量构造器 …… 21

1.5.4　基准 CSYS 构造器 …… 25

1.5.5　平面工具 …… 27

1.6　工作坐标系 WCS 的变换 …… 28

1.6.1　WCS 原点 …… 28

1.6.2　动态 WCS …… 28

1.6.3　旋转 WCS …… 28

1.6.4　WCS 方向 …… 29

1.6.5　坐标系的显示、隐藏和保存 …… 29

1.7　对象操作 …… 29

1.7.1　对象选择 …… 29

1.7.2　对话框中的选择工具 …… 31

1.7.3　选择意图 …… 31

1.7.4　快速拾取 …… 33

1.7.5　视图操作（观察对象） …… 34

1.7.6 对象渲染样式 ······ 37
1.7.7 显示和隐藏对象 ······ 38
1.7.8 抑制和取消抑制对象 ······ 40
1.8 图层的操作 ······ 41
1.8.1 图层类别 ······ 42
1.8.2 图层设置 ······ 43
1.8.3 移动或复制至图层 ······ 43
1.8.4 设置图层在视图中可见性 ······ 44
习题 ······ 44
第2章 草图 ······ 46
2.1 创建草图的一般过程 ······ 46
2.1.1 创建与激活草图 ······ 46
2.1.2 草图环境设置 ······ 47
2.1.3 草图建立的一般过程 ······ 49
2.2 草图曲线建立 ······ 49
2.2.1 自动判断的约束设置和创建自动判断的约束 ······ 49
2.2.2 轮廓曲线、直线、圆和圆弧 ······ 50
2.2.3 派生直线 ······ 54
2.2.4 快速修剪、快速延伸 ······ 54
2.2.5 拐角、圆角、矩形、点 ······ 56
2.2.6 艺术样条、椭圆和二次曲线 ······ 59
2.3 草图约束 ······ 62
2.3.1 约束基础概念 ······ 62
2.3.2 几何约束 ······ 63
2.3.3 显示/移除约束 ······ 65
2.3.4 尺寸约束 ······ 65
2.3.5 其他约束的命令 ······ 67
2.4 草图的操作 ······ 69
2.4.1 镜像曲线 ······ 69
2.4.2 偏置曲线 ······ 69
2.4.3 交点、相交曲线 ······ 70
2.4.4 投影曲线 ······ 72
2.4.5 修剪配方曲线 ······ 72
2.4.6 重新附着草图 ······ 73
2.4.7 编辑定义线串 ······ 73
2.4.8 添加现有曲线 ······ 74
2.4.9 草图的拖动操作 ······ 74
习题 ······ 75
第3章 实体建模 ······ 77
3.1 基准特性 ······ 78

3.1.1　基准平面 …… 78
3.1.2　基准轴 …… 81
3.2　布尔运算 …… 82
3.2.1　求和 …… 82
3.2.2　求差 …… 83
3.2.3　求交 …… 83
3.3　基本成型特征 …… 84
3.3.1　基本体素 …… 84
3.3.2　拉伸 …… 86
3.3.3　回转 …… 90
3.3.4　沿引导线扫掠、管道 …… 92
3.4　编辑成型特征 …… 93
3.4.1　编辑成型特征的定位 …… 93
3.4.2　孔 …… 93
3.4.3　凸台 …… 96
3.4.4　腔体 …… 96
3.4.5　垫块 …… 99
3.4.6　键槽 …… 100
3.4.7　开槽 …… 101
3.4.8　凸起 …… 102
3.4.9　偏置面 …… 103
3.4.10　加厚 …… 103
3.4.11　片体到实体助理 …… 103
3.4.12　加强筋 …… 104
3.4.13　有界平面 …… 105
3.4.14　用户定义的特征 …… 105
3.5　特征操作 …… 105
3.5.1　拔模 …… 106
3.5.2　体拔模 …… 108
3.5.3　边倒圆 …… 108
3.5.4　面倒圆 …… 112
3.5.5　软倒圆 …… 113
3.5.6　倒斜角 …… 113
3.5.7　抽壳 …… 114
3.5.8　螺纹 …… 114
3.5.9　凸起片体 …… 115
3.5.10　包络几何体 …… 115
3.5.11　简化体 …… 116
3.6　修剪与缝合 …… 117
3.6.1　缝合和取消缝合 …… 117
3.6.2　修剪体 …… 117

3.6.3 拆分体 …… 117
3.6.4 补片 …… 118
3.6.5 缩放体 …… 119
3.6.6 分割面 …… 120
3.6.7 连接面 …… 121
3.7 关联复制 …… 121
3.7.1 镜像特征 …… 121
3.7.2 镜像体 …… 121
3.7.3 实例特征 …… 122
3.7.4 抽取 …… 124
3.7.5 实例几何体 …… 124
习题 …… 127
第 4 章 装配设计 …… 130
4.1 装配建模方法 …… 130
4.1.1 创建装配结构 …… 130
4.1.2 装配建模方法 …… 130
4.1.3 装配导航器 …… 131
4.2 建立装配结构 …… 132
4.2.1 引用集 …… 132
4.2.2 添加组件 …… 133
4.2.3 在装配部件中建立新组件 …… 134
4.2.4 组件的移动 …… 135
4.2.5 组件阵列 …… 135
4.2.6 镜像装配 …… 136
4.2.7 替换组件 …… 137
4.3 装配约束 …… 137
4.3.1 角度约束 …… 137
4.3.2 中心约束 …… 137
4.3.3 胶合约束 …… 138
4.3.4 拟合 …… 138
4.3.5 接触约束 …… 138
4.3.6 同心约束 …… 138
4.3.7 距离约束 …… 139
4.3.8 固定约束 …… 139
4.3.9 平行约束 …… 139
4.3.10 垂直约束 …… 139
4.4 WAVE 几何链接器 …… 139
4.5 爆炸图 …… 141
4.5.1 创建爆炸图 …… 141
4.5.2 追踪线 …… 142

4.5.3 生成爆炸图的工程图 …… 143
4.6 装配序列 …… 143
4.6.1 序列导航器 …… 143
4.6.2 创建装配序列 …… 144
4.6.3 回放装配序列 …… 145
习题 …… 145

第5章 工程图 …… 147

5.1 概述 …… 147
5.2 首选项 …… 147
5.2.1 制图首选项 …… 148
5.2.2 视图首选项 …… 149
5.2.3 剖切线首选项 …… 151
5.2.4 视图标签首选项 …… 152
5.3 图纸管理 …… 152
5.3.1 建立新图纸 …… 152
5.3.2 打开图纸页 …… 153
5.3.3 编辑现有图纸 …… 153
5.3.4 删除图纸 …… 153
5.4 生成常规视图 …… 153
5.4.1 基本视图 …… 154
5.4.2 投影视图 …… 156
5.4.3 局部放大图 …… 157
5.5 剖视图 …… 159
5.5.1 全剖/阶梯剖视图 …… 159
5.5.2 半剖视图 …… 161
5.5.3 旋转剖视图 …… 161
5.5.4 折叠剖视图、展开剖视图 …… 161
5.5.5 局部剖视图 …… 163
5.5.6 断开视图 …… 164
5.6 轴测剖视图 …… 165
5.6.1 轴测剖视图 …… 165
5.6.2 轴测半剖视图 …… 166
5.6.3 定向剖视图 …… 166
5.7 视图管理 …… 166
5.7.1 更新视图 …… 168
5.7.2 对齐视图 …… 169
5.7.3 视图边界 …… 170
5.7.4 编辑剖切线 …… 170
5.7.5 关于装配中剖切/非剖切组件 …… 170
5.8 尺寸标注 …… 172

5.8.1 注释首选项 …… 172
5.8.2 尺寸标注 …… 176
5.9 其他制图对象 …… 177
5.9.1 中心线 …… 178
5.9.2 表面粗糙度符号 …… 181
5.9.3 文本标注 …… 183
5.9.4 形位公差标注 …… 184
5.9.5 标识符号 …… 185
5.9.6 焊接符号 …… 185
5.9.7 表格注释 …… 185
5.9.8 零件明细表 …… 187
5.10 图纸边框与标题栏 …… 188
5.10.1 使用 UG NX 制图模板自动建立图纸边框和标题栏 …… 188
5.10.2 利用图样创建图纸边框和标题栏 …… 189
习题 …… 189

第 6 章 曲线 …… 190

6.1 点和点集 …… 190
6.1.1 点 …… 190
6.1.2 点集 …… 190
6.2 曲线 …… 196
6.2.1 基本曲线 …… 196
6.2.2 直线 …… 206
6.2.3 圆弧/圆 …… 208
6.2.4 样条 …… 212
6.2.5 矩形和多边形 …… 214
6.2.6 椭圆 …… 215
6.2.7 抛物线 …… 216
6.2.8 双曲线 …… 217
6.2.9 规律曲线 …… 218
6.2.10 螺旋线 …… 219
6.3 曲线编辑 …… 222
6.3.1 编辑曲线 …… 222
6.3.2 编辑曲线参数 …… 223
6.3.3 修剪曲线 …… 225
6.3.4 修剪拐角 …… 226
6.3.5 分割曲线 …… 226
6.3.6 编辑圆角 …… 227
6.3.7 拉长曲线 …… 228
6.3.8 曲线长度 …… 229
6.3.9 光顺样条 …… 229

6.4 曲线操作 …… 231
6.4.1 偏置曲线 …… 231
6.4.2 面中的偏置曲线 …… 233
6.4.3 桥接曲线 …… 236
6.4.4 连结曲线 …… 236
6.4.5 简化曲线 …… 236
6.4.6 投影曲线 …… 237
6.4.7 镜像曲线 …… 240
6.4.8 相交曲线 …… 240
6.4.9 截面曲线 …… 241
6.4.10 抽取曲线 …… 243
6.4.11 组合投影 …… 247
6.4.12 缠绕/展开曲线 …… 247
习题 …… 248

第7章 曲面 …… 251

7.1 点构造曲面 …… 251
7.1.1 “通过点”/“从极点”构造面 …… 251
7.1.2 “从点云”构造面 …… 253
7.2 曲线构造曲面 …… 253
7.2.1 直纹面 …… 253
7.2.2 通过曲线组 …… 255
7.2.3 通过曲线网格 …… 257
7.2.4 扫掠 …… 259
7.3 其他构造曲面方法 …… 261
7.3.1 截面体 …… 261
7.3.2 曲面延伸 …… 263
7.3.3 规律延伸 …… 265
7.3.4 偏置曲面 …… 269
7.3.5 大致偏置 …… 269
7.3.6 整体变形 …… 270
7.3.7 艺术（n×n）曲面 …… 274
7.3.8 样式圆角 …… 275
7.3.9 桥接曲面 …… 278
7.3.10 N边曲面 …… 278
7.3.11 修剪的片体 …… 280
7.3.12 熔合 …… 280
7.3.13 过渡 …… 283
7.3.14 修补开口 …… 284
7.3.15 条带构造器 …… 284
7.3.16 修剪和延伸 …… 284

7.4 编辑曲面 …… 286
7.4.1 移动定义点 …… 286
7.4.2 移动极点 …… 288
7.4.3 扩大曲面 …… 288
7.4.4 等参数裁剪/分割 …… 288
7.4.5 片体边界 …… 289
7.4.6 改变边 …… 290
习题 …… 293
参考文献 …… 295

第 1 章　UG NX7.0 基础知识

1.1　UG NX7.0 简介与安装

1.1.1　UG NX7.0 简介

UG NX 是美国 Siemens 公司推出的一套集 CAD、CAM、CAE 于一身的软件系统，其 CAD 功能可使制造业的工程、设计以及制图工作实现自动化；其 CAM 功能采用 NX 设计模型为现代机床提供 NC 编程，以完成部件的自动化加工；其 CAE 功能提供了产品、装配和部件性能模拟能力，跨越了广泛的工程学科范围。UG NX 是当今世界上最先进的计算机辅助设计、分析和制造软件之一，它的功能覆盖了从概念设计到产品生产的整个过程，并且广泛运用在汽车、航天、模具加工与设计以及医疗器械行业等方面。

UG NX 软件具有强大的实体建模技术和高效的曲面建构能力，能够完成最复杂的造型设计，并与装配功能、工程图功能、模具加工功能及 PLM 之间紧密结合，在设计过程中还可以进行有限元分析、机构运动分析、动力学分析，极大提高了设计的可靠性，完成产品概念设计、模式建立、性能分析和运动分析、加工刀路的生成等整个产品的生产过程，实现真正意义上的生产自动化、无图纸化。UG NX 采用统一的数据库，真正实现了 CAD、CAM、CAE 模块之间的数据自由交换，完全共享零件和产品模式的数据，为协同工作提供了基础。

UG NX7.0 在 CAD 方面，进一步增强了同步建模功能，实现了约束的驱动建模与不依赖历史的建模的结合，改善了 CAD 环境的工作流程，简化了几何体重用方法；在制图模块中加入了 GB 模板，可以方便地获得符合中国国家标准的二维工程图。这些新功能，使用户能够更快、更高效地进行建模和产品开发。UG NX7.0 还引入了“HD3D”(三维精确描述）功能，即一个开放、直观的可视化环境，有助于全球产品开发团队充分发掘 PLM 信息的价值，并显著提升其制定卓有成效产品决策的能力。

UG NX7.0 功能是通过各自的应用模块来实现的，这些应用模块都集成在“标准”工具条→“开始”下拉菜单中，如图 1-1 所示。下面对 UG NX7.0 软件的几个主要应用模块以及功能作简单介绍。

1.1.1.1　基本环境

基本环境（Gateway）是启动 UG NX 运行的第一个模块，是其他应用模块的公共运行平台。在基本环境中可以完成如下工作：

（1）创建、打开和保存部件图、装配图、工程图文件；

（2）图层功能和对象信息查询和分析；

（3）UG NX 文件与外部文件的导入和导出；

（4）视图定义、屏幕布局和对象的隐藏等视图操作功能；

（5）启动应用模块创建或编辑对象，例如建模；

（6）在基本环境的常用操作主要是创建新部件和打开已存在部件文件。

1.1.1.2　建模模块

实体建模（Solid Modeling）集成了基于约束的特征建模和传统的显性几何建模两种方

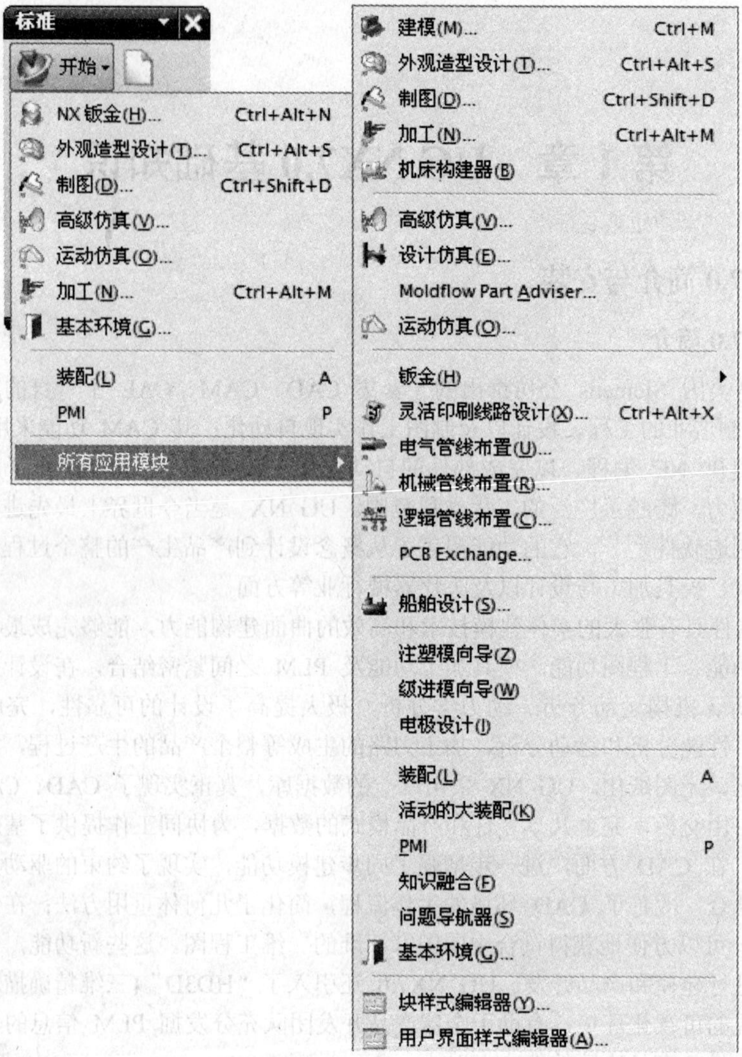

图 1-1　从“开始”下拉菜单展开的 UG NX 所有应用模块

法，提供复合建模的方案，使用户能够方便地建立二维和三维线框模型、扫描和旋转实体、片体到实体转换、实体的修剪、布尔运算及进行参数化编辑、创建草图、生成或编辑曲线、尺寸驱动、定义或编辑变量以及使用表达式。实体建模是特征建模（Feature Modeling）和自由形状建模（Freefrom Modeling）的必要基础。

特征建模提供对建立和编辑标准设计特征的支持，它是基于尺寸和位置的尺寸驱动编辑和参数化定义的特征。常用的特征建模方法包括孔和圆台、腔体和垫块、键槽和开槽以及倒圆角、倒斜角、抽壳等。

特征建模不能单独创建实体，必须在已设计的体特征上创建，并相对于任何其他特征或对象定位，它们可以被实例特征所引用（如对孔特征进行阵列），以建立特征的相关集。

同步建模用于修改模型，而不考虑模型的原点、关联性或特征历史记录。模型可能是从其他 CAD 系统导入的、非关联的以及无特征的，或者可能是具有特征的原生 NX 模型。同步建模主要适用于由解析面（如平面、圆柱、圆锥、球、圆环）组成的模型。通过同步建模，可以使用参数化特征而不受特征历史记录的限制地、快速地对现有模型进行重新构建从而极大地提高开发效率，缩短产品的开发周期。

自由形状建模能够进行复杂曲面和实体模型的设计，它是实体建模和曲面建模技术功能的集成，包括直纹面、艺术曲面（沿曲线的扫描面）、用一般二次曲线创建二次曲面以及在两个或更多的片体间建立光滑曲面，也可以采用逆向工程，通过曲线/点网格定义曲面，通过点拟合建立模型，还可以通过修改曲线参数或通过引入数学方程控制和编辑模型。

用户定义的特征（User-Defined Features）提供一种交互方法，使用户基于自定义特征(DUF)的概念去捕捉和存储部件，还可以利用一个已存在的参数化实体模型定义特征变量、建立参数间关系以及设置默认值等。当自定义特征插入到某个部件时，系统将它作为一个单独的特征处理。

1.1.1.3 装配建模

装配建模（Assembly Modeling）是用于产品的模拟装配，支持“由下而上”和“由上而下”的装配方法。装配建模的主模型可以在总装配的上下文中设计和编辑，通过引用集定义组件装配加载的数据，以对齐、同心、角度等装配约束实现组件间的定位，装配组件之间可以进行关联设计实现模式数据共享，装配模式中可以通过装配序列控制装配和拆卸顺序，也可以通过间隙分析检验组件之间是否存在干涉，以提高设计的可靠性。

1.1.1.4 制图模块

制图模块（Drafting）是根据建模模块中生成的模型而制作的各种二维工程图，创建的工程图纸与模型完全关联，对于模型上的修改，工程图将会自动更新。制图模块提供自动的视图布局（包括基本视图、剖视图、向视图和细节视图等），可以自动或手动标注尺寸，还可以自动绘制剖面线、形位公差和表面粗糙度标注等。利用装配模块创建的装配信息可以方便地建立装配图，包括快速地建立装配图剖视图和爆炸图等。

1.1.2 UG NX7.0 安装

UG NX7.0 运行的操作系统版本如表 1-1 所示。本书内容以 Microsoft Windows XP (SP3)操作系统平台进行编写。

表 1-1 UG NX7.0 运行的操作系统版本

操 作 系 统	版 本
Microsoft Windows（32 位）	Microsoft Windows XP (SP3) VISTA 商业版和企业版 (SP1)
Microsoft Windows（64 位）	Microsoft Windows XP Professional x64 SP1 (SP2) VISTA 商业版和企业版 (SP1)
Novell Linux（64 位）	SuSE Linux Desktop 9 SP3 (SP4) SuSE Linux Enterprise 10 SP1 (SP2)

UG NX7.0 安装可以参考以下步骤进行。

（1）启动电脑后，把 UG NX7.0 安装光盘放到光盘驱动中，会自动启动 UG NX7.0 的安装画面（见图 1-2）。如果没有自动启动安装，打开光盘根目录，双击 Launch.exe 启动安装程序。

（2）鼠标左键单击“Install NX”，则开始安装过程。

（3）弹出“选择安装程序的语言”对话框，如图 1-3 所示，选择中文（简体），并单击“确定”。

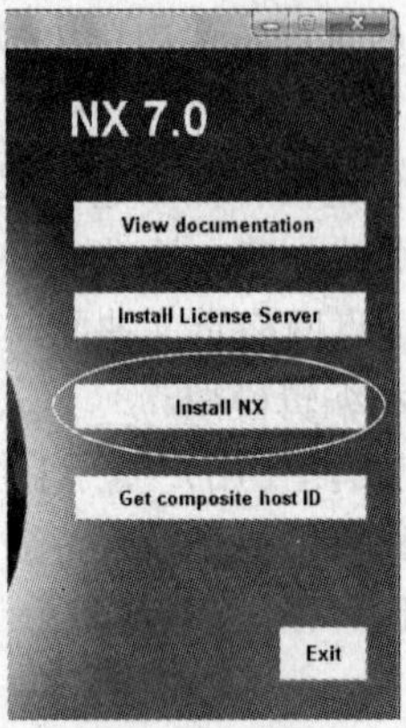

图1-2　NX7.0 安装启动画面

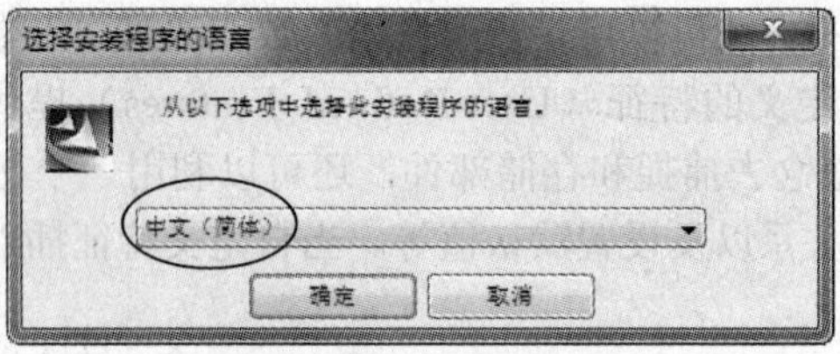

图1-3　“选择安装程序的语言”对话框

（4）弹出“UGS NX7.0 安装向导”对话框，如图1-4所示。单击“下一步”。

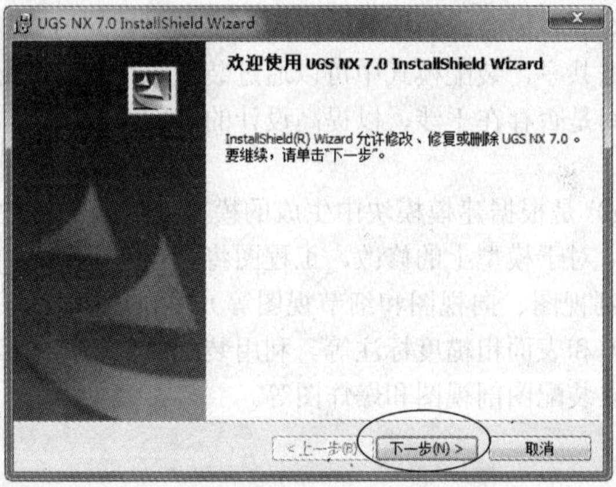

图1-4　“UGS NX7.0 安装向导”对话框

（5）弹出“安装类型选择”对话框，如图1-5所示。选择“典型”，并单击“下一步”。

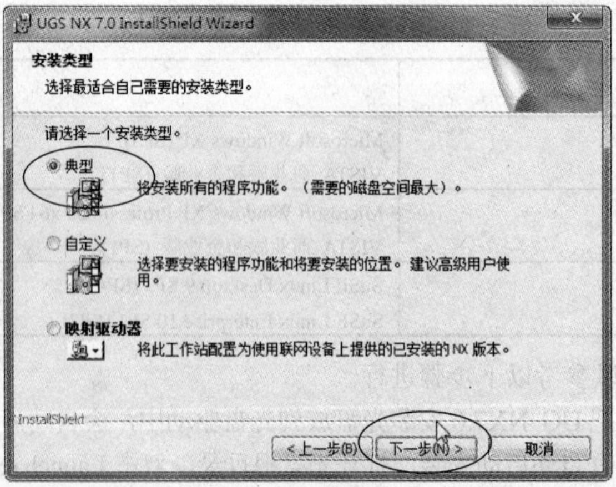

图1-5　“安装类型选择”对话框

（6）弹出“目的地文件夹”对话框，如图1-6所示。可选择默认文件夹，也可单击“更改”来自定义安装文件夹，然后单击“下一步”。

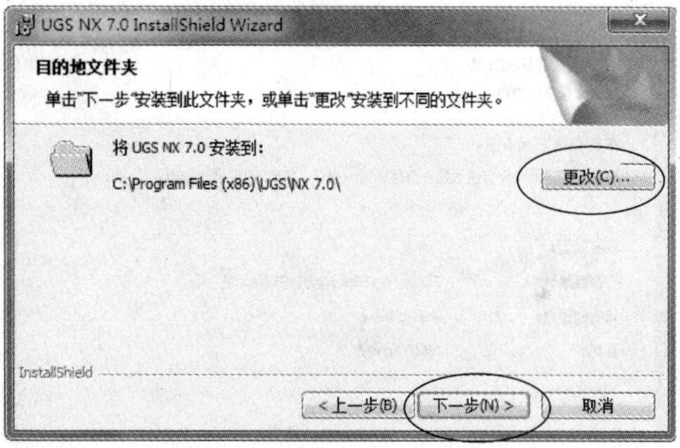

图 1-6 “目的地文件夹”对话框

（7）弹出“许可”对话框，如图 1-7 所示。把“ABCD”处改为安装电脑的名称，并单击“下一步”。

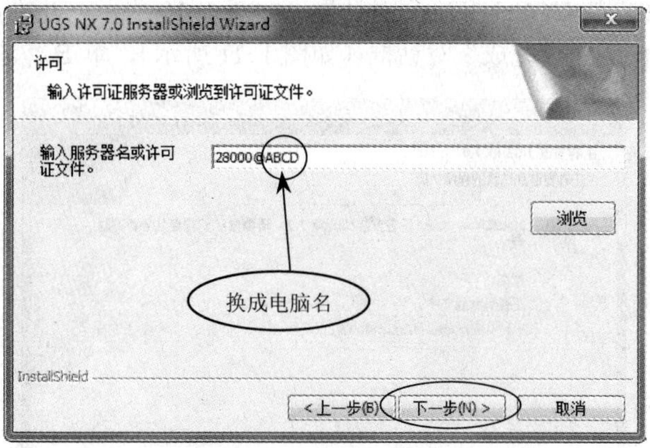

图 1-7 “许可”对话框

（8）弹出“NX 语言选择”对话框，如图 1-8 所示。选择“简体中文”，并单击“下一步”。

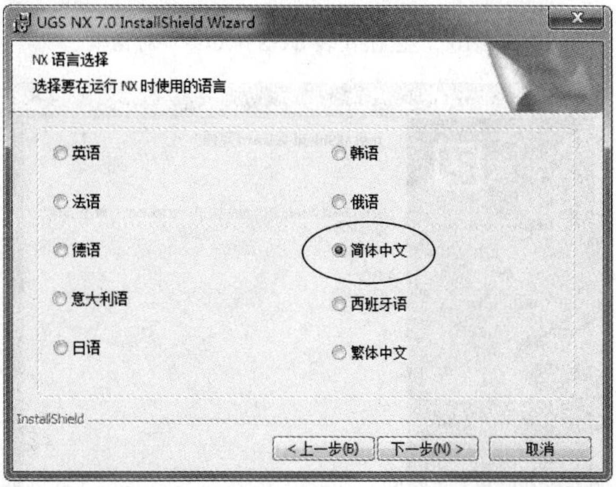

图 1-8 “NX 语言选择”对话框

（9）弹出“已做好安装程序的准备”对话框，如图 1-9 所示。并单击“安装”。

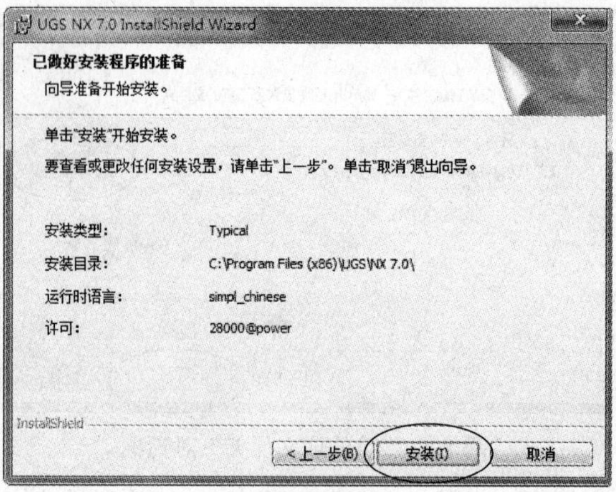

图 1-9　“已做好安装程序的准备”对话框

（10）弹出“正在安装 UGS NX7.0”对话框，如图 1-10 所示。开始安装 UGS NX7.0，直到完成安装，弹出“安装向导完成”对话框（如图 1-11 所示），单击“完成”。

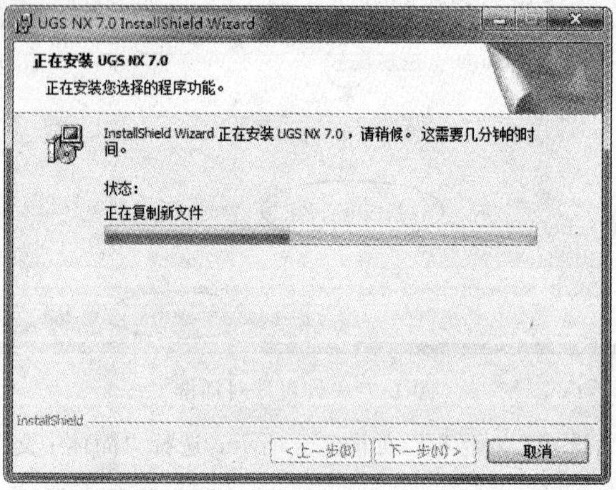

图 1-10　“正在安装 UGS NX7.0”对话框

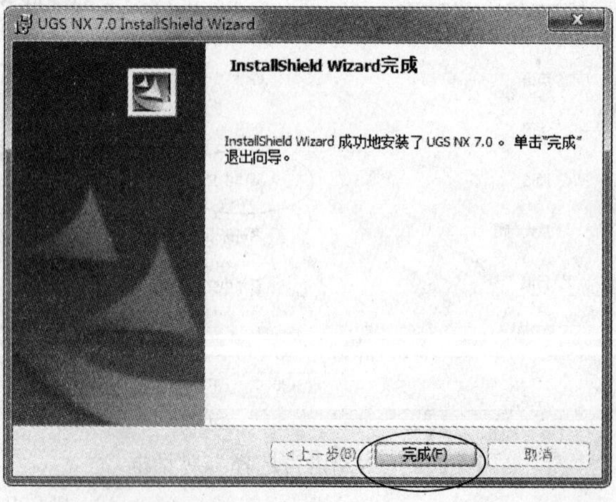

图 1-11　“安装向导完成”对话框

（11）注册 UGS NX7.0 按下述步骤进行：

1）把 UG 的注册文件 NX7.lic 拷贝到：X:\Program Files\UGS\NX 7.0\UGFLEXLM 文件夹；

2）修改注册文件并保存，用“记事本”打开 NX7.lic 文件，把“ABCD”处改成安装电脑的名字，并保存，如图 1-12 所示；

图 1-12　修改注册文件

3）启动 NX 服务配置程序：“开始”→“程序”→“UGS NX7.0”→“NX 许可工具”→LMTOOLS，弹出图 1-13 所示的对话框，配置完成服务程序，重新启动电脑，完成 UGS NX7.0 安装。

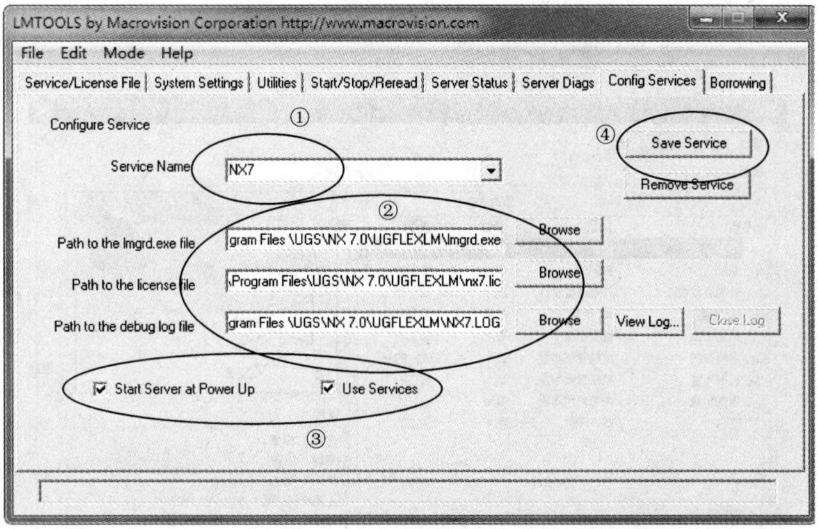

图 1-13　NX 服务配置程序

1.1.3　启动 UG NX7.0

启动 UG NX7.0 分为以下两种情况：

（1）Windows 的“开始”→“程序”启动 UG。UGS NX7.0 安装完成后，从 Windows 的“开始”→“程序”→“UGS NX7.0”→NX7.0 启动 UG，弹出如图 1-14 所示的画面，可以进行“新建”、“打开”文件的操作。

（2）打开现有 UG 文件并启动 UG。在 Windows 资源管理器中，找到要打开的 UG 文件，双击该文件则启动 UG。

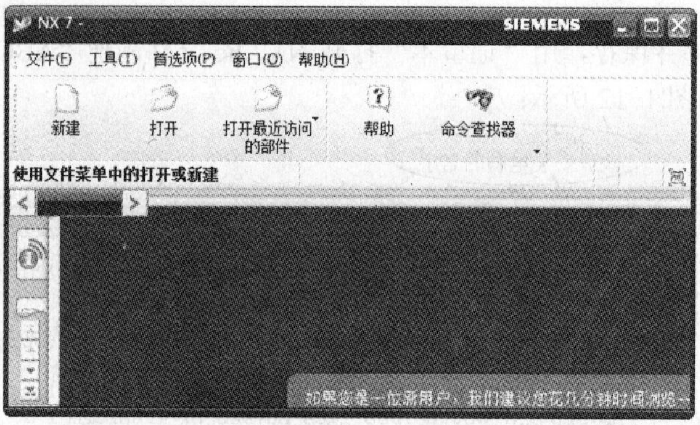

图 1-14　UGS NX7.0 的初始画面

1.2　文件管理

1.2.1　新建部件文件

要创建新的部件文件，请执行以下操作之一：

（1）在标准工具条上，单击“新建”按钮；

（2）选择“文件”菜单→“新建”。

出现如图 1-15 所示的“新建”部件文件对话框，选取模板类型，并指定部件存放的文件夹和名称。最后单击“确定”建立新部件。

图 1-15　“新建”部件文件对话框

需要指出的是，1）在 NX 标准中，不支持中文路径和中文部件文件名，只能使用英文。在 NX 建模中可以使用中文进行注释，参数变量名称等也不能使用中文。2）UG NX 预设了多个模板，可根据需要进行选取，若只做建模工作，建议在“模型”选项卡中选取模板，若建模后需要出工程图，建议在“图纸”选项卡中选取模板。

1.2.2 打开部件文件

打开现有部件文件可执行以下操作之一：

（1）在“标准”工具条→“打开”按钮；

（2）通过“文件”→“打开”；

（3）通过历史记录资源板；

（4）通过最近打开的部件命令；

（5）通过 Windows 浏览器窗口。

在“标准”工具条上，单击“打开”按钮，出现图 1-16 打开部件文件对话框，选中要打开的文件，单击“OK”按钮即可。

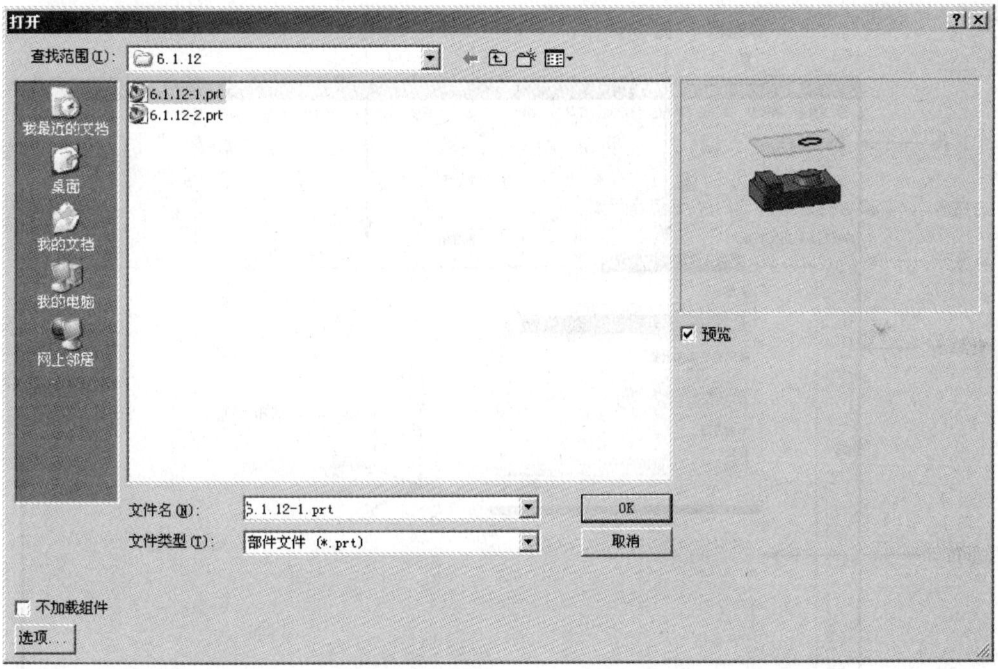

图 1-16 打开部件文件对话框

如果要打开其他格式类型的文件，可从“文件类型”下拉列表中选取，UG NX 可以打开的文件类型包括：NX 部件文件(*.prt)；FEM 文件(*.fem)，即有限元建模文件。有关更多信息，请参见高级仿真帮助；仿真文件(*.sim)；装配 FEM 文件(*.afm)；用户定义的特征文件(*.udf)；Solid Edge 装配文件(*.asm)；Solid Edge 零件文件(*.par)；Solid Edge 钣金文件(*.psm)；Solid Edge 焊接文件(*.pwd)；书签文件和 PLM XML(*.plmxml)；NX4 之前版本的书签(*.bkm)；I-DEAS 交换包(*.xpk)；JT 文件(.jt)；IGES 文件(*.igs)；STEP 文件(*.stp)；DXF 文件(*.dxf)；DWG 文件(*.dwg)；CATIA 模型文件(*.model)；CATIA V5 文件(*.catpart)；CATIA V5 装配(*.catproduct)；Parasolid 文本文件(*.x_t)；Parasolid 二进制文件(*.x_b)；Parasolid 文本

文件(*.xmt_txt)以及 Parasolid 二进制文件(*.xmt_bin)。

1.2.3　关闭和保存部件文件

部件创建或修改完成后，需要保存部件文件，可执行如下操作之一：

（1）在“标准”→“保存”按钮；

（2）选择“文件”→“保存”；如需要可选“另存为”更改当前部件保存的文件夹和名称；

（3）选择“文件”→“关闭”，可选图 1-17 关闭文件菜单中的选项。

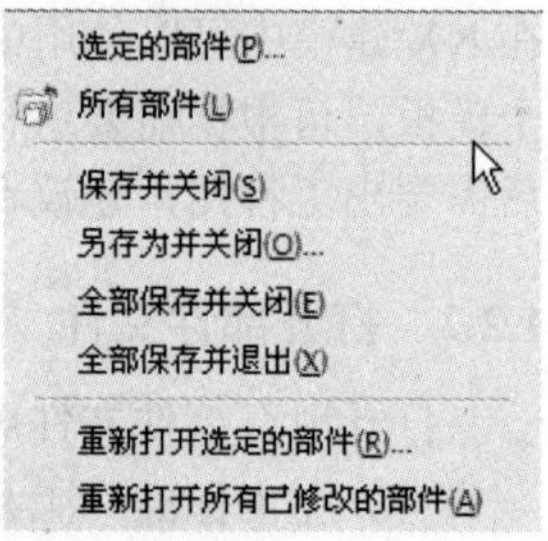

图 1-17　关闭文件菜单

1.3　UG NX7.0 界面和工具条简介

1.3.1　UG NX7.0 建模工作界面

UG NX7.0 建模模块工作界面如图 1-18 所示。

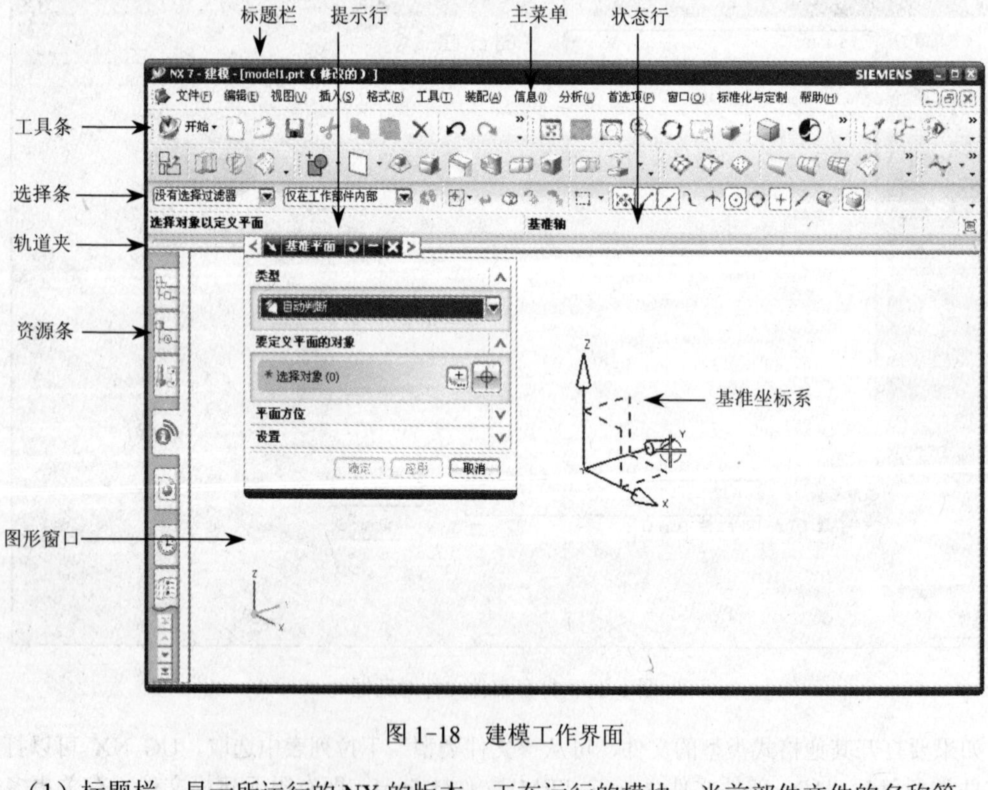

图 1-18　建模工作界面

（1）标题栏：显示所运行的 NX 的版本、正在运行的模块、当前部件文件的名称等。

（2）主菜单：包含“文件”、“编辑”、“视图”、“插入”、“格式”、“装配”、“信息”、“分析”、“首选项”、“窗口”和“帮助”等菜单，每个菜单都包含若干条命令。

（3）工具条：是用来启动标准 NX 命令的一系列图标。它包含了 NX 标准命令，集成在不同的工具条上，常用的有：标准、视图、实用工具、特征、特征操作、曲线等工具条。

（4）选择条：对可选对象提供过滤方法。集成了类过滤器、选择范围、区域选择、点捕捉等过滤工具。

（5）轨道夹：默认情况下，选择 NX 命令时打开的对话框会定位于滑动的“轨道夹”上。单击“松开按钮”从“轨道夹”松开对话框，使对话框在屏幕上浮动；单击浮动对话框“夹住按钮”，“轨道夹”夹住对话框。

（6）提示行：通常显示在 NX 主窗口的底部或顶部。显示有关预期输入的提示消息，指示下一步需要进行的操作。使用“工具”→“定制”对话框，可以更改提示/状态位置。

（7）状态行：位于“提示行”区域右侧，显示有关当前选项的消息或最近完成的功能信息。这些信息不需要回应。

（8）图形窗口：创建、显示和修改部件的区域。

（9）坐标系：NX 标准中分为工作坐标系(WCS)和绝对坐标系(ACS)，其中 WCS 是用户在建模时使用的坐标系。绝对坐标系是创建新模型时使用的坐标系，该坐标系定义模型空间，并且是位置固定的。

在新建模型文件时，若选用“空白”模板生成工作坐标系(WCS)；若选用“建模”模板则生成基准 CSYS，基准 CSYS 也称基准坐标系。

1.3.2 工具条的定制

1.3.2.1 停靠和非停靠工具条

工具条是用来启动标准 NX 命令的一系列图标，按其放置位置分为停靠和非停靠工具条两类。停靠的工具条（如图 1-19（a）所示）沿着图形窗口的边界驻留，非停靠工具条可以定位在桌面上的任何地方。如果工具条包括按钮、切换开关和分隔线，可以将它竖直（左侧和右侧）和水平停靠。

当出现工具条工具条选项按钮时，说明该命令处有隐藏的命令，单击按钮时，可显示隐藏的命令。

当在工具条末端出现工具条折叠按钮时，表示该工具条有被折叠的命令，鼠标左键单击按钮时，显示被折叠的命令和“添加或移除按钮”菜单，如图 1-19（b）所示。

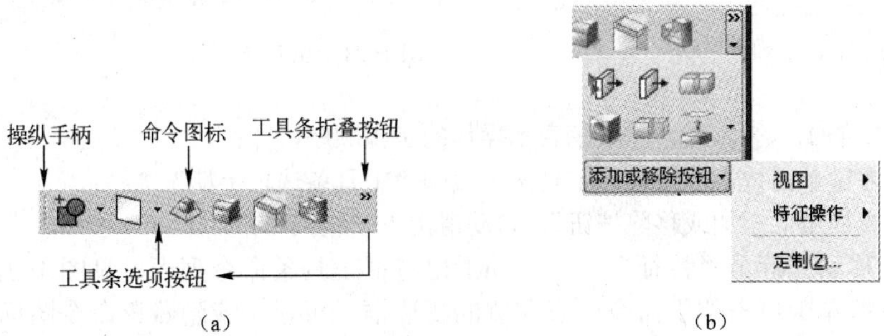

（a）　　（b）

图 1-19 停靠的工具条

1.3.2.2 工具条的放置

启动 NX 后，工具条是按默认配置进行放置的，可以通过“操纵手柄”改变放置位置。操作步骤如下：

（1）光标移动到工具条的手柄上方；

（2）当光标变成时，按下鼠标左键拖动工具条；

（3）移动光标到放置位置松开鼠标左键。

1.3.2.3　添加/移除工具条

NX 启动时，通常显示该应用环境下系统默认的工具条，其他的工具条处于隐藏状态。

添加/移除工具条操作步骤如下（见图 1-20）：

（1）将光标放在工具条停靠区域；

（2）单击鼠标右键，弹出工具条列表；

（3）用鼠标左键单击位于工具条列表左侧的复选框，可显示或隐藏该工具条。当复选框选中出现✔时，该工具条显示；当清除复选框时，则该工具条隐藏。

1.3.2.4　“添加/移除”工具条上的命令图标

NX 启动时，工具条上显示默认的命令图标，其他命令图标处于隐藏状态。以“特征”工具条为例，添加/移除工具条上的命令图标操作步骤如下（见图 1-21）。

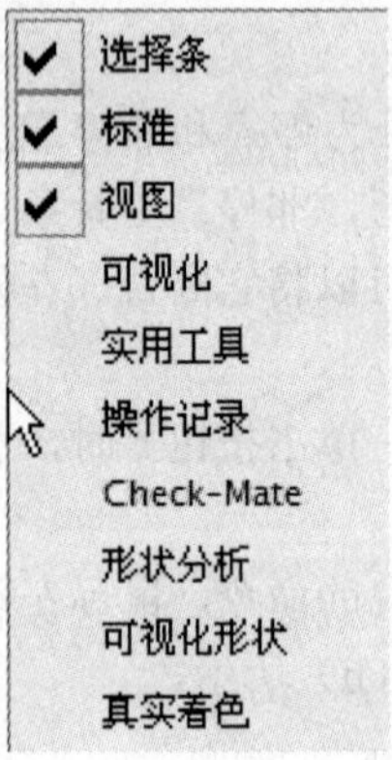

图 1-20　工具条列表

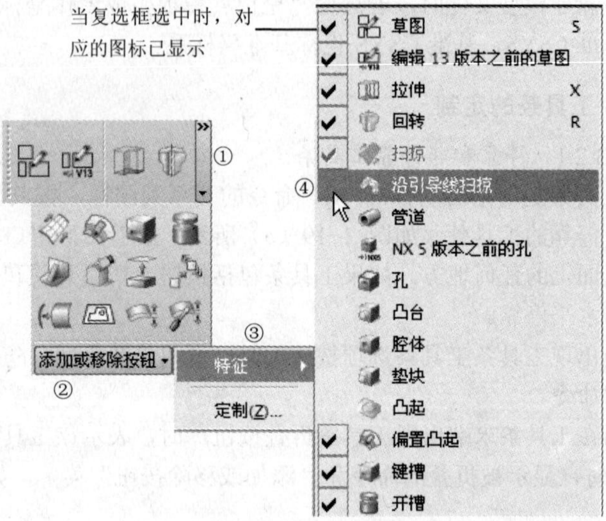

图 1-21　工具条列表

图 1-21 中的①、②、③、④数字表示操作的步骤顺序，即：

① 鼠标左键单击位于“特征”工具条末端的“工具条选项手柄”▾；

② 移动光标至“添加或移除按钮”，自动滑出下一级菜单；

③ 继续移动光标至“特征”上，自动滑出特征工具条命令列表（见图 1-21 右边）；

④ 用鼠标左键单击位于命令列表左侧的复选框，可显示或隐藏该命令图标。复选框选中，显示该命令图标；清除复选框，则隐藏该命令图标。

1.3.2.5　径向工具条

径向工具条是在光标位置周围显示最多 8 个命令图标的集合（如图 1-22 所示），为设计提供最常用 NX 命令和选项的快速访问。调用径向工具条操作步骤如下：

（1）根据需要选择对象，按住鼠标右键直到弹出相应的径向工具条；

（2）将光标移至其中一个命令图标上并松开鼠标右键，即选择该命令或选项。

1.3.2.6　工具条的定制

（1）“定制”对话框　用户可以根据自己的习惯，定制主菜单和工具条，使界面更易使用。访问定制对话框　进入定制对话框可通过如下方法之一。

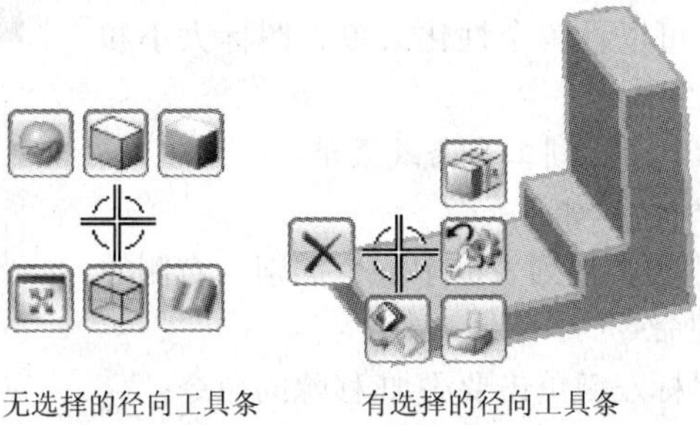

图 1-22　径向工具条

1）选择“工具”菜单→“定制”；

2）在想定制的工具条上，单击工具条末端的“工具条选项手柄”，然后选择“添加或移除按钮”→“定制”。

定制对话框中有“工具条”、“命令”、“选项”、“布局”、“角色”五个选项卡。

（2）“工具条”选项卡　如图 1-23 所示，可以完成如下定制：选项卡左侧列出在当前应用模块中的所有工具条，并可选中/清除对应的复选框，来显示/隐藏该工具条，功能与 1.3.2.3 小节添加/移除工具条相同；选中或清除复选框☑文本在图标下面，决定工具条上的命令名称是否出现在工具条上。

另有一组供用户创建工具条的命令。

（3）“命令”选项卡　点击“类别”，在“命令”页列出 NX 的所有命令（如图 1-24 所示）。可以完成以下定制：添加、重命名、重新布置以及删除工具条上的命令以及添加和删除菜单中的命令。

一般情况下不需要定制 NX 标准的菜单和工具条命令。但个别命令（如图 1-24 中“图样”）没有集成在 NX 默认的菜单和工具条上，可添加到菜单或工具条。

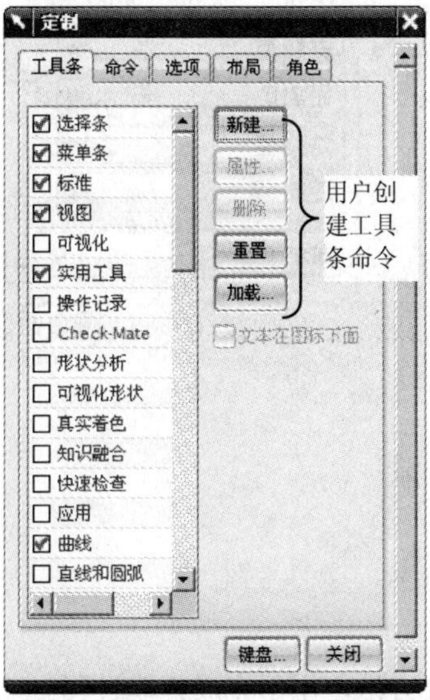

图 1-23　“工具条”选项卡

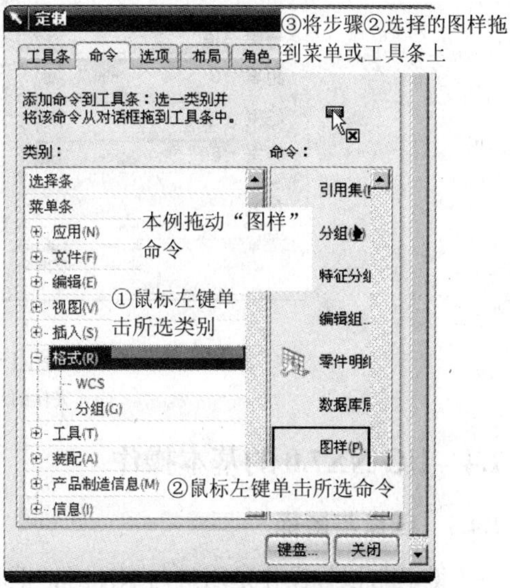

图 1-24　添加或删除命令图标

（4）“选项”选项卡　可以设置个性化菜单、图标大小和屏幕提示显示等，如图 1-25 所示。

1.3.2.7　添加和删除命令图标到工具条或菜单

操作步骤（如图 1-24 所示）如下：

（1）鼠标左键单击左侧的类别列表框中一个类别，右侧的命令列表框则显示该类别的命令；

（2）从命令列表框中鼠标左键单击要添加/移除的命令；

（3）用鼠标左键拖动该命令到菜单或工具条放置位置松开鼠标左键。

1.3.2.8　使用工具条命令提示

如果图 1-25 中复选框“显示菜单和工具条上的屏幕消息”被选中，当光标在工具条的图标按钮上停留时，会出现一个文本框，提示该命令的相关消息。

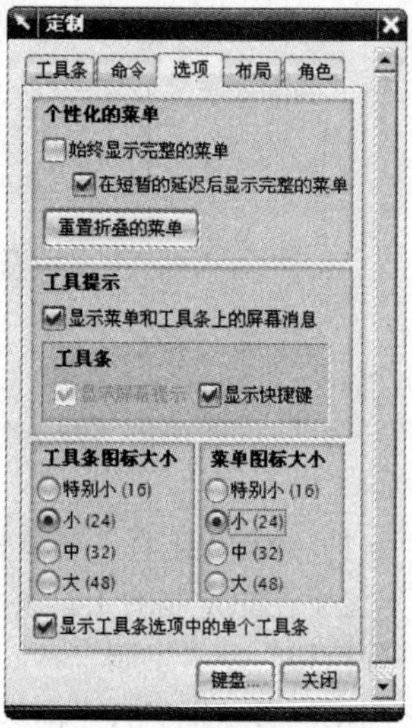

图 1-25　“选项”选项卡

1.3.3　对话框的使用

对话框是用户与系统的交互的主要工具，通常它自顶向下排列工作流。默认情况下，选择 NX 命令时，打开的对话框会定位于在“对话框轨道”上滑动的“轨道夹”上。对话框的界面如图 1-26 所示。

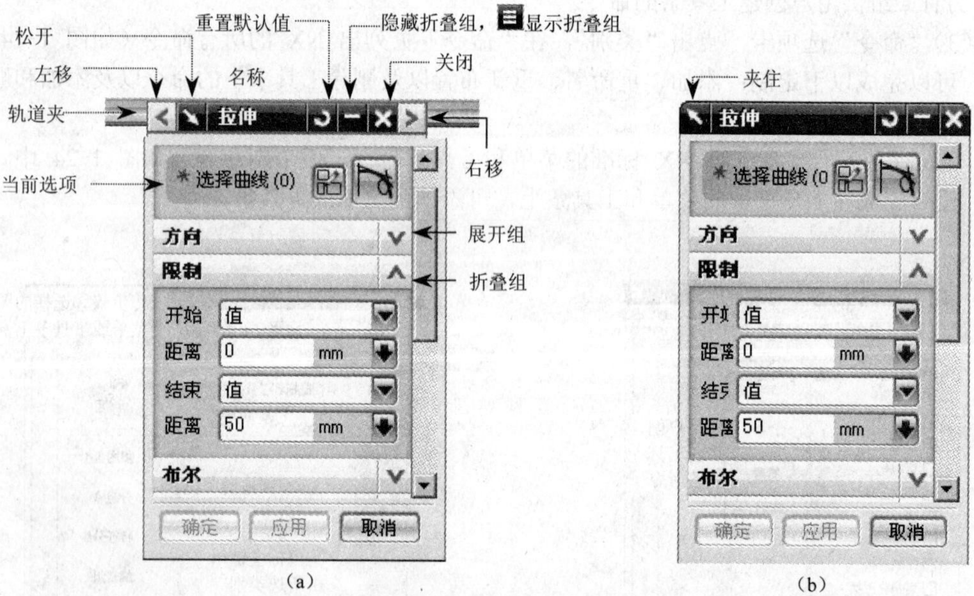

图 1-26　对话框界面

（a）夹住的对话框；（b）浮动的对话框

1.4　UG NX7.0 的基本操作

1.4.1　键盘与鼠标

键盘与鼠标操作是用户与 NX 对话框和窗口交互的主要方法，用于完成建模过程。

鼠标键的命名：在 NX 标准中，鼠标的左键、中键（亦称滚轮）、右键分别表示为 MB1、MB2、MB3。

键盘和鼠标常用的操作与功能如表 1-2 所示。

表 1-2 键盘和鼠标常用的操作与功能

功　能	键盘和鼠标操作
在对话框内不同区域进行向前切换 不同区域进行向后切换	Tab Shift+Tab
打开信息窗口、刷新、缩放、旋转、正视于最近的视图方向	功能键 F4、F5、F6、F7、F8
在图形窗口中，选择对象	单击 MB1
在图形窗口中，取消已选中的对象	Shift+MB1
在图形窗口中，拖动对象	拖动 MB1
在图形窗口中，快捷菜单	单击 MB3
选择菜单或选择对话框中的选项	单击 MB1
在对话框中，实现必要步骤之间切换	单击 MB2
在对话框中完成所有操作后，执行功能相当于“确认”或“应用”按钮的操作	单击 MB2
取消	Alt+MB2
在列表框中，选择相邻的项目	Shift+MB1
在列表框中，选择或取消非相邻的项目	Ctrl+MB1
启动特定对象的弹出菜单	单击 MB1
为对象调用“默认操作”	双击 MB1
在图形窗口中，实现光标下的点静态“缩放”	滚动 MB2
旋转视图	拖动 MB2
平移视图	拖动 MB2+MB3 或 Shift+MB2
放大视图	拖动 MB2+MB1 或 Ctrl+MB2

熟练掌握快捷键和鼠标的使用，可加快建模速度。

1.4.2 用户界面与工作平面的设置

1.4.2.1 设置图形窗口背景颜色

（1）使用“背景色”□命令设置图形窗口背景的操作如图 1-27 所示。

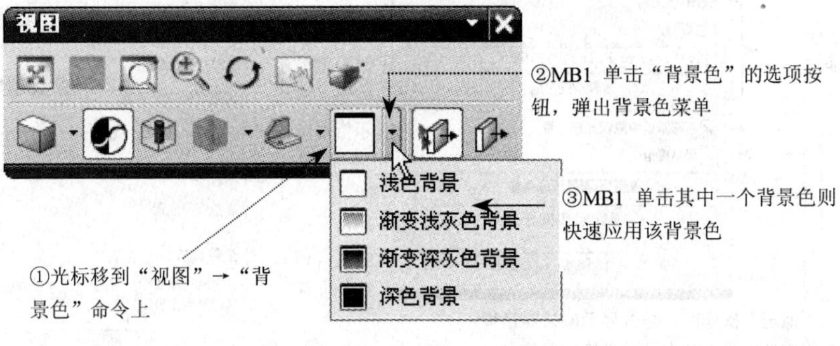

图 1-27 快速背景色操作

（2）编辑背景色。“背景色”命令提供的背景样式少，当不能满足要求时，可通过如图 1-28 所示的操作“编辑背景”对话框来指定背景色。

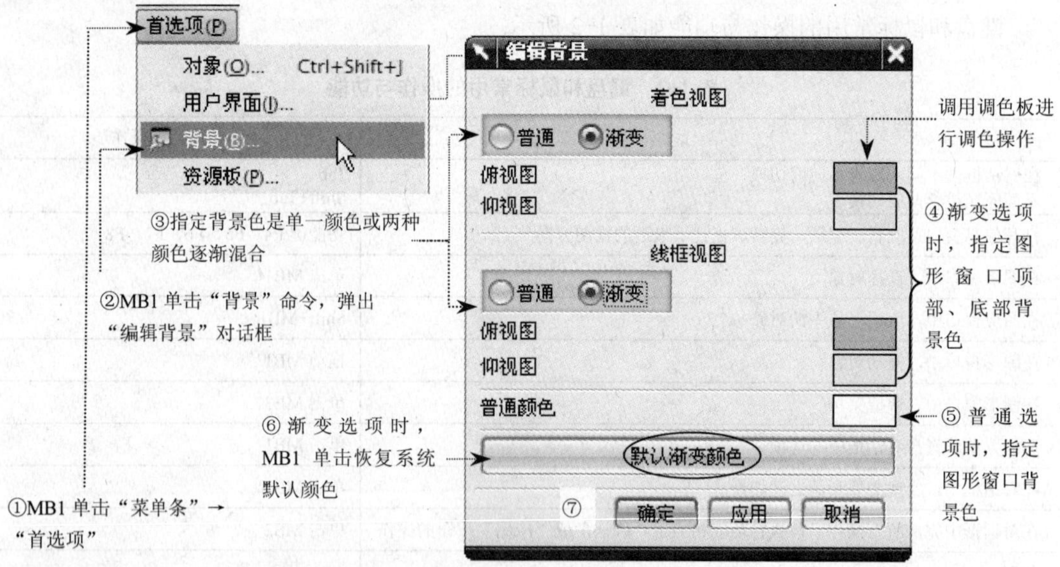

图 1-28　编辑背景色操作

（注：普通选项时，只需步骤⑤；渐变选项时，可进行步骤④或步骤⑥）

1.4.2.2　用户界面设置

设置 NX 的工作方式以及交互的方式，用户可采用 NX 默认设置。用户界面的“常规”、“布局”选项卡如图 1-29 所示。

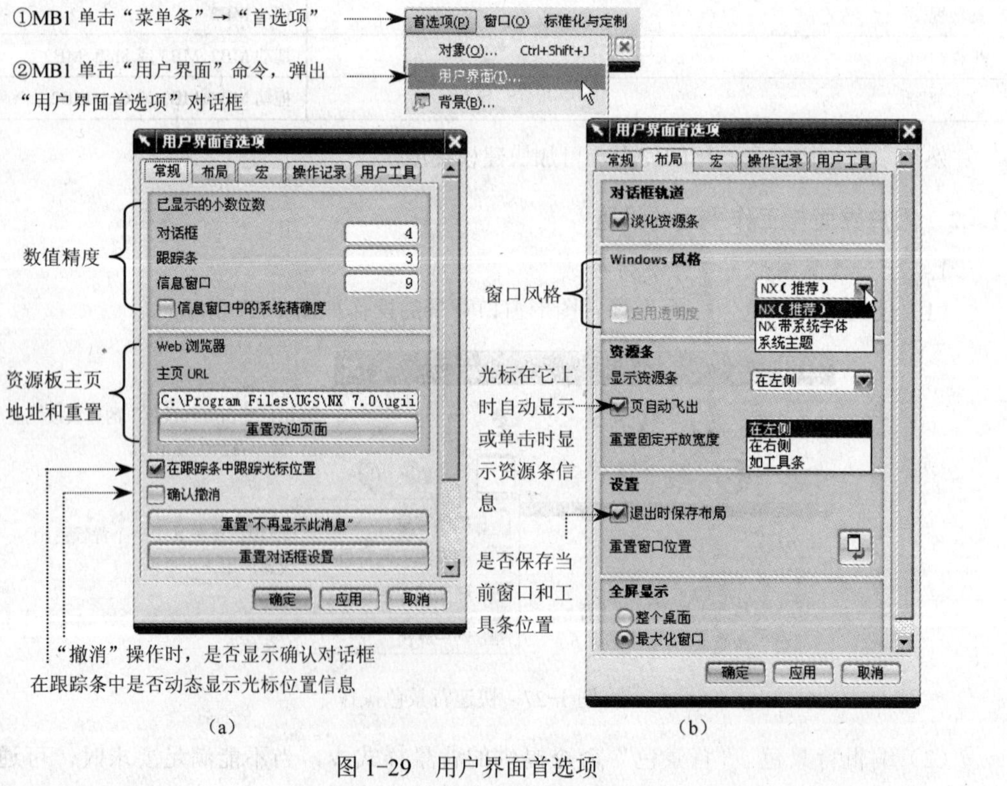

图 1-29　用户界面首选项

（a）常规选项卡；（b）布局选项卡

1.4.2.3 栅格和工作平面设置

用于设置图形窗口栅格和工作平面着色模式的参数，如图 1-30 所示。

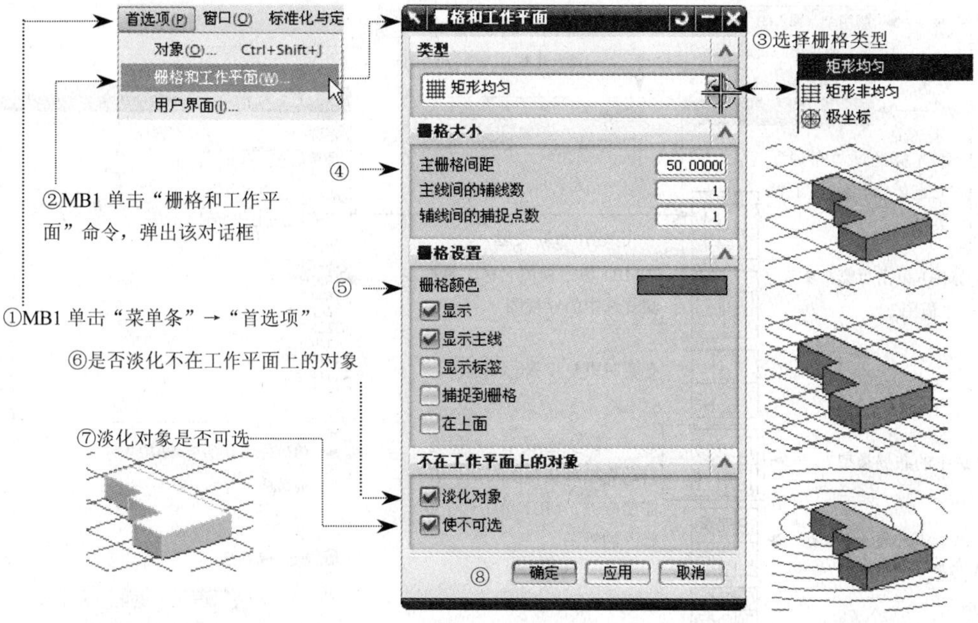

图 1-30 栅格和工作平面对话框

平面上的对象包括：点、直线、圆弧、二次曲线、样条、平面、基准面、基准轴、坐标系、边和尺寸。当它们以及非平面上的对象不在工作平面上时，可以在图 1-30 中设置成淡化对象，并且可使它们不可选择。

1.4.3 视图布局

视图是图形窗口内建立的用于操作、观察、分析对象的一组窗口。一个视图布局可以集成 1～9 个视图，但只能有一个当前工作视图（即光标所在的视图）。

1.4.3.1 标准视图

NX 中有 8 个标准视图，集成在“视图”工具条上，如图 1-31 所示。

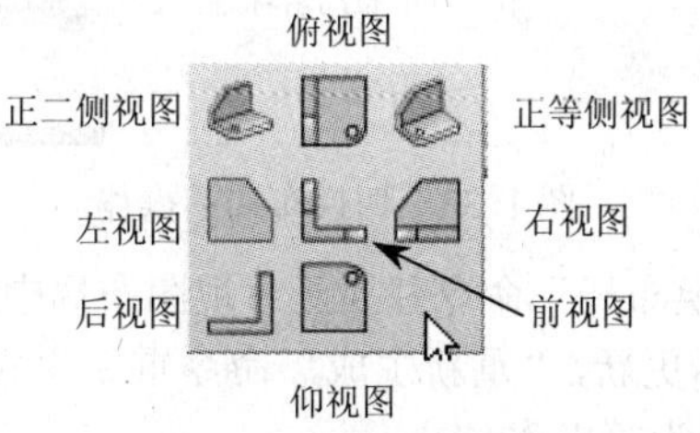

图 1-31 NX 的标准视图

在 NX 标准中，沿 Y 轴正、负方向投影视图分别为前视图、后视图，沿 X 轴正、负方向投影视图分别为左视图、右视图，沿 Z 轴正、负方向投影视图分别为仰视图、俯视图。

1.4.3.2　新建视图布局

新建视图布局的操作如图 1-32 所示。

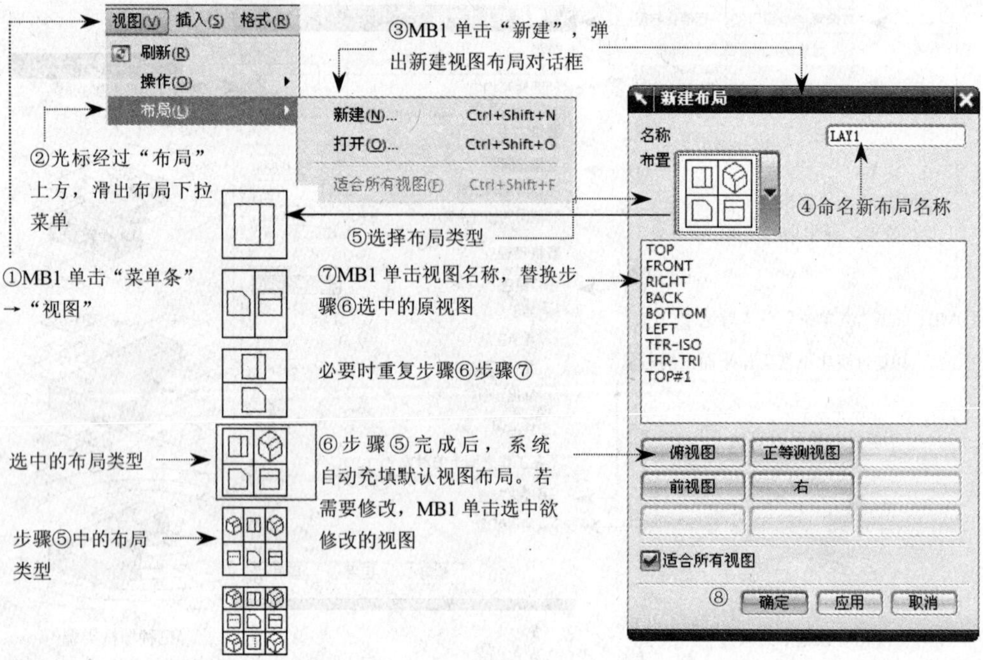

图 1-32　新建布局的操作

1.4.3.3　切换视图布局

通常情况下都是在一个视图下建模，当需要多视图时，可以切换视图布局，其切换操作如图 1-33 所示。

图 1-33　切换布局的操作

在视图布局操作中，“替换布局”命令替换已有视图布局中的视图，“更新显示”命令用于旋转或比例更改而需要的显示更新，“重新生成”命令重新生成布局中的所有视图，也可对视图布局进行删除、保存、另存为等操作。

1.5　常用工具

UG NX 的常用工具包括类过滤器（参见 1.7.1 小节内容）、点构造器、点捕捉工具、矢量构造器、平面工具等，这些工具可应用于所有应用模块。

1.5.1 点捕捉工具

使用“点捕捉”工具可以在现有特定点上创建和编辑几何体。在基准平面、基准轴、由点生成的样条、由极点生成的样条、草图、动态 WCS 等功能中都使用点捕捉工具。

“点捕捉”工具集成在“选择条”上。当启动一个需要点的操作时，系统自动打开并启用“点捕捉”工具条，用户根据设计意图选择点捕捉方式。“点捕捉”工具与点类型如图 1-34 所示。

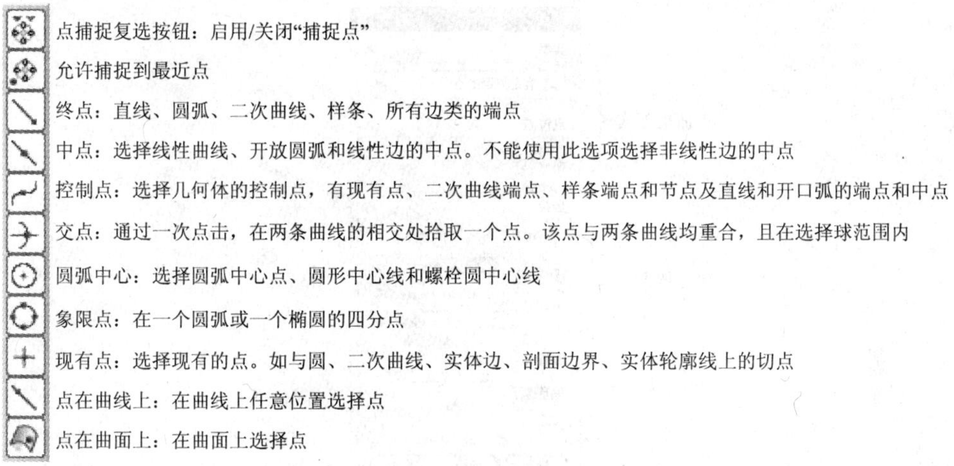

图 1-34 “点捕捉”工具与点类型

值得一提的是：（1）点捕捉工具上的按钮为复选按钮，应根据设计意图选中或取消捕捉方式，可以选中一个也可以同时选中多个捕捉方式；（2）创建草图曲线时，“点在曲线上”的捕捉方式通常用于点的位置不能确定但点在选定的曲线上，例如当创建圆弧的切线且不能确定切点位置时，“点在曲线上”方式可确保切点在圆弧上。

1.5.2 点构造器

1.5.2.1 调用点构造器

“点”构造器提供了在三维空间创建点、创建点对象和位置的标准方法。常用的点构造器的调用方法如图 1-35 所示。

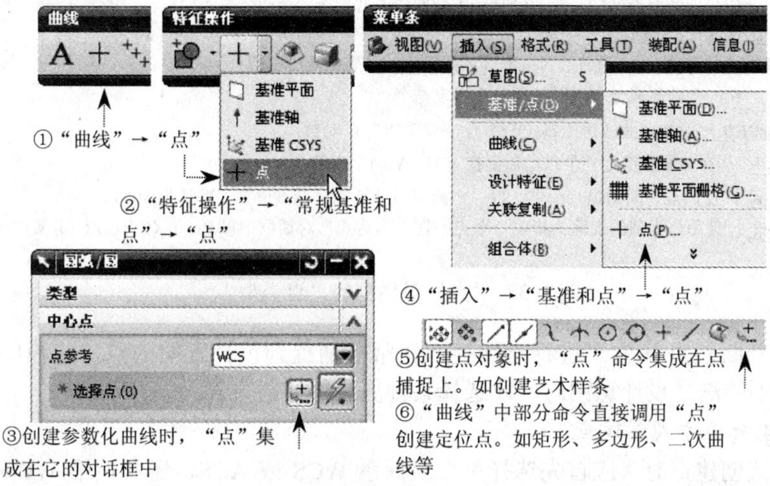

图 1-35 “点”构造器的调用

点构造器被调用后出现“点”对话框如图 1-36 所示，点的构造方法有 3 种，使用其中方法之一即可创建一个点：

（1）点捕捉方式创建点；

（2）坐标值方式创建点；

（3）偏置方式创建点。

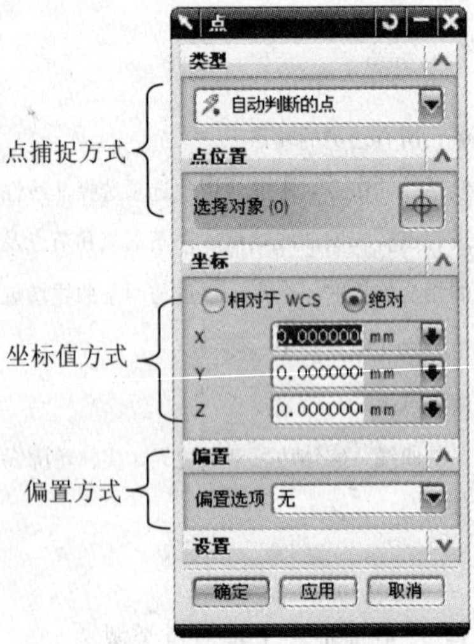

图 1-36 “点”对话框

1.5.2.2　点捕捉方式创建点

MB1 单击图 1-36 中的点类型右侧的选项按钮，弹出点类型列表，如图 1-37 所示。点捕捉方式确定后，在图形窗口捕捉到点，单击“确定”或“应用”即可。

自动判断的点：根据当前光标位置自动推断选择点。可以是现有点、端点、控制点及圆弧/椭圆中心点；

光标位置：在当前光标位置指定一个点；

现有点：选择现有的点位置上指定一个点；

终点：在现有的直线、圆弧、二次曲线以及其他曲线的端点指定一个点；

控制点：在几何体的控制点指定一个点；

交点：在两条曲线的交点或一条曲线和一个曲面或平面的交点处指定一个点；

圆弧中心/椭圆中心/球心：在圆弧、椭圆、圆或椭圆边界或球的中心指定一个点；

圆弧/椭圆上的角度：在沿着圆弧或椭圆的成角度的位置指定一个点；

象限点：在一个圆弧或一个椭圆的四分点指定一个点；

点在曲线/边上：在曲线或边上指定一个点，需要指定 U 对数；

点在面上：在曲面上指定一个点，需要指定 U、V 两个参数；

两点之间：在两点之间指定一个点。以二点距离百分比确定新点位置，默认为 50%；

按表达式：使用点类型的表达式指定一个点。在“表达式”对话框中以 Point(XC,YC,ZC)定义点坐标值；

图 1-37 “点”对话框的“点类型”

使用自动判断的点方式进行点捕捉，通常能捕捉到设计意图的点，建模的效率高，当它捕捉到的点不能满足设计意图时，才选择某种更具体捕捉方式。

1.5.2.3　坐标值方式创建点

坐标值方式创建点时，应首先选择参考坐标系 WCS 或 ACS，通常使用 WCS 坐标系。只要输入 XC、YC、ZC 三个坐标值（如图 1-38 所示），单击“确定”或“应用”即可。

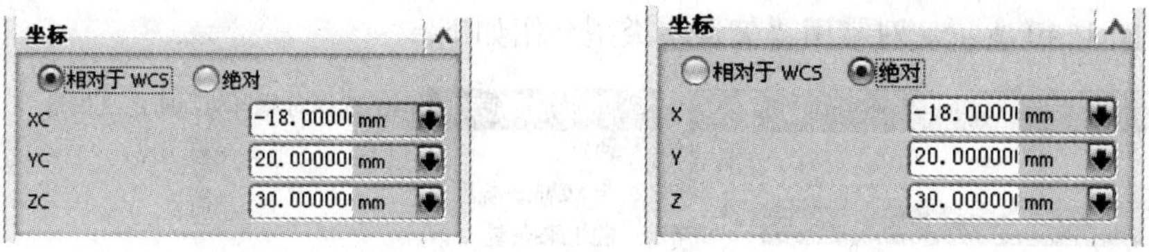

(a) (b)

图 1-38 坐标值方式创建点

(a) 使用 WCS 坐标系；(b) 使用 ACS 坐标系

1.5.2.4 偏置方式创建点

以 WCS 或 ACS 为坐标系，并选择一个参考点，以矩形偏置、圆柱副偏置、球型偏置、沿矢量偏置、沿曲线偏置方式之一创建一点新点，如图 1-39 所示。

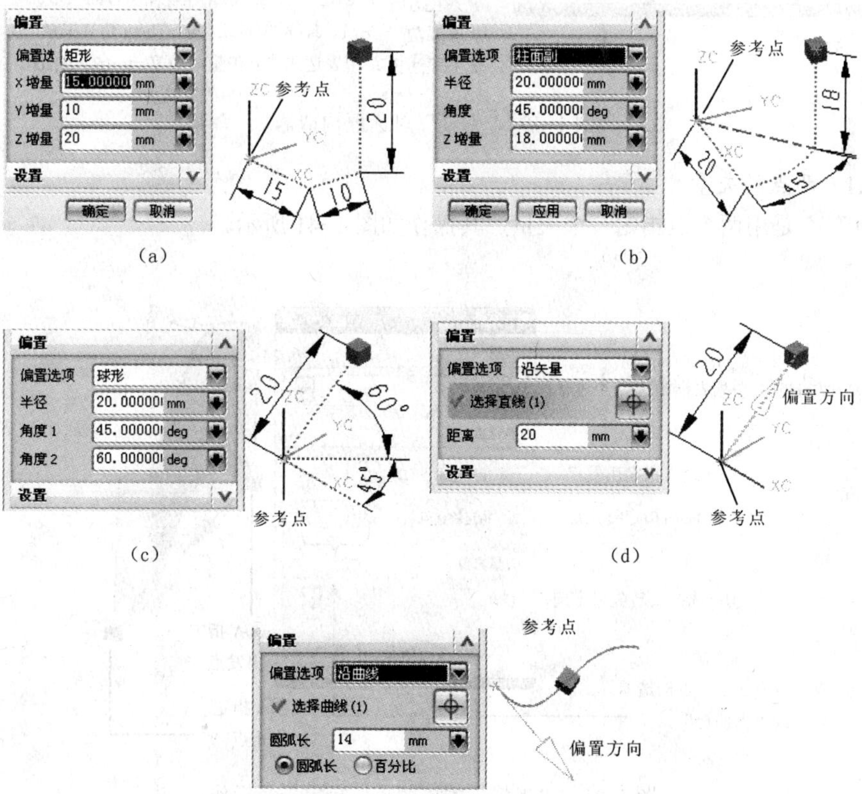

(a) (b) (c) (d) (e)

图 1-39 偏置方式创建点

(a) 矩形偏置创建点；(b) 圆柱副偏置创建点；(c) 球形偏置创建点；(d) 沿矢量偏置创建点；(e) 沿曲线偏置创建点

新点在曲线上的位置可用两种定位方法之一：

（1）圆弧长：以参考点为起点，在偏置方向上的圆弧长度值；

（2）百分比：以参考点为起点，在偏置方向上的圆弧长度百分比值。

1.5.3 矢量构造器

矢量构造器用于构造单位向量，在 UG NX 设计过程中，经常用矢量指定方向。矢量构造器集成在需要指定方向的命令(如拉伸命令中用于指定拉伸方向)中，一般不单独使用。“矢量”对话框图 1-40 所示。对常用“矢量”类型介绍如下。

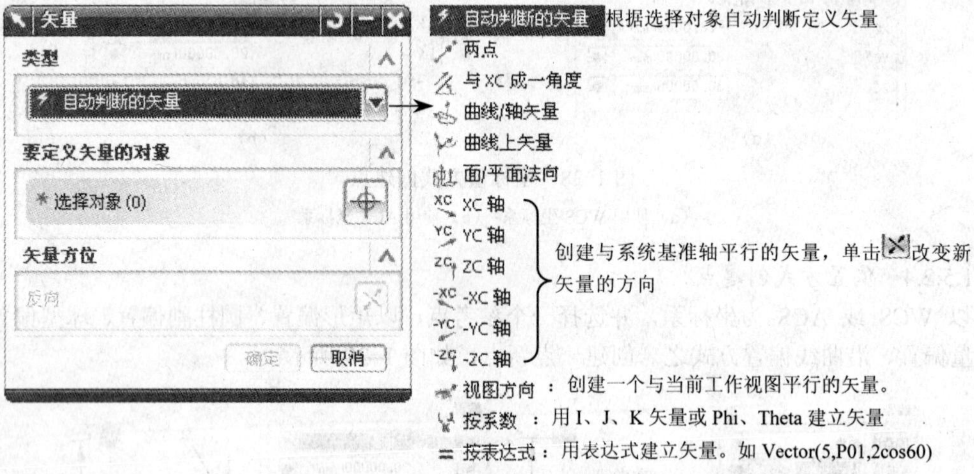

图 1-40 “矢量”对话框构造器

1.5.3.1 两点的矢量

“两点”是用两个点指定一个矢量，其操作如图 1-41 所示。

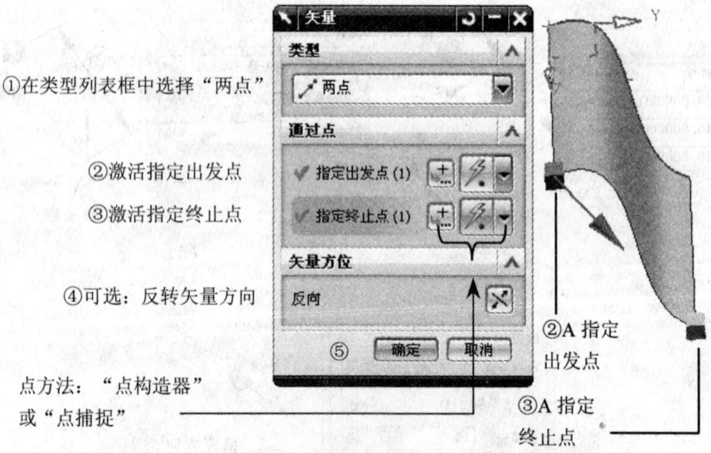

图 1-41 “矢量”的“两点”指定矢量操作

（1）UG 的操作可分对话框的操作和图形窗口的操作组成，为描述方便，本书规定：用①、②、③…等数字序号表示对话框中的操作步骤；当对话框的操作步骤激活并在图形窗口或其他窗口中有后续的操作时，称对话框中的激活步骤为父步骤，图形窗口的步骤为子步骤，其子步骤序号在其父步骤序号后附着字母 A、B、C…等大写字母（如②A）。如：在“矢量”对话框中父步骤②激活时，在图形窗口才能进行子步骤②A 的操作，即用“点构造器”或“点捕捉”方式指定出发点。

（2）凡是在对话框中带有“激活”字样的步骤，都在图形窗口或其他窗口中有子步骤的操作。

（3）图 1-41 中操作的正确顺序是：①→②→②A→③→③A→④→⑤。

1.5.3.2　与 XC 成一角度的矢量

“与 XC 成一角度”是在 XC-YC 平面上，指定与 XC 轴成夹角的一个矢量。其操作如图 1-42 所示。

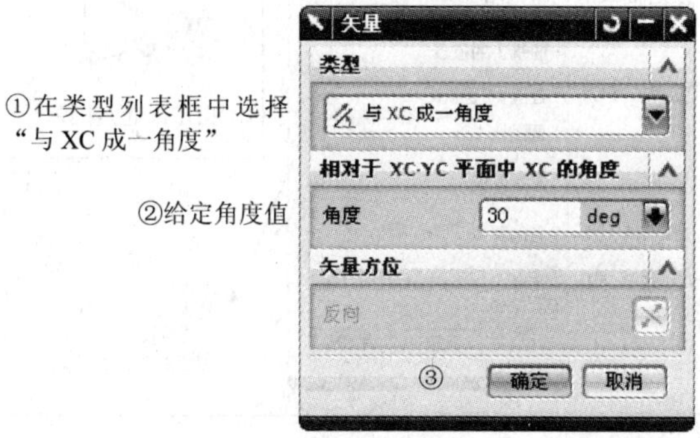

图 1-42 “矢量”对话框的“与 XC 成一角度”指定矢量的操作

在“矢量”对话框中给定与 XC 轴的角度值(XC 向 YC 旋转的角度为正值，反之，为负值)，不需要在图形窗口中指定参考的 XC 轴。

1.5.3.3　曲线/轴矢量

“曲线/轴矢量”指定与基准轴的轴平行的矢量，也可以指定与曲线或边、圆弧起始点相切的矢量。如果是完整的圆，将在圆心并垂直于圆面的位置处定义矢量。如果是圆弧，将在垂直于圆弧面并通过圆弧中心的位置处定义矢量。其操作如图 1-43 所示。

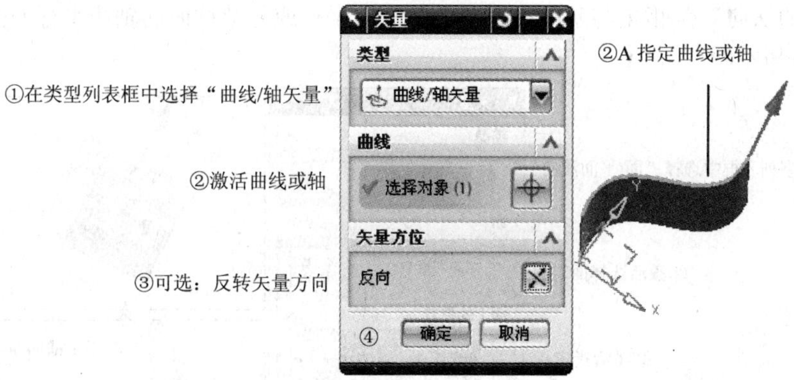

图 1-43 “矢量”对话框的“曲线/轴矢量”指定矢量的操作

1.5.3.4　曲线上矢量

“曲线上矢量”在曲线上的任一点指定一个与曲线相切的矢量。可按照圆弧长、百分比圆弧长或点指定位置。其操作如图 1-44 所示。

图中重复步骤序号；表示操作不同的选项时具有相同的步骤序号，不重复步骤序号为它们所公用，实际操作时重复的步骤只使用一次，即使用与所指定的选项对应的重复的步骤序号。例如：图 1-44 中，描述了按圆弧长、%圆弧长和通过点三个选项来指定点位置，步骤序号④重复；当步骤③选择为“圆弧长”时，使用步骤④操作为“指定距离起点圆弧长”。

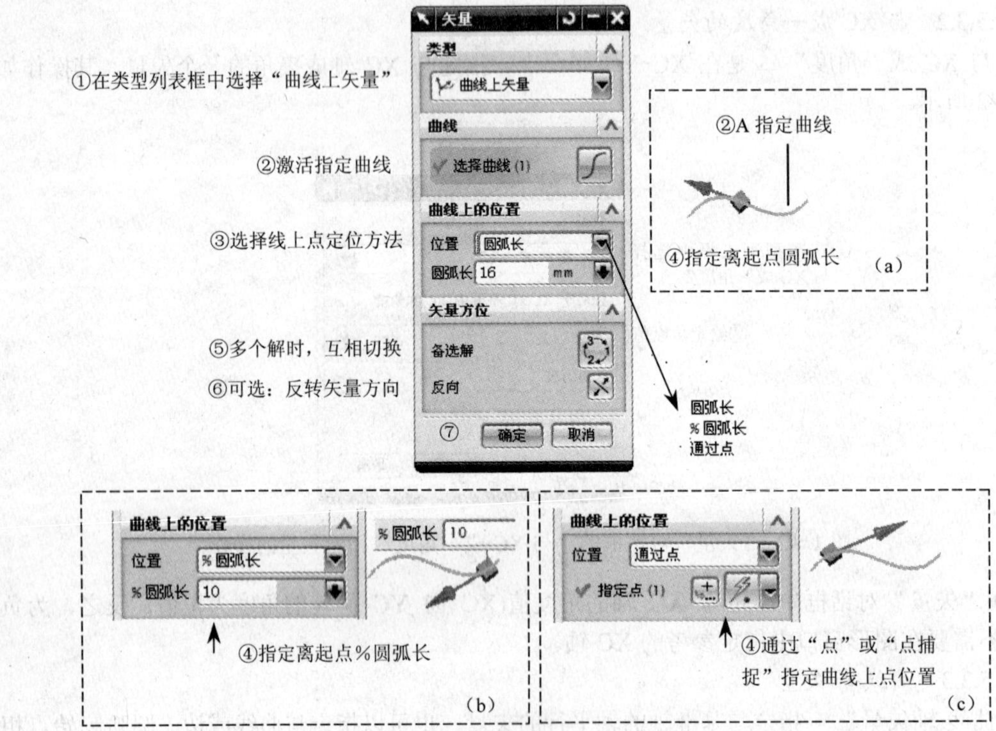

图 1-44 “矢量”对话框的“曲线上矢量”指定矢量的操作

（a）按圆弧长；（b）按%圆弧长；（c）按通过点

1.5.3.5 面/平面的法向指定矢量

“面/平面的法向”指定与基准面或平面的法向平行或与圆柱面的轴线平行的矢量。 其操作如图 1-45 所示。

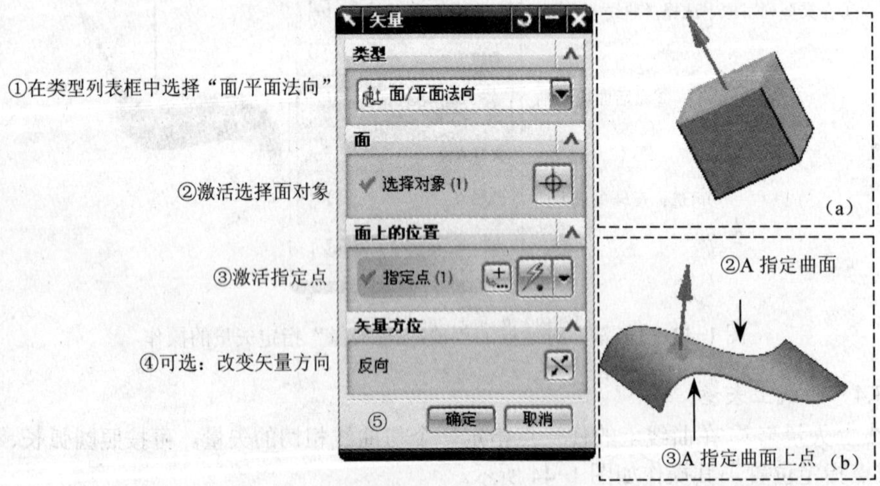

图 1-45 “矢量”对话框的“面/平面法向”指定矢量的操作

（a）平面法向矢量；（b）曲面法向矢量

对于 B 曲面，指定需指定面上矢量的通过点。如果指定的点不在 B 曲面上将投影到 B 曲面上，以投影点的位置来确定其法向矢量。

1.5.4 基准 CSYS 构造器

“基准 CSYS”用于创建新坐标系（CSYS），并且可指定它为工作坐标系 WCS。基准 CSYS 构造器对话框如图 1-46 所示，共有 10 种类型创建坐标系方法。

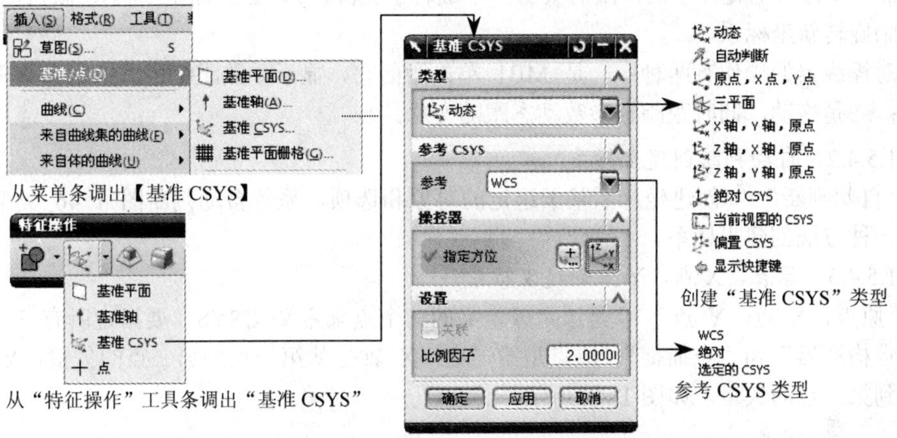

图 1-46 “基准 CSYS”调用及对话框

1.5.4.1 动态创建坐标系

“动态”创建坐标系以手动移动 CSYS 到任何想要的位置或方位，或创建一个关联、相对于选定 CSYS 动态偏置的 CSYS。常用的 CSYS 操作如图 1-47 所示。

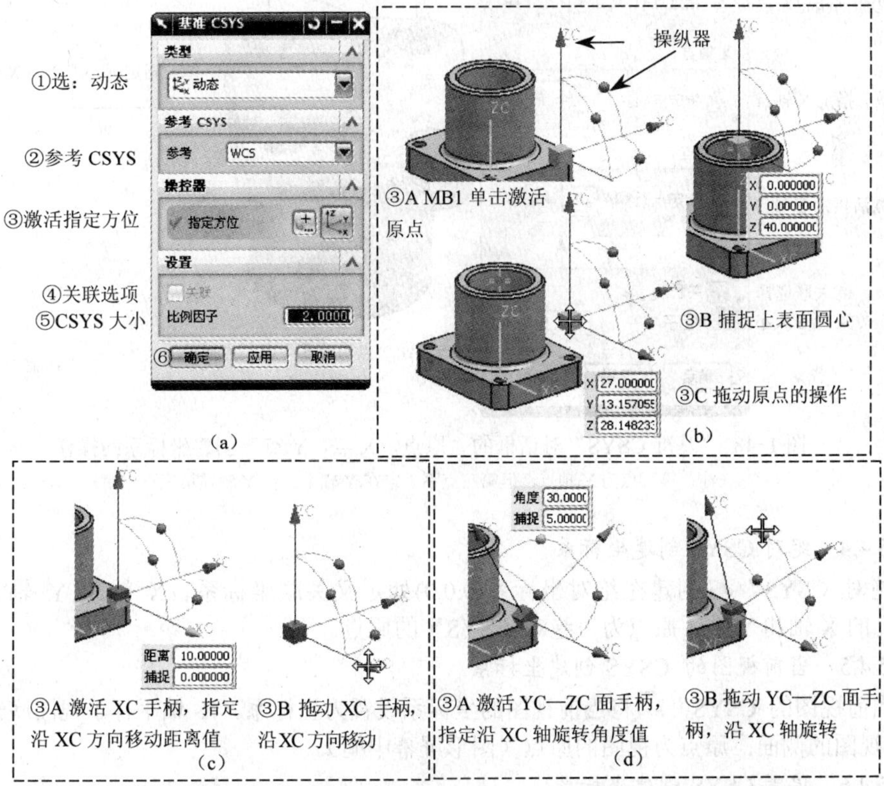

图 1-47 “基准 CSYS”对话框的“动态”创建坐标系的操作

（a）基准 CSYS—动态对话框；（b）原点手柄的操作；（c）轴手柄的操作；（d）旋转手柄的操作

图 1-47 中所示的操纵器有原点手柄、轴手柄和旋转手柄。激活原点手柄可对新坐标系的原点定位，也可使用“点构造器”指定原点位置；有 XC/YC/ZC 三个轴手柄，激活其中一个轴手柄(如 XC 手柄)，便可沿该轴矢量方向(如 XC 方向)移动新坐标系；XC-YC/YC-ZC/XC-ZC 面上各有一个旋转手柄，激活其中一个旋转手柄(如 YC-ZC 面上手柄)，就可沿一个轴(如 XC 轴)旋转新坐标系。

对操纵器的操作有两种：一是 MB1 单击激活它，显示参数跟踪栏，指定参数确定 CSYS 方位；二是拖动，同时跟踪栏参数动态跟随变化。

1.5.4.2　自动判断创建坐标系

“自动判断”创建坐标系基于选定的对象和选项，系统自动判断图 1-46 类型列表中的任意一种方法创建坐标系。

1.5.4.3　原点，X 点，Y 点创建坐标系

“原点，X 点，Y 点”是选定或定义的三个点来定义 CSYS。要指定所有三个点，可使用“点构造器”和“点捕捉”。原点是第一点；X 轴是从第一点到第二点的矢量；Y 轴是从第一点到第三点的矢量。如图 1-48 所示。

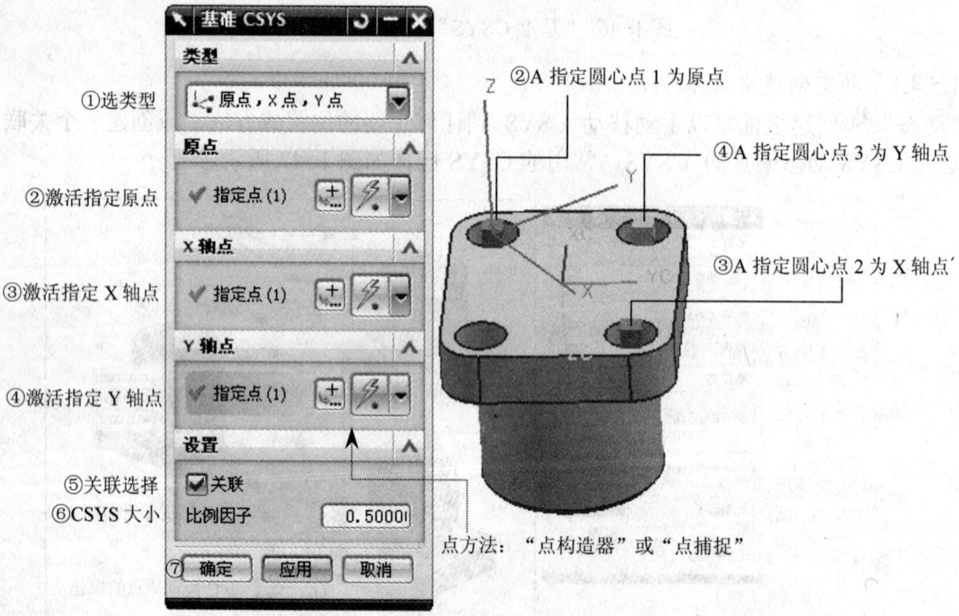

图 1-48　“基准 CSYS”对话框的“原点，X 点，Y 点”创建坐标系的操作

（注：第三点为 Y 轴点，但第三点不一定在 Y 轴上，但 Y 轴在第三点一侧）

1.5.4.4　绝对 CSYS 创建坐标系

“绝对 CSYS”创建在绝对坐标系(0,0,0)处定义关联坐标系。X 轴和 Y 轴是“绝对 CSYS”的 X 轴和 Y 轴；原点为“绝对 CSYS”的原点。

1.5.4.5　当前视图的 CSYS 创建坐标系

“当前视图的 CSYS”将当前视图的坐标系设置为坐标系。X 轴平行于视图底部；Y 轴平行于视图的侧面；原点为视图的原点（图形屏幕中间）。

1.5.4.6　偏置 CSYS 创建坐标系

“偏置 CSYS”根据指定的坐标系的 X、Y 和 Z 的增量来定义 CSYS。X 轴和 Y 轴为

现有 CSYS 的 X 轴和 Y 轴；原点为指定的点，其操作如图 1-49 所示。

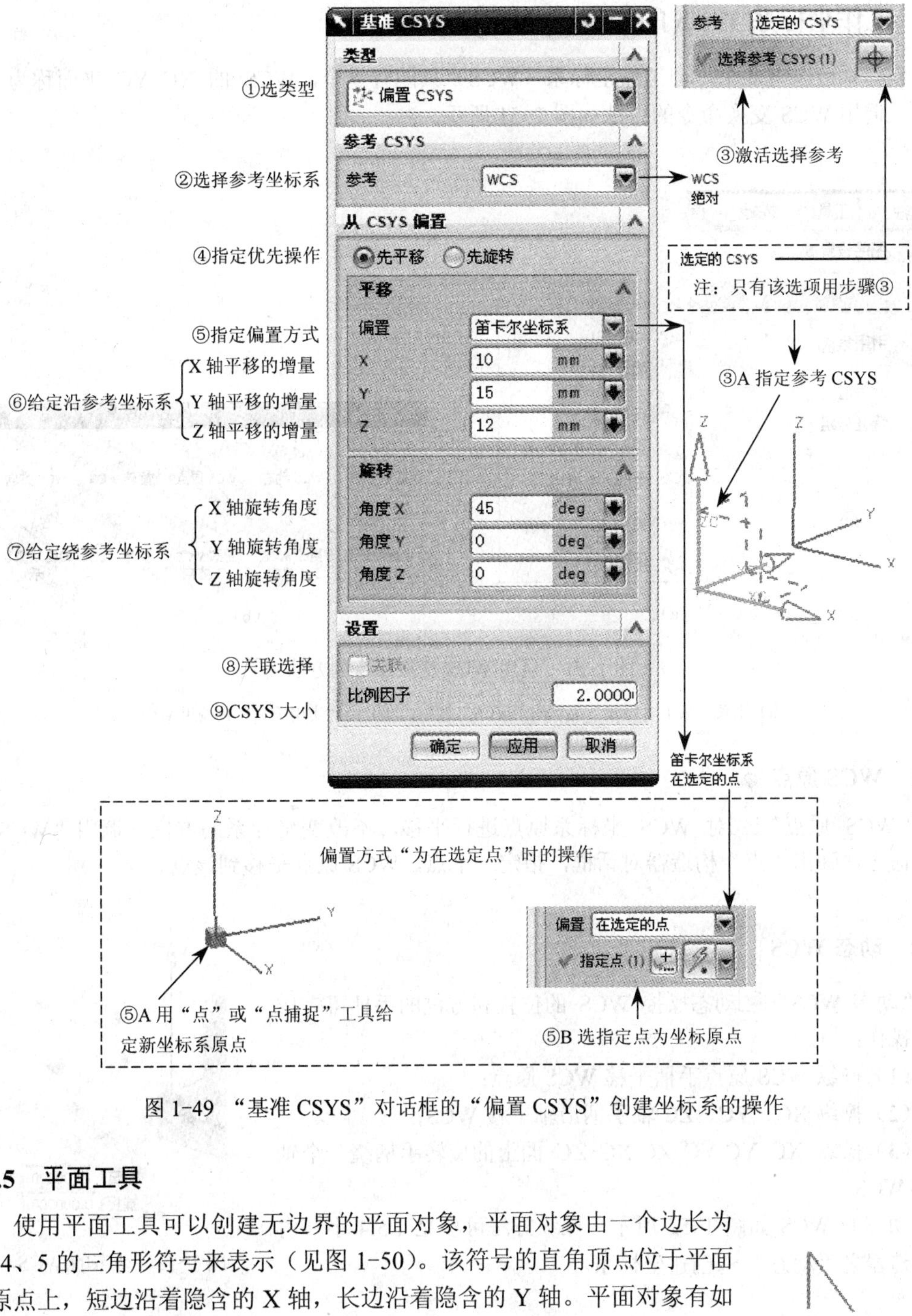

图 1-49 “基准 CSYS”对话框的“偏置 CSYS”创建坐标系的操作

1.5.5 平面工具

使用平面工具可以创建无边界的平面对象，平面对象由一个边长为 3、4、5 的三角形符号来表示（见图 1-50）。该符号的直角顶点位于平面的原点上，短边沿着隐含的 X 轴，长边沿着隐含的 Y 轴。平面对象有如下特点和用途：

（1）平面对象用于横截面曲线和曲面，以及定义曲面的限制；

（2）平面对象是非关联的，且不显示在部件导航器中；

（3）平面对象符号的比例是固定的。

图 1-50 平面符号

“平面”对话框与基准平面对话框的操作相同，如图 1-50 所示。

1.6 工作坐标系 WCS 的变换

坐标系可以有多个，但工作坐标系（WCS）只能有一个，WCS 的 XC-YC 平面称为工作平面。调用 WCS 变换命令的方法如图 1-51 所示。

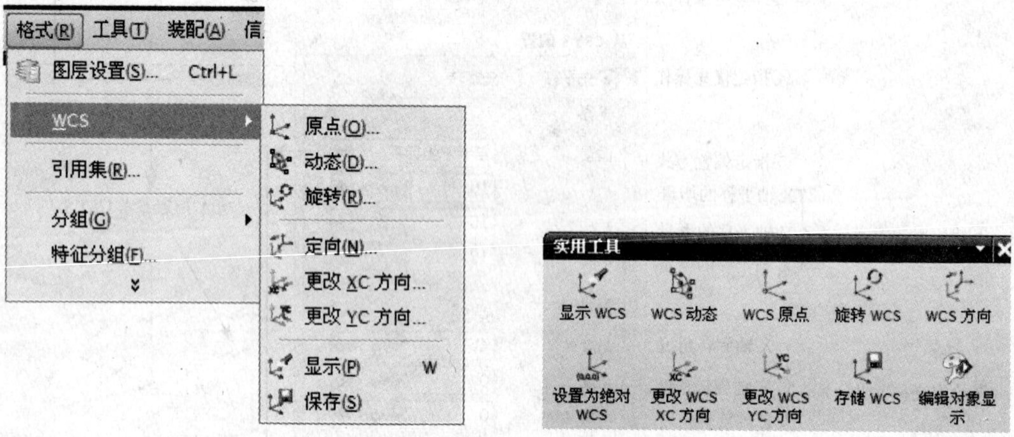

（a）　（b）

图 1-51　调用 WCS 变换命令的方法

（a）由菜单条上“格式”菜单的“WCS”调用；（b）由“实用工具”条调用 WCS

1.6.1 WCS 原点

“WCS 原点”对 WCS 坐标系原点进行平移，不改变坐标系的方位。调用“WCS 原点”命令，弹出“点”构造器对话框，指定一个点，WCS 原点平移到该点。

1.6.2 动态 WCS

“动态 WCS”动态操控 WCS 的位置和方位的手柄可完成如下操作：

（1）操纵 WCS 原点手柄平移 WCS 原点；

（2）操纵 XC、YC、ZC 轴手柄沿轴平移 WCS；

（3）操纵 XC-YC/YC-ZC/XC-ZC 面上的旋转手柄绕一个轴旋转 WCS。

动态的 WCS 如图 1-52 所示，操纵方法可参见 1.5.4 小节内容构造器之“动态”创建坐标系。

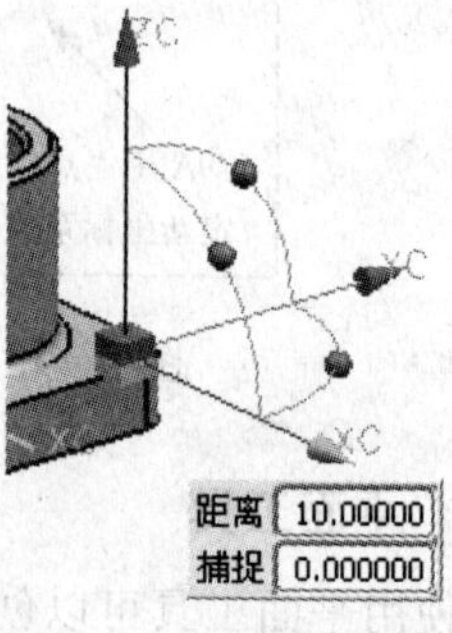

图 1-52　动态的 WCS

1.6.3 旋转 WCS

“旋转 WCS”使 WCS 围绕其轴之一旋转一定的角度。调用“旋转 WSC”命令，弹出“旋转 WSC”对话框，其操作如图 1-53 所示。

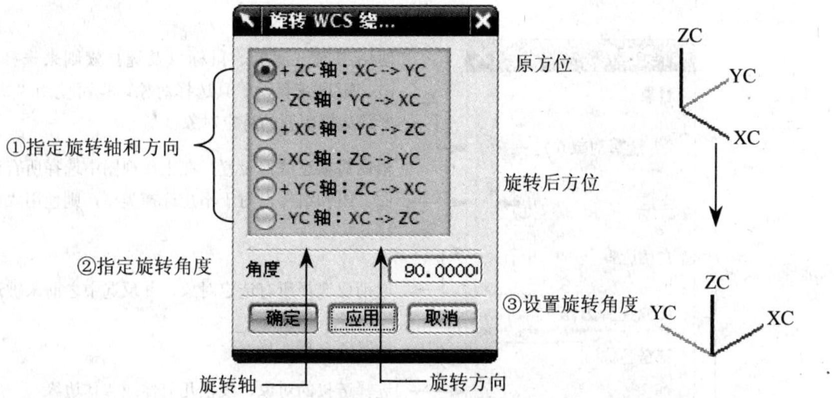

图 1-53 旋转 WCS 对话框及操作

1.6.4 WCS 方向

“WCS 方向”命令重定向 WCS 到新的坐标系，其操作方法参见 1.5.4 小节“基准 CSYS 构造器”相关内容。

1.6.5 坐标系的显示、隐藏和保存

坐标系的显示/隐藏：“实用工具”→“显示 WCS”按钮是一复选按钮，选中时显示当前工作坐标系；清除选中则隐藏当前工作坐标系。

“保存”命令：在当前 WCS 的位置和方位上创建一个坐标系对象。保存的坐标系如图 1-54 所示。

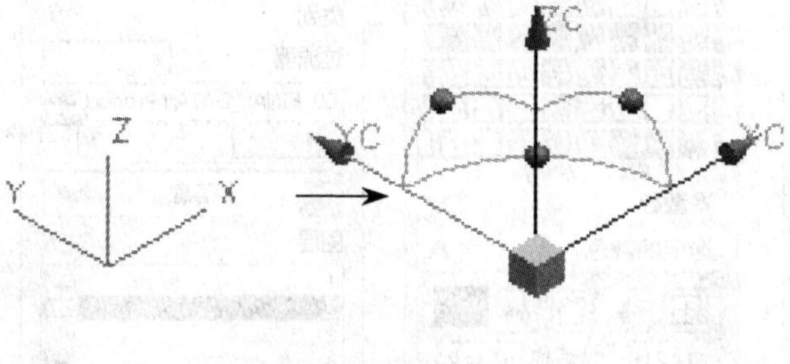

WCS 平移后显示保存的坐标系对象

图 1-54 保存的坐标系

1.7 对象操作

1.7.1 对象选择

1.7.1.1 使用类过滤器选择对象

类过滤器提供了选择对象的详细方法，可以使用类型、颜色、图层或其他参数来指定可选对象。例如，在选择“编辑”菜单下的“删除”、“隐藏”、“对象显示”、“移动对象”、“属性”等功能时，NX 显示如图 1-55 所示的“类选择”对话框。

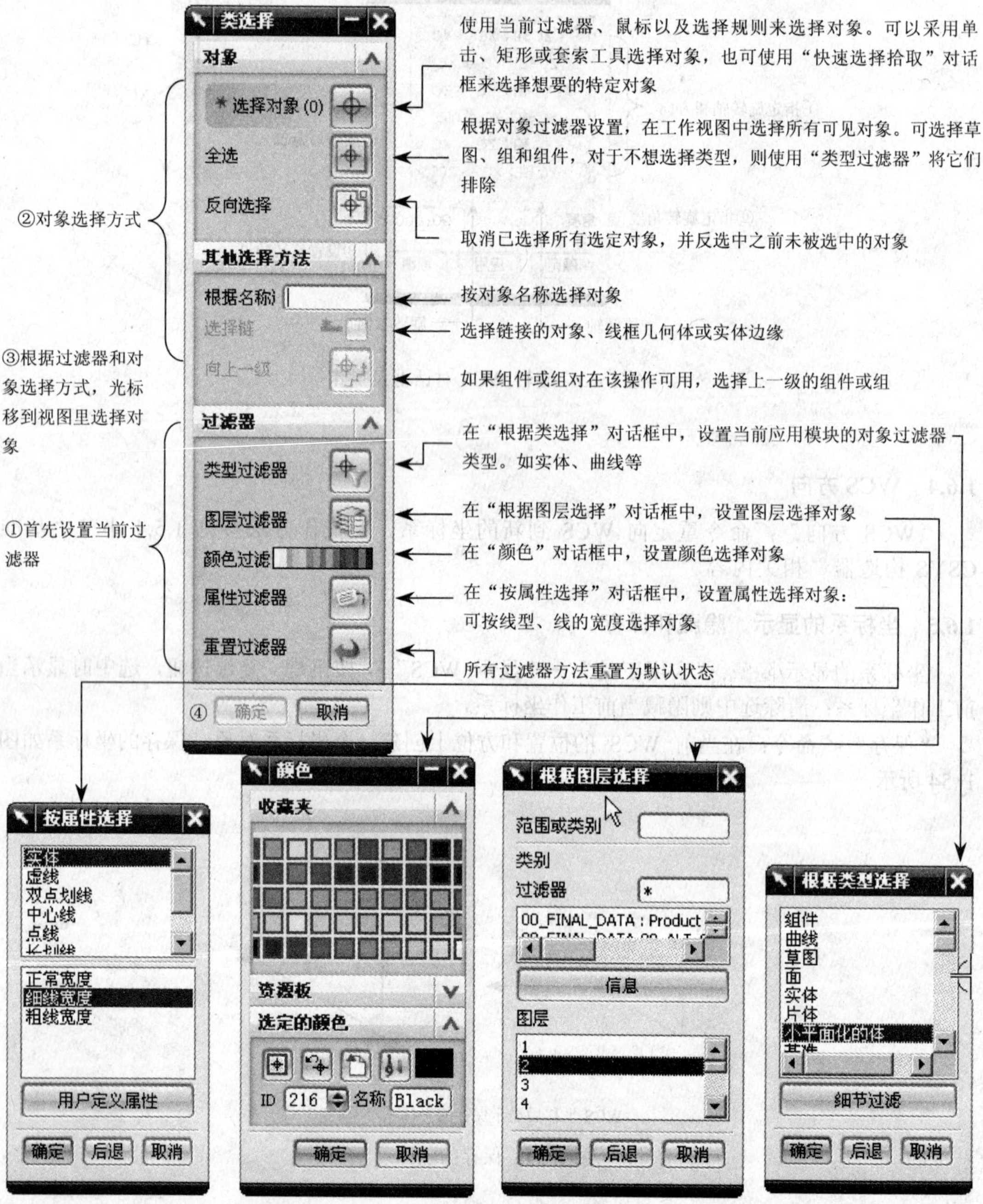

图 1-55　类选择对话框及操作

1.7.1.2　使用“选择条”工具选择对象

“选择条”位于图形窗口顶部工具条的下方，提供对可选对象进行过滤的方法。在“选择条”上集成了类型过滤器、选择范围及矩形等工具，可简化选择类型、颜色和图层等对象的操作。默认的选择条工具如图 1-56 所示。

在装配模块，当前工作部件可以使用其他部件(称为父部件)中的对象，“创建部件间链接”选中，部件之间将保持关联关系。

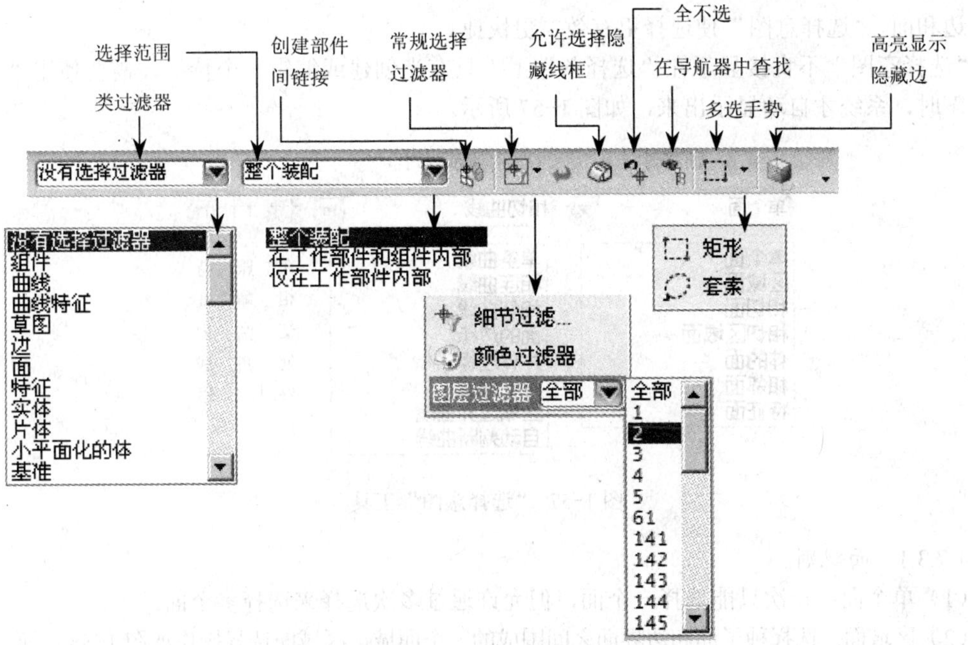

图 1-56 选择条工具及操作

1.7.2 对话框中的选择工具

在对话框中需要进行对象选择时，经常出现以下几种选项的按钮，用于选择或指定对象的需要的下一步操作，它们表示的意义如下所述：

（1）选择对象按钮：表示可选择任何类型的几何体。

（2）点：指定点按钮和“点”构造器按钮——表示提示选择点，可通过以下方式之一来选择点：

1）默认方式为自动判断方法来选择点；

2）单击的下拉箭头，从列表中来选择其他点选择方法；

3）单击“点”构造器进入“点”构造器对话框来指定点。

（3）矢量：指定矢量按钮、“矢量构造器”按钮——在对话框中提示选择矢量时，可以通过以下方式之一来选择矢量：

1）默认方式为自动判断的矢量方法来选择矢量；

2）单击的下拉箭头，从列表中来选择其他矢量选择方法；

3）单击“矢量”构造器进入“矢量”对话框来指定矢量。

使用反向按钮可反转已选择的矢量方向。

（4）平面：指定平面按钮、“平面”构造器按钮—— 在对话框中提示选择平面时，可以通过以下三种方式之一来选择平面：

1）默认方式为自动判断的矢量方法来选择矢量；

2）单击下拉箭头，从列表中来选择其他矢量选择方法；

3）单击“矢量”构造器进入“矢量”构造器对话框来指定矢量。

1.7.3 选择意图

“选择意图”集成在“选择条”工具上，用户使用“选择意图”定义的规则来选择多个曲线、边和面。“选择意图”使选择更有效、更快捷。

“选择意图”不直接显示在“选择条”上，只有当创建或编辑一个特征，需要使用“选择意图”时，系统才自动显示出来，如图 1-57 所示。

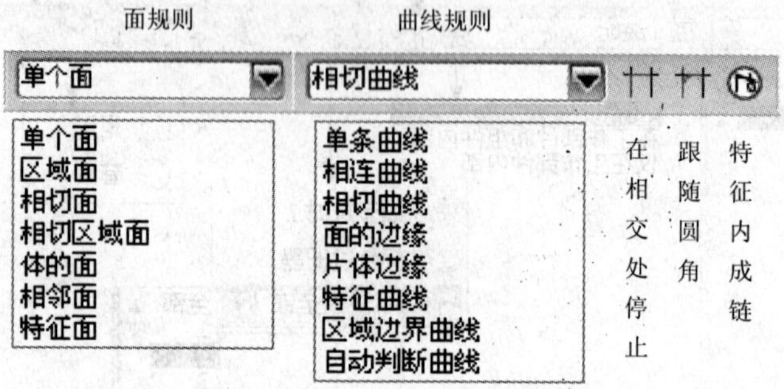

图 1-57 “选择意图”工具

1.7.3.1　面规则

（1）单个面：一次只能选择一个面，但允许通过多次选择来选择多个面。

（2）区域面：选择种子面和边界面之间围成的一个面域。区域面选择操作如图 1-58 所示。

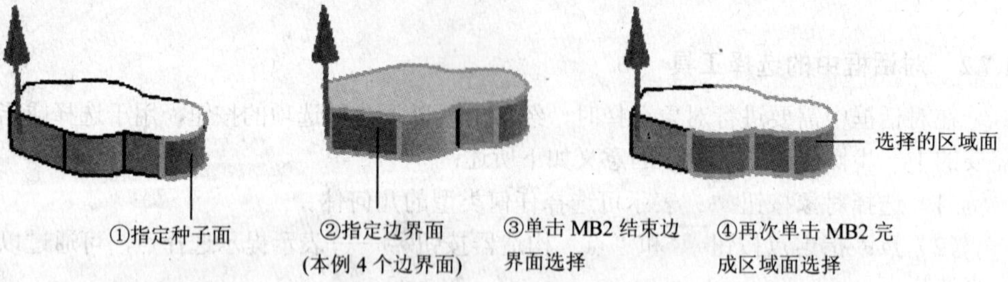

图 1-58 “拔模”中用区域面指定拔模面的操作

（3）相切面：指定一个种子面，系统自动选择一个光顺连接的面集。

（4）相切区域面：指定一个种子面和一组边界面确定一个面域，系统自动在面域内选择一个与种子面光顺连接的面集。

（5）体的面：选择指定体的所有面。

（6）相邻面：选择与指定面相邻的所有面，但不包括指定面本身。

（7）特征面：选择指定特征的所有面。

1.7.3.2　曲线规则

（1）单条曲线：一次只能选择一条曲线或边，但允许通过多次选择来选择多条曲线或边。

（2）相连曲线：选择曲线或边通过共享端点相连的曲线链。

（3）相切曲线：选择曲线或边连续相切的曲线链。

（4）面的边缘：选择指定面的所有边。

（5）片体边缘：选择片体的所有边。

（6）特征曲线：选择曲线特征中所有的曲线，例如草图或任何其他曲线特征。

（7）区域边界曲线：选择封闭区域的轮廓。

（8）自动判断曲线：通过操作的特征根据选定的对象类型来自动指定选择意图。创建“拉伸”特征时，在选择截面选择曲线时，则曲线规则可能为“特征曲线”，如果选择边，则可能为“单条曲线”。

1.7.3.3 在相交处停止选项

指定曲线进行自动生成曲线链时，若“在相交处停止”选项未选中，整条曲线参与成链；若该选项选中，参与成链的曲线终止于相交处，其示例如图 1-59 所示。

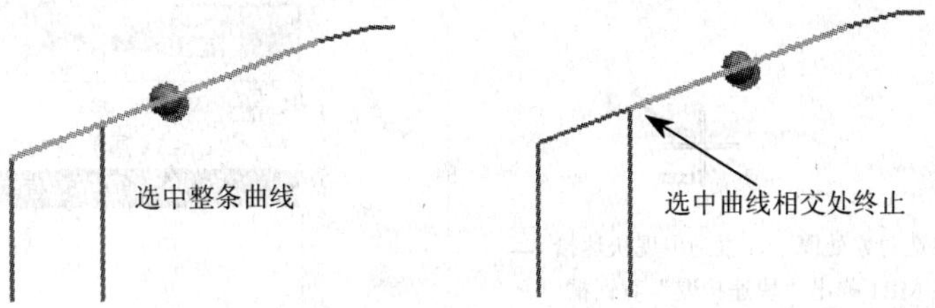

图 1-59 在相交处停止选项示例

1.7.3.4 跟随圆角选项

“跟随圆角”选项仅在建立截面（如拉伸、回转的截面）时可用，且仅用于相连曲线和相切曲线成链意图。

在截面建立期间，根据“跟随圆角”选项被选中或未选中，系统会自动将截面链接到相切圆弧或与相切圆弧断开链接，其示例如图 1-60 所示。

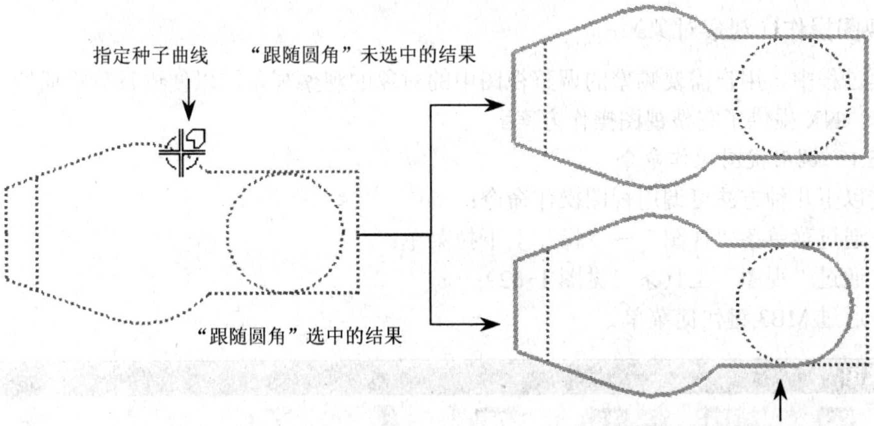

图 1-60 跟随圆角选项示例

1.7.4 快速拾取

当光标下有多个可选择对象时，快速拾取提供了所有可选择对象的列表，以便在多个可选对象中选择一个对象。使用快速拾取对话框来选择边、面、特征或体，操作快速拾取的方法如下所述：

（1）打开快速拾取对话框使用以下方法之一：

1）移动光标并置于要选择的对象上方，当光标变为“快速拾取”指示器（三个点）

时，单击 MB1；

2）在对象上方按住 MB1，当显示快速拾取指示器（三个点）时，释放 MB1。

（2）在快速拾取对话框中，高亮显示所需的项，并单击该项进行选择，快速拾取的操作示例如图 1-61 所示。

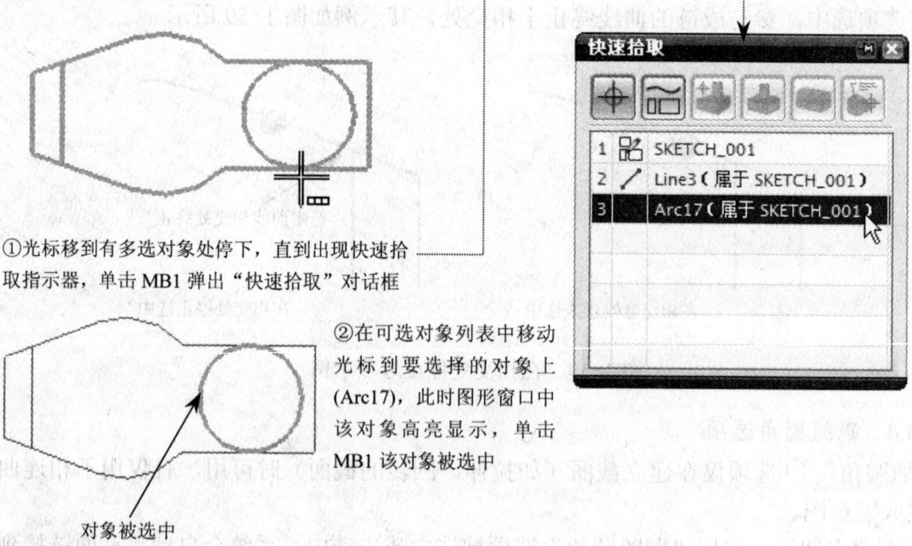

图 1-61　快速拾取操作示例

1.7.5　视图操作（观察对象）

建模过程中，用户需要频繁的调整视图中的对象的观察视角，以便进行分析研究，决定后续的操作，NX 提供了完整视图操作方案。

1.7.5.1　调用视图操作命令

通过以下几种方法可调用视图操作命令：

（1）通过菜单条“视图”→“操作”下拉菜单；

（2）通过“视图”工具条（见图 1-62）；

（3）通过 MB3 键快捷菜单。

图 1-62　“视图”工具条上的按钮

1.7.5.2　刷新屏幕显示

在建模过程中在屏幕上 UG NX 会产生一些临时提示，可点击“刷新”按钮来更新屏幕显示并可消除临时提示。

1.7.5.3　在视图中显示所有对象

在建模过程中，如果视图的模型对象太大或过小时，可使用“适合窗口”按钮来调整视图的中心和比例，使视图中的所有对象尽可能大的在屏幕上显示。

“根据选择调整视图”按钮命令可把模型中选中的部分对象在视图中尽可能大的在屏幕上显示。

1.7.5.4 缩放

实现缩放视图中的对象有以下几种方法：

（1）缩放选定区域。通过点击“视图”工具条的“缩放”按钮，可对选定区域的对象进行缩放。操作如下：

1）MB1 单击“视图”的“缩放”按钮，出现缩放光标；

2）在视图中用 MB1 拖动出一个要放大的矩形区域；

3）松开 MB1，选择的矩形区域被尽可能大的显示在视图窗口中心位置。

调用该命快捷调用方法：<F6>键或 MB3 调出的快捷菜单中选择“缩放”。

（2）使用“放大/缩小”按钮实现缩放。操作如下：

1）MB1 单击“视图”的“放大/缩小”按钮，出现放大/缩小光标；

2）在视图中用 MB1 拖动光标上下移动，即实现动态缩放。

调用该命令的快捷方法还可采用拖动 MB2+MB1 和<Ctrl>+拖动 MB2。

（3）使用 MB2 缩放。滚动 MB2 键，以当前光标位置为中心实现缩放。

（4）使用缩放视图对话框缩放。选择“视图”→“操作”→“缩放”。弹出缩放视图对话框（见图 1-63），可以直接输入比例值，也单击选项来实现缩放。

图 1-63 缩放视图对话框

1.7.5.5 旋转

（1）围绕部件几何体旋转。可以绕几何中心或绕线性曲线、线性边或矢量旋转视图。操作如下：

1）在“视图”工具条上单击“旋转”按钮，出现旋转光标；

2）MB1 单击几何体的边、曲线或基准轴作为旋转轴，或直接进入下步绕几何中心旋转；

3）用 MB1 拖动，则围绕旋转轴旋转，如图 1-64（a）所示。

调用该命令的快捷方法：<F7>键或 MB3 点出的快捷菜单中选择“旋转”。

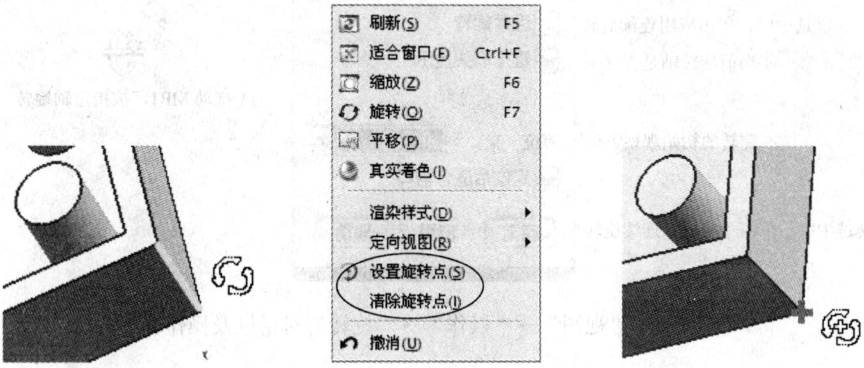

（a） （b） （c）

图 1-64 旋转操作示例

（a）绕轴旋转；（b）设置/清除旋转点；（c）绕点旋转

（2）使用 MB2 旋转。拖动 MB2 可以绕几何中心或旋转点（见图 1-64（c））旋转视图中的对象。

设置或清除旋转点，单击 MB3 弹出如图 1-64（b）所示快捷菜单，选择“设置旋转点”，在视图窗口用“点捕捉”指定一个点为旋转点。使用后用“清除旋转点”，返回系统默认状态。

（3）单轴旋转。分别绕 X、Y、Z 旋转视图，其操作如下：

把光标放到视图窗口边缘，按下 MB2 键，出现表 1-3 的光标形态时，拖动 MB2 即可实现绕轴旋转。

表 1-3　光标形态

旋 转 轴	光 标 位 置	光 标 形 态
围绕 X 轴旋转	视图的左侧或右侧	
围绕 Y 轴旋转	视图的下部	
围绕 Z 轴旋转	视图的上部	

（4）使用旋转视图对话框旋转。通过“视图”→“操作”→“旋转”，调出“旋转”对话框（如图 1-65 所示）。在该对话框中可以进行如下操作：

1）选定固定轴后，可以在视图中拖动 MB1 或在对话框中拖动滑块；

2）选中连续旋转，单击“应用”以给定的角度增量进行连续旋转；

3）在调用“旋转”命令前选中几何体。

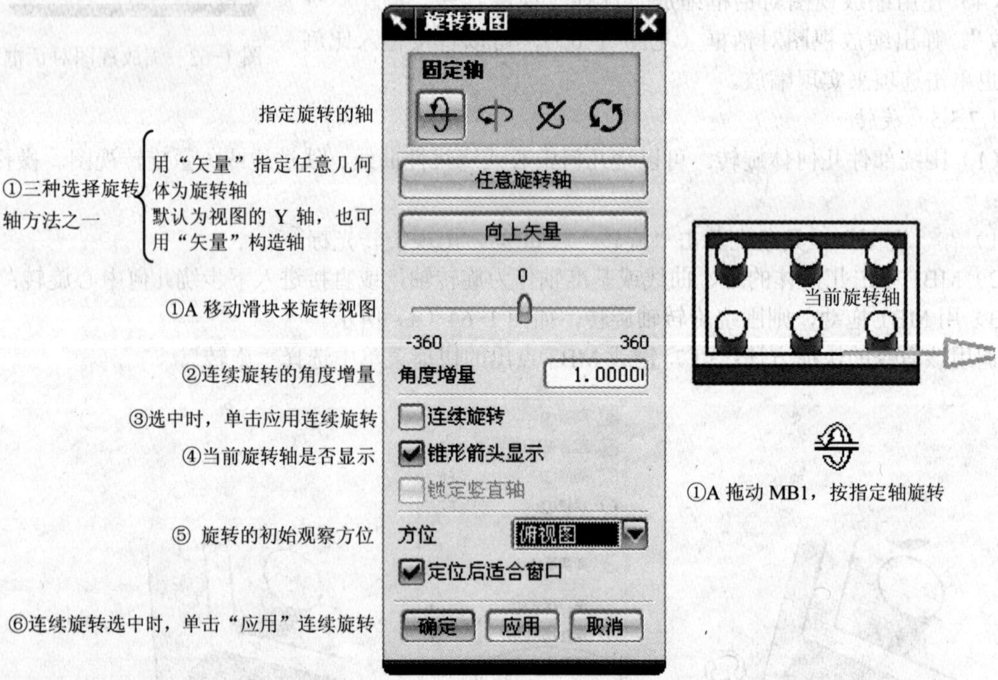

图 1-65　“视图”→“操作”→“旋转”对话框及操作

1.7.5.6　平移

以下几种方法可以实现平移功能。

选择平移命令后，拖动 MB1 将模型在视图窗口中移动。快捷键为：

（1）拖动 MB2+MB3；

（2）<Shift>+拖动 MB2。

1.7.6 对象渲染样式

渲染样式用来控制显示在视图中对象（包括实体、片体和小平面体）的外观。渲染样式集成在“视图”工具条上。渲染样式功能及效果如表 1-4 所示。

表 1-4 渲染样式功能及效果

图标及说明	功能	渲染效果
	用几何颜色显示三维模型，且在边缘和光顺边上添加线框	
	用几何颜色显示三维模型，但在边缘和光顺边上没有线框	
	仅用边缘和光顺边上的线框显示对象，隐藏的边变暗	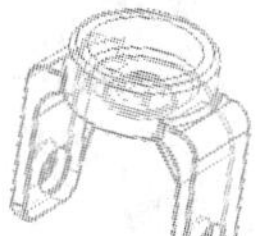
	仅用边缘和光顺边上的线框显示对象，隐藏的边不可见	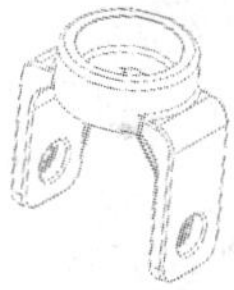
	仅用边缘和光顺边上的线框显示对象，隐藏的边也可见	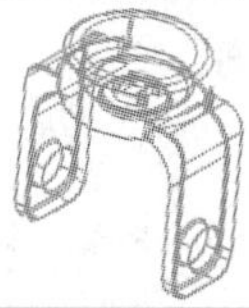
	根据指派的材料、纹理和光源布局实际地显示面	
	显示选定面上的表面分析数据，如应力、应变等	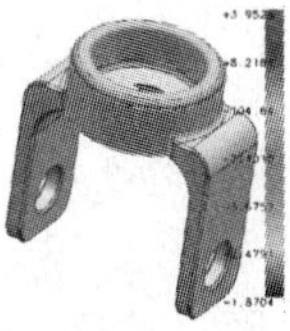
	模型的部分表面着色，其他表面用线框方式显示	

续表 1-4

图标及说明	功　能	渲 染 效 果
	调整线框模型中的颜色，使之与背景颜色形成最大对比	
	通过不同的方式和颜色改变模型的透明度	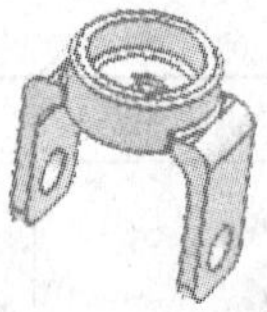

通过菜单条“编辑”→“编辑对象显示”命令，可以修改现有对象的图层、颜色、字体、宽度、栅格数、透明度以及着色状态，如图 1-66 所示。

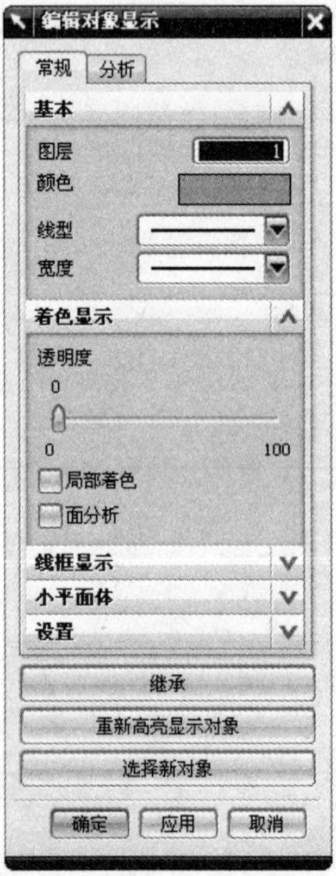

图 1-66　“编辑对象显示”对话框

1.7.7　显示和隐藏对象

在 UG NX 中有可见空间和不可见空间。建模一般是在可见空间进行的，当视图中对象太多时，为方便建模需要暂时隐藏一些对象，适当的时候再现隐藏的对象。建模完成后也需要把参考对象、基准特征等隐藏起来。调用显示和隐藏的方法如图 1-67 所示。

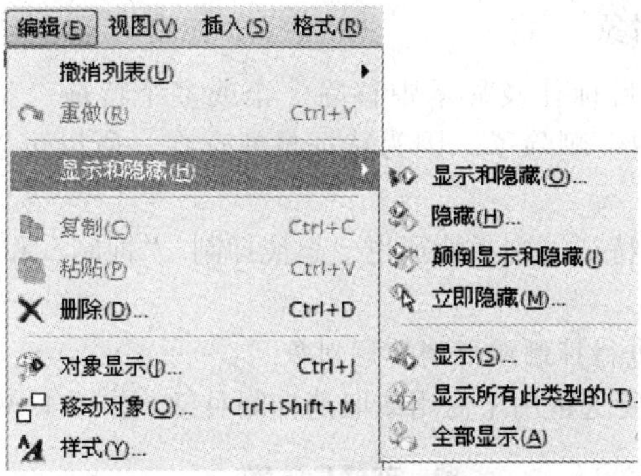

通过菜单条“编辑”→“显示和隐藏”调用

通过“实用工具条”调用

图 1-67 显示和隐藏命令的调用

1.7.7.1 利用“显示和隐藏”对话框按类显示和隐藏对象

调用“显示和隐藏”命令后，弹出“显示和隐藏”对话框（见图 1-68），MB1 单击类型右侧的“+”，该类所有对象被显示，单击“-”则被隐藏。

图 1-68 “显示和隐藏”对话框

1.7.7.2 隐藏

单击“隐藏”使选定的对象在所有视图中不可见。隐藏对象操作方法有两种：

（1）先选择欲隐藏的对象，然后选择“隐藏”命令，对象被隐藏；

（2）选择“隐藏”命令时，“类选择”对话框会打开，选择对象后，单击“确定”或 MB2。

1.7.7.3 立即隐藏

选择“立即隐藏”命令，出现“立即隐藏”对话框，在视图中选中要隐藏的对象，立即被隐藏。

1.7.7.4 颠倒显示和隐藏

单击按钮切换可见空间和不可见空间。在可见空间中被隐藏的对象保存在不可见空间中，在不可见空间也可进行对象的创建和编辑。

1.7.7.5 显示

“显示”按钮用于显示已隐藏的对象。调用“显示”命令后，系统自动切换到不可见空间，且“类选择”对话框打开，选中要显示的对象后，单击“确定”或 MB2，则系统切换回显示空间，并显示选中的对象。

1.7.7.6 显示所有类型

选中按钮可显示指定类型的隐藏对象。操作时“选择方法”对话框打开。

1.7.7.7 显示所有

选中显示可选图层上所有隐藏的对象，包括超出图形窗口的对象。

1.7.7.8 按名称显示

通过可以显示指定名称的对象。

1.7.8 抑制和取消抑制对象

“抑制”是指临时从目标体及显示中移除一个或多个特征。抑制的特征依然存在于数据库里，只是将其从模型中删除了。因为特征依然存在，所以可以用取消抑制特征重新使用它们。

如果抑制的特征有子特征，则子特征也一起被抑制。“抑制”和“取消抑制”的调用方式如下。

A　在部件导航器中进行抑制或取消抑制对象

（1）部件导航器中的复选框用于启用或取消抑制对象，如图 1-69 所示。

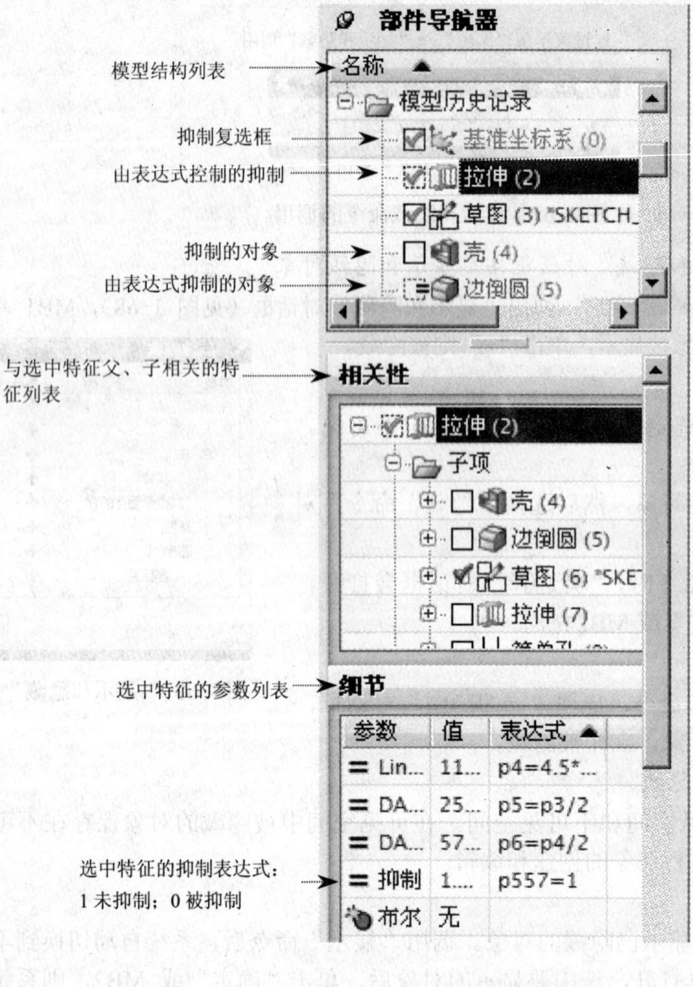

图 1-69　部件导航器与抑制

（2）在部件导航器中选中特征，单击 MB3 键弹出快捷菜单，选“抑制”或“取消抑制”。

B　使用“抑制特征”或“取消抑制特征”命令

在“编辑特征”工具条上选“抑制特征”或“取消抑制特征”命令，调出“抑制特征”对话框或“取消抑制特征”对话框。如图 1-70 所示。

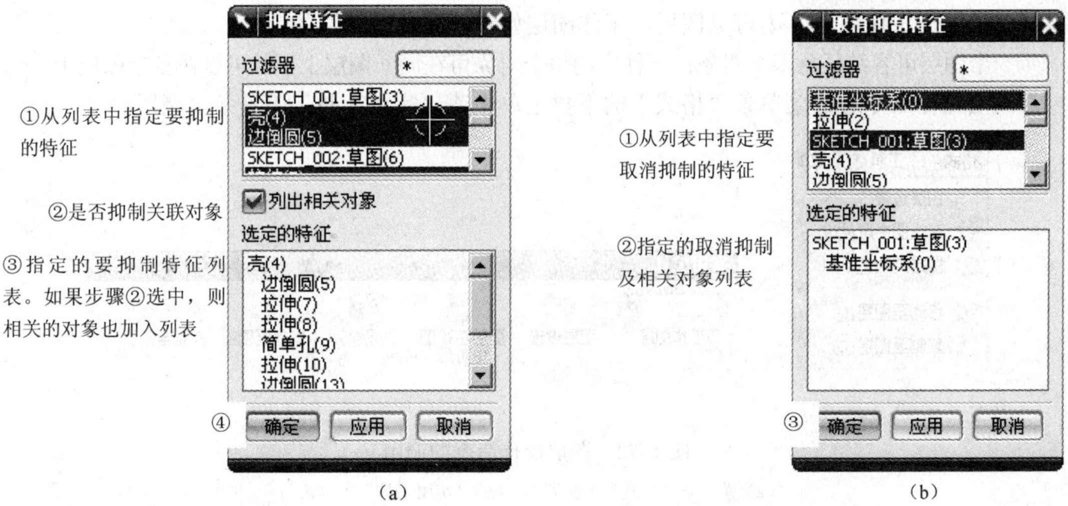

图 1-70 “抑制特征”对话框和“取消抑制特征”对话框

（a）“抑制特征”对话框；（b）“取消抑制特征”对话框

C 由表达式抑制特征

UG NX 中可用表达式控制所选特征的抑制状态。

选中“编辑特征”工具条→“由表达式抑制特征”命令，弹出如图 1-71 所示的对话框，对选择的特征完成抑制或取消抑制特征，并创建抑制表达式（如图 1-69 所示）。

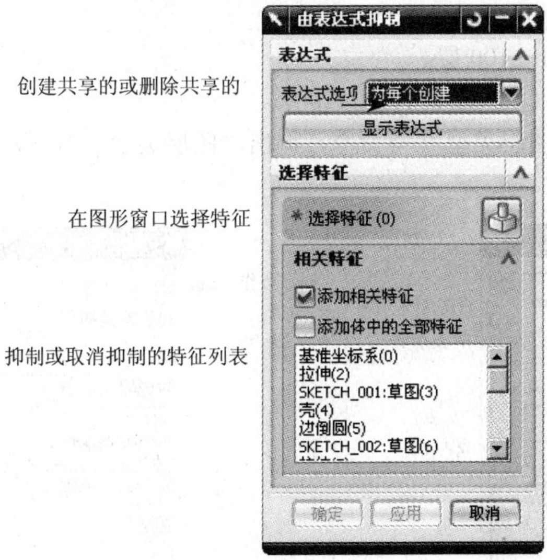

图 1-71 “由表达式抑制”对话框

抑制表达式创建后，可在部件导航器的细节视图中可和“工具”菜单→“表达式”命令中修改抑制表达式的值（1 为未抑制；0 为被抑制），控制特征的抑制状态。

1.8 图层的操作

UG NX 可以把模型的数据置于不同的图层上，用于控制部件中对象的可见性和可选择性。共有 256 个图层，但只能有一个工作图层，用户创建的工作都发生在工作图层中，其他图层可设为可选、仅可见、不可见图层，工作图层始终是可见且可选的。

一个图层可容纳任意多个对象；部件中的每个对象可在同一图层上，且可以在多个图层上。

图层操作命令通过菜单条“格式”的下拉菜单中或“实用工具”工具条来调用。

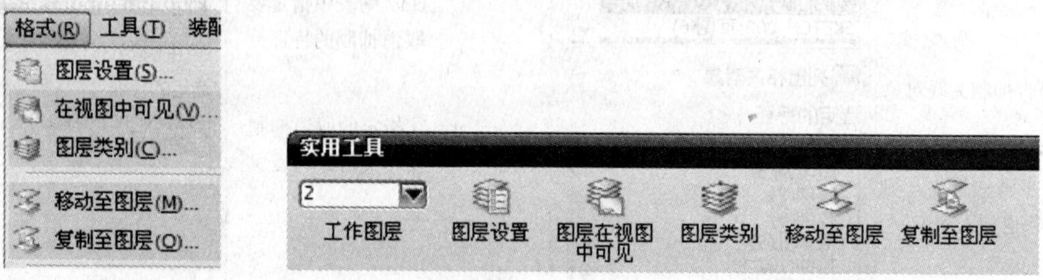

（a）　　　　（b）

图 1-72　图层操作命令的调用

（a）菜单条“格式”下拉菜单；（b）“实用工具”工具条

1.8.1　图层类别

UG NX 的模型中分为实体、曲线、草图等类别，它们属于不同的图层，为方便管理，也对图层进行分类管理。通常情况下图层的分类如下：

实体（Solid Geometry）：1～20 层。

草图（Sketch Geometry）：21～40 层。

曲线（Curve Geometry）：41～60 层。

参考对象（Reference Geometries）：61～80 层。

片体（Sheet Bodies）：81～100 层。

工程制图对象（Drafting Objects）：101～120 层。

选择“实用工具”→“图层类型”命令，调出“图层类别”对话框，创建新/编辑的图层类别的操作如图 1-73 所示。

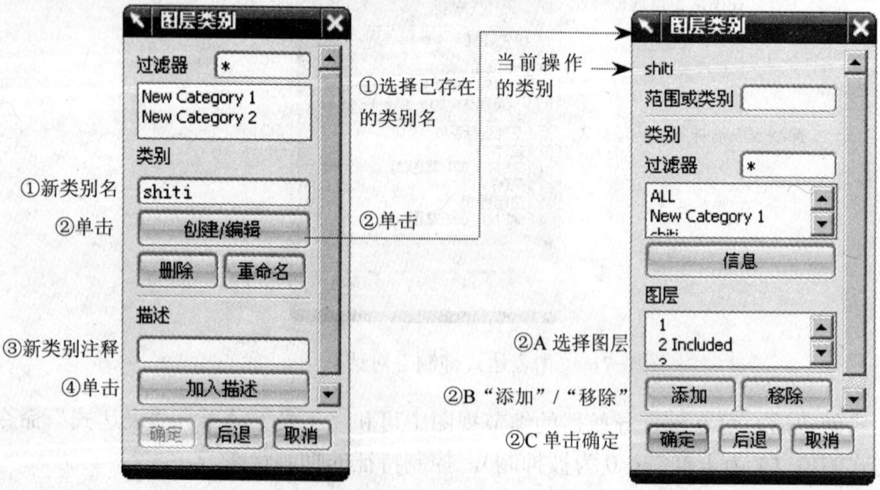

（a）　　　　（b）　　　　（c）

图 1-73　创建和编辑图层类别的操作

（a）创建新图层类别；（b）编辑图层类别；（c）图层类别编辑

1.8.2 图层设置

选择“实用工具”→“图层设置”命令，调出“图层设置”对话框，可设置工作图层、控制图层的状态等，其操作如图 1-74 所示。

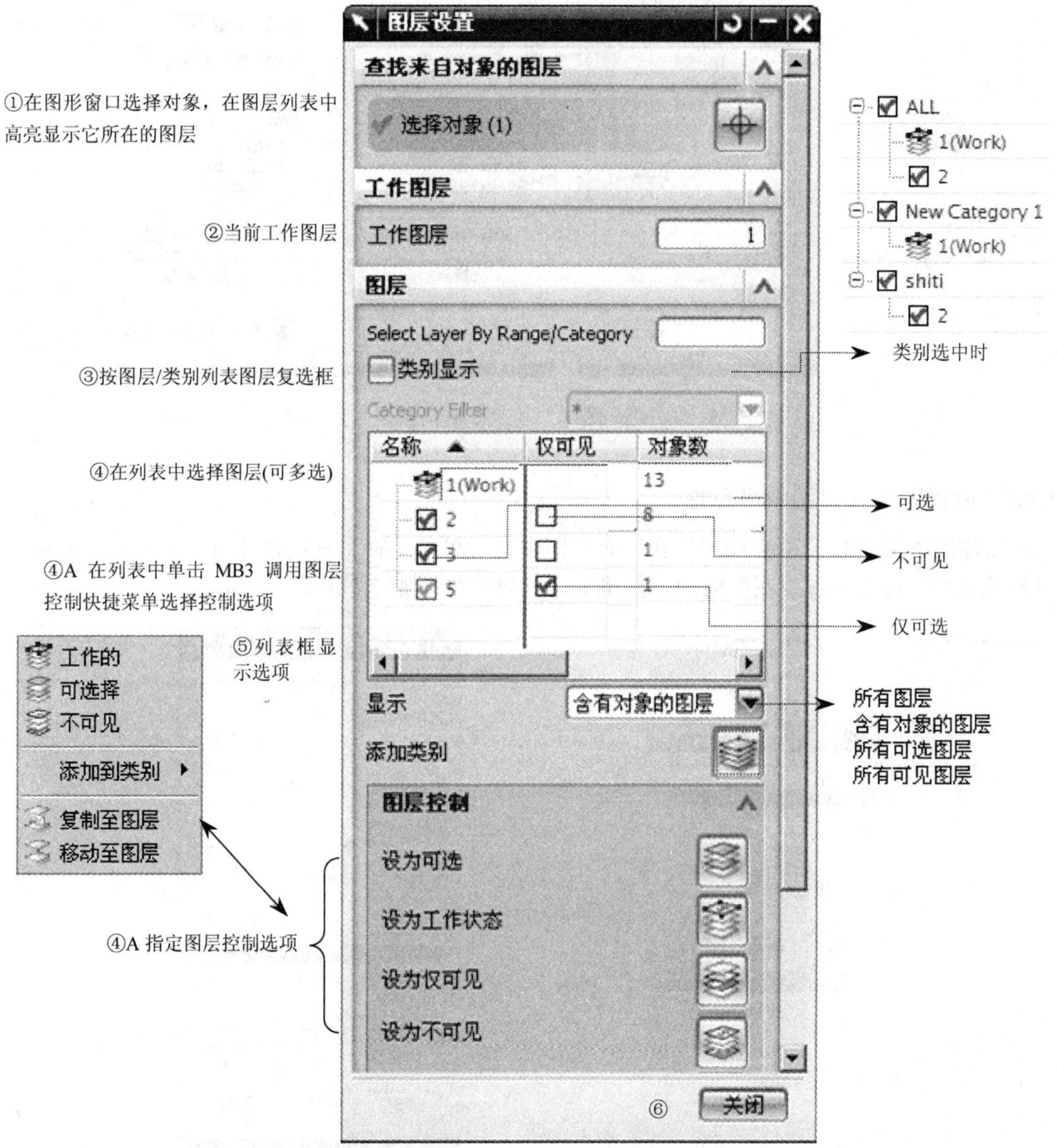

图 1-74 图层设置的操作

1.8.3 移动或复制至图层

使用“移动至图层”或“复制至图层”命令可改变对象所在图层或添加对象至图层。其操作如图 1-75 所示。二者的操作相似，选择命令后弹出“类选择”。

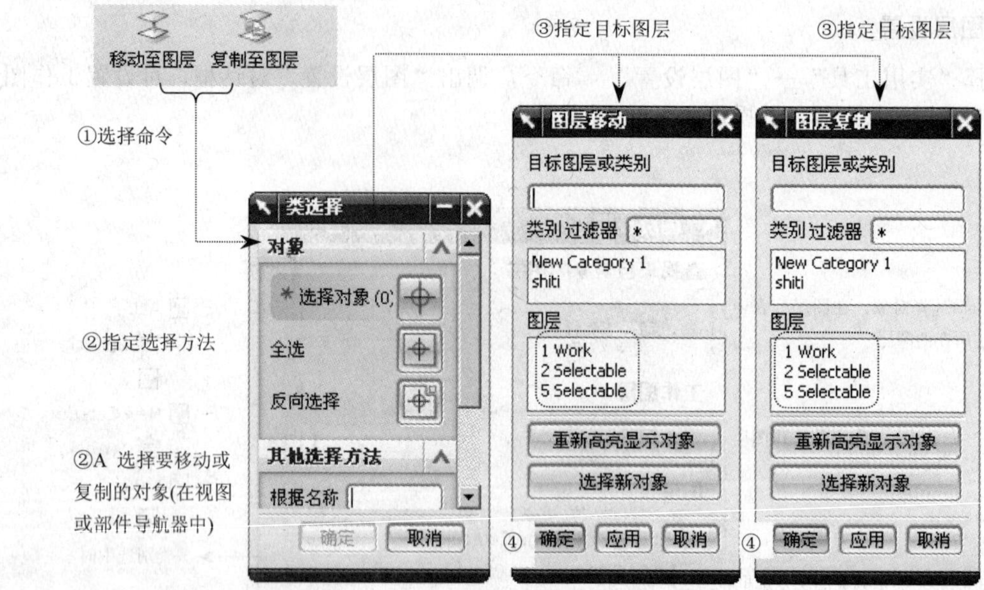

图 1-75　“移动至图层”和“复制至图层”的操作

1.8.4　设置图层在视图中可见性

新建的 NX 部件，所有图层均在所有视图中自动可见。在多视图操作时，允许对选定视图设置可见性。也可使图层在所有视图都可见，其操作如图 1-76 所示。

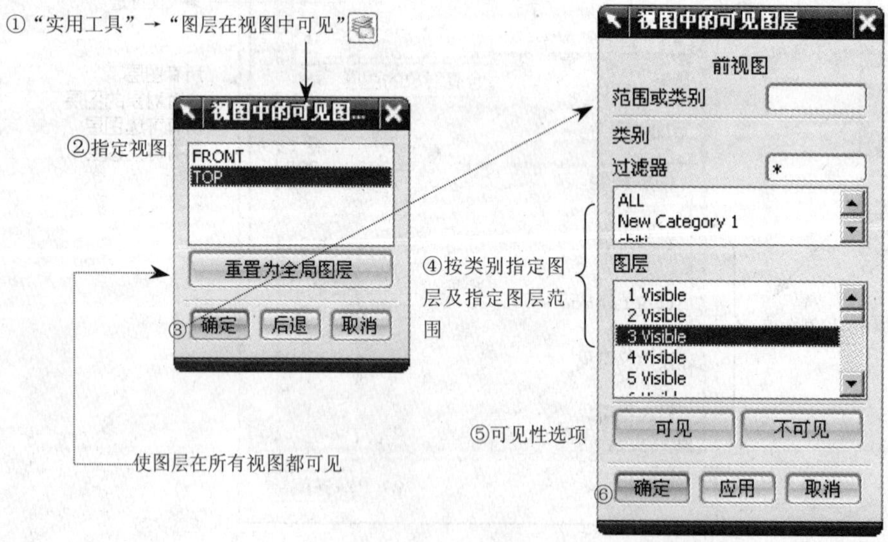

图 1-76　设置图层在视图中可见性

习　　题

1-1　UG NX 的工具条和工具条的命令按钮是怎么隐藏和显示的？

1-2　掌握常用 UG NX 的快捷键的操作，如视图的旋转、缩放、平移等。

1-3　熟练掌握"点捕捉"、"点构造器"、"矢量构造器"、"基准构造器"的使用方法。

1-4　熟练掌握工作坐标系的操作方法，如"WCS 原点"、"动态 WCS"、"旋转 WCS"、"WCS 方向"。

1-5　坐标系的显示、隐藏和保存是如何操作的？

1-6　"选择意图"的作用是什么？

1-7　掌握快速拾取的用途和操作方法。

1-8　视图操作有几种？旋转、缩放、平移的操作是如何进行的？

1-9　对象渲染样式有几种？各有什么显示特点？

1-10　显示和隐藏对象操作命令有哪些？

1-11　抑制和取消抑制对象的方法有哪些？如何操作？

1-12　UG NX 的图层一般是怎么分类的？

1-13　如何改变对象所在的图层？

第 2 章　草　　图

草图是指定平面的 2D 曲线和点的集合。“草图”任务环境是一个 NX 应用模块，用于在部件内部创建二维几何体。

草图中可以使用几何约束与尺寸约束，更容易表达用户设计意图；参数驱动设计的应用，便于模型的创建、修改。应用草图生成器评估约束，可以确保这些约束完整而无冲突。

草图可用于扫掠、拉伸或旋转创建实体或片体；构造大型设计的 2D 概念布局等。

2.1　创建草图的一般过程

2.1.1　创建与激活草图

2.1.1.1　创建草图

在平面上新建草图的操作如图 2-1 所示，设置完成后单击“确定”进入草图工作环境。草图平面可以是基准 CSYS 平面、基准平面，也可以是体的平的表面。“草图方向”是为草图指定水平或竖直参考方向，它可以是矢量、直线或直线类的边缘。

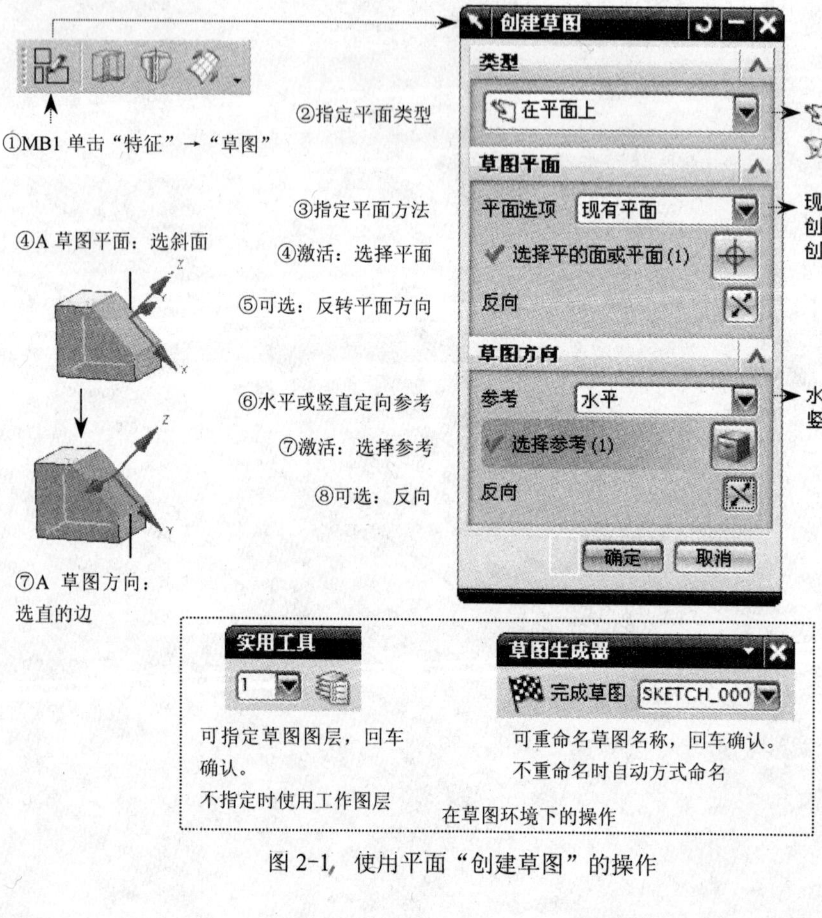

图 2-1　使用平面“创建草图”的操作

草图可分为外部的和特征内的草图。通常使用“草图”命令创建的草图是外部的草图；在基于草图的特征（如拉伸、旋转等）集成了草图命令，在特征中生成的草图是特征内的草图。外部的和特征内的草图可以相互转换，操作方法是：在部件导航器中 MB3 键单击父特征，然后选择“使草图为外部的”命令或“使草图为内部的”命令。

2.1.1.2 激活草图

创建后的草图进行修改时，需要重新激活草图方可进行编辑。激活草图的方法如下：

（1）在图形窗口选中欲编辑草图中的曲线，MB1 双击；

（2）在部件导航器中选中欲编辑草图名称，MB1 双击或在 MB3 快捷菜单中选“编辑”命令；

（3）在草图工作环境中切换到欲编辑草图，操作如图 2-2 所示；

图 2-2 在草图工作环境中激活草图

（4）在父特征内激活草图：MB1 双击父特征出现相应的编辑对话框，然后 MB1 单击“草图”。

2.1.1.3 草图环境的工具条

草图环境的工具条如图 2-3 所示。

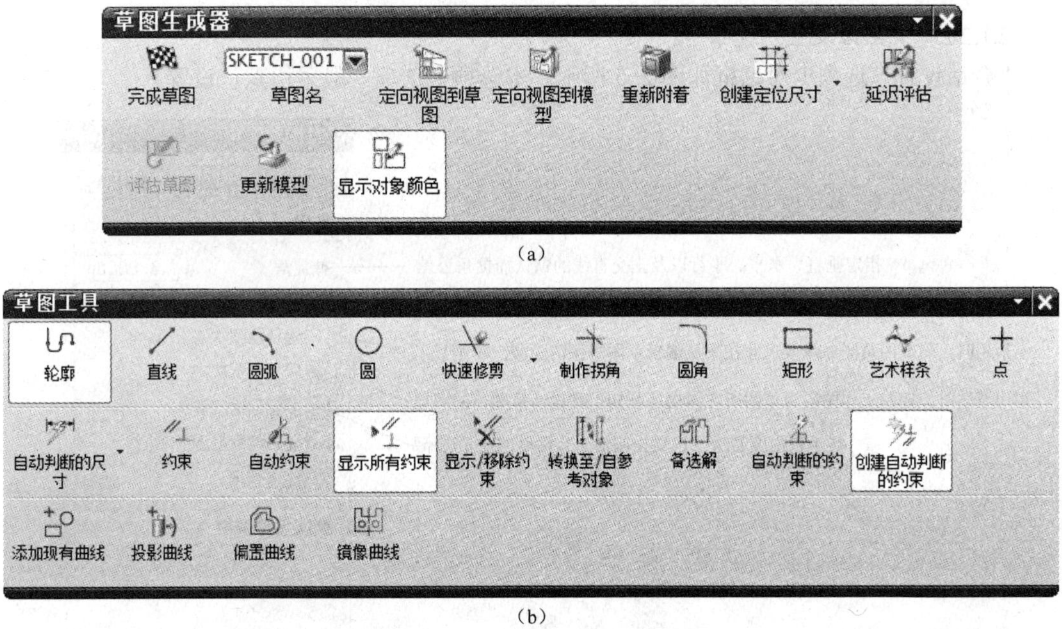

图 2-3 默认的“草图工具”工具条

（a）“草图生成器”工具条；（b）“草图工具”工具条

2.1.2 草图环境设置

通过菜单条上“首选项”→“草图”调用“草图首选项”对话框，有“草图样式”、“会话设置”和“部件设置”三个选项卡，各选项作如下简要说明。

2.1.2.1 “草图样式”选项卡

“草图样式”选项卡对话框如图 2-4 所示。当草图较复杂，尺寸较多时，“尺寸标签”选项中可选择：“值”。

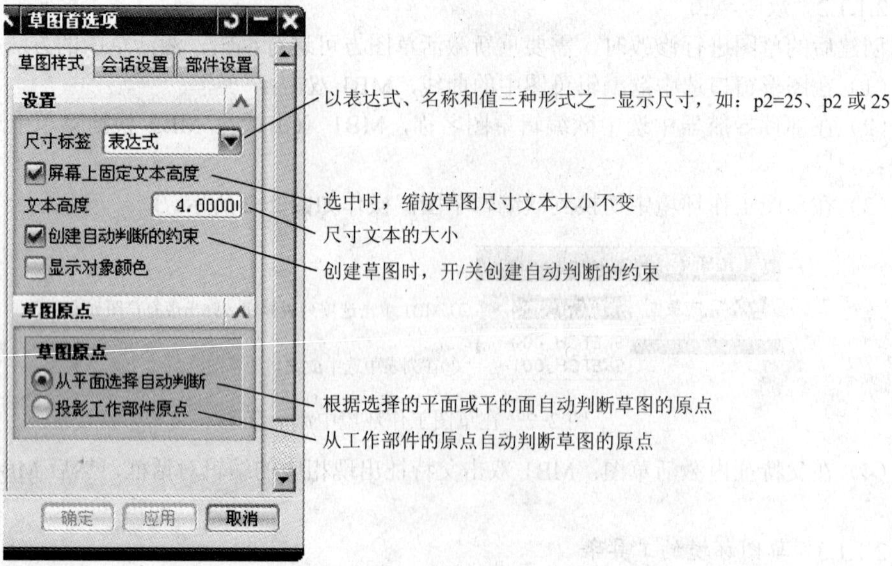

图 2-4　选择“草图首选项”的“草图样式”选项卡

2.1.2.2 “会话设置”选项卡

“会话设置”选项卡对话框如图 2-5 所示。本选项卡选项一般采用默认设置。

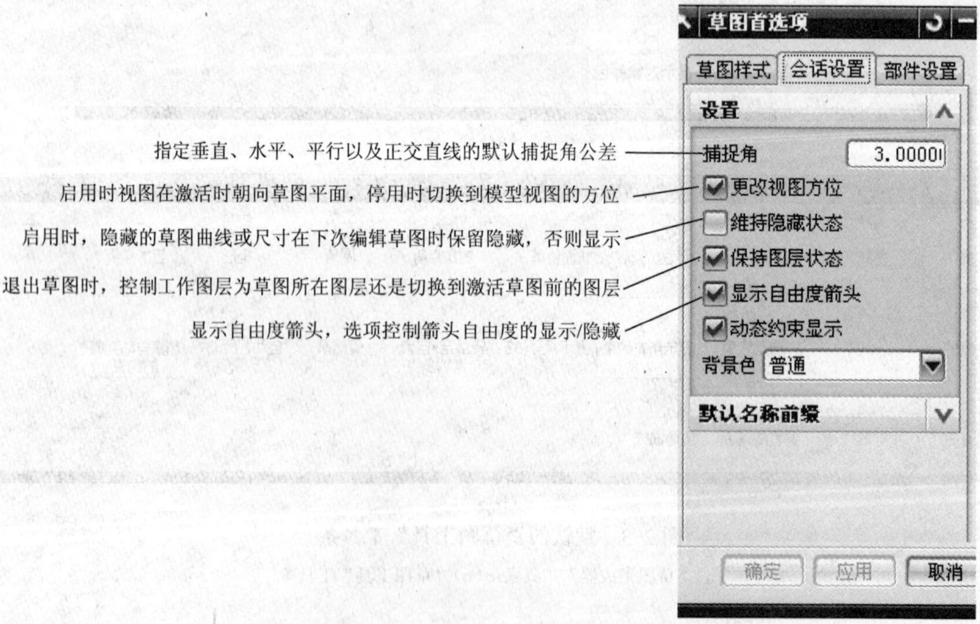

图 2-5　选择“草图首选项”的“会话设置”选项卡

2.1.2.3　“部件设置”选项卡

用于控制曲线、尺寸、自由度箭头的颜色设置，以及当前部件中其他草图对象的颜色设置。掌握草图对象的颜色对及时发现草图可能存在的问题或错误非常有用，如图 2-6 所示。

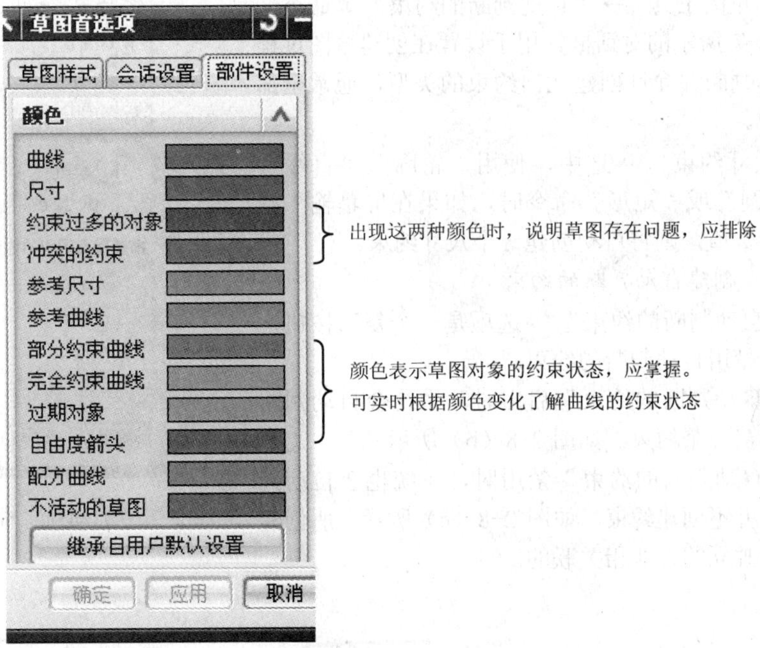

图 2-6　选择“草图首选项”的“部件设置”选项卡

2.1.3　草图建立的一般过程

草图建立的一般过程包括：

（1）选择一个草图平面或路径，并指定水平或竖直参考方向；

（2）可以选择重命名草图；

（3）设置自动判断约束和设置草图选项；

（4）创建草图的曲线；

（5）添加、修改或删除约束；

（6）拖动外形或修改尺寸参数；

（7）退出草图生成器。

2.2　草图曲线建立

在草图中可以直接绘制曲线和点，也可以添加图形窗口中已有曲线或点到草图，还可以从实体或片体中抽取对象到草图中。

2.2.1　自动判断的约束设置和创建自动判断的约束

草图中的几何体之间有平行、垂直、相切、共线、点重合等几何关系，直线自身也有水平、竖直的几何状态，在创建草图的过程中系统会捕捉用户的设计意图自动创建几何关系，以提高效率。“自动判断的约束”设置和“创建自动判断的约束”命令两个命令配合使用，可达成预期的效果。

2.2.1.1　自动判断的约束设置

选择“草图工具”→“自动判断的约束”命令，弹出如图 2-7 所示的对话框。用于设置在创建草图过程中系统自动判断并允许创建几何约束的类型，通常全部选项都选中。

若“尺寸约束”选中，使用“轮廓”、“直线”、“圆弧”、“圆”或“矩形”命令时，如果在屏幕输入框中输入了参数值，则将自动创建一个尺寸约束。

2.2.1.2　创建自动判断的约束

“创建自动判断的约束”选项是一个复选按钮，用于启用或禁用自动判断的约束。

“创建自动判断的约束”启用时，系统会自动判断约束，并创建一个约束，如图 2-8（b）所示。

“创建自动判断的约束”禁用时，系统也会自动判断约束，但并不创建约束，如图 2-8（c）所示。所创建的几何体是独立的、非相关联的。

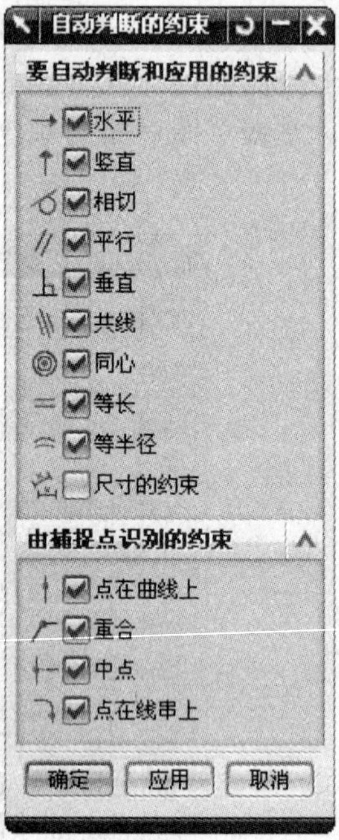

图 2-7 “自动判断的约束”对话框

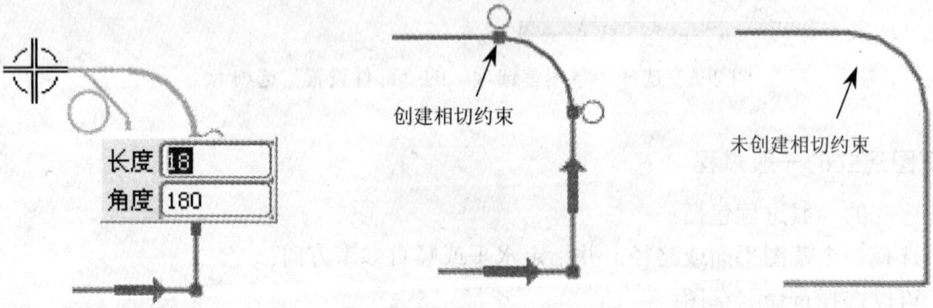

（a）　　（b）　　（c）

图 2-8 “创建自动判断的约束”启用或禁用效果示例

（a）捕捉到相切；（b）启用；（c）禁止

在创建曲线时，按住 Alt 键，可临时禁用“创建自动判断的约束”。

2.2.2　轮廓曲线、直线、圆和圆弧

2.2.2.1　轮廓曲线

“轮廓”曲线命令是以线串模式创建一系列相连的直线或圆弧，即上一条曲线的终点是下一条曲线的起点。

（1）调用和结束“轮廓”命令。MB1 单击“草图曲线”→“轮廓”按钮，弹出“轮廓”命令对话条，如图 2-9 所示。按 Esc 键、单击 MB2 或重新 MB1 单击“草图曲线”→“轮廓”按钮可结束“轮廓”命令。

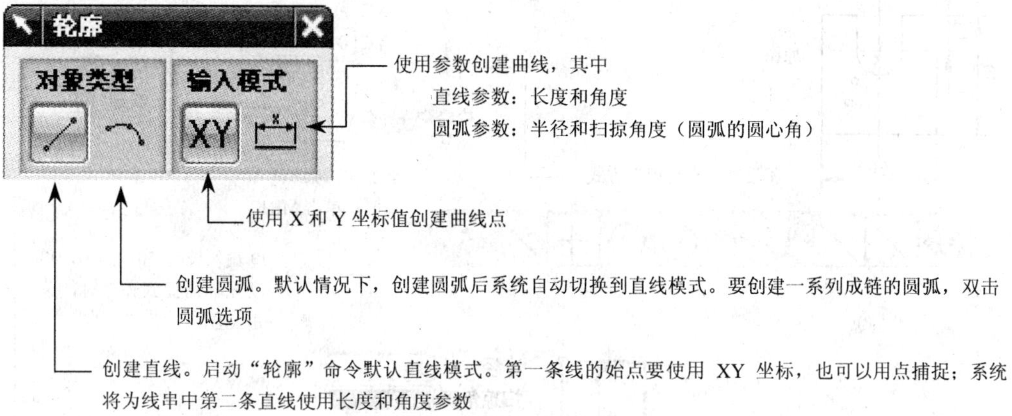

图 2-9 “轮廓”命令对话框

(2)“直线”→“圆弧”或“圆弧”→“圆弧”模式的切换的方法为：

1）一是在“轮廓”命令对话框直接选用“圆弧”选项。

2）二是选择球套住上一曲线的终点拖动 MB1 键移动一段距离，出现轮廓的圆弧象限符号显示（如图 2-10（a）所示）时，松开 MB1，移动光标引导圆弧从合适象限移出可得到 8 种不同的圆弧，给定圆弧参数后，单击 MB1 完成圆弧的创建。

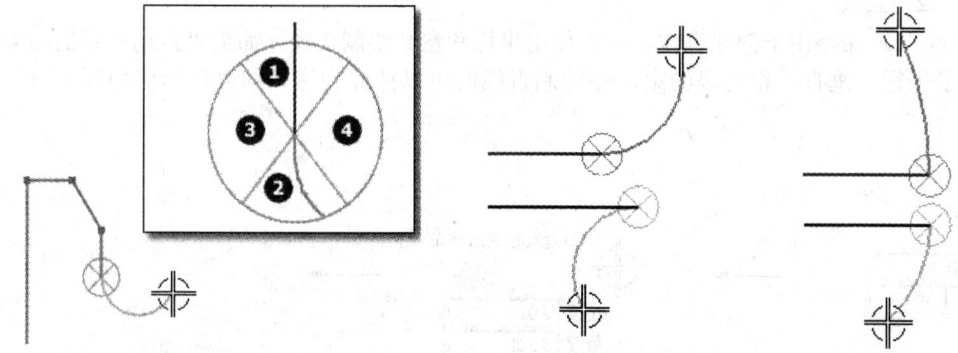

（a） （b） （c）

图 2-10 圆弧象限

（a）圆弧象限符号；（b）从第Ⅰ、第Ⅱ象限引出；（c）从第Ⅲ、第Ⅳ象限引出

如果圆弧与前一曲线的连接不符合设计意图时，可移动光标重新套住上一曲线的终点，从合适的象限移出。

(3)“轮廓”命令实例。绘制过程如图 2-11 所示。

要提示的是：

1）在草图应用环境，位于选择条上的“点捕捉”工具是可以使用的，当创建曲线时，用户可根据自己的设计意图选择点捕捉方式；

2）新建一个草图时，应首先设置“自动判断的约束”，并启用“创建自动判断的约束”，可大大提高草图创建的效率。

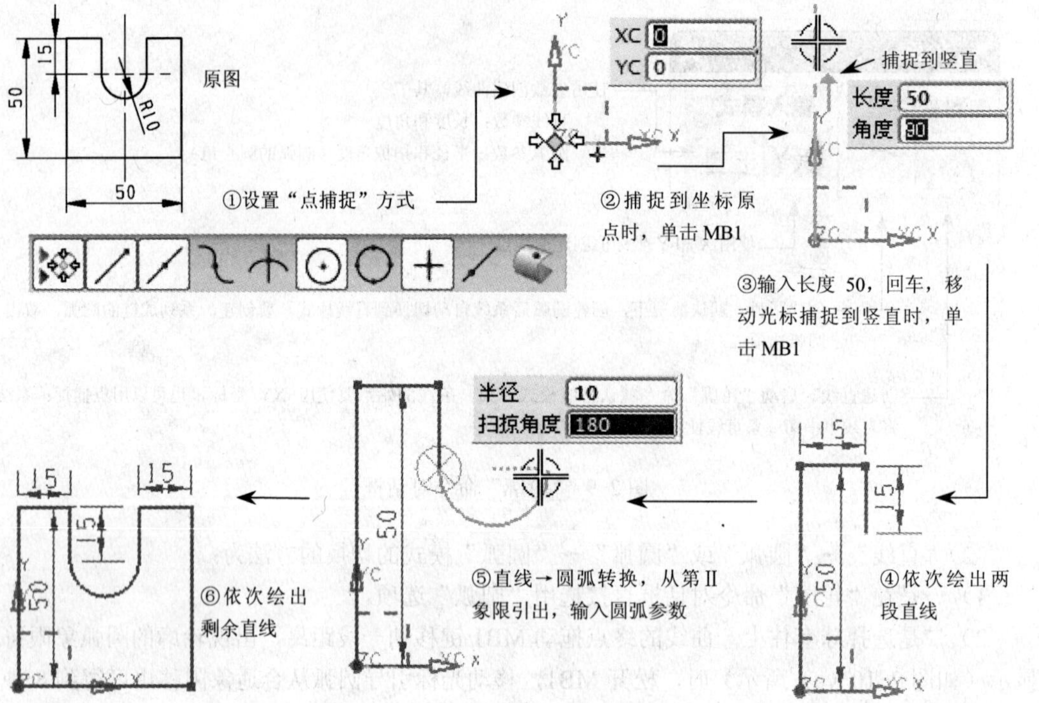

图 2-11　使用“轮廓”绘制草图实例

2.2.2.2　直线

“直线”命令用于创建直线。可以使用坐标和参数绘制直线；如果“自动判断的约束”中设置了平行、垂直、相切等约束，在绘制直线时可以捕捉到这些约束。示例如图 2-12 所示。

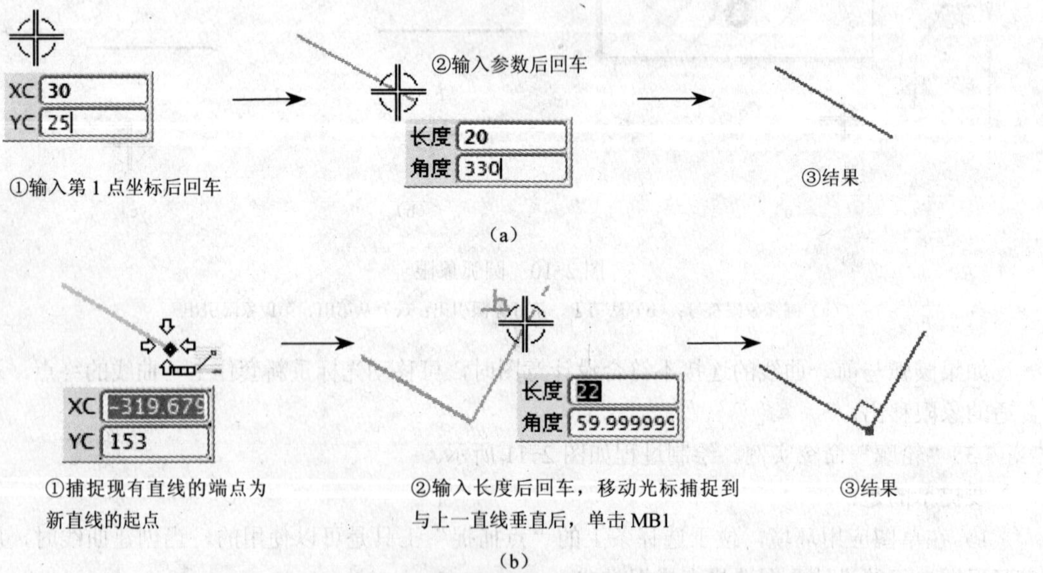

图 2-12　绘制直线示例

(a) 使用坐标和参数绘制直线；(b) 使用自动判断的约束创建直线

2.2.2.3　圆弧

“圆弧”命令用于创建圆弧，有两种方法：

（1）“三点”：建立过三点或过两点（在圆弧上的开始、结束点）与半径的圆弧。操作方法如图 2-13 所示。

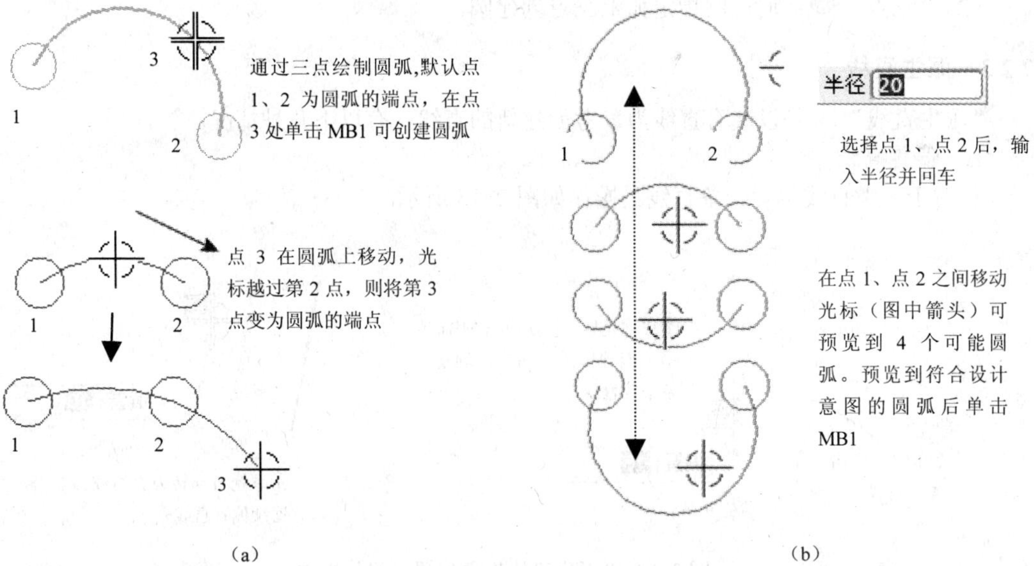

图 2-13　“三点定圆弧”的操作实例

（a）通过三点建立圆弧；（b）通过两点和半径建立圆弧

（2）“中心和端点”：通过中心、两个端点或通过圆心、半径和扫掠角度创建圆弧。示例如图 2-14 所示。

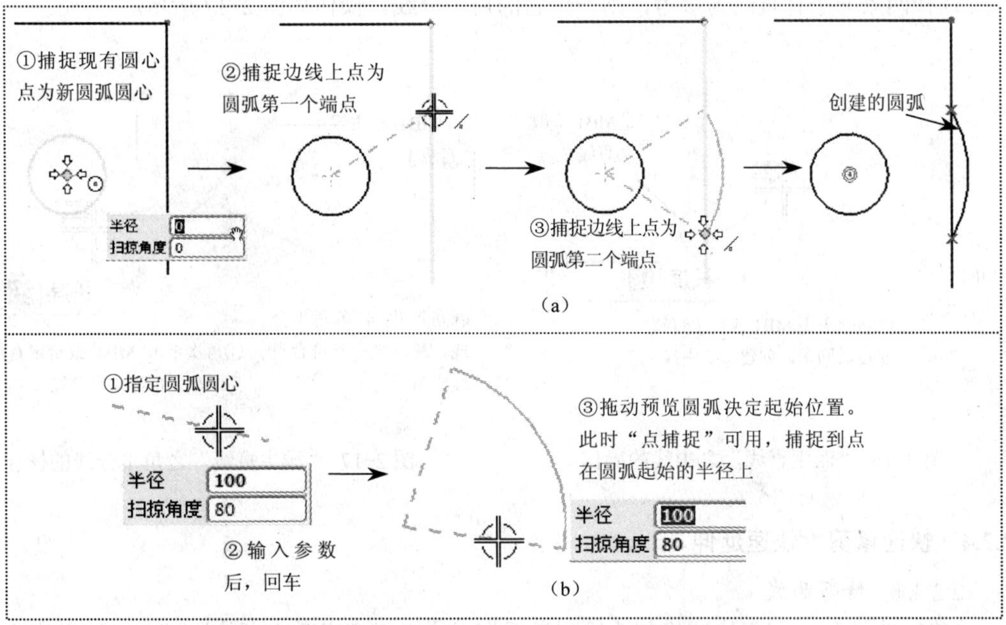

图 2-14　通过“中心和端点”创建圆弧操作实例

（a）通过中心、两个端点创建圆弧；（b）通过中心、半径和扫掠角度创建圆弧

2.2.2.4　圆

"圆"○用于创建圆，有两种方法：

（1）"圆心和直径"：通过圆心和直径创建圆，如果在屏幕输入框中输入直径并按回车或 TAB 键，可连续创建多个同直径的圆；

（2）"三点"：通过圆指定弧上三点创建圆。

2.2.3　派生直线

"派生直线"是以现有直线为参考创建新的直线，有以下几种情况。

A　偏置直线

相对于参考直线偏置一条直线。操作如图 2-15 所示。

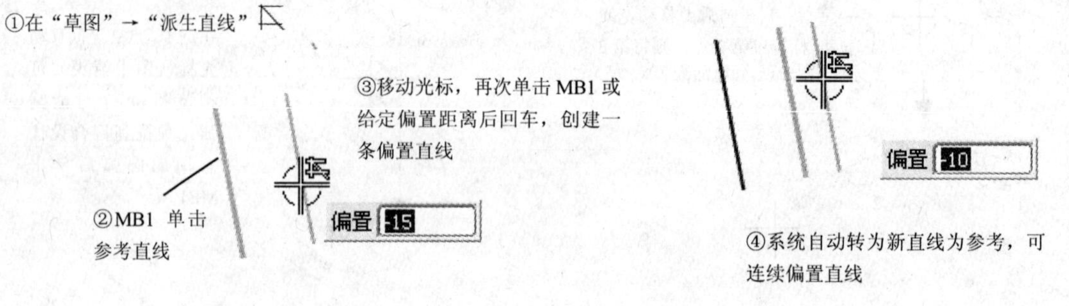

图 2-15 "派生直线"之偏置直线的操作

B　二平行线的中线

选择两条平行的直线为参考，则产生它们的中线。操作如图 2-16 所示。

C　两条非平行直线的角平分线

选择两条非平行直线为参考，则产生它的角平分线。操作如图 2-17 所示。

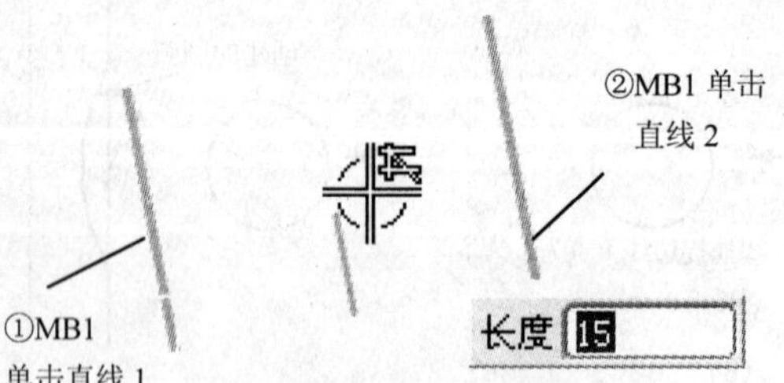

图 2-16 "派生直线"之中线的操作

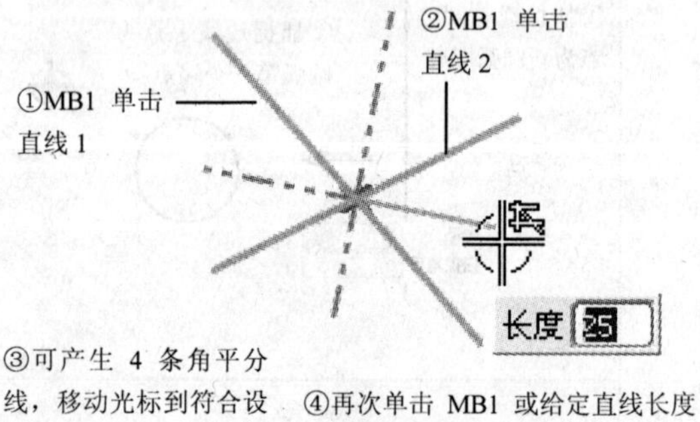

图 2-17 "派生直线"之角平分线的操作

2.2.4　快速修剪、快速延伸

2.2.4.1　修剪曲线

"修剪曲线"用于快速修剪曲线到最近交点或虚拟交点或定义的边界上，如果该曲线没有相交的曲线则被删除。一般有如下三种操作方法：

（1）修剪一个曲线。一次修剪一条曲线到最近的交点处，修剪结束后，单击“退出”。操作如图 2-18 所示。

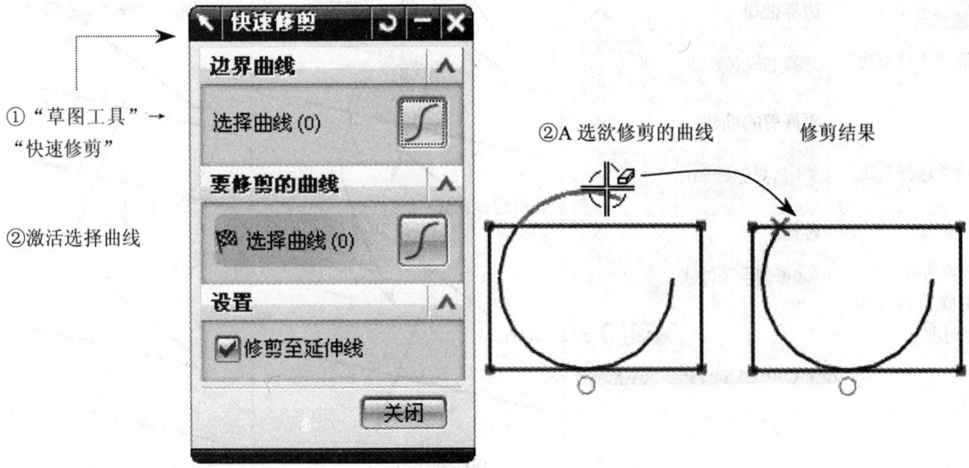

图 2-18 “快速修剪”之修剪一个曲线的操作

曲线被修剪掉的是选中曲线时光标一侧的部分。

（2）拖动修剪多个曲线。通过拖动一次修剪多个曲线，操作如图 2-19 所示。

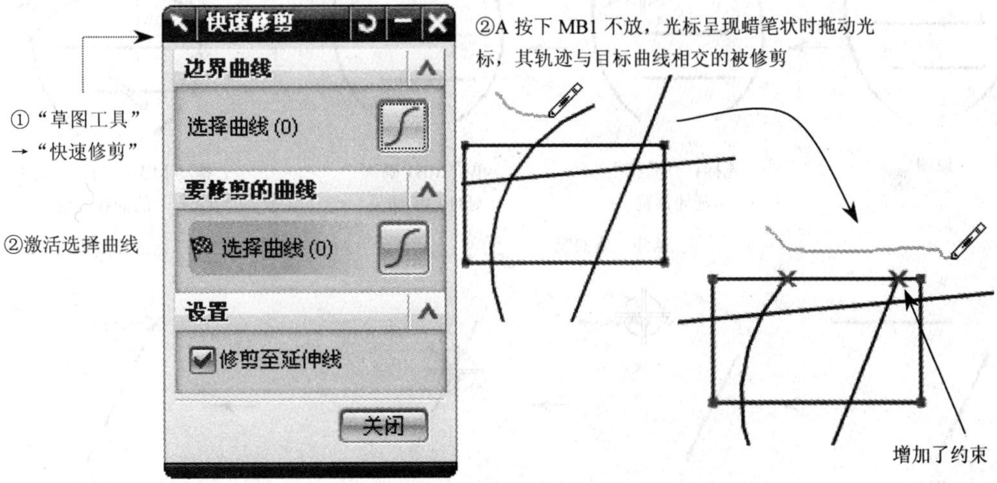

图 2-19 “快速修剪”之拖动修剪多个曲线的操作

当“创建自动判断的约束”选项打开时，系统在修剪操作之后会自动判断并增加适当的约束。如：同心、等半径、重合、点在曲线上、共线和相切等。

（3）使用边界修剪曲线或修剪到虚拟交点。通过指定的边界来修剪目标曲线，边界可以是任何曲线、边、点、基准平面或轴，其操作如图 2-20 所示。

2.2.4.2 快速延伸

快速延伸命令用于曲线延伸到它与另一条曲线的交点或虚拟交点处。其操作方法与“快速修剪”相似，如图 2-21 所示。

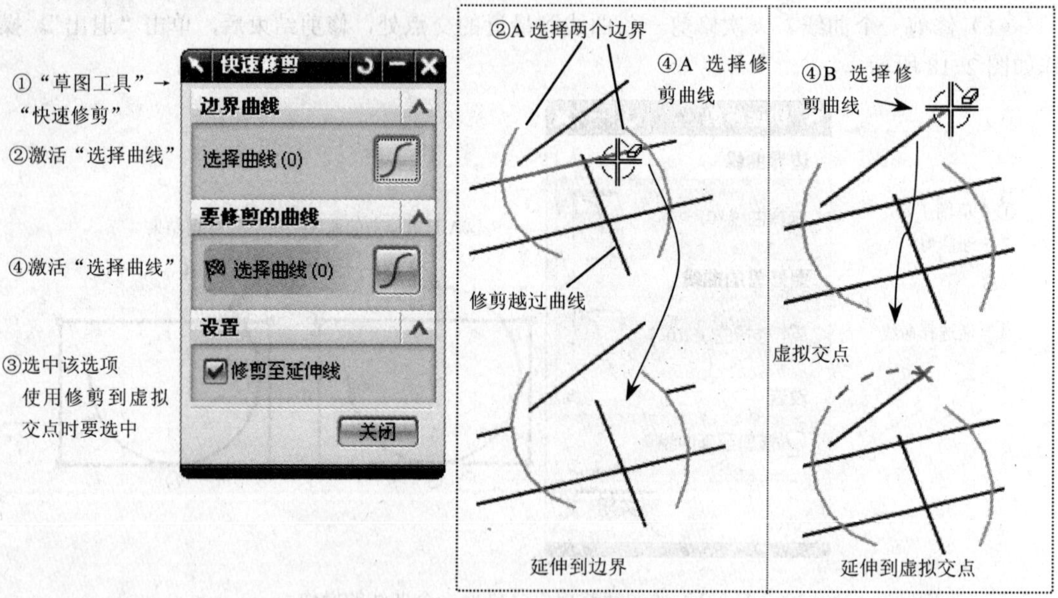

图 2-20 “快速修剪”之修剪到边界的操作

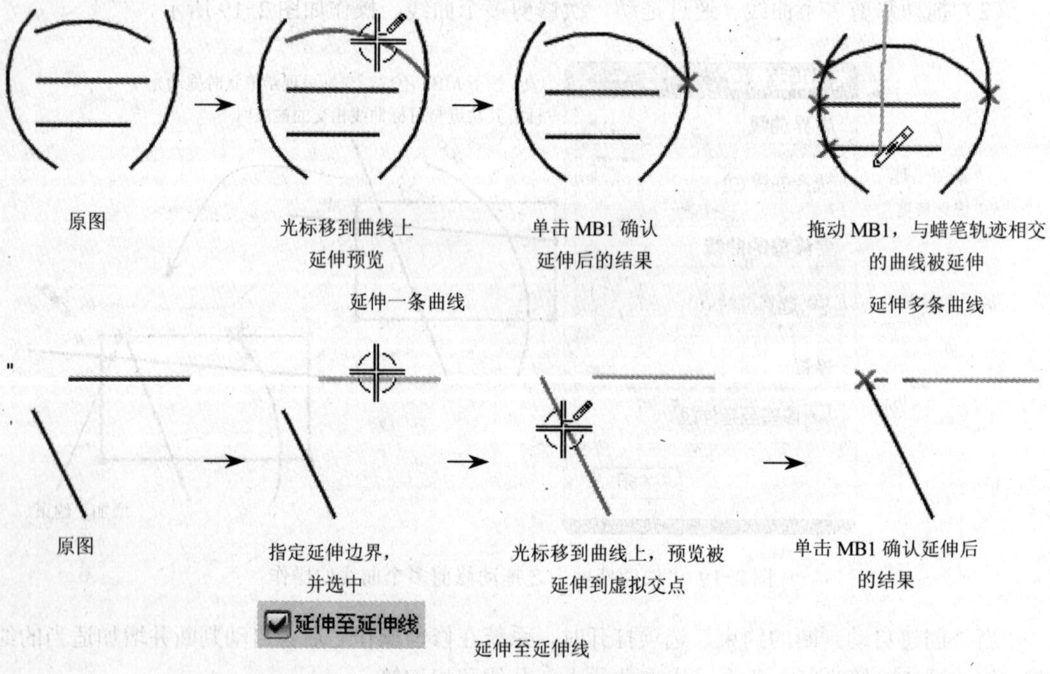

图 2-21 “快速延伸”示例

开放的曲线才能被延伸，曲线有两个端点，指定曲线时距离光标近端点才被延伸。

2.2.5　拐角、圆角、矩形、点

2.2.5.1　制作拐角

“制作拐角”十是将两条指定的曲线通过延伸或修剪到一个公共交点来创建拐角。如果

"创建自动判断的约束"选项处于打开状态，NX 会在交点处创建一个重合约束。其操作如图 2-22 所示。

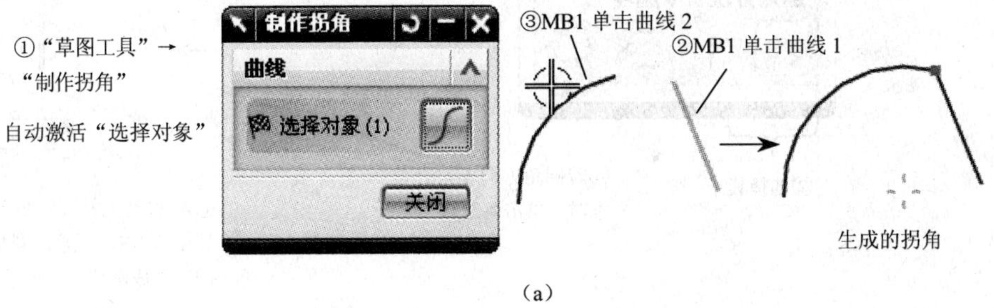

图 2-22 制作拐角的操作

(a) 利用延伸生成的拐角；(b) 利用修剪生成的拐角

2.2.5.2 圆角

"圆角"可以在两条或三条曲线之间创建一个圆角。 选择"草图工具"→"圆角"，弹出"创建圆角"对话框，其选项及效果作用如图 2-23 所示。

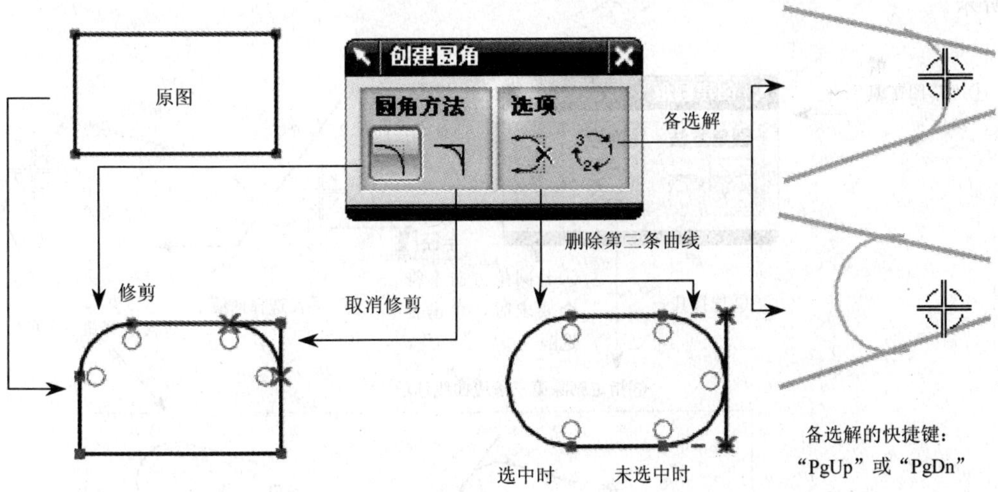

图 2-23 "创建圆角"对话框

(1) 在两条曲线之间创建圆角，操作如图 2-24 所示，选择两条曲线应遵循相对圆角中心逆时针生成圆角的原则。

两条曲线可以有 4 个圆角，指定圆角的两条曲线后，应移动光标选取符合设计意图的圆角。

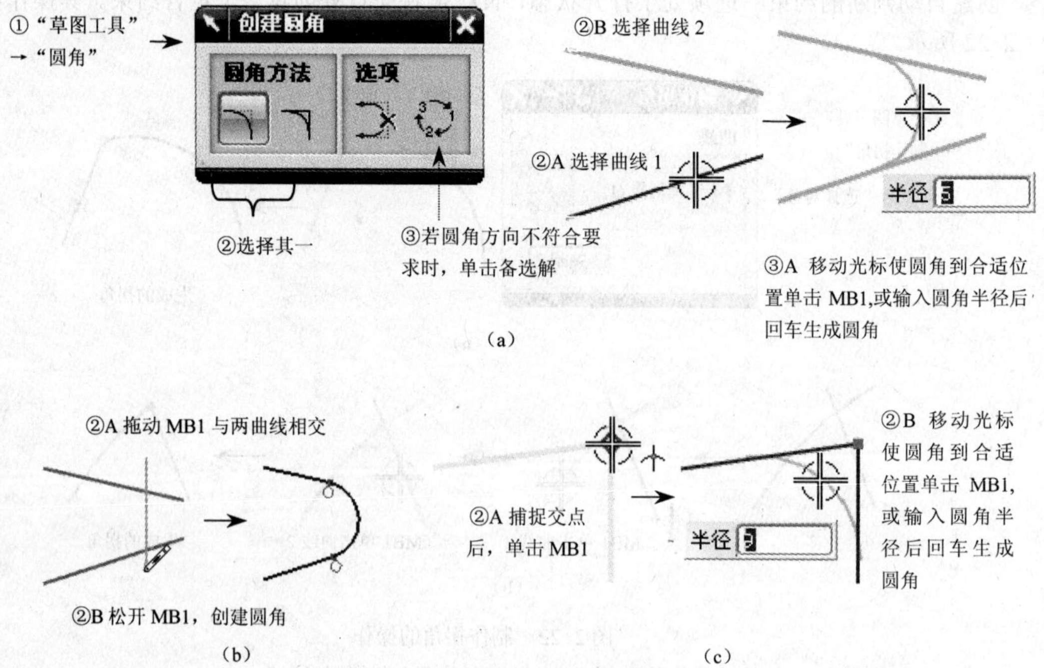

图 2-24　两条曲线创建圆角的操作

（a）创建圆角的一般方法；（b）拖动 MB1，蜡笔轨迹相交二曲线创建圆角；（c）利用交点创建圆角

（2）在三条曲线之间创建圆角，即创建与三条曲线相切的圆角，其操作如图 2-25 所示。

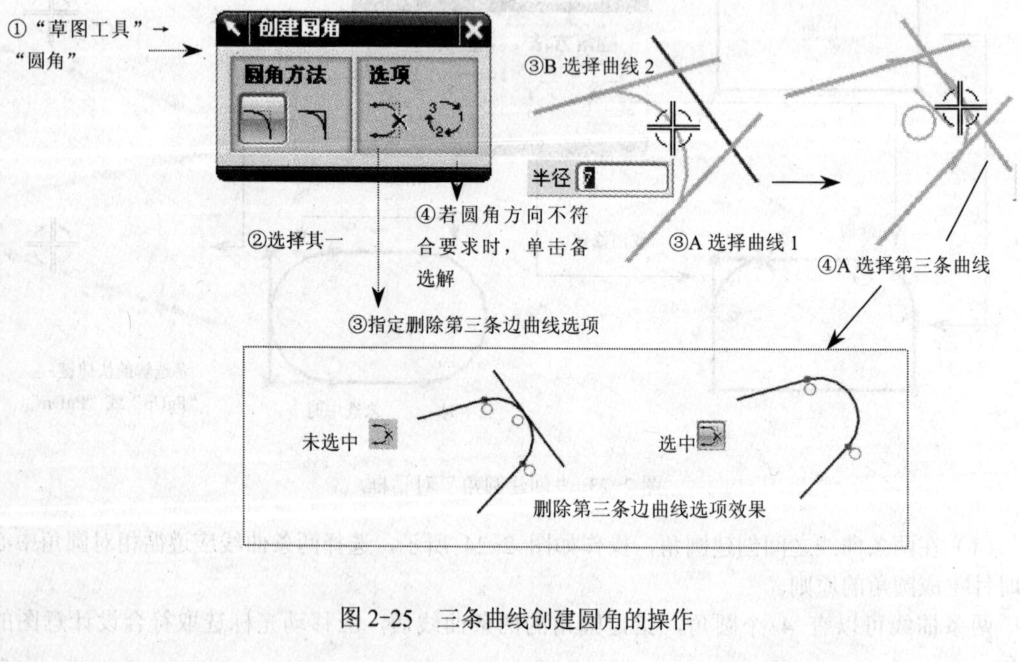

图 2-25　三条曲线创建圆角的操作

2.2.5.3 矩形

单击“草图工具”→“矩形”命令，弹出“矩形”对话框。有三种方法创建矩形，如图 2-26 所示。

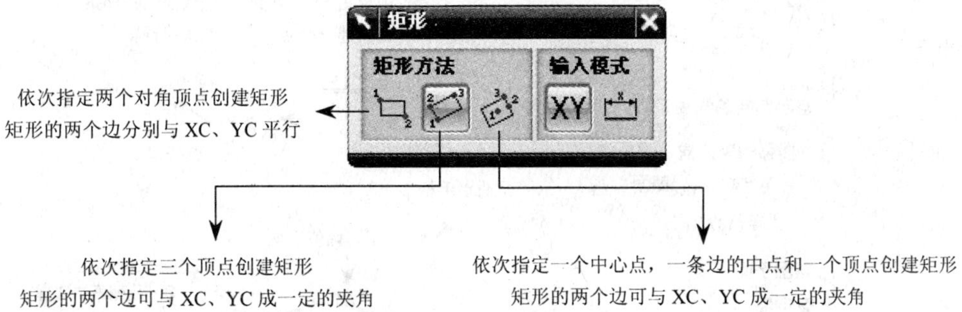

图 2-26 “矩形”对话框

2.2.5.4 点

“点”用于在草图中创建点。可以使用点构造器创建点，也可以使用“点捕捉”在现有点或特征点上创建一个点。

MB1 单击“草图工具”→“点”命令，弹出“点构造器”对话框来创建点。如果创建的点是非关联的，可以对点进行约束，以固定点的位置。

2.2.6 艺术样条、椭圆和二次曲线

2.2.6.1 艺术样条

使用“艺术样条”命令可用交互方式创建关联或非关联样条。在创建样条时，可以拖动定义点或极点，并可以对给定的点指定斜率或曲率，还可以使样条关联保留它们创建的参数，并用参数化方法将其链接到父特征。

创建艺术样条有两种方法，即：通过点和根据极点。

“通过点”方法创建样条时，“匹配的结点位置”选项选中，给定点在样条曲线上；

“根据极点”方法创建样条时，样条曲线不通过给定点，而是作为控制样条的极点（当点个数大于样条的阶数时两个端点在样条上），如图 2-27 所示。

(a) (b)

图 2-27 创建艺术样条“方法”选项

(a)“通过点”；(b)“根据极点”

(1)“通过点”创建样条。从“草图工具”→“艺术样条”命令，弹出“艺术样条”对话框。“通过点”方法创建样条曲线如图 2-28 所示。

(2)“根据极点”创建样条。“根据极点”方法创建样条曲线如图 2-29 所示。

要提示的是：(1) 在草图中创建样条曲线不需要指定“样条曲线”对话框中的“制图平面”选项；(2) 启用“微定位”选项可调节拖动手柄的位移量，用于对点的精细调整。

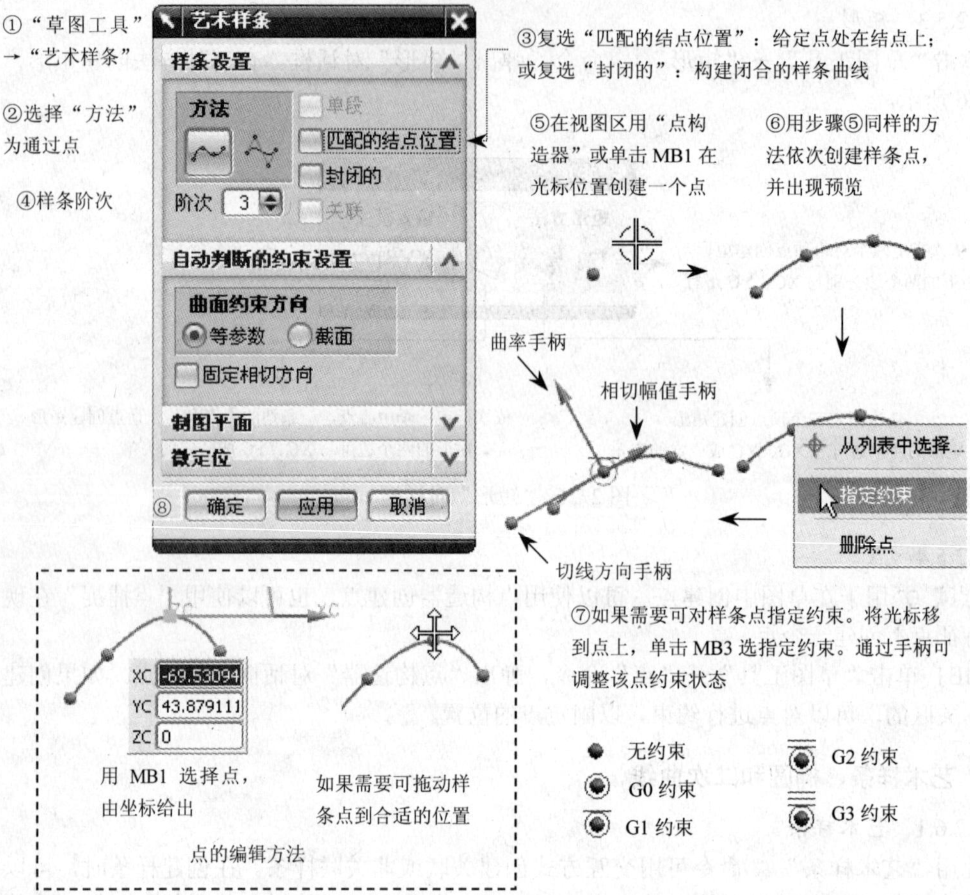

图 2-28 "通过点"方法创建样条曲线

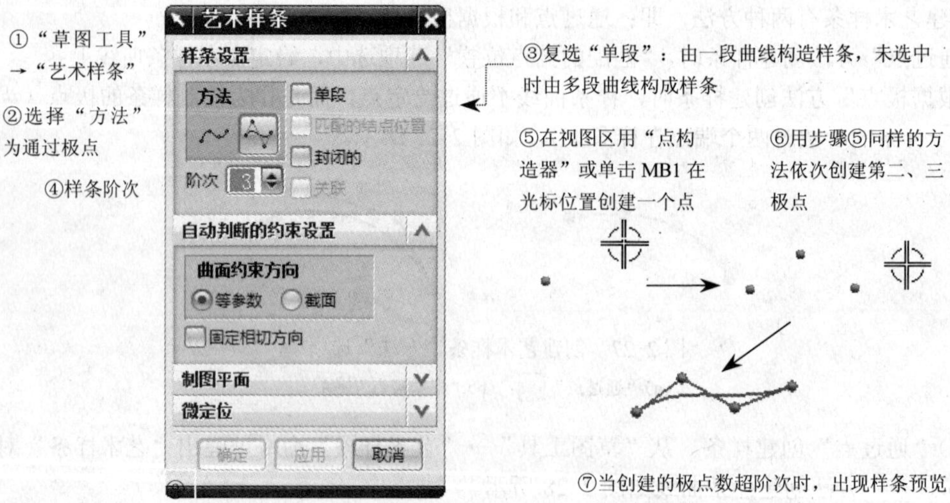

图 2-29 "通过极点"方法创建样条曲线

2.2.6.2　椭圆

椭圆的参数如图 2-30 所示，椭圆的创建示例如图 2-31 所示。

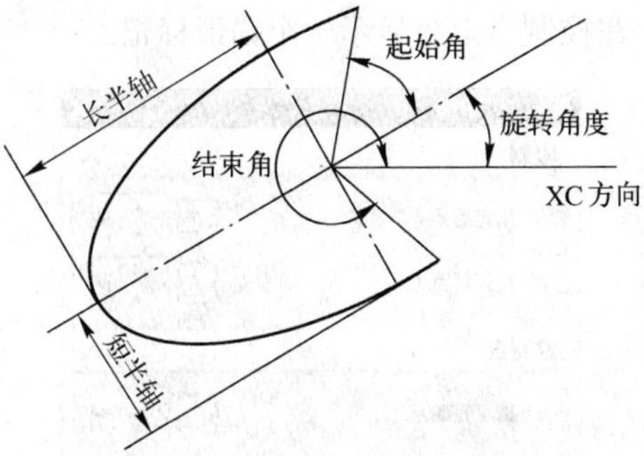

图 2-30 椭圆的参数

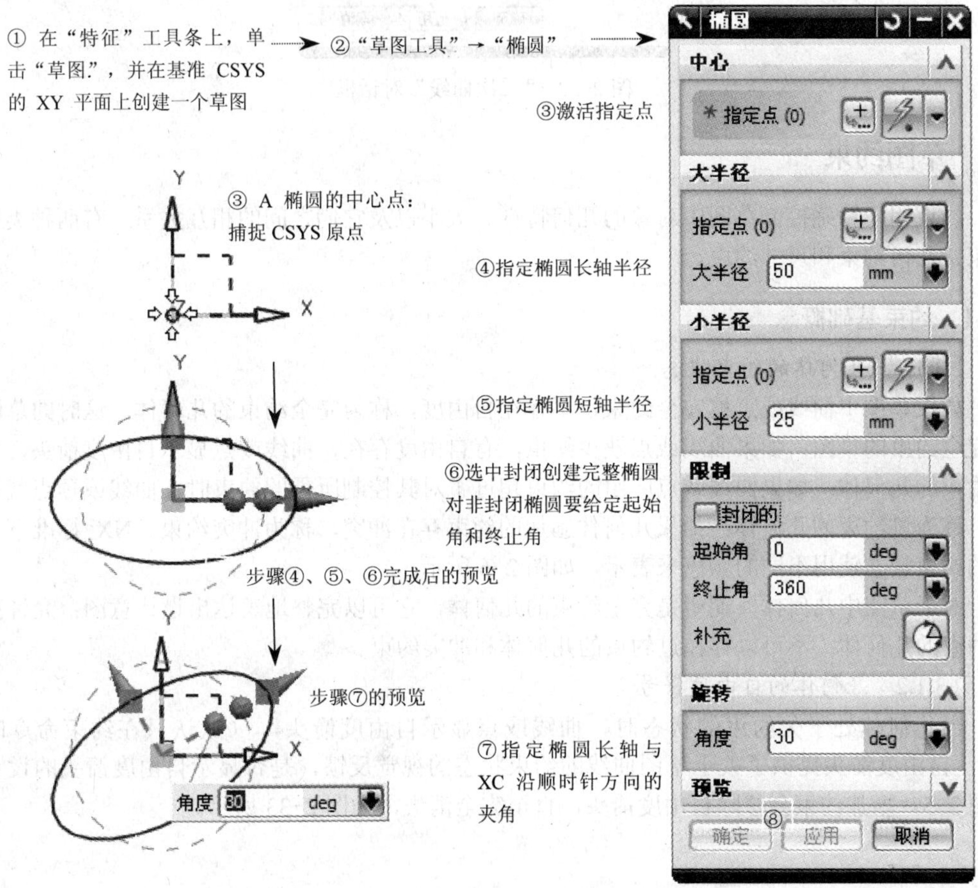

图 2-31 椭圆的创建示例

2.2.6.3 二次曲线

二次曲线的对话框如图 2-32 所示。

所有二次曲线都拥有 3 个顶点：起点、终点和控制点。控制点被视为二次曲线的一个顶点。因为控制点是一个顶点，可以像约束草图中的任一其他顶点一样来约束它。当约束选择期间将光标移近二次曲线时，所有的 3 个顶点都将显示在图形窗中，并在起始和终止顶点以及控制点处显示自由度箭头。在控制点上会显示一个锚形标记。

图 2-32　“二次曲线”对话框

2.3　草图约束

约束用于精确控制草图中对象的几何特性、大小以及它们之间的相互关系。有两种类型的约束：几何约束和尺寸约束。

2.3.1　约束基础概念

2.3.1.1　几何体的约束状态

如果草图中曲线或点被完全约束，不存在自由度，称为完全约束的几何体，这时的草图称为完全约束的草图；如果曲线或点缺少约束，有自由度存在，曲线或点显示自由度箭头，称为欠约束的几何体；如果曲线或点应用的约束超过了对其控制所需的约束时，曲线或顶点就过约束，称为过约束的几何体；如果几何体施加的约束存在冲突，称为冲突约束。NX 标准下，对象的约束状态使用不同的颜色来表示，如图 2-6 所示。

对于草图中几何体，期望是完全约束的几何体，它可以完整地表达出设计意图；允许存在欠约束的几何体；不可以存在过约束的几何体和冲突约束。

2.3.1.2　几何体的自由度符号

当几何体处于欠约束的状态时，曲线或点显示自由度箭头（默认只在约束命令时显示），自由度箭头提供了关于草图曲线的约束状态的视觉反馈，是否显示自由度箭头的设置参见图 2-5。增加约束会移除自由度箭头，直至完全消失，如图 2-33 所示。

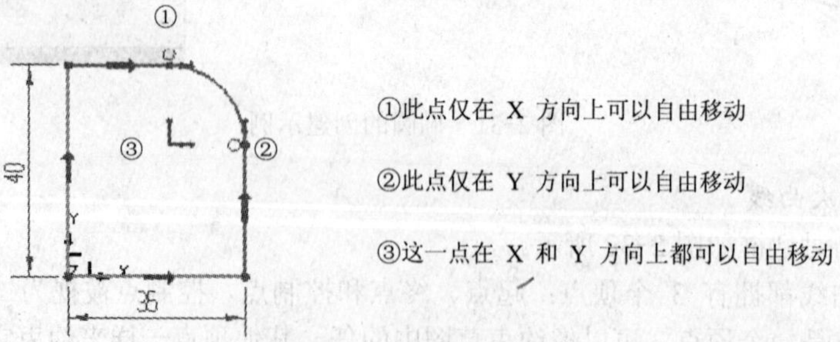

图 2-33　几何体的自由度符号示例

不同的几何体有不同的自由度，如表 2-1 所示。

表 2-1 几何体的自由度

几何体	自由度	几何体	自由度
	点有两个自由度		部分椭圆有七个自由度：两个在中心，一个用于方向，主半径和次半径两个，起始角度和终止角度两个
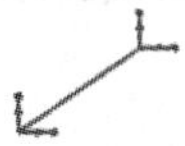	直线有四个自由度：每端两个	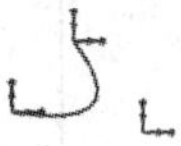	二次曲线有六个自由度：每个端点有两个，锚点有两个
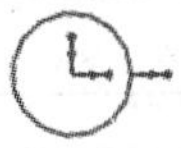	圆有三个自由度：圆心两个，半径一个		极点样条有四个自由度：每个端点有两个
	圆弧有五个自由度：圆心两个，半径一个，起始角度和终止角度两个		过点的样条在它的每个定义点处有两个自由度
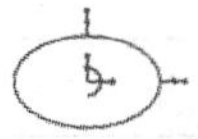	椭圆有五个自由度：两个在中心，一个用于方向，主半径和次半径两个		

2.3.2 几何约束

几何约束主要作用：

（1）草图对象的几何特性，如要求一条直线约束为水平或竖直状态；

（2）两个或多个草图对象之间的关系，如约束两条直线垂直或平行，或者多个圆弧具有相同的半径。

2.3.2.1 几何约束的类型

不同的几何体可以添加不同的几何约束，如表 2-2 所示。

表 2-2 几何约束的类型

约束类型	命令图标	约束类型图标	描述
固定			点——固定位置
			直线——固定角度
			直线、圆弧或椭圆弧端点——固定端点的位置
			圆弧中心、椭圆弧中心、圆心或椭圆中心——固定中心位置
			圆弧或圆——固定半径和中心的位置
完全固定			创建足够的约束，以便通过一个步骤来完全定义草图几何形状的位置和方向
重合			定义两个或多个点有相同位置
同心			定义两个或多个圆或椭圆弧有相同中心
共线			定义两条或多条直线位于同一直线上
点在曲线上			定义一个点在曲线上的某个位置
点在线串上			定义一个点在抽取线串上的某个位置

续表 2-2

约束类型	命令图标	约束类型图标	描　述
中　点			定义一点的位置，使其与直线或圆弧的两个端点等距
水　平			定义一条水平直线
竖　直			定义一条竖直直线
平　行			定义两条或多条直线，使其互相平行
垂　直			定义两条直线或椭圆，使其互相垂直
相　切			定义两个对象，使其相切
等长度			定义两条或多条直线，使其长度相同
等半径			定义两个或多个圆弧，使其半径相等
恒定长度			定义一条有固定长度的直线
恒定角度			定义一条有固定角度的直线
镜　像			通过镜像命令创建定义两个对象，使其互相成为对方的镜像
曲线斜率			定义一个样条（选择一个定义点）以及另一个对象，使其在选定点相切
缩放，均匀			当两个端点都移动时（即当您更改在端点之间创建的水平约束时），样条会适当缩放，以保持其初始形状
缩放，非均匀			当移动两个端点时（即更改端点之间的水平约束值），样条会在水平方向上缩放，但是保持竖直方向上的原始尺寸。样条显示到草图中
修　剪			修剪配方曲线命令关联地修剪那些关联地投影或相交到草图的曲线并创建一个修剪约束
关联修剪			这是样条上的一个约束，该样条已用“编辑曲线”→“修剪曲线”对话框上的关联输出选项进行修剪
偏　置			偏置曲线命令对当前装配中的曲线链、投影曲线或曲线/边进行偏置，并使用偏置约束来对几何体进行约束
相关偏置（原有的）			用传统的“偏置曲线”选项进行偏置的抽取曲线上的一个约束

2.3.2.2　几何约束的操作

在创建草图对象时，如果启用“创建自动判断的约束”复选(参见 2.2.1 小节内容)，会自动创建一些几何约束，必要的时候要根据设计意图，手工的添加一些几何约束。手工添加几何约束操作示例如图 2-34 所示。

提示：（1）步骤⑨的“中点”约束，并不使圆弧与直线 6 的中点重合，仅使圆心点的位置与直线 6 两个端点等距；（2）“显示所有约束”复选项是活动时，才能看到所有约束；（3）当几何体在视图中显示大小不足以容纳约束符号时，约束符号则隐藏，可放大视图来显示；（4）注意区分选择曲线和选择曲线端点操作的不同。

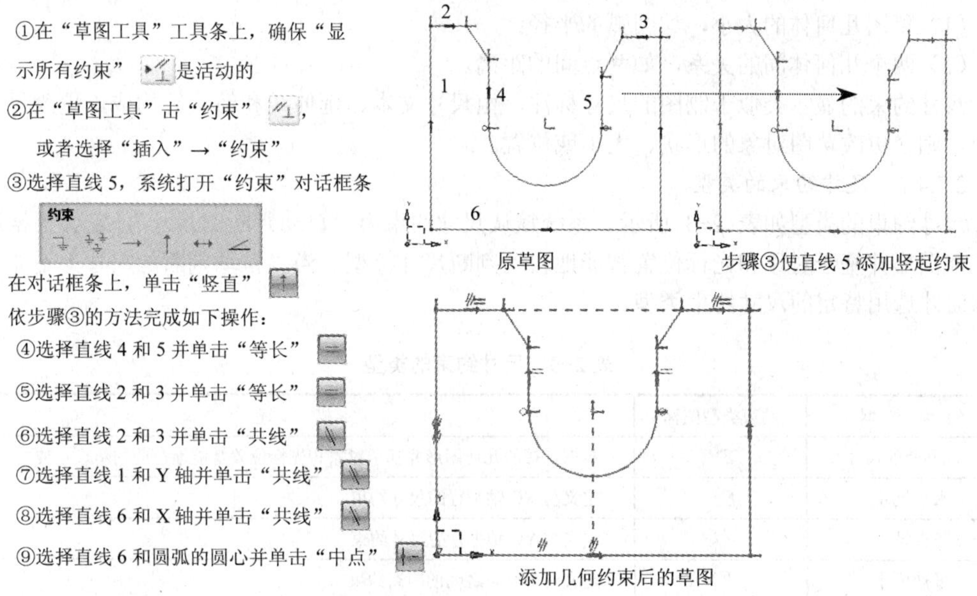

图 2-34 手工添加几何约束的操作示例

2.3.3 显示/移除约束

“显示/移除约束”用于显示草图几何体相关的几何约束，并可执行如下操作：

（1）移除指定约束；

（2）列出所有几何约束的信息。

“显示/移除约束”的调用和对话框如图 2-35 所示。

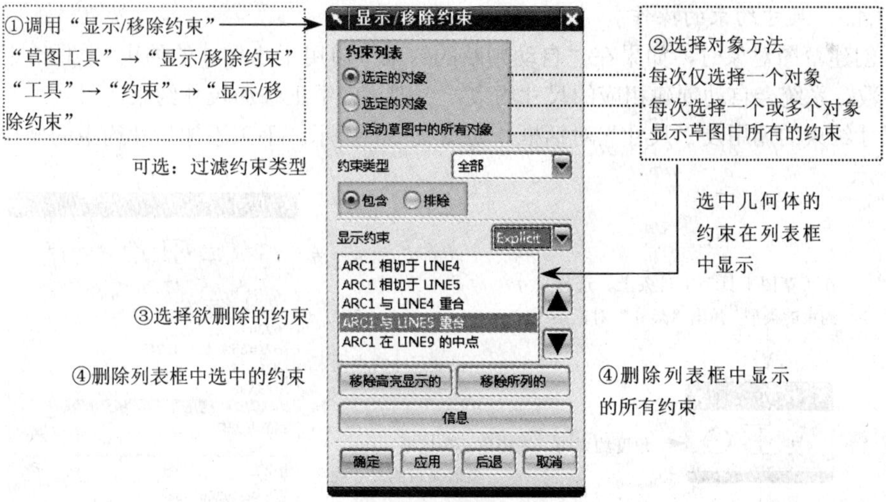

图 2-35 “显示/移除约束”调用和对话框

“显示/移除约束”常用于如下情况：（1）分析几何体的约束状态；（2）删除草图中的多余约束；（3）分析和删除几何体的冲突约束。

2.3.4 尺寸约束

2.3.4.1 尺寸约束基础

尺寸约束（也称为草图尺寸）的作用：

（1）草图几何体的大小，如圆弧的半径；

（2）两个几何体间的关系，如两点间的距离。

尺寸约束的显示类似于制图的尺寸标注，由尺寸文本、延伸线和箭头等构成，更改尺寸约束值，则会更改草图对象的形状、大小或位置。

2.3.4.2　尺寸约束的类型

尺寸约束的类型如表 2-3 所示。系统默认尺寸约束为“自动判断的尺寸”，它会根据选择的几何图形并基于对象和光标位置智能地自动判断尺寸类型，当“自动判断的尺寸”不能满足要求时才选用特定的尺寸约束类型。

表 2-3　尺寸约束的类型

约束类型	约束类型图标	描　述
自动判断的尺寸		根据选择的几何图形并基于对象和光标位置智能地自动判断尺寸类型
水平尺寸		定义与 XC 轴平行的尺寸约束
竖直尺寸		定义与 YC 轴平行的尺寸约束
平行尺寸		定义两个对象之间的距离约束
垂直尺寸		定义点到直线的垂直距离约束
直径尺寸		定义圆或圆弧的直径约束
半径尺寸		定义圆或圆弧的半径约束
角度尺寸		沿顺时针方向定义两直线间的角度约束
周长尺寸		约束一个开放或封闭轮廓内选定曲线的总长度，但轮廓中不能有椭圆和二次曲线。周长尺寸不显示在草图中，仅建立约束表达式

2.3.4.3　尺寸约束的操作

在创建草图对象时，如果在“自动判断的约束”启用了“尺寸的约束”，且给定了创建对象的参数，系统会自动创建相应的尺寸约束，否则，应手工添加尺寸约束。

尺寸约束的调用及“尺寸”对话框，如图 2-36 所示。手工添加尺寸约束的操作示例如图 2-37 所示。

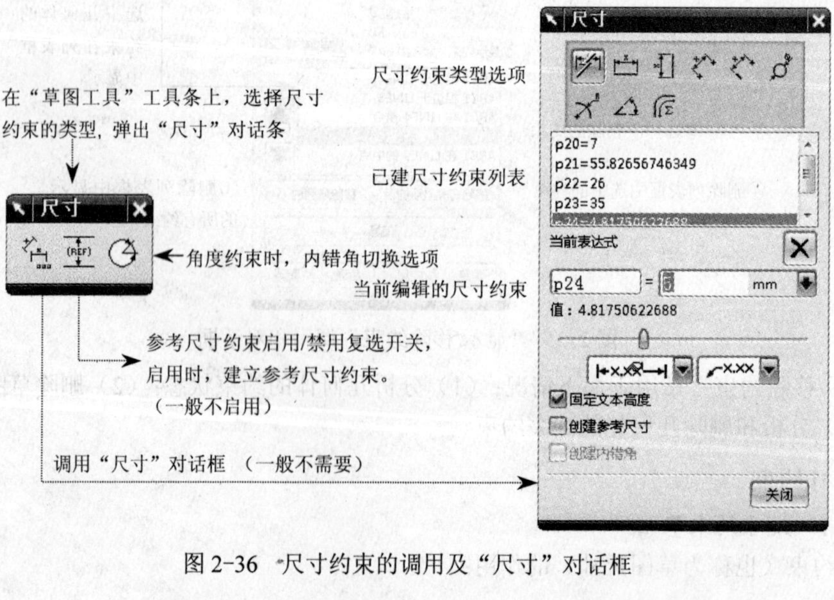

图 2-36　尺寸约束的调用及“尺寸”对话框

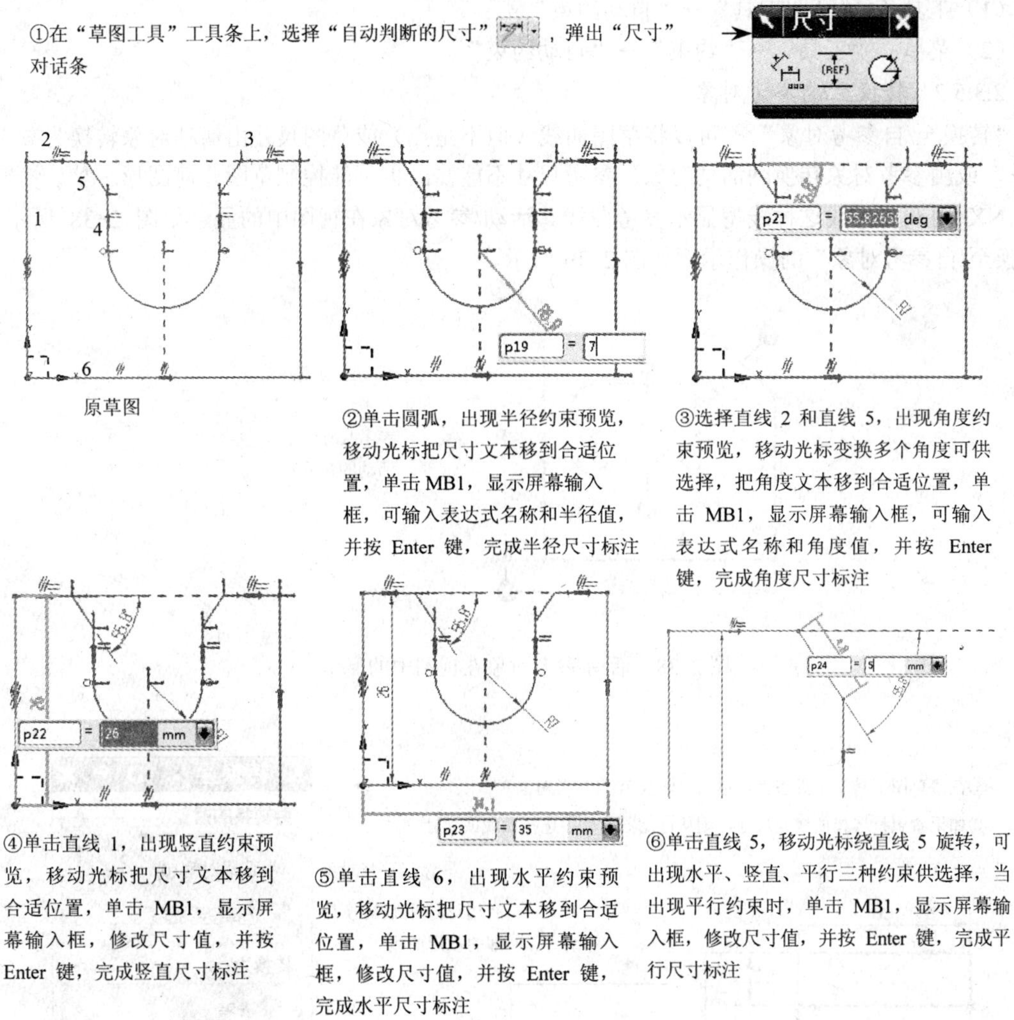

图 2-37 手工添加尺寸约束的操作示例

提示：(1) 在创建约束的过程中，一些几何体被完全约束，注意它们的颜色的变化；(2) 在创建约束的过程中如果出现约束过多或约束冲突，几何体及约束的颜色（见图 2-5 中部件设置选项卡的颜色所代表的含义）也会发生变化，这时应立即检查，消除错误；(3) 尺寸标签的显示方式有三种：表达式、名称和值，其设置见图 2-5 中草图选项卡的尺寸标签。

2.3.5 其他约束的命令

2.3.5.1 自动约束

使用“自动约束”命令可以选择 NX 自动应用到草图的几何约束的类型。当启用“自动约束”命令时，NX 分析当前草图中的几何体，并在适当的位置应用选定约束。该功能在以下情况下特别有用：(1) 将几何体添加到当前草图时；(2) 由其他 CAD 系统导入几何体时。

“自动约束”命令调用：

（1）工具条：“草图工具”→“自动约束”；

（2）菜单：“工具”→“约束”→“自动约束”。

2.3.5.2　转换至/自参考对象

“转换至/自参考对象”可以将草图曲线（但不是点）或草图尺寸由活动对象转换为参考对象，或由参考对象转换回活动对象。参考尺寸不能修改也不能控制草图几何图形。默认情况下，NX 用双点划线这种线型显示参考曲线。活动/参考对象在视图中的显示如图 2-38 所示，“转换至/自参考对象”的操作示例如图 2-39 所示。

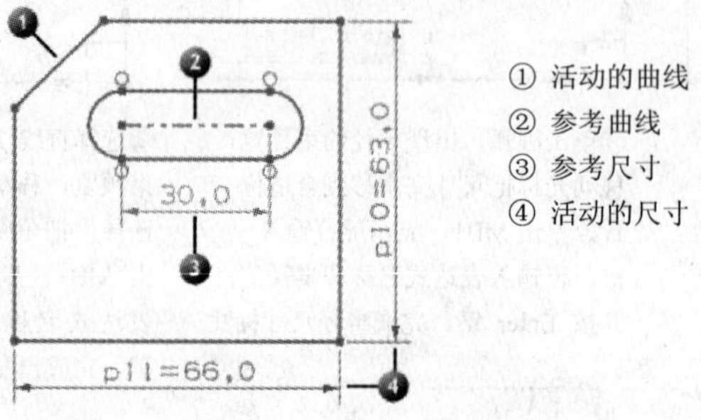

图 2-38　活动/参考对象在视图中的显示

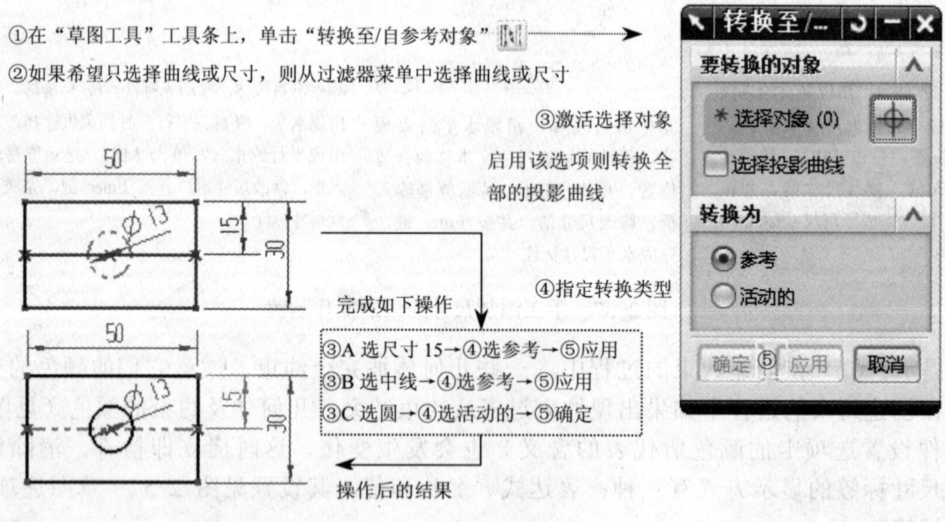

图 2-39　“转换至/自参考对象”操作示例

2.3.5.3　动画尺寸

动画尺寸命令是使所选尺寸在指定范围内动态显示其变化的效果，受所选定尺寸影响的所有几何体也将同时被动画，但动态尺寸不改变尺寸的数值。

2.3.5.4　备选解

“备选解”命令是针对尺寸约束和几何约束显示备选解，并选择一个结果。备选解示例如图 2-40 所示。

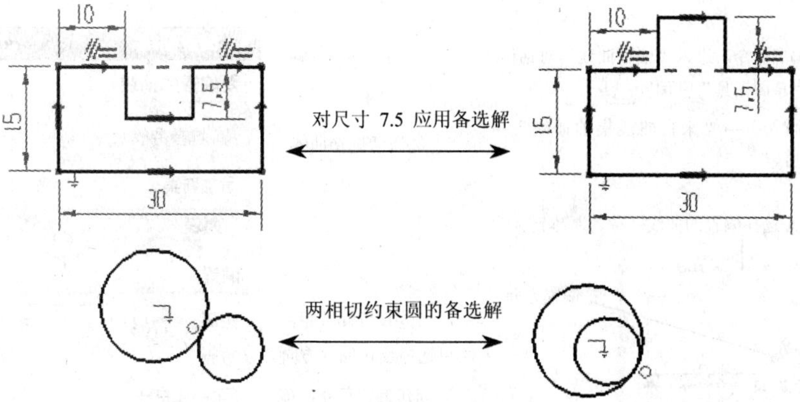

图 2-40　备选解示例

2.4　草图的操作

草图的操作包括：镜像曲线、偏置曲线、交点、相交曲线、投影曲线、修剪配方曲线。

2.4.1　镜像曲线

镜像曲线是将草图几何体通过指定的中心线，进行镜像复制生成新的镜像副本，并创建镜像约束 ⊳|⊲，如果中心线为当前草图的直线则转换成参考线。镜像曲线的操作示例如图 2-41 所示。

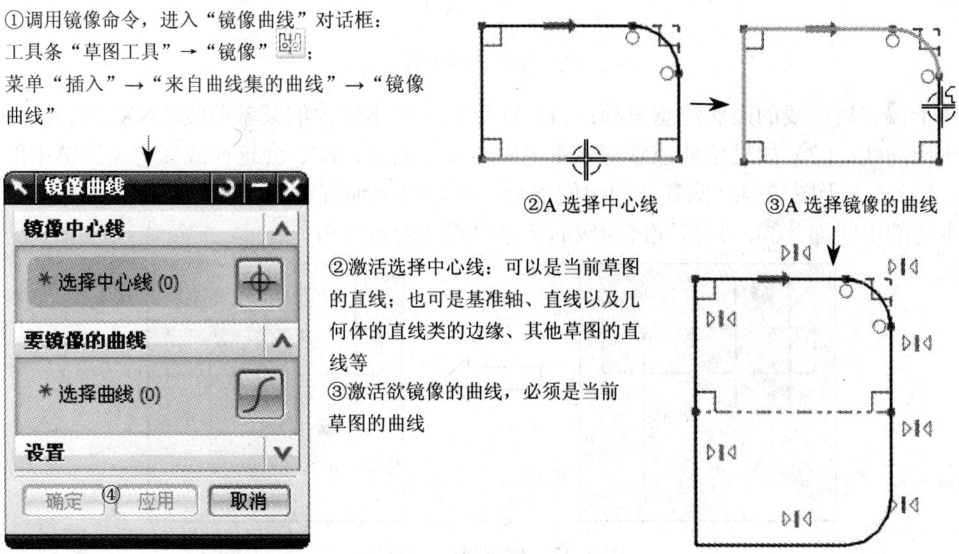

图 2-41　镜像曲线的操作示例

镜像曲线命令还同时创建镜像约束，因此，修改镜像约束的一侧几何体，另一侧的几何体会跟随变化。

2.4.2　偏置曲线

偏置曲线可以对当前草图的曲线，以及当前装配中的曲线链、投影曲线、曲线/体的边进行偏置，并使用“偏置”约束来约束几何体。偏置曲线的操作示例如图 2-42 所示。

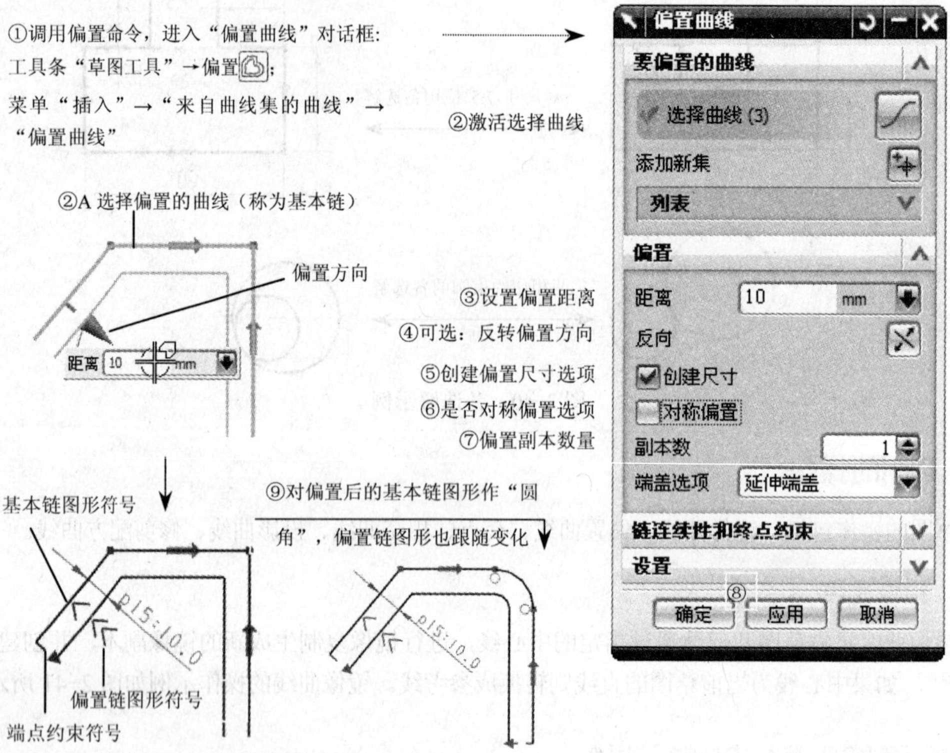

图 2-42　偏置曲线的操作示例

关于偏置后曲线的操作注意事项：（1）如果删除基本链中的某条曲线，NX 会删除偏置链中的相应曲线；（2）如果延伸或修剪基本链中的某条曲线，NX 会延伸或修剪偏置链中的相应曲线；（3）关于图 2-43 偏置链的中间部分，不能修剪偏置链的中间部分④，但是，可以修剪基本链的中间部分⑤，且偏置链相应的部分也跟随着被修剪。

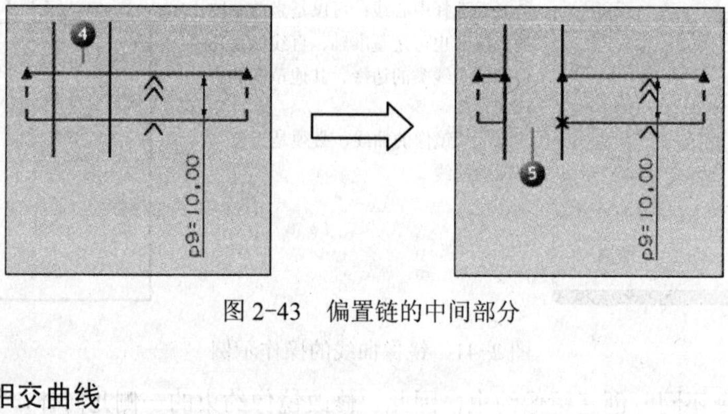

图 2-43　偏置链的中间部分

2.4.3　交点、相交曲线

交点和相交曲线的共同特点是在外部几何体与当前草图平面相交处创建关联点或曲线。

2.4.3.1　交点

交点命令可在指定几何体通过草图平面的位置创建一个关联点。如图 2-44 所示的例子中，是在轨迹上创建的草图与已存在曲线之间创建交点。

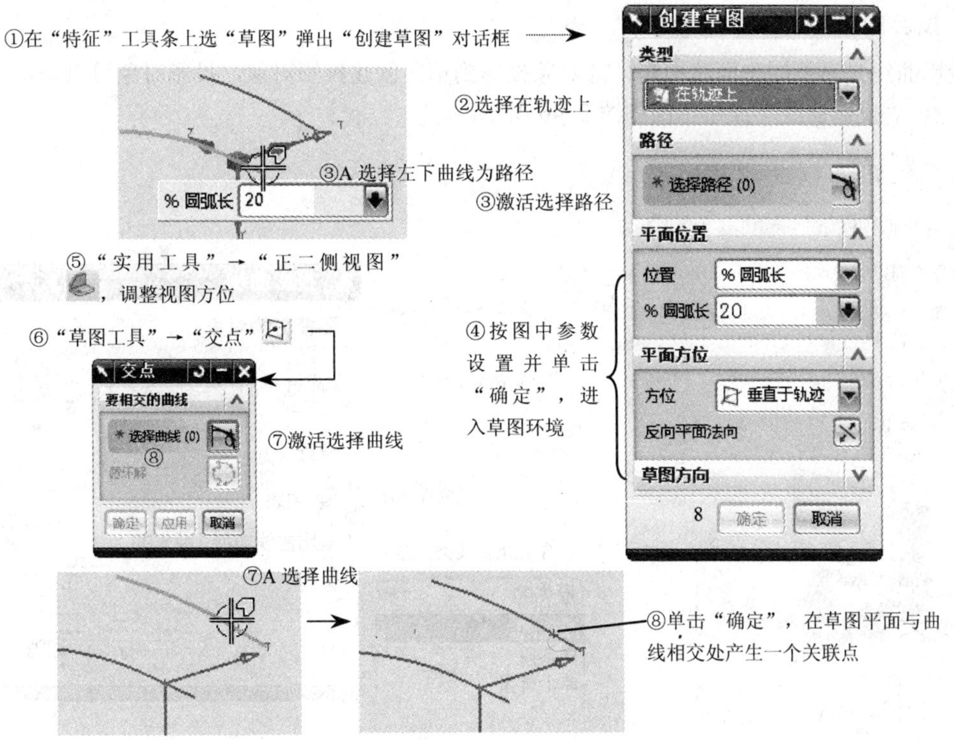

图 2-44　“交点”创建示例

2.4.3.2　相交曲线

相交曲线命令是在一组相切连续面与草图平面相交处创建一个光顺的曲线链。相交曲线的操作示例如图 2-45 所示。

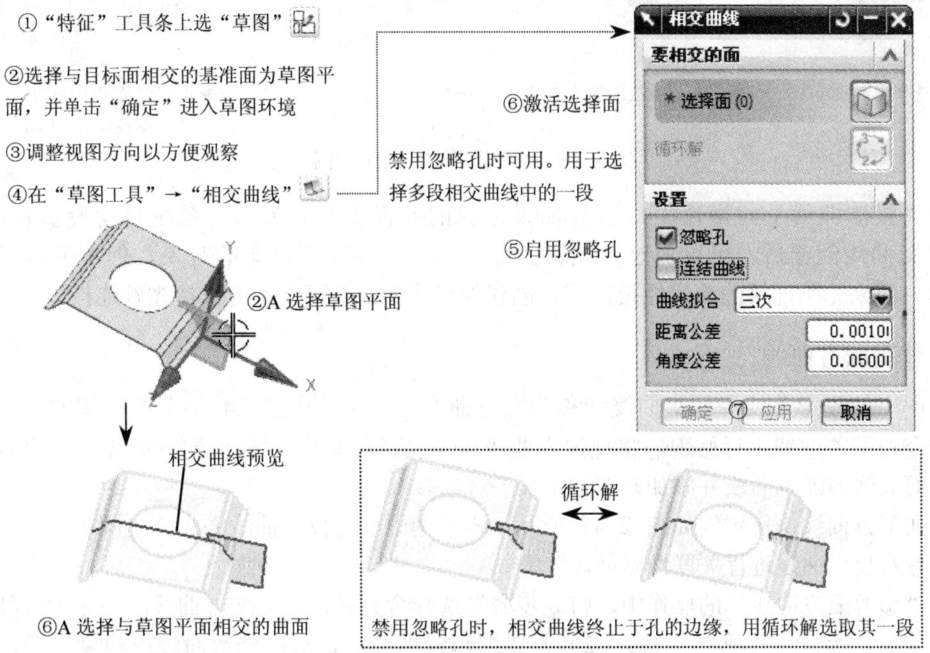

图 2-45　“相交曲线”操作示例

2.4.4 投影曲线

投影曲线是沿草图平面法向将外部对象投影到草图创建投影对象，投影对象可以是曲线、线串或点。“投影曲线”操作示例如图 2-46 所示。

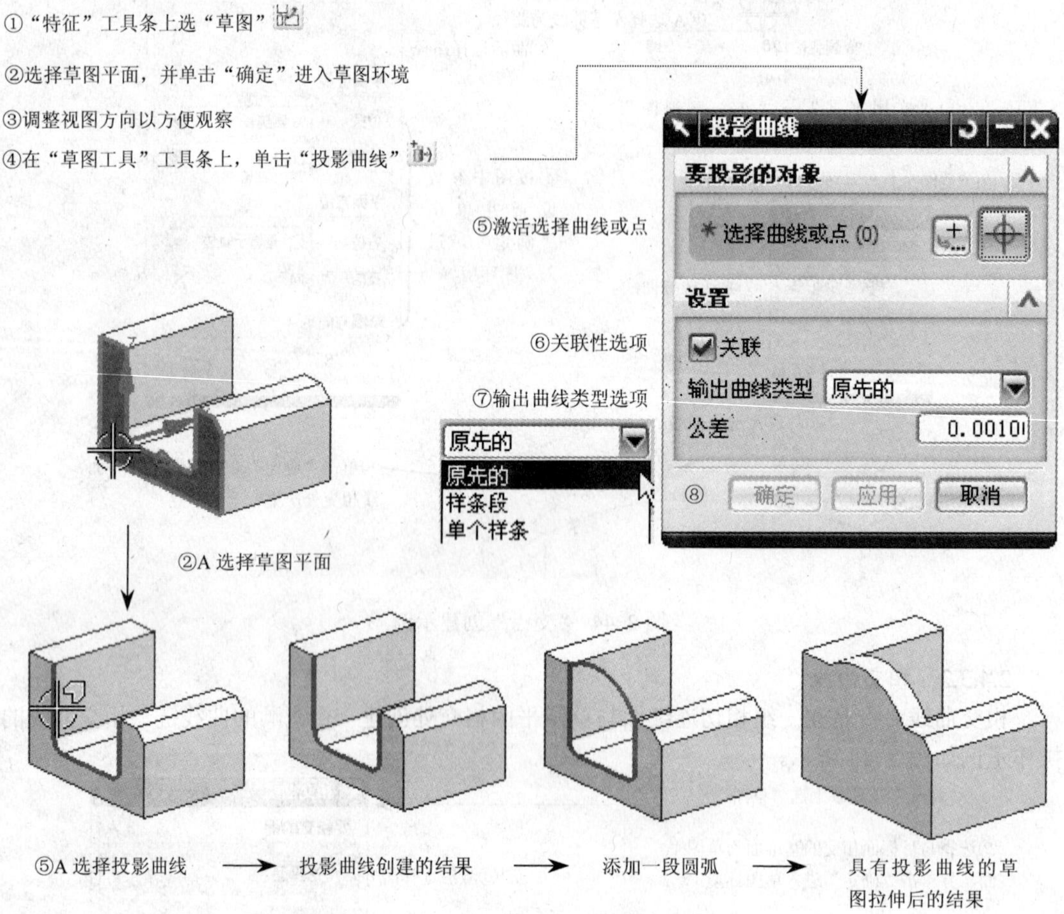

图 2-46 “投影曲线”操作示例

在“投影曲线”的操作中，（1）如果选择的欲投影对象为面，系统自动投影它的边；（2）投影曲线创建后，可以通过“编辑曲线”添加、移除要投影的对象，但不能编辑投影点；（3）原来光顺连接的曲线经投影后，创建的投影曲线有可能不能保持光顺连接。

2.4.5 修剪配方曲线

草图中的投影曲线和相交曲线统称为配方曲线。如果使用 2.2.4 小节中所述的“快速修剪”命令对配方曲线进行修剪，将使配方曲线失去关联和参数。“修剪配方曲线”命令是关联地修剪关联的配方曲线并添加修剪约束 (⊣⊢)。

修剪配方曲线操作示例如图 2-47 所示。本示例中，对投影曲线添加两处圆角，并以两圆角为边界对投影曲线进行关联性修剪。

在“修剪配方曲线”的操作中，（1）步骤⑥选择舍弃时，预览配方曲线高亮显示（红色）区域被修剪，另一区域则被保持；（2）若要编辑修剪曲线，双击修剪曲线或约束符号，或者 MB3 单击修剪曲线并选择“编辑”。

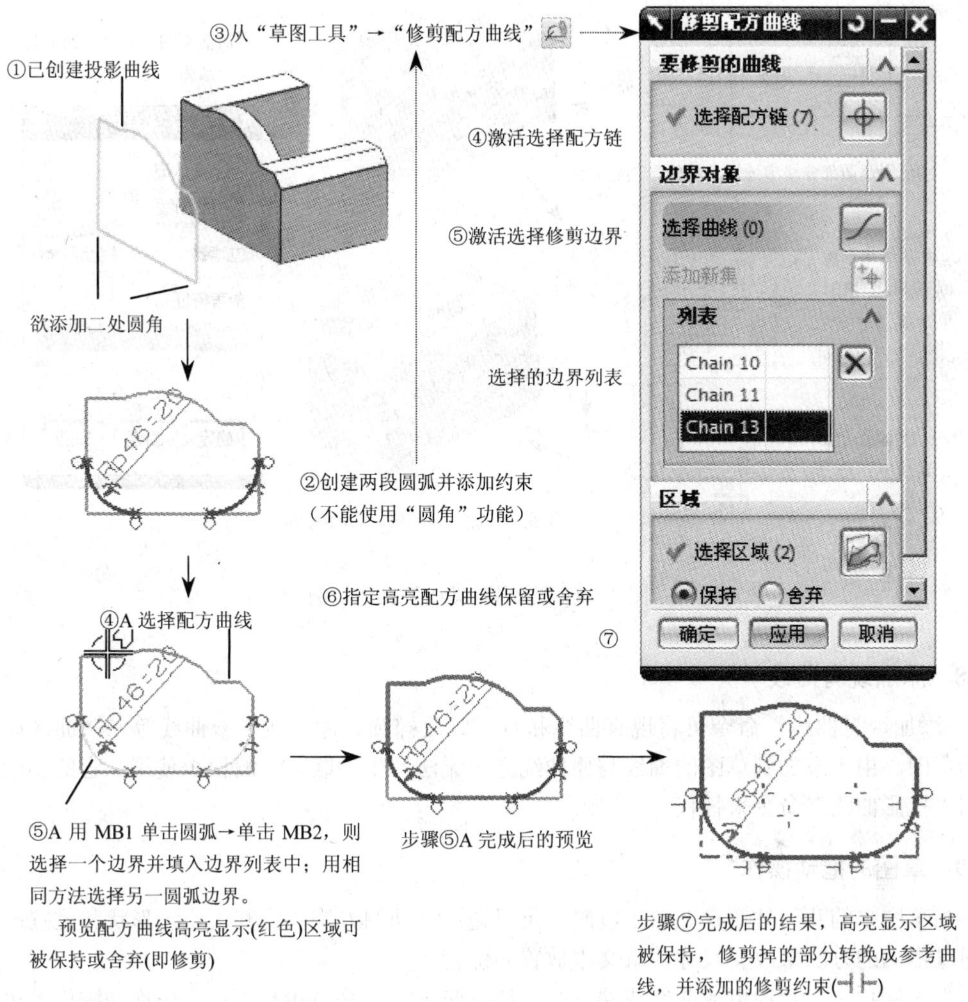

图 2-47 “修剪配方曲线”操作示例

2.4.6 重新附着草图

重新附着草图命令用于重新指定草图平面。与创建草图命令使用相同的对话框，原草图平面上的对象转移到新的草图平面，如果原草图已定位，需要先删除定位尺寸然后使用重新附着草图命令。

重新附着基于轨迹绘制草图时，如果扫掠、拉伸或旋转特征内的草图，则重新附着之前必须将草图外部化（在部件导航器中 MB3 单击父特征，然后选择使草图为外部的）。

2.4.7 编辑定义线串

使用“编辑定义线”命令可将对象（曲线、边和面）添加到已创建特征的线串中，或将其从该线串移除。

在图 2-48 所示的“编辑定义线”操作示例中，从特征线串中移除了$\phi 5$ 的圆，向特征线串添加了一个矩形。

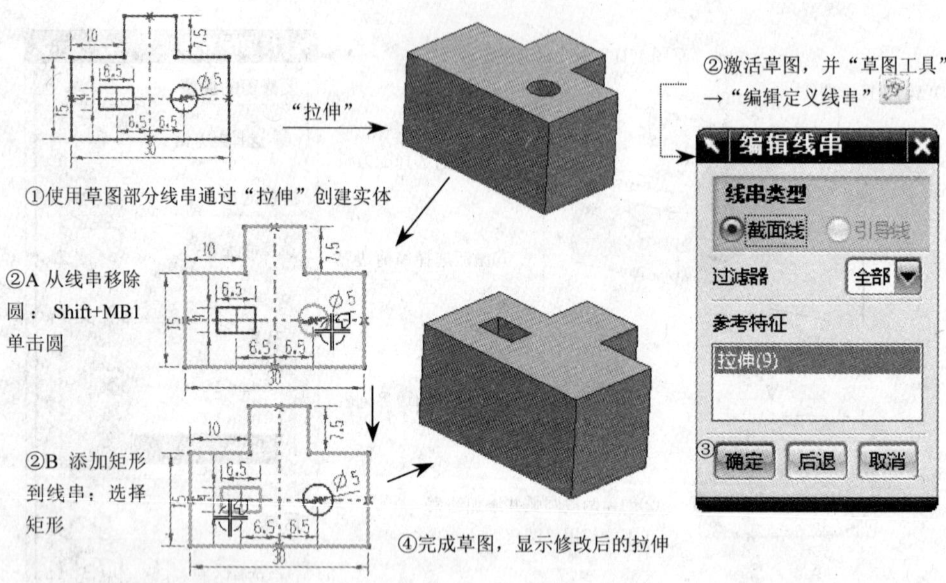

图 2-48　“编辑定义线”操作示例

2.4.8　添加现有曲线

“添加现有曲线”命令可将现有曲线和点，以及椭圆、抛物线和双曲线等二次曲线添加到活动草图。由于添加到草图的曲线与原曲线之间无法产生关联，一般很少使用，它的功能可以使用“投影曲线”命令来替代。

2.4.9　草图的拖动操作

当草图中的几何体还存在自由度时，可以通过拖动的方法改变其大小、形状和位置；也可以通过拖动的方法来改变尺寸约束文本放置的位置。

当光标扫过尺寸约束或曲线或端点时，待改变成✥，按 MB1 不放实施拖动操作，可改变尺寸约束位置，或改变几何体。常用拖动操作示例如图 2-49 所示。

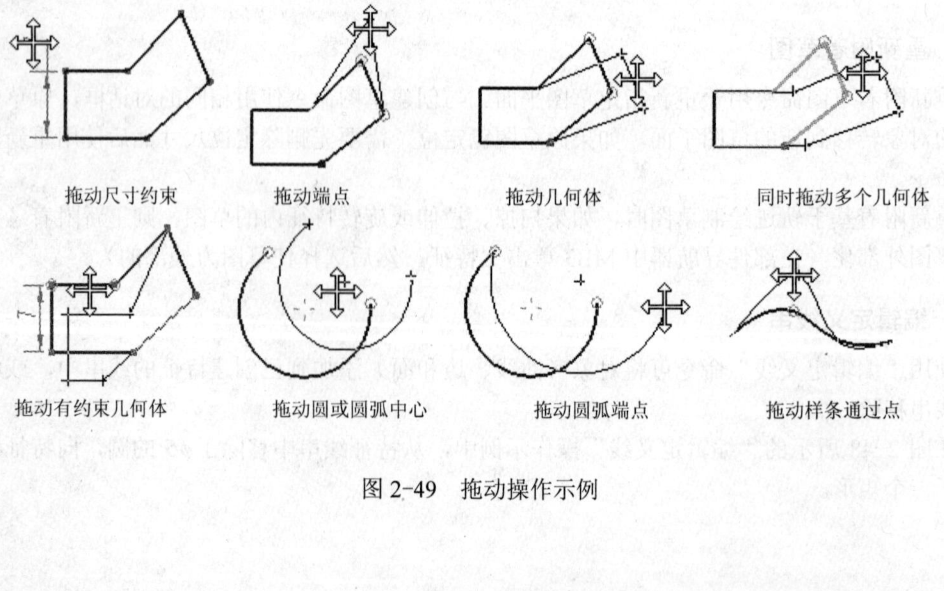

图 2-49　拖动操作示例

习　题

2-1　创建如图 2-50 所示的草图。

2-2　完成图 2-51 所示的草图。

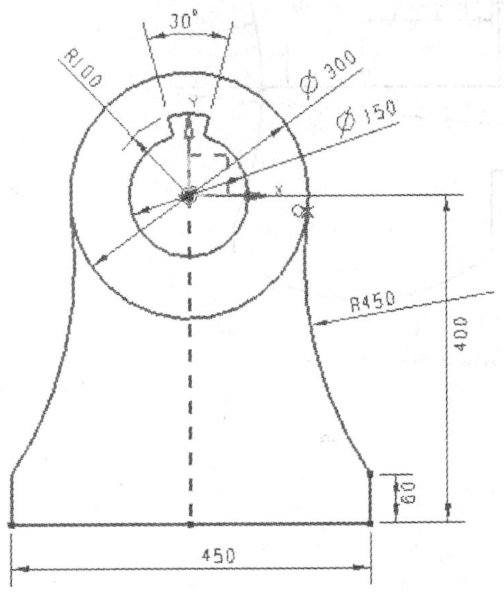

图 2-50　草图练习一

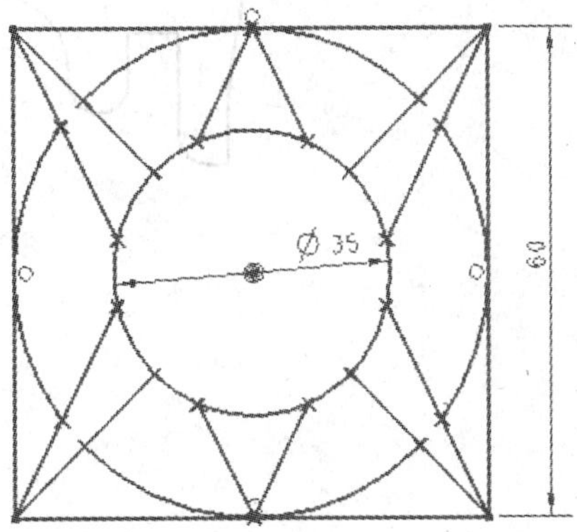

图 2-51　草图练习二

2-3　完成图 2-52 所示的草图。

2-4　完成图 2-53 所示的草图。

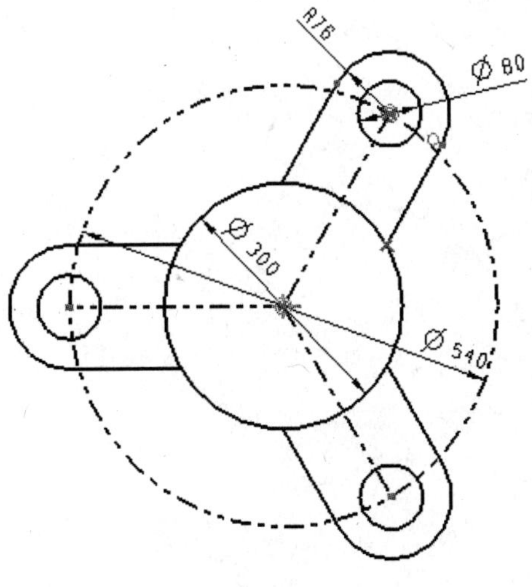

图 2-52　草图练习三

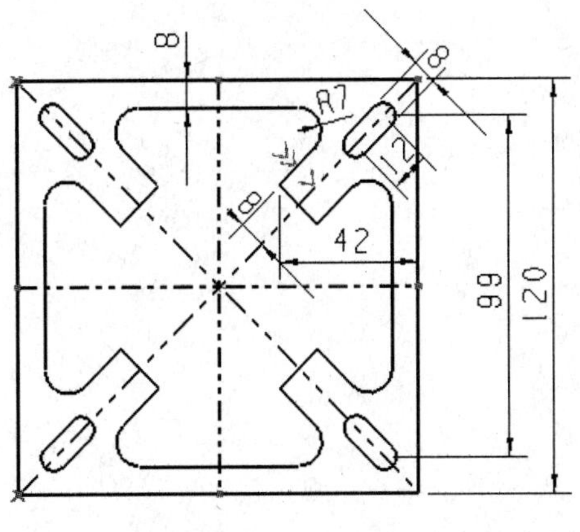

图 2-53　草图练习四

2-5　完成图 2-54 所示的草图。

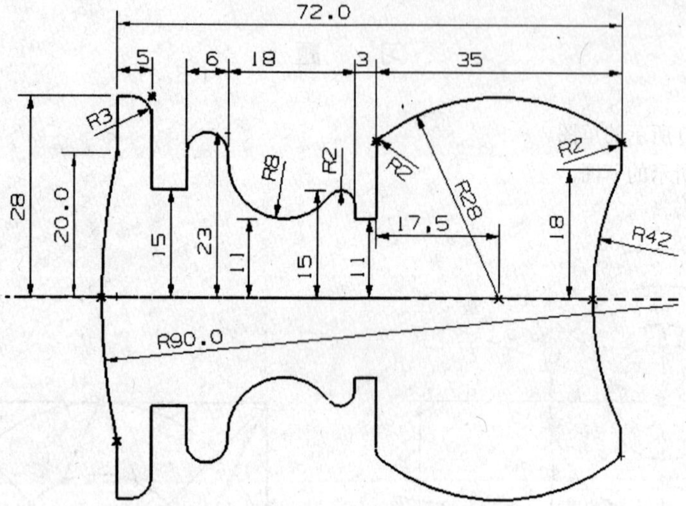
72.0
5
6
18
3
35
R3
R8
R2
R2
R28
R2
R42
28
20.0
15
23
11
15
11
17.5
18
R90.0

图 2-54　草图练习五

第3章 实 体 建 模

NX 实体建模系统包括：特征模块、特征操作模块以及编辑模块，其功能强大，可以交互式地创建并编辑复杂的实体模型，便于用户进行快速的概念设计。

NX7.0 的同步建模方法可在基于历史记录的模式下工作，可以使用部件导航器中显示的有序特征序列来创建和编辑模型；也可在使用无历史记录模式下操作，根据模型的当前状态创建和编辑模型，而无需有序的特征序列，但只能创建不依赖于有序结构的局部特征。同步建模方法可以快捷方便地编辑来自其他 CAD 系统导入的、或非关联的以及无特征的、或者具有特征的原生 NX 模型。

常用名词：

特征（Feature）指所有构成实体、片体的参数化元素，包括实体、体和基本体素等；

实体（Solid Body）指封闭成体的一系列面和边的集合，具有一定的厚度；

片体（Sheet Body）是不封闭成体的一系列表面的集合，是厚度为 0 的实体；

体（Body）是实体与片体的总称，一般是指创建的三维模型；

面（Face）是实体外部由边围成的一个区域；

引导线是用来定义扫描路径的曲线；

目标体是指需要与其他实体进行布尔运算的实体；

工具体是指布尔运算中用来修改目标体的实体；

体素是一种特殊的实体，形状简单，只有长方体、圆柱体、锥体、球体 4 种。

特征工具条如图 3-1 所示，特征操作工具条如图 3-2 所示，同步建模工具条如图 3-3 所示。本书中同步建模功能不讲。

图 3-1 特征工具条

图 3-2　特征操作工具条

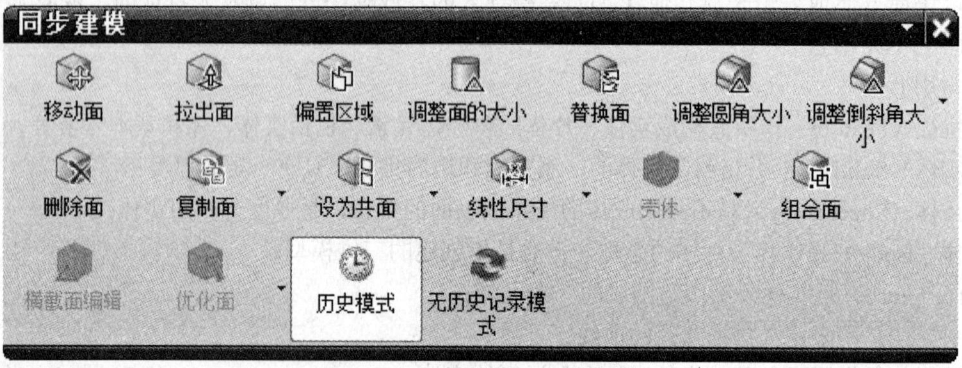

图 3-3　同步建模工具条

3.1　基准特性

基准特性是建模的辅助工具，它包括基准平面、基准轴和基准 CSYS 坐标系（参见 1.5.4 小节有关基准 CSYS 构造器的内容），主要用于草图平面、特征定位、特征放置面等。

3.1.1　基准平面

在“特征操作”工具条上单击“基准平面”，弹出“基准平面”对话框，如图 3-4 所示。 选定基准平面创建类型后，其对话框会跟随变化。

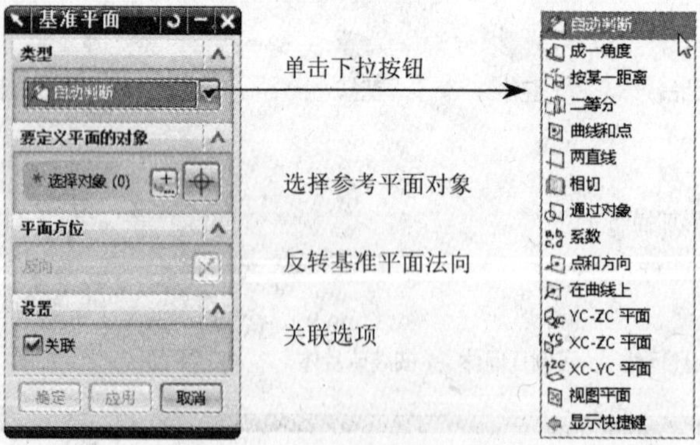

图 3-4　“基准平面”对话框

（1）自动判断的基准平面。在图 3-4 中选择“自动判断”，系统根据选定对象来确定平面的创建方法。

（2）成一角度的基准平面。按照与选定平面对象呈一角度的方法创建平面，操作示例如图 3-5 所示。

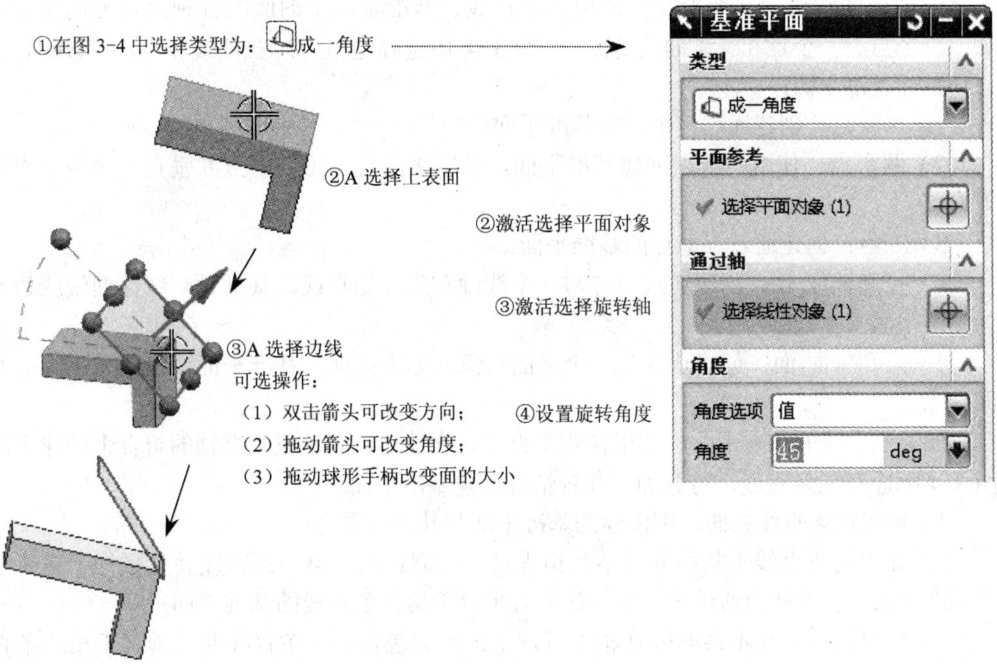

图 3-5　成一角度的基准平面操作示例

（3）按一定距离的基准平面。创建与一个平面或其他基准平面平行且相距一定距离的基准平面，它可以创建多个等距离的基准平面。操作示例如图 3-6 所示。

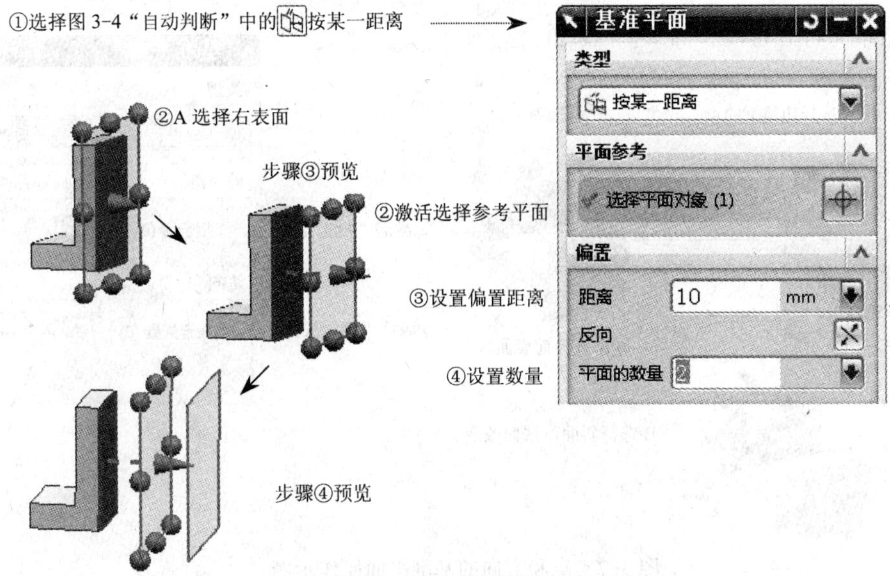

图 3-6　按一定距离的基准平面操作示例

（4）二等分的基准平面。该命令是在两个选定的平面或其他基准平面的中间位置创建平面，有如下两种情况：

1）如果选择的二平面互相平行，则创建它们的中间位置创建与之平行的平面；

2）如果输入平面互相呈一角度，则创建它们的角平分平面。

（5）曲线和点的基准平面。使用点、直线、基准轴或平的面的各种组合来创建平面（例如，三个点、一个点和一条曲线等）。在图 3-4 中选择造型为：曲线和点，可以用以下子类方法创建基准平面：

1）一个点：创建通过一个点的基准平面；

2）两个点：使用两个点创建基准平面，基准平面通过第一个点并垂直于由两个点连线的方向；

3）三点：创建通过三个点的基准平面；

4）点和曲线/轴：创建通过点并与一个线性对象（如直线、基准轴、线性曲线或边）垂直的基准平面；

5）点和平面/面：创建点并与一个平面对象（如平的面、基准平面或平面）平行的基准平面。

（6）二直线的基准平面。使用任两条直线、线性边、面轴或基准轴的组合来创建平面。在图 3-4 中选择两直线，可分如下几种情况创建基准平面：

1）如果两条直线共面，则创建的基准平面与其共面重合；

2）如果两条直线不共面并且不互相垂直，则创建通过第一条直线并且平行于第二条直线的基准平面，备选解为通过第二条直线并且平行于第一条直线的基准平面；

3）如果两条直线不共面但互相垂直，则该平面包含第一条直线并且垂直于第二条直线，备选解为它通过第二条直线并且垂直于第一条直线。

（7）相切的基准平面。创建与一个非平的曲面以及第二个选定对象（可选）相切的基准平面。

（8）点和方向的基准平面。根据一点和指定方向创建平面。操作示例如图 3-7 所示。

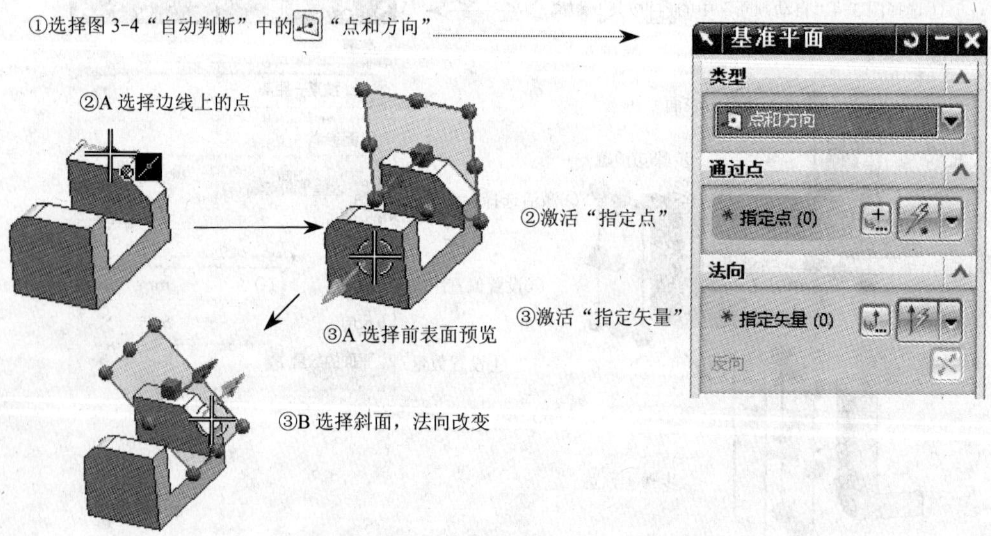

图 3-7　点和方向的基准平面操作示例

在选择矢量时，如果选择一个平面或基准面，则选择它的法向矢量。

（9）在曲线上的基准平面。创建与曲线或边上的一点相切、垂直或双向垂直的，或者与另一对象垂直或平行的基准平面。操作示例如图 3-8 所示。

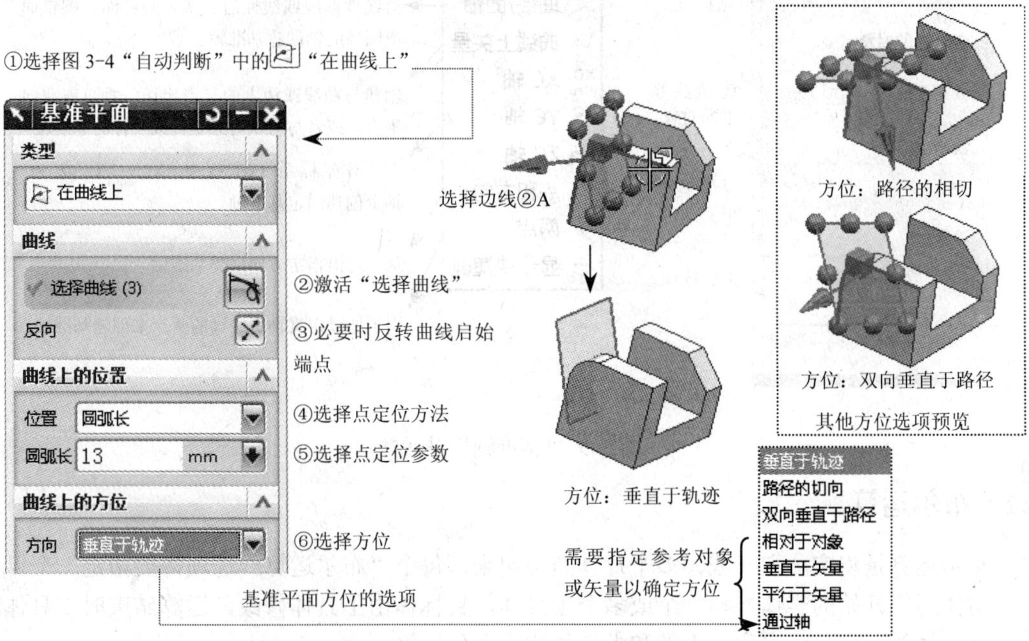

图 3-8 在曲线上的基准平面操作示例

（10）通过对象的基准平面。基于选定对象的平面创建基准平面，选定的对象可以是曲线、边、面、基准、圆柱、圆锥或回转面的轴、基准 CSYS、坐标系、球面和旋转曲面。在图 3-4 中选择类型为：通过对象调用该命令。

（11）通过坐标系的基准平面。在工作坐标系（WCS）或绝对坐标系（ACS）的 XC-YC、XC-ZC 或 YC-ZC 面上、或通过偏置一定距离创建一个基准平面。

（12）视图平面的基准平面。视图平面是创建平行于视图平面并穿过 ACS 原点的固定基准平面。

（13）平面方程的基准平面。在图 3-4 中选择类型为系数调用该命令，通过在方程式 $Ax + By + Cz = D$ 中的系数 A、B、C 和 D 指定方程式来创建固定基准平面。A、B 和 C 定义平面法向的方向；D 是与平面和 CSYS 原点的距离有关的系统（= D/SQRT[A^2+B^2+C^2]）。

3.1.2 基准轴

使用此命令可创建一个基准轴，当创建其他对象（如基准平面、回转特征和拉伸体）时，可以将该基准轴用作参考。

在“特征操作”工具条上，单击“基准轴”，弹出“基准轴”对话框，如图 3-9 所示。选定基准轴创建类型后，其对话框会跟随变化。使矢量通过一点可创建一个基准轴，其中“矢量”构造器请参阅 1.5.3 小节内容。

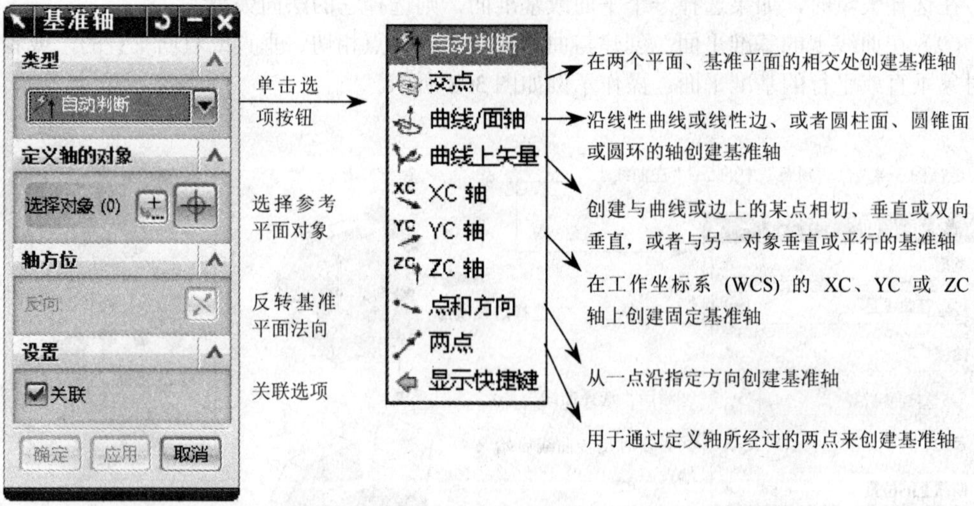

图 3-9 “基准轴”对话框

3.2 布尔运算

布尔运算是将实体和（或）多个片体结合起来。每个“布尔运算”选项需要指定一个目标体（用作运算开始的实体）和一个或多个工具体。目标体由工具体修改，运算结束时工具体就成为目标体的一部分。求和、求差和求交统称为布尔运算。

在一些可以创建实体的特征功能（如拉伸、旋转）中集成了布尔运算命令，在进行布尔运算时，现有的实体为目标体，当前创建的实体为工具体。

3.2.1 求和

使用“求和”布尔命令可将两个或多个工具实体的体积组合为一个目标体。目标体和工具体必须重叠或共面，这样才会生成有效的实体。求和操作示例如图 3-10 所示。

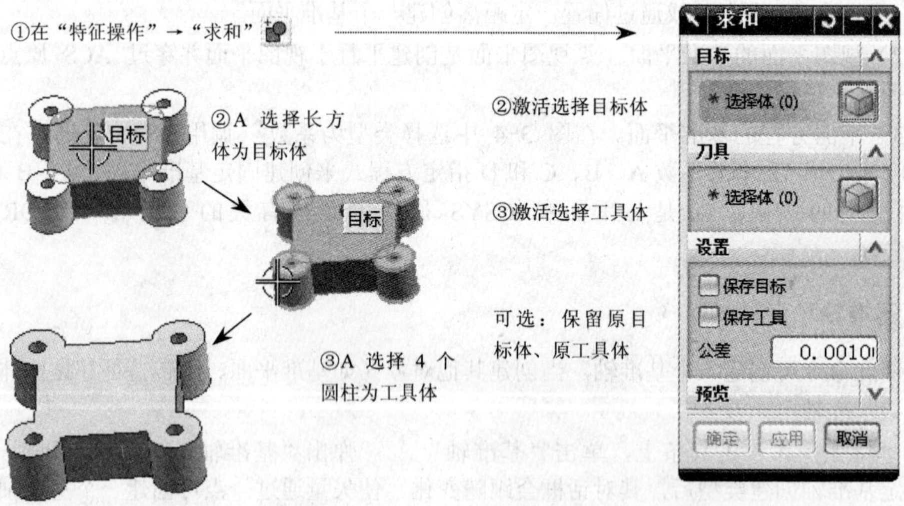

图 3-10 “求和”操作示例

在对话框中，当前步骤完成后，系统会自动移至下一步骤，在实际操作中可省略该步骤操作。如：图 3-10 的操作中，打开“求和”对话框后，系统默认为步骤②为当前步骤，这时不需要操作步骤②，可直接在视图区进行该步骤下的操作②A，完成②A 后，系统自动移至步骤③，可直接进行操作③A。

3.2.2 求差

使用“求差”命令可从目标体中移除一个或多个工具体的体积。目标体和工具体必须重叠，这样才会生成有效的实体。求差操作示例如图 3-11 所示。

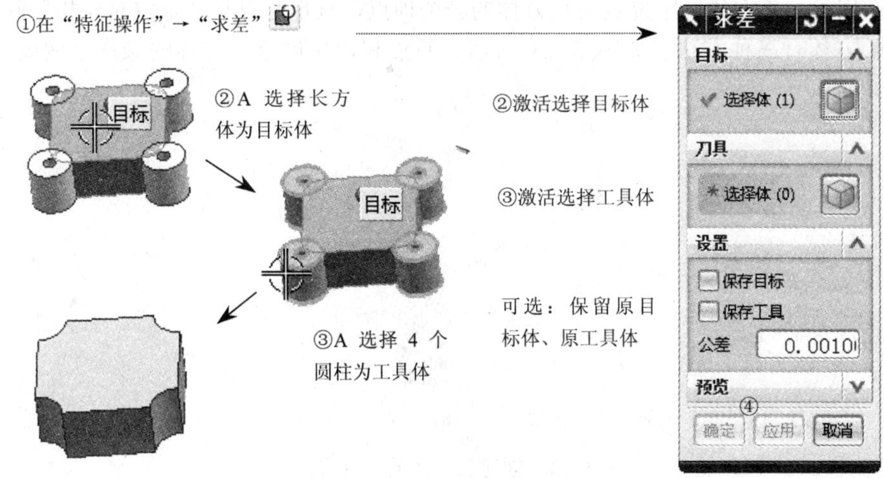

图 3-11 “求差”操作示例

3.2.3 求交

使用“求交”可创建目标体与一个或多个工具体的共享体积或区域的体。目标体和工具体必须重叠，这样才会生成有效的实体。求交操作示例如图 3-12 所示。

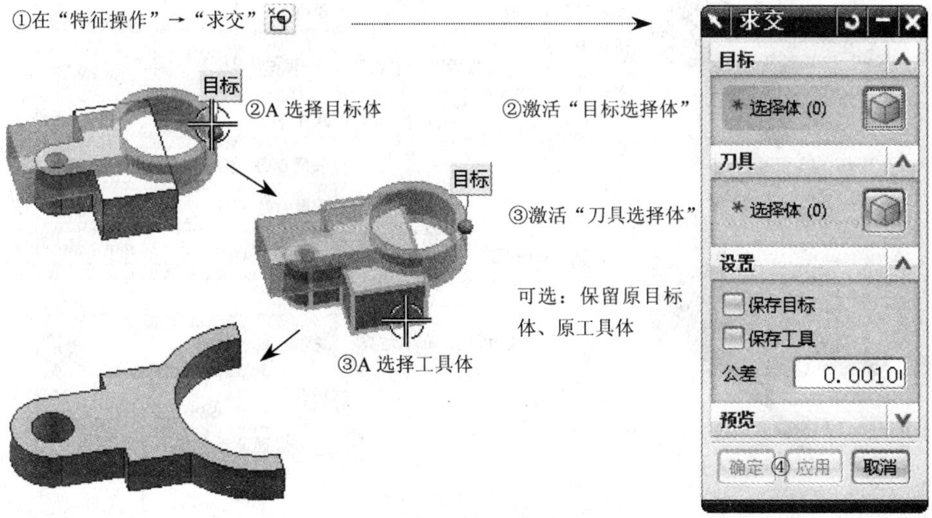

图 3-12 “求交”操作示例

3.3 基本成型特征

NX 的基本成型特征包括拉伸、回转、扫掠和基本体素。基本体素可以直接构造简单的实体，只有长方体、圆柱、圆锥和球 4 种。

基本成型特征是构造实体外形轮廓的基本方法。

3.3.1 基本体素

3.3.1.1 长方体

此命令用于一长方体，定位点为长方体的一个顶点，且定位点与其定位对象相关联。

创建长方体有三种方法，如图 3-13 所示。原点和边长创建长方体的操作示例如图 3-14 所示。

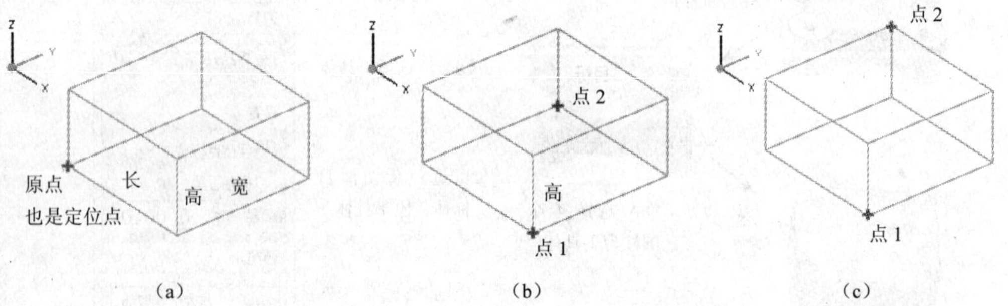

图 3-13 创建长方体的三种方法

（a）原点和边长；（b）两点和高度；（c）两个对角点

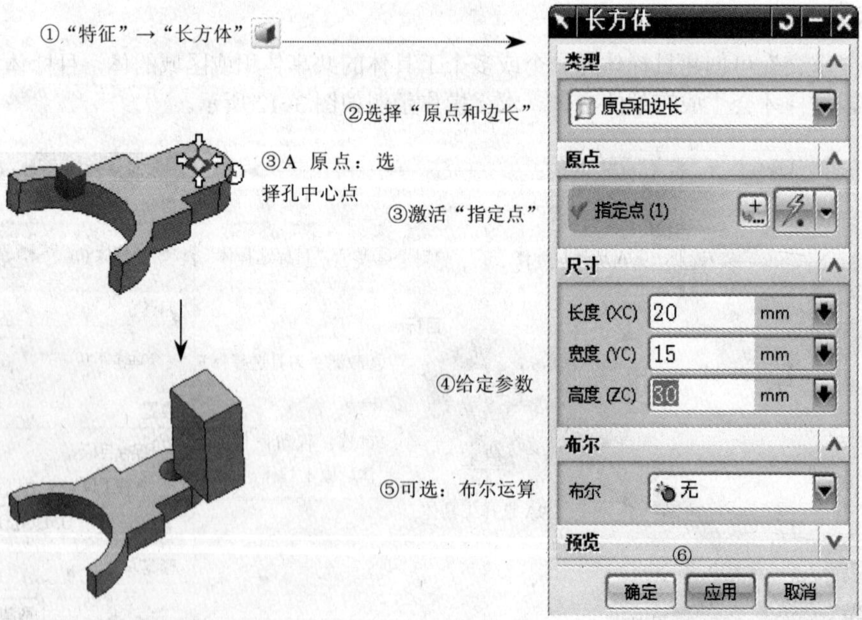

图 3-14 原点和边长创建长方体的操作示例

3.3.1.2 圆柱

此命令来创建圆柱形实体。圆柱与其定位对象相关联。

创建圆柱有两种方法：

（1）轴、直径和高度，其创建操作示例如图 3-15 所示；

（2）圆弧和高度，其中圆弧为已经存在的圆或圆弧。

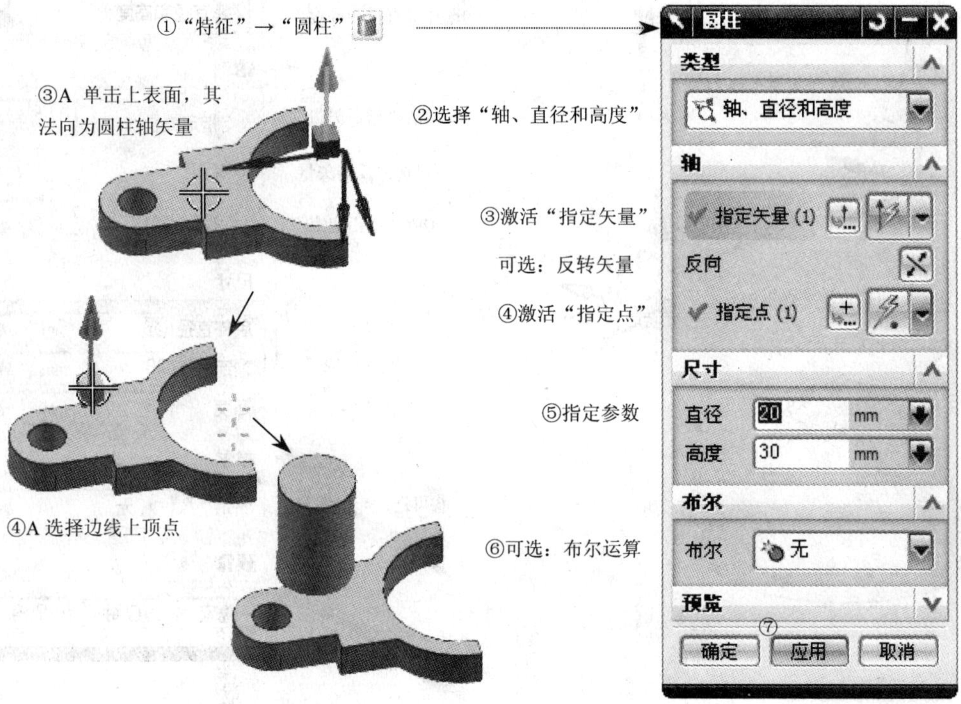

图 3-15 轴、直径和高度方法创建圆柱

3.3.1.3 圆锥

此命令来创建基本圆锥形实体，圆锥与其定位对象相关联。创建圆锥的参数如图 3-16 所示。

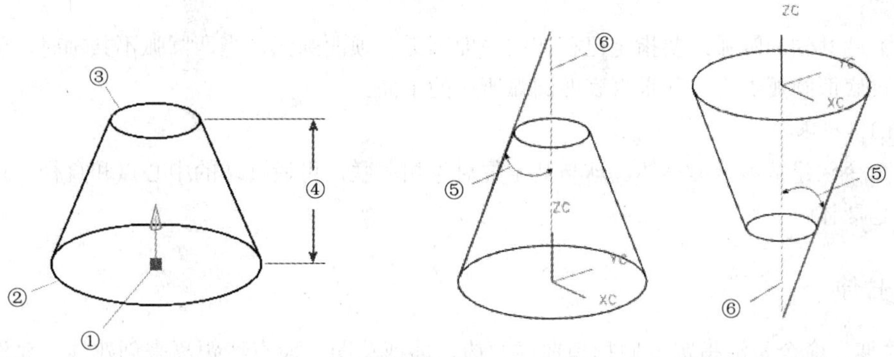

图 3-16 创建圆锥的参数

① 圆锥轴的原点和方向；② 圆锥底面直径；③ 圆锥顶面直径；④ 圆锥高度的值；⑤ 半角；⑥ 圆锥轴

创建圆锥有 5 种方法：

（1）直径和高度：创建操作示例如图 3-17 所示；

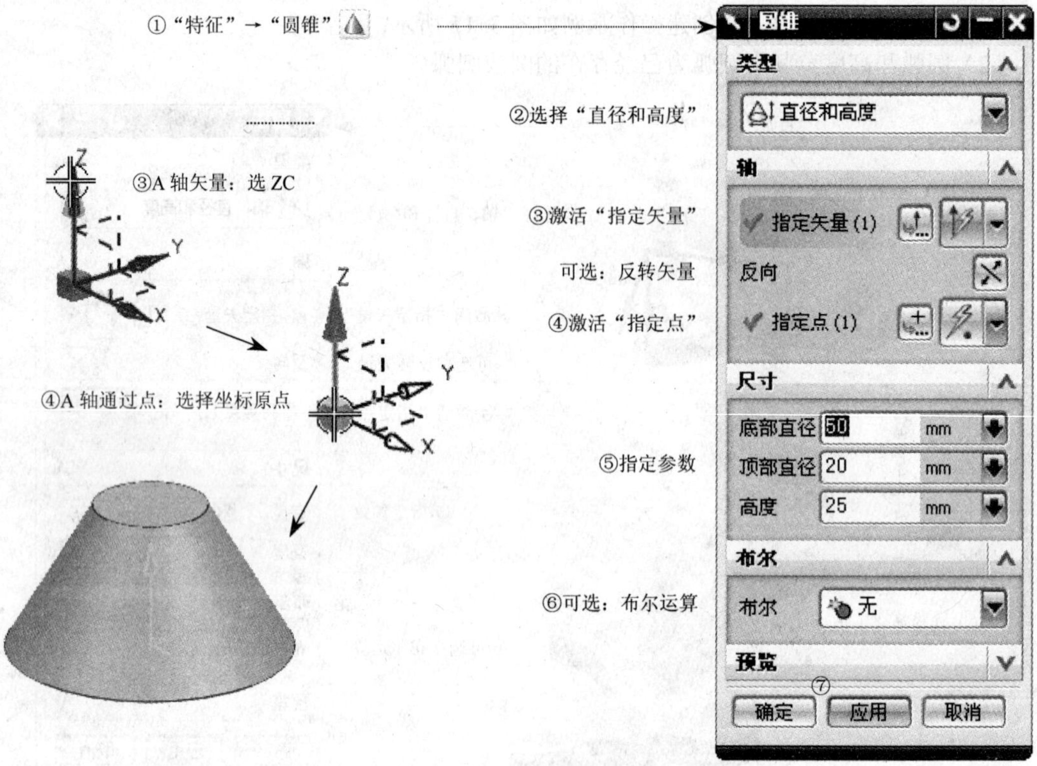

图 3-17　直径和高度方法创建圆锥

（2）直径和半角：要指定圆锥轴的原点和方向、底面和顶面圆弧的直径和半角参数；

（3）底面直径、高度和半角：要指定圆锥轴的原点和方向、底面圆弧的直径、圆锥高度和半角参数；

（4）顶面直径、高度和半角：要指定圆锥轴的原点和方向、顶面圆弧的直径、圆锥高度和半角参数；

（5）两共轴的圆弧：要指定已存在的底面圆弧和顶面圆弧，当两圆弧不共轴时，创建的圆锥轴通过底面圆弧中心，并垂直底面圆弧所在的平面。

3.3.1.4　球

此命令创建基本球形实体。球与其定位对象相关联，可通过球的中心点和直径、选择圆弧平面创建球体。

3.3.2　拉伸

“拉伸”命令是沿指定方向扫掠曲线、边、面或草图一段直线距离来创建体。允许创建具有拔模、偏置特征的拉伸体，也可与现有体进行布尔运算。

在“特征”工具条→“拉伸”，调用“拉伸”对话框如图 3-18 所示。

图 3-18 “拉伸”对话框

在“拉伸”对话框中可以通过设置体类型，创建实体和片体两种类型的体。如果截面为开放的，即便体类型设置为实体，在没有使用偏置时也创建一个片体。

3.3.2.1 创建基本拉伸

基本拉伸所需要的条件是一个截面、一个拉伸方向和拉伸限制值。

在本示例（如图 3-19 所示）中，选择意图设置为“单条曲线”，在步骤③A 每次只能选择一条草图中的曲线，并获得预览，当选中的截面线串未封闭时，可创建一片体。重新激活草图，使用“编辑定义线串”命令，向拉伸截面添加曲线形成封闭截面，获得拉伸实体。

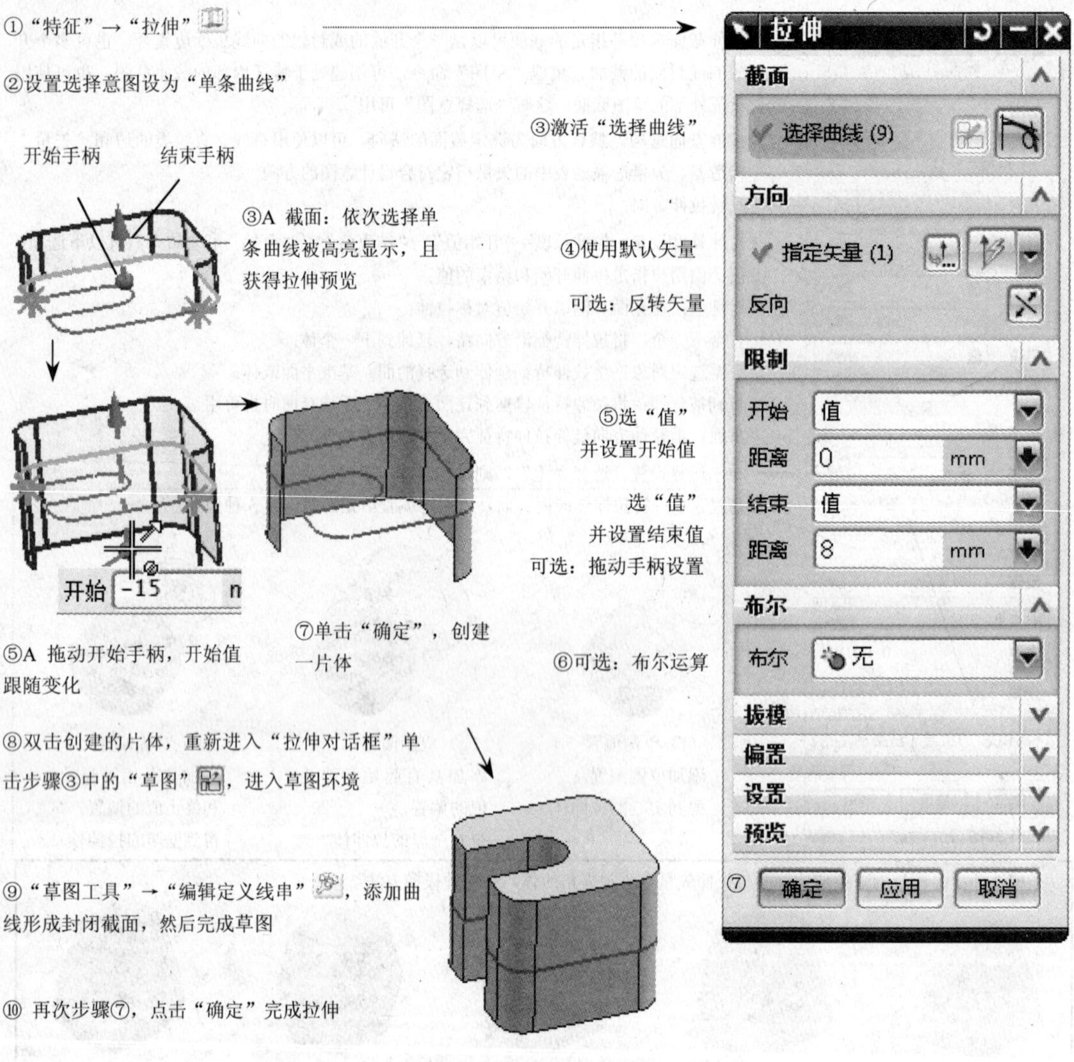

图 3-19 创建基本拉伸

需要提示的是：（1）在拉伸、回转特征限制中，可在对话框中设置距离和角度，也可以操纵手柄来实现；（2）截面中有多个封闭或开放的区域时，各区域之间不允许有交叉、相连的曲线，但允许大的封闭区域内包含小的封闭区域。

3.3.2.2 创建具有偏置的拉伸

使用具有偏置的拉伸可简化截面线串的构造，使用方便。它是在简单拉伸的基础上，向拉伸添加偏置，其操作示例如图 3-20 所示。

需要提出的是：（1）步骤⑥中偏置参数的值正负：相对于原截面，沿偏置结束手柄方向一侧的偏置为正值，沿偏置结束手柄反向一侧的偏置为负值；（2）可对偏置手柄实施拖动操作，且改变偏置参数；（3）拉伸开放的截面，无偏置时创建一片体，使用具有偏置的拉伸可创建有一定厚度的实体。

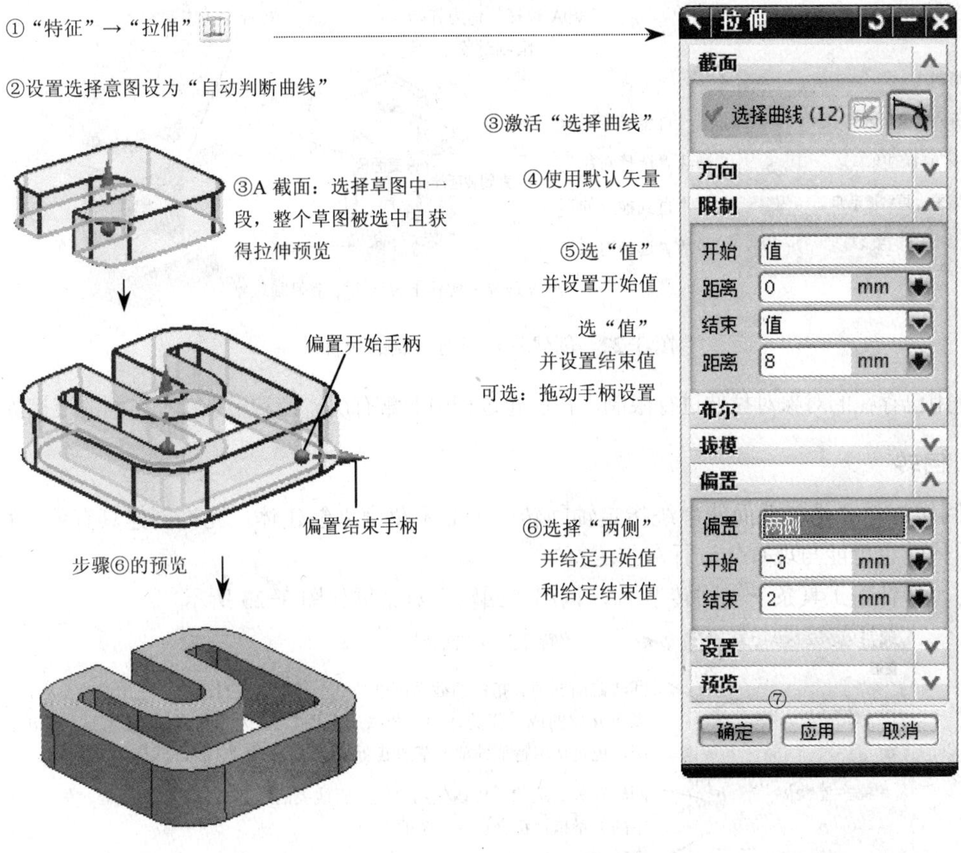

图 3-20 创建具有偏置的拉伸

3.3.2.3 创建具有拔模的拉伸

没有启用拔模选项的拉伸，创建的体的侧面与拉伸矢量平行；使用拔模选项，体的侧面与拉伸矢量成一定夹角的锥面。其操作示例如图 3-21 所示。

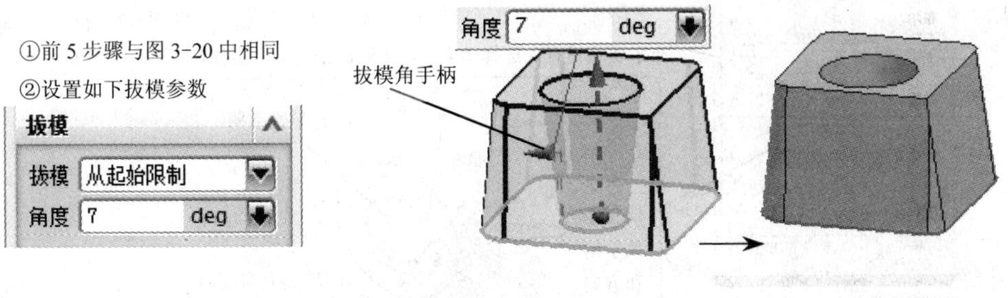

图 3-21 创建具有拔模的拉伸

需要提出的是：（1）当拔模面上有圆角等曲面时，应注意拔模面曲率变化对拉伸的影响；（2）拉伸拔模应用于整个拉伸体的侧面，且外表面与内表面的拔模方向相反；当有侧面不需要锥度时可不用拉伸拔模，对需要拔模的面使用 3.5.1 节的拔模命令；（3）拔模角度值可以是正值，也可以是负值。

3.3.2.4 创建具有修剪限制的拉伸

可以利用现有的体、基准平面等对拉伸高度进行限制，其操作示例如图 3-22 所示。

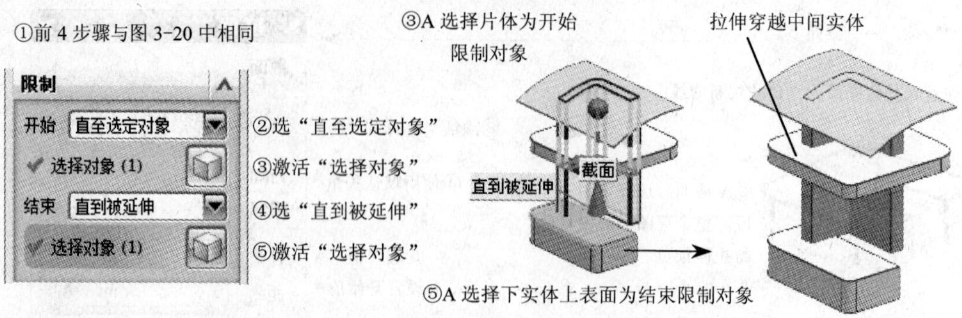

图 3-22 创建具有修剪限制的拉伸

使用已存在的对象对拉伸进行限制，在创建过程中非常有用，经常用于特征之间的连接等。

3.3.3 回转

“回转”命令是使截面线串绕指定轴回转一个非零角度来创建体，允许创建具有偏置特征的回转体，也可能与现有体进行布尔运算。

在“特征”工具条→“回转”，调用“回转”对话框如图 3-23 所示。

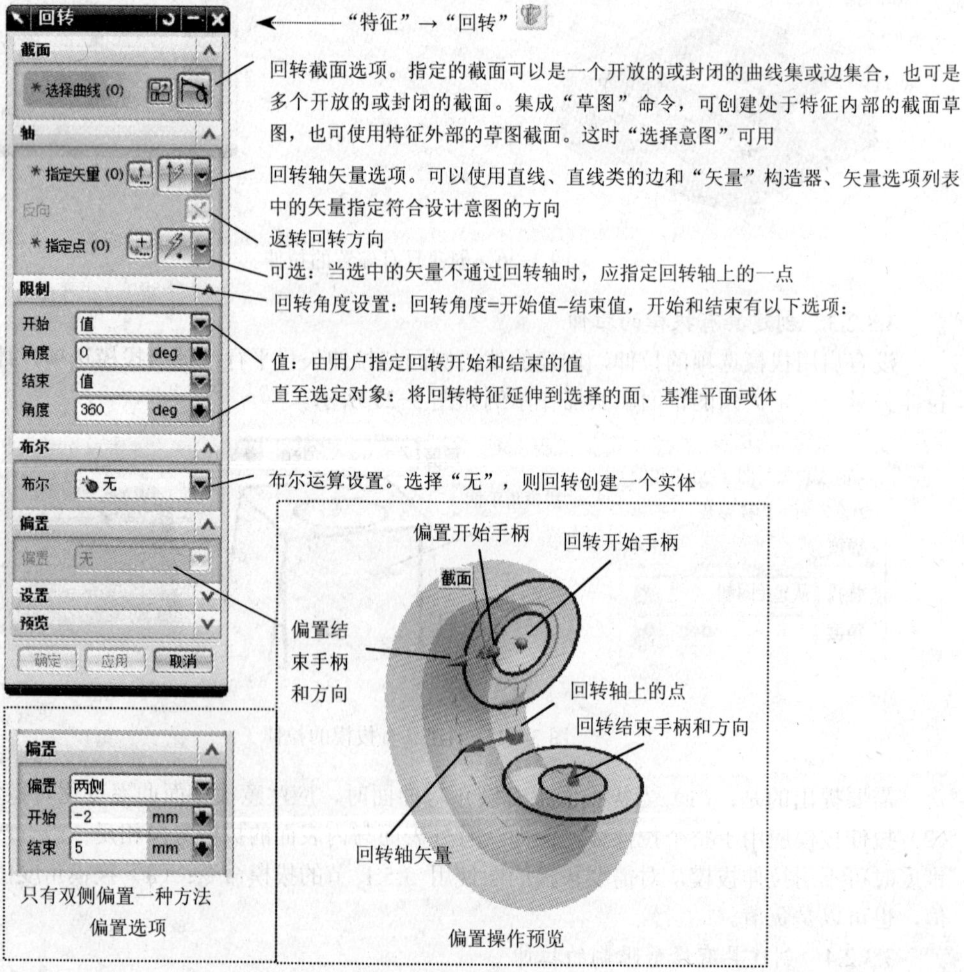

图 3-23 “偏置”对话框

3.3.3.1 创建基本回转

基本回转所需要的条件是一个截面、一个回转轴和回转限制值，其操作示例如图 3-24 所示。

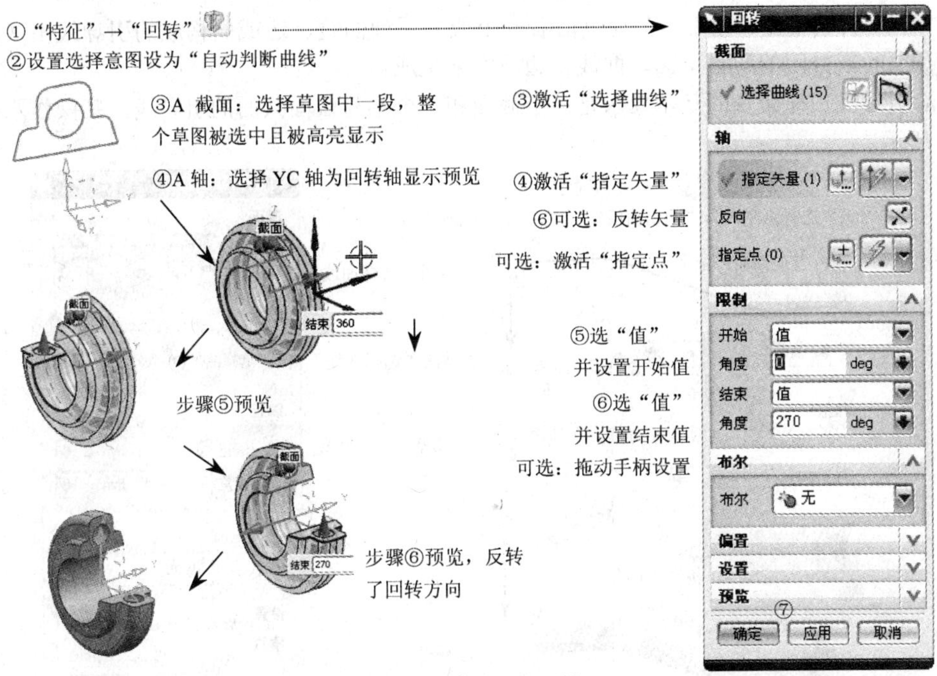

图 3-24 创建基本回转

3.3.3.2 创建具有修剪限制和布尔运算的回转

可以利用现有的体、基准平面等对回转角度进行限制，并利用求差运算获得回转腔体，其操作示例如图 3-25 所示。

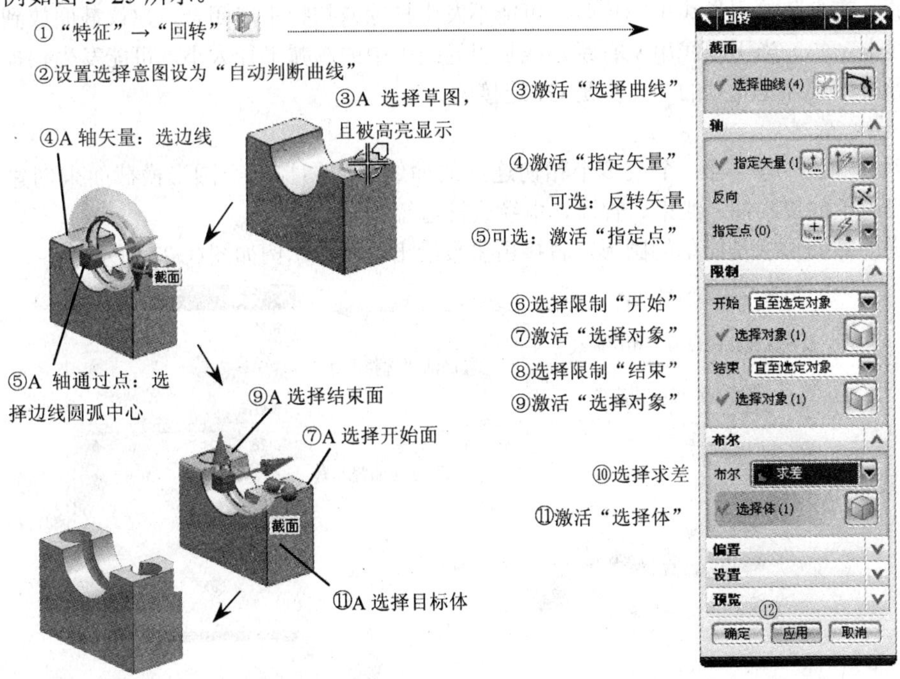

图 3-25 创建具有修剪限制和布尔运算的回转

3.3.4 沿引导线扫掠、管道

3.3.4.1 沿引导线扫掠

“沿引导线扫掠”命令是通过沿着一个或一系列曲线、边或面构成的引导线串（路径）扫掠开放的或封闭的边界草图、曲线、边或面来生成体。

沿引导线扫掠命令的基本要求是一个截面和一个不与截面共面的引导线，其操作示例如图 3-26 所示。

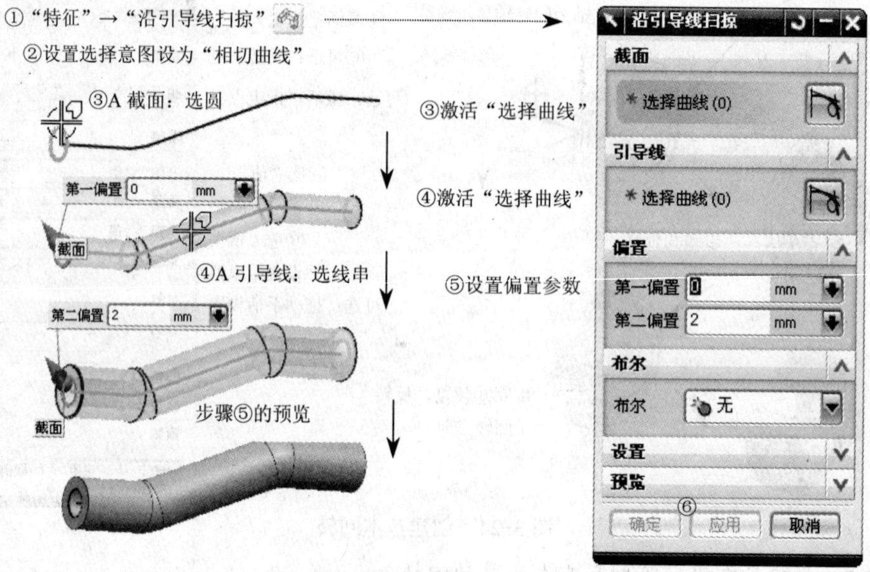

图 3-26 沿引导线扫掠操作示例

需要提出的是：（1）截面对象有多个封闭环时，则引导线必须由直线/圆弧组成；（2）沿着封闭的、有尖角的引导线串扫掠时，可能不发生扫掠或扫掠不能闭合，建议截面放到光顺连接的曲线上；（3）当引导线串上有锐角或是引导线串中的圆弧半径太小，可能发生扫掠错误，建议引导线串必须是光顺的，至少是 G1 连接的。

3.3.4.2 管道

“管道”命令是沿着一个或多个相切连续的曲线或边扫掠一个圆形横截面来创建一个实体，一般用于创建线捆、线束、管道、电缆或管道等。

管道的截面形状是简单的圆形，直接由参数给出，操作示例如图 3-27 所示。

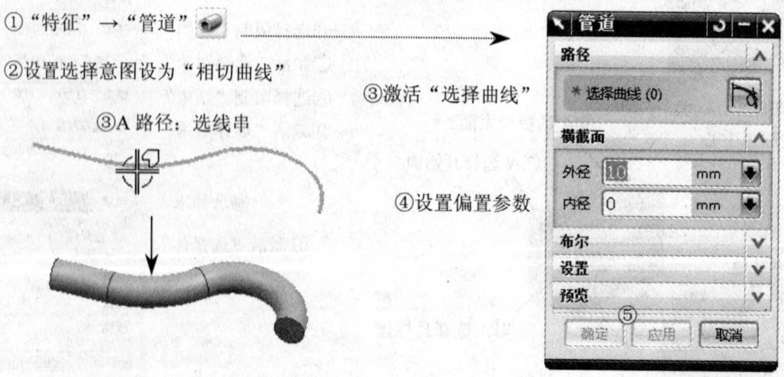

图 3-27 “管道”操作示例

3.4 编辑成型特征

编辑成型特征包括孔、圆台、腔体、垫块、键槽、沟槽等特征，它们自身不能单独的使用，必须依附于现有的体特征上，并在体特征上添加编辑成型特征。

3.4.1 编辑成型特征的定位

除孔命令外，在创建圆台、腔体、垫块、键槽、沟槽等特征时，在设置参数后，都进入“定位”对话框（如图 3-28 所示）对其定位。定位的方法可分为点-点、点-线、直线-直线之间，共有 9 种定位方法，如图 3-29 所示。

定位操作的基本步骤：

（1）选择定位类型；

（2）选择定位的目标对象；

（3）选择定位的工具对象（可选）；

（4）输入用于定位的参数值；

（5）选择“确定”以重新定位特征或草图。

要定位的特征称为工具对象，用于定位的参考称为目标对象。

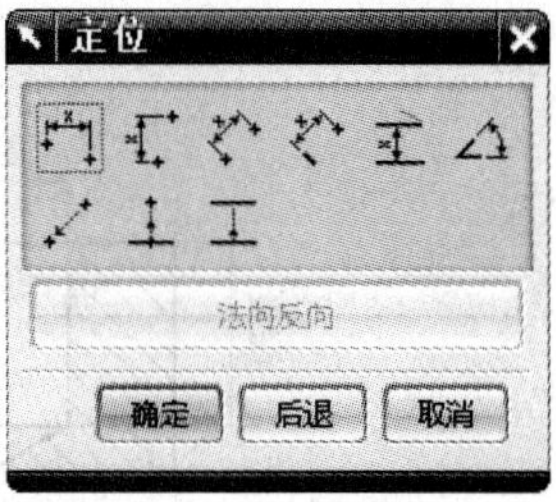

图 3-28 “定位”对话框

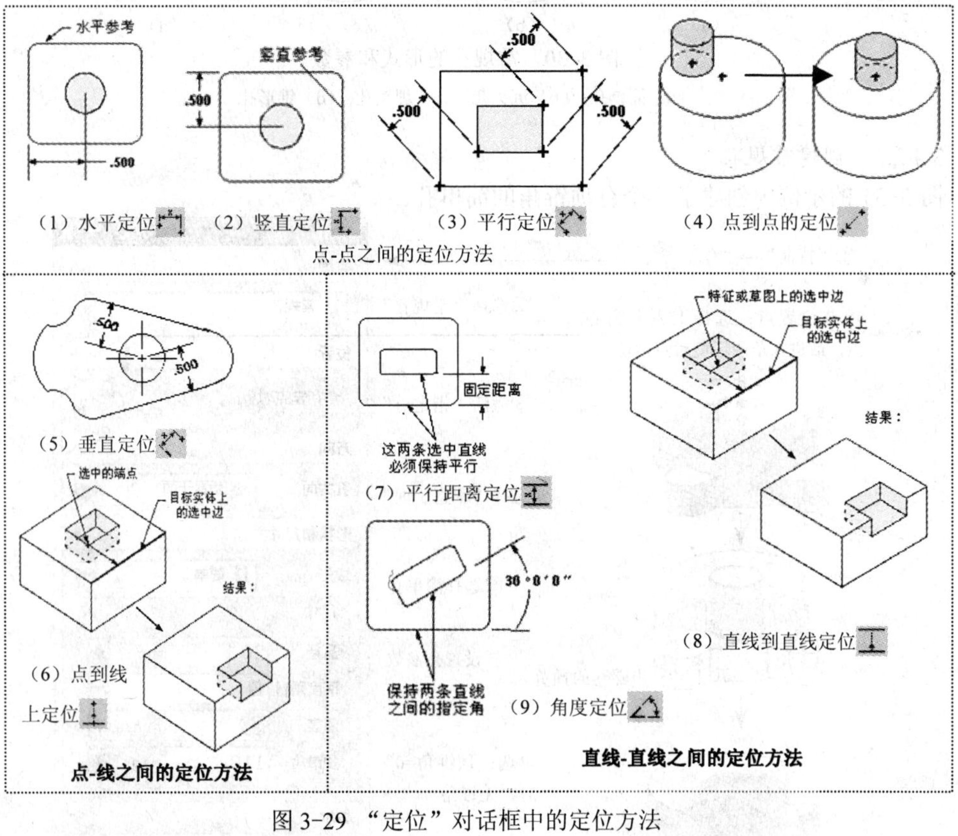

图 3-29 “定位”对话框中的定位方法

3.4.2 孔

3.4.2.1 孔类型与创建方法

“孔”命令是在部件或装配中添加的孔特征。孔特征有如下类型：

（1）常规孔：可分为简单、沉头、埋头或锥形孔，其形式和参数如图3-30所示；

（2）钻形孔：使用 ANSI 或 ISO 标准创建简单钻形孔特征；

（3）螺钉间隙孔：创建简单、沉头或埋头通孔，它们是为具体应用而设计的，例如螺钉的间隙孔；

（4）螺纹孔：创建螺纹孔其尺寸标注由标准、螺纹尺寸和径向进刀定义；

（5）孔系列：在部件或装配中，创建起始、中间和结束孔尺寸一致的多形状、多目标体的对齐孔。

创建孔时，孔的定位都使用草图和点两种方法，但不同的类型的孔需要指定不同的参数。

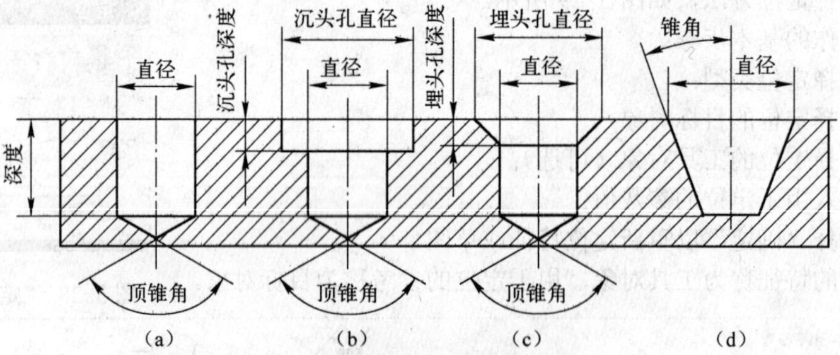

图3-30　常规孔的形式和参数

（a）简单孔；（b）沉头孔；（c）埋头孔；（d）锥形孔

3.4.2.2　创建常规孔

图3-31的示例中创建了一个有顶锥角的简单孔。

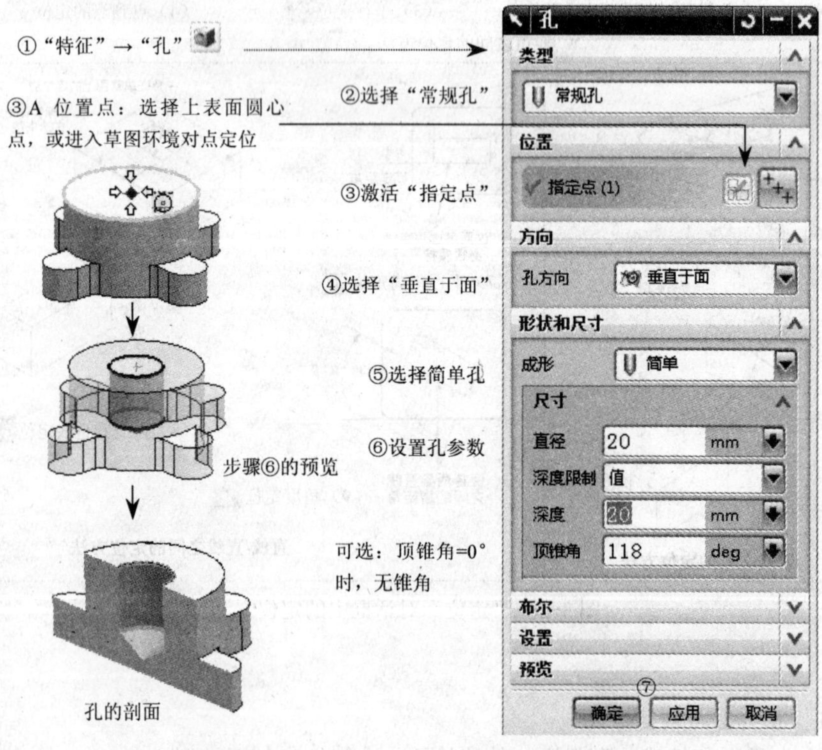

图3-31　创建常规孔的操作示例

孔的定位点为截面圆的中心点。

3.4.2.3 创建螺纹孔

螺纹孔创建的螺纹是标准化了的螺纹，在螺纹列表选项中系统定义了常用的螺纹供选用。创建螺纹孔的操作示例如图 3-32 所示。

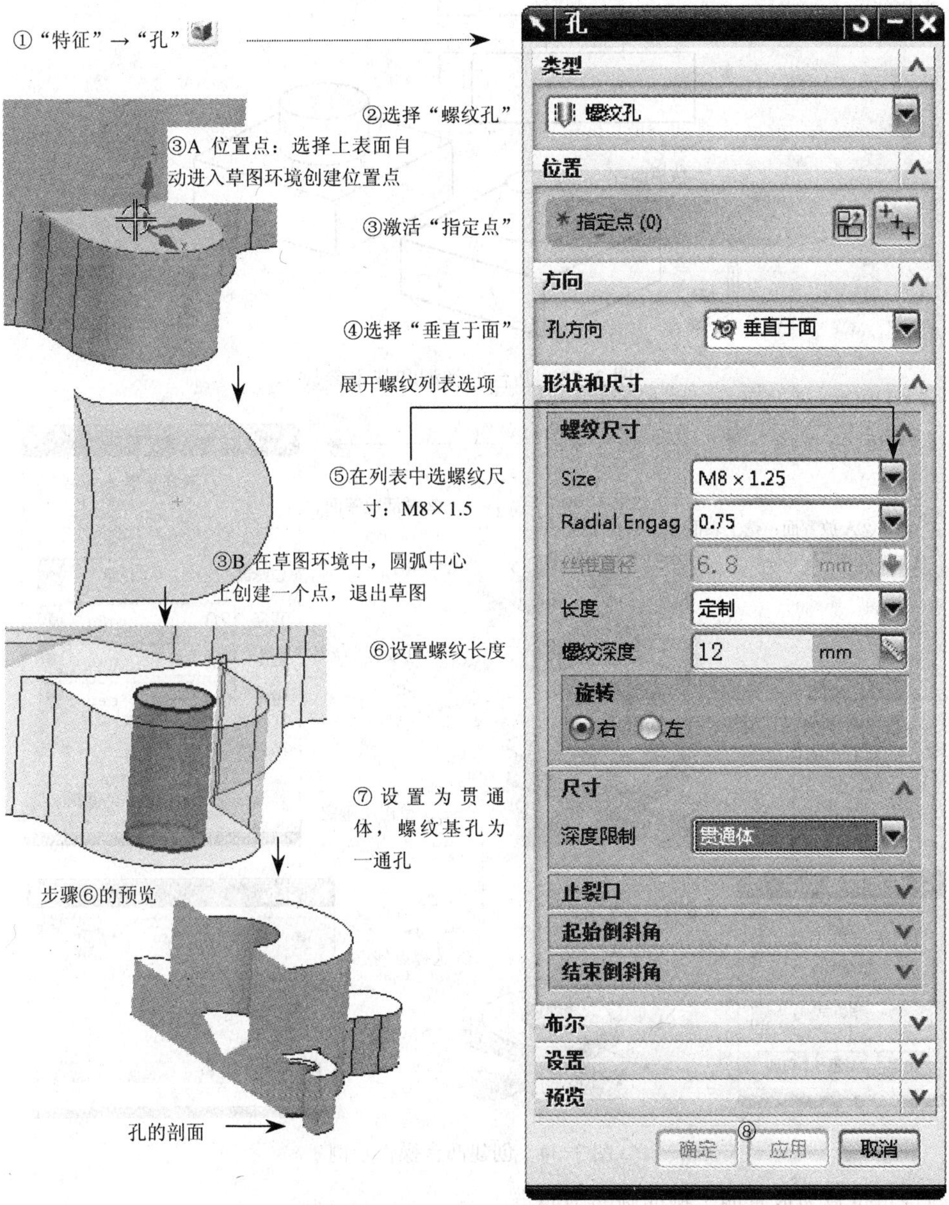

图 3-32 创建螺纹孔的操作示例

要注意的是：（1）步骤⑦中深度限制是指螺纹基孔的深度，步骤⑥的螺纹深度是指螺纹的长度，螺纹基孔深度应大于等于螺纹的长度；（2）NX 系统中，可以创建符号螺纹和真实螺纹，建模中的符号螺纹不会显示真实的螺纹形状，但在制图模块中可获得符合 GB 工程图标准的螺纹画法，所以，常创建符号螺纹。

3.4.3　凸台

“凸台”命令可在平的表面或基准平面上创建凸台，凸台的类型和基本参数如图 3-33 所示。凸台操作示例如图 3-34 所示。

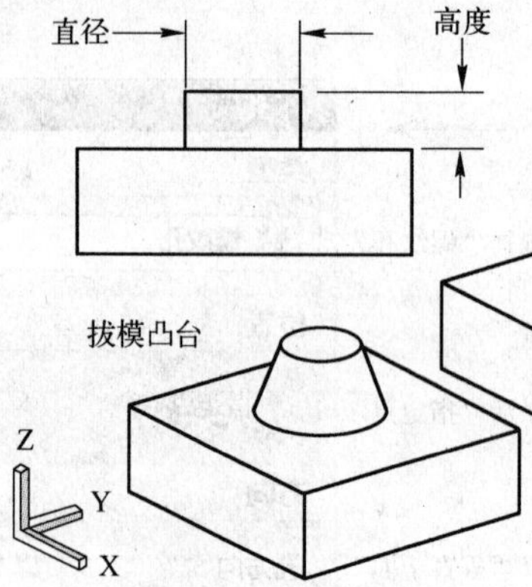

图 3-33　凸台的类型和基本参数

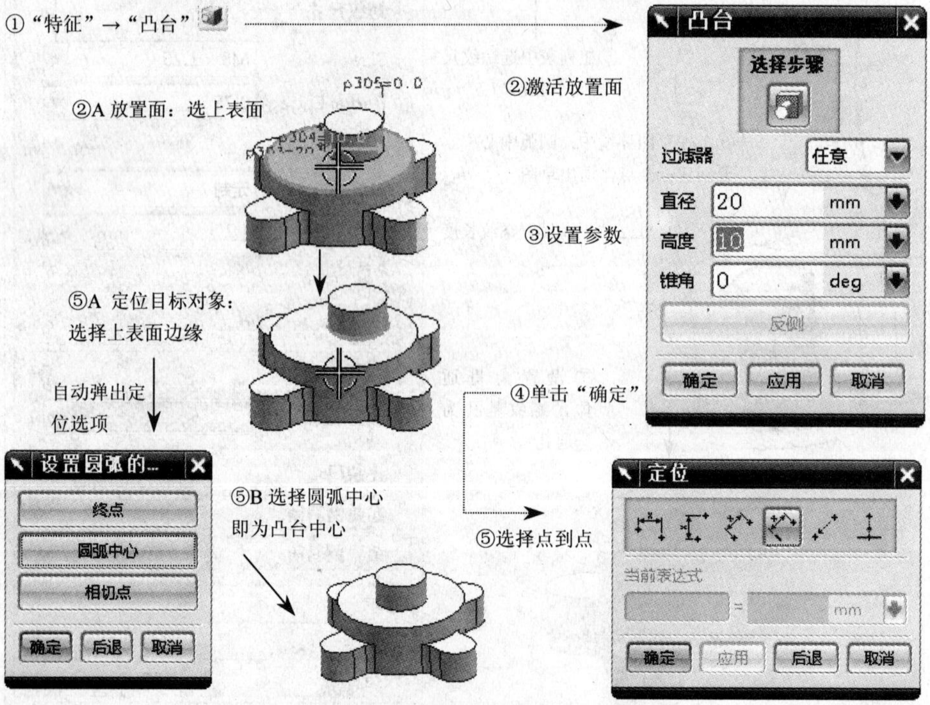

图 3-34　创建凸台操作示例

凸台定位点为放置面上截面圆的中心点。

3.4.4　腔体

“腔体”命令是在现有的体上生成一个型腔，可分为圆柱形、矩形和常规三种形式的腔体。

3.4.4.1　柱面副腔体

该选项下可以创建有一定的深度的圆柱形腔体。给定不同参数可创建的不同类型圆柱腔体，如图 3-35 所示。创建柱面副腔体的操作示例如图 3-36 所示。

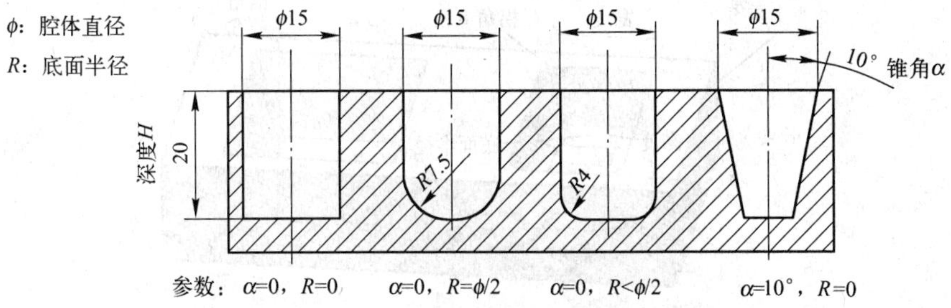

图 3-35 柱面副腔体的参数和类型

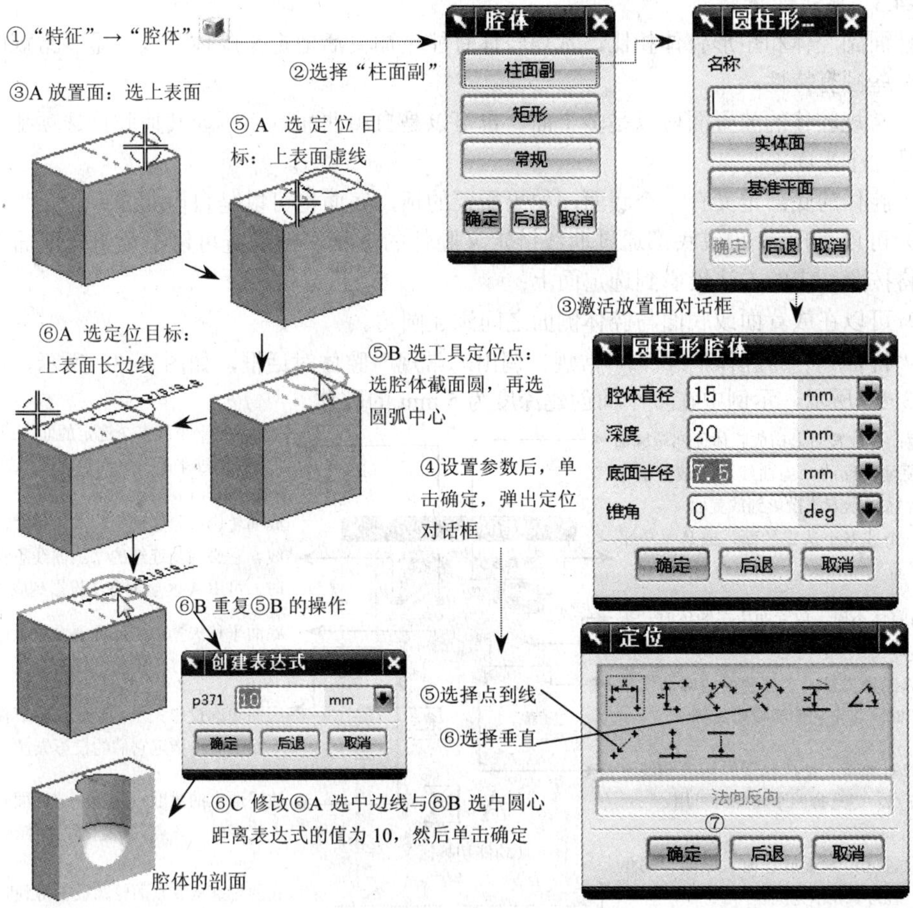

图 3-36 创建柱面副腔体的操作示例

柱面副腔体定位点为放置面上截面圆的中心点。

3.4.4.2 矩形腔体

矩形腔体是按照指定的长度、宽度和深度，以及底面半径、拐角半径和锥角等参数（参见图 3-37）创建腔体。系统默认矩形的长度沿指定的水平参考方向放置，使用“定位”对话框精确定位腔体。

矩形腔体的操作与矩形垫块的操作相似，可参照 3.4.5 一节。

拐角半径必须大于等于底面半径。

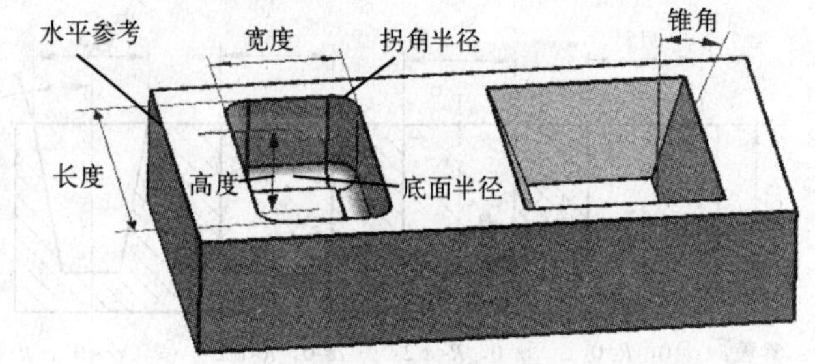

图 3-37　矩形腔体的参数

3.4.4.3　常规腔体

与柱面副腔体和矩形腔体相比，常规腔体有能更加灵活地定义腔体。以下是“常规腔体”特征的一些独有特性：

（1）常规腔体的放置面可以是多个面，也可以是自由曲面，而不像其他腔体选项那样，要严格地是一个平面；

（2）腔体的底部定义有一个底面，如果需要的话，底面也可以是自由曲面；

（3）可以在顶部和/或底部通过曲线链定义腔体的形状，曲线链可以不位于选定面上，这时它们将按照一定的方法投影到选定面上；

（4）可以在放置面或底面与腔体侧面之间添加圆角。

在“特征”→“腔体”→“常规”调出“常规”腔体对话框，如图 3-38 所示，操作示例如图 3-39 所示，示例中在多个面创建深度为 5 mm 的腔体。

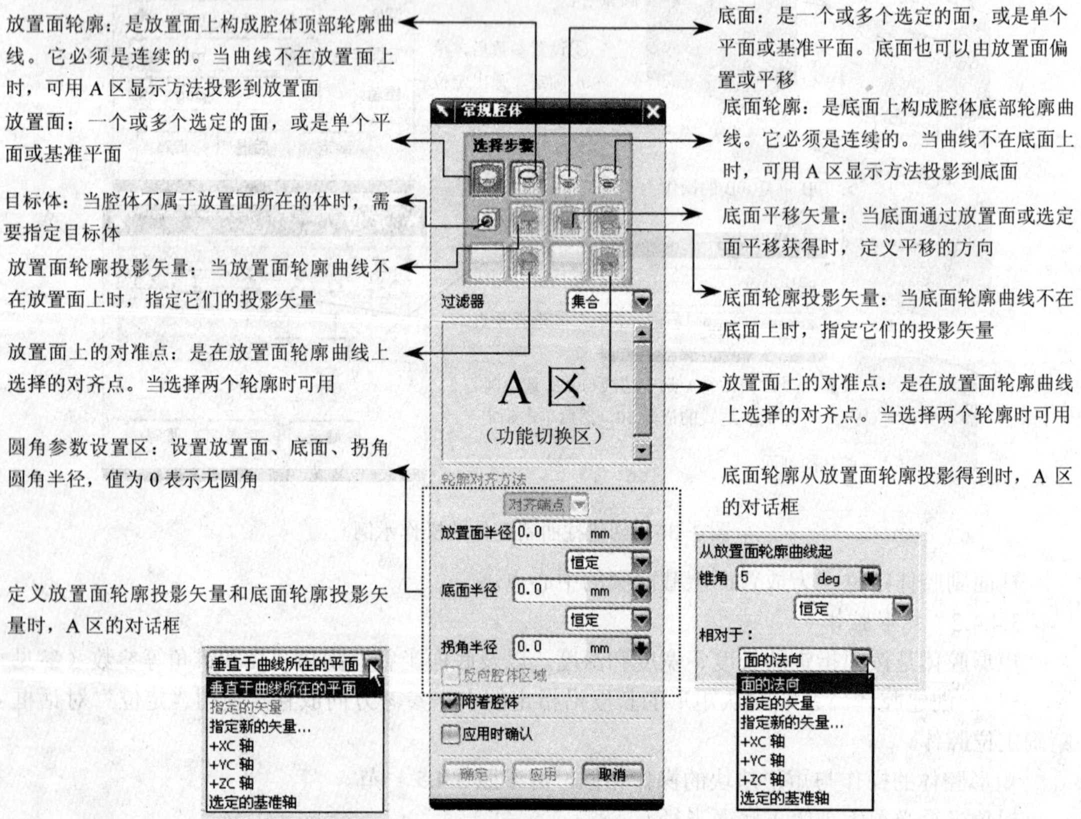

图 3-38　“常规腔体”对话框

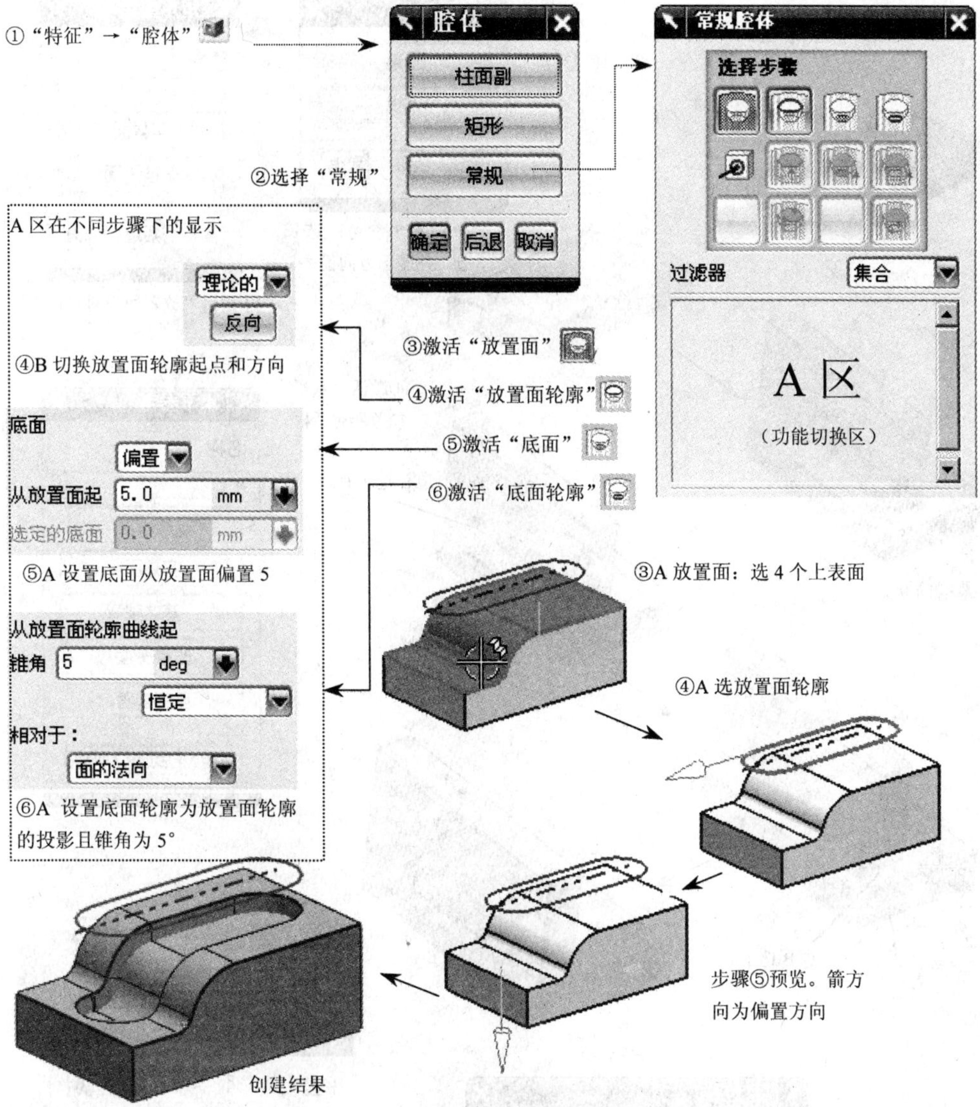

图 3-39 创建常规腔体操作示例

上例中，其他选项均使用了系统默认设置，未在图中标注。

3.4.5 垫块

“垫块”命令是在现有实体上创建垫块，它和凸台一样都是在实体表面添加一个特征。“腔体”命令是从体中减去创建的特征体积，“垫块”命令是向体添加所创建的体积，但二者对话框和操作方法相似，可参照 3.4.4 小节内容。

垫块有两种类型，即矩形和常规垫块。

在“特征”工具条上，单击“垫块”，弹出“垫块”类型对话框。矩形垫块的操作示例如图 3-40 所示。

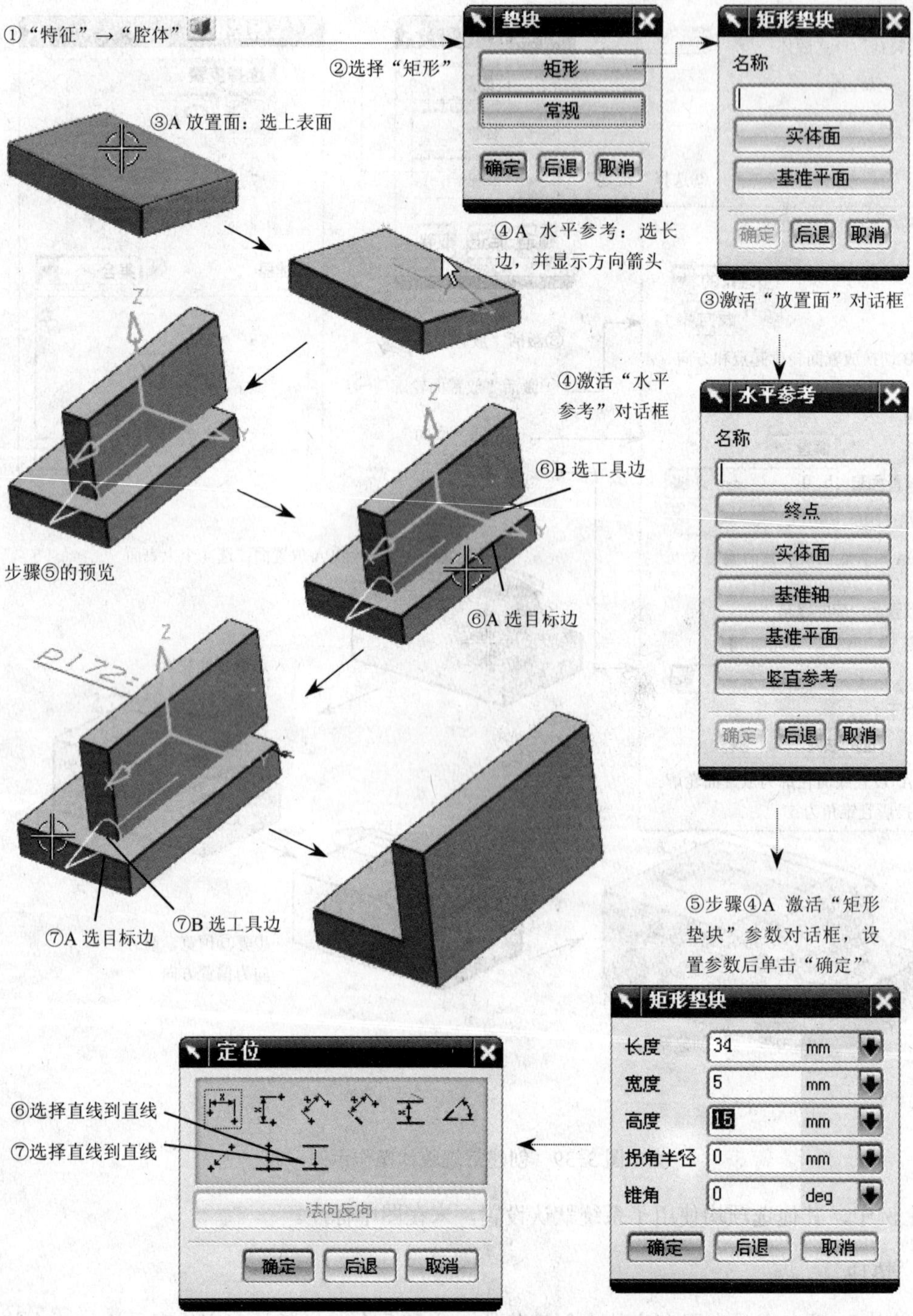

图 3-40　创建矩形垫块的操作示例

3.4.6　键槽

“键槽”命令是生成一个直槽的通道通过实体或穿入实体内部，并与遇到的目标实体自动执行求差操作，可分为矩形槽、球形端槽、U 形槽、T 型键槽和燕尾槽 5 种类型。

通过“特征”工具条→“键槽”，弹出“键槽”类型对话框。“键槽”类型对话框和类型图例如图 3-41 所示。

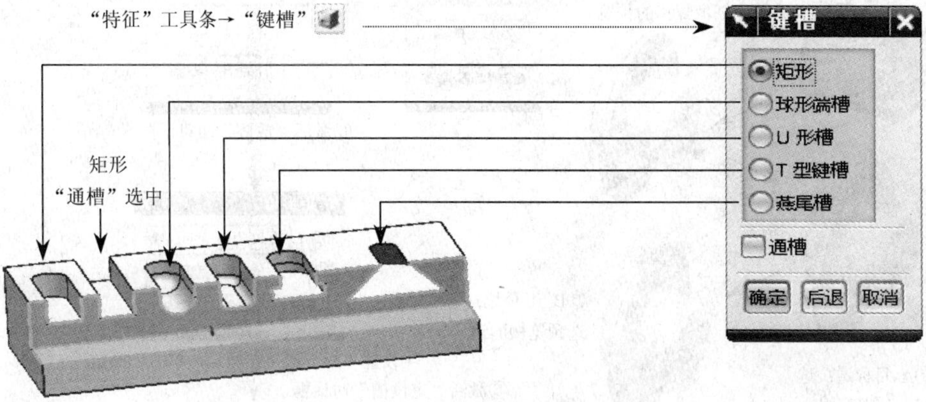

图 3-41 “键槽”类型对话框和类型图例

键槽的放置面可以是体的平的面、基准平面；键槽的长度方向为指定的水平参考方向；当选中“通孔”选项时，需要指定两个面来限制键槽的长度。

设计中，当轴与轮等通过平键连接时，可使用“键槽”命令创建键槽；由于“键槽”命令的放置面为平面，所以，首先要在轴或孔上创建一个基准平面。

3.4.7 开槽

“开槽”命令是在实体上创建一个槽，就好像一个成形刀具在旋转部件的外圆柱面或在内圆柱面移进旋转部件体，如同车削操作。开槽类型为：

矩形槽：建四周均为尖角的槽；

球形端槽：创建底部有完整半径的槽；

U 形槽：创建在拐角有半径的槽。

通过“特征”工具条→“开槽”，弹出“开槽”类型对话框。“开槽”类型对话框和类型图例如图 3-42 所示。

在圆柱面创建开槽操作示例如图 3-43 所示。

提示：(1) 开槽的定位是沿着圆柱或圆锥的轴线定义的；(2) 在外圆柱面开槽时，槽直径参数小于圆柱直径；在内圆柱面开槽时，槽直径参数大于圆柱直径。

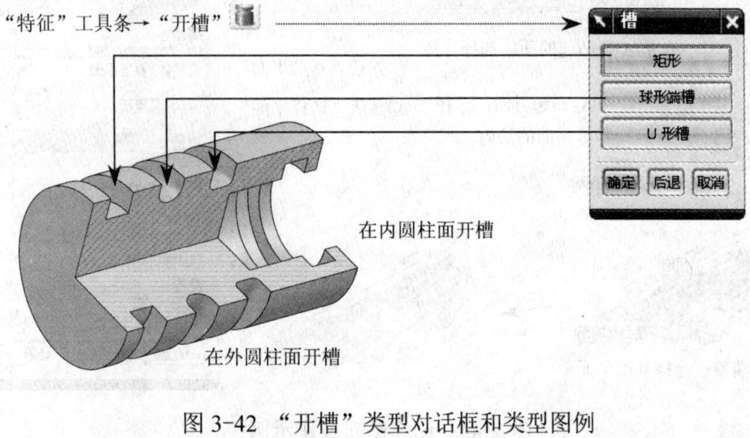

图 3-42 “开槽”类型对话框和类型图例

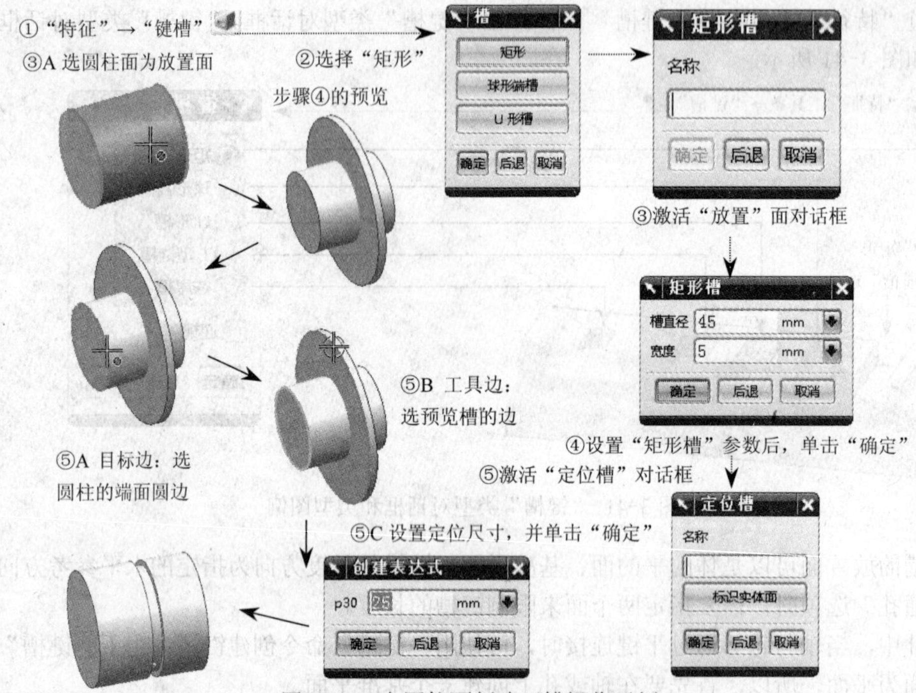

图 3-43　在圆柱面创建开槽操作示例

3.4.8　凸起

“凸起”命令是在相连的面上创建凸起特征，在钣金件上用得较多。其操作示例如图 3-44 所示。

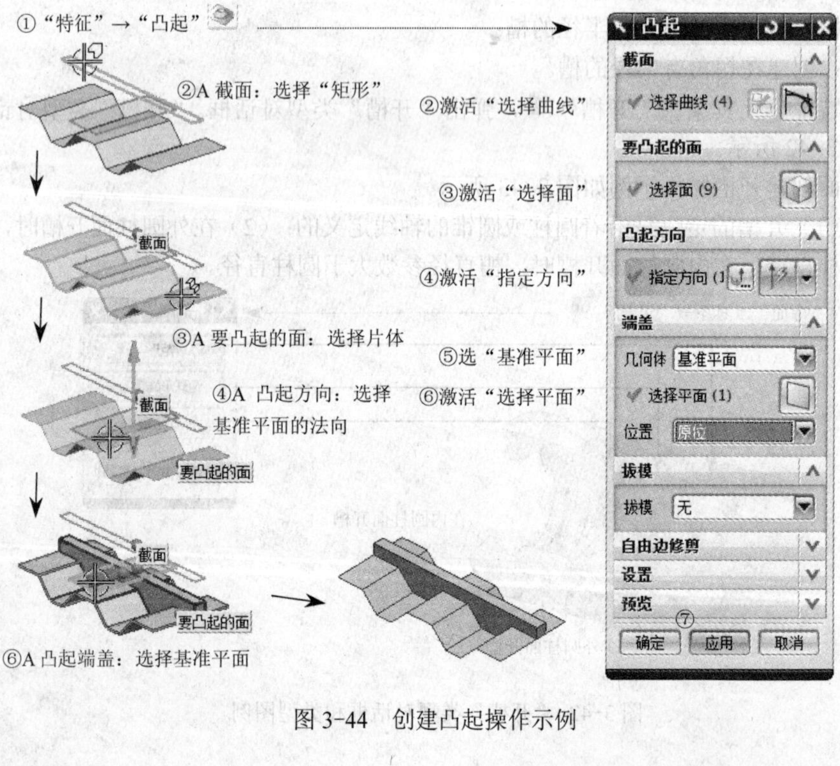

图 3-44　创建凸起操作示例

3.4.9 偏置面

“偏置面”命令是沿面的法向偏置一个或多个面。从“特征”→“偏置面”，弹出“偏置面”对话框，如图 3-45 所示。

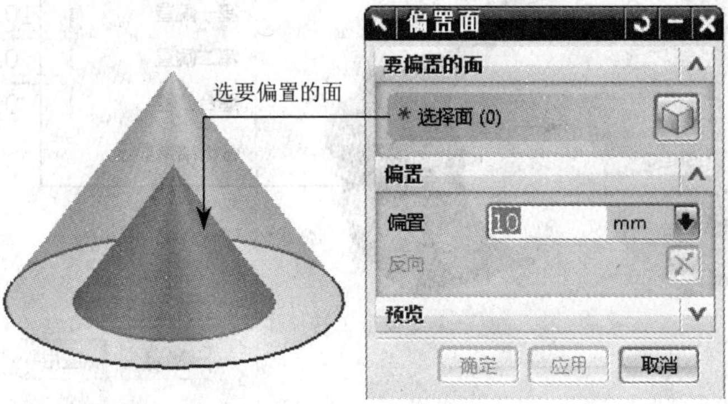

图 3-45 “偏置面”对话框

3.4.10 加厚

“加厚”命令是将一个或多个相互连接的面或片体通过偏置（加厚）为一个实体。从“特征”→“加厚”，弹出“加厚”对话框，如图 3-46 所示。

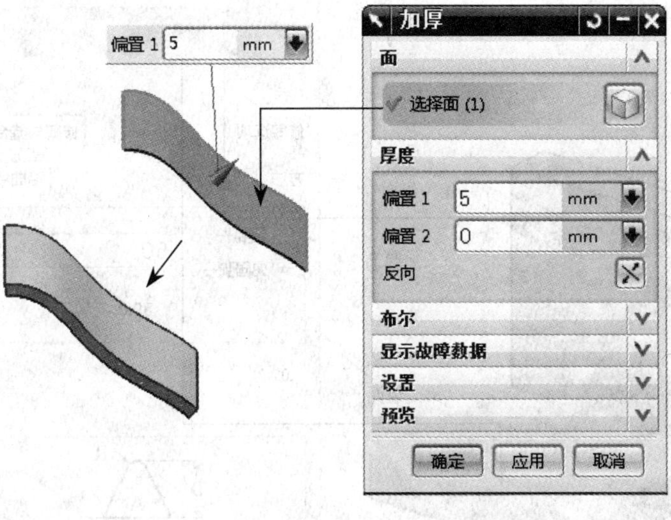

图 3-46 “加厚”对话框

3.4.11 片体到实体助理

“片体到实体助理”命令把几组未缝合的片体生成实体，它是先把几组片体自动缝合成一个片体，然后进行片体加厚。

从“特征”→“片体到实体助理”，弹出“片体到实体助理”对话框，如图 3-47 所示。

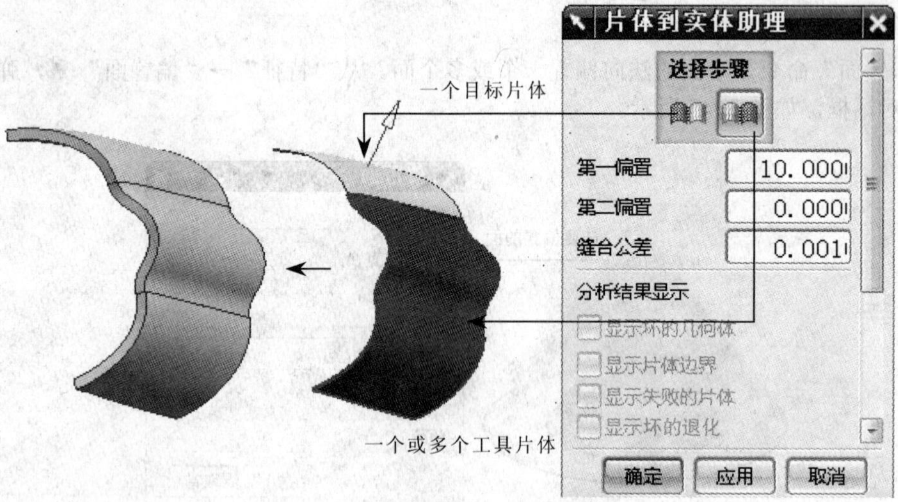

图 3-47 “片体到实体助理”对话框

3.4.12　加强筋

在相邻的两个面上生成三角形加强筋。从“特征”→“加强筋”，弹出图 3-48 所示的对话框。

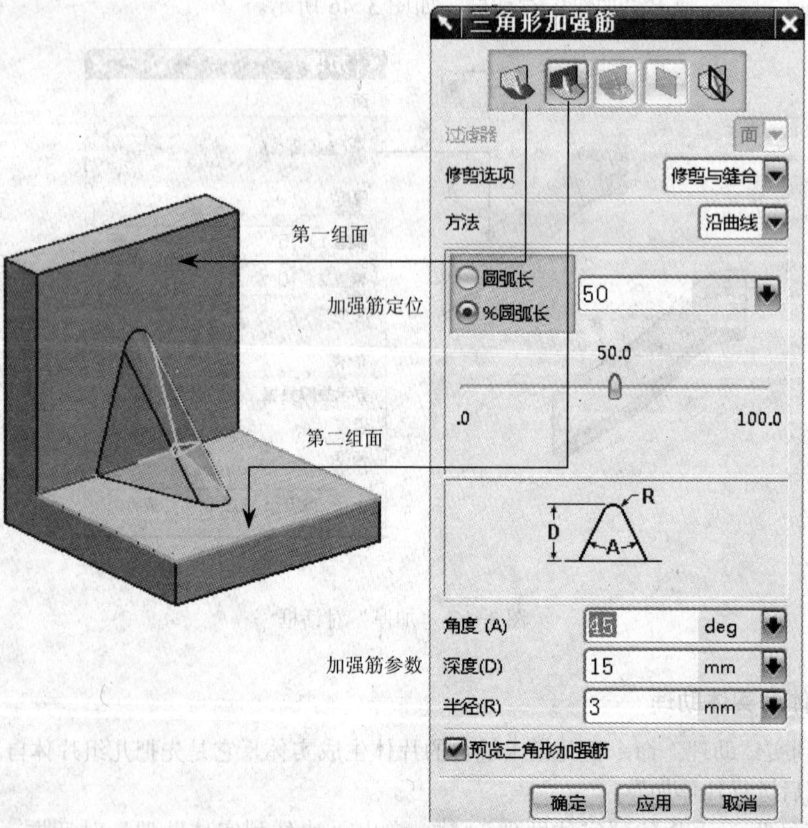

图 3-48 “加强筋”对话框

3.4.13 有界平面

利用共面的、首尾相接的曲线串作为片体的边界生成一个平面片体。从“特征”→“有界平面”，弹出“有界平面”对话框，如图 3-49 所示。

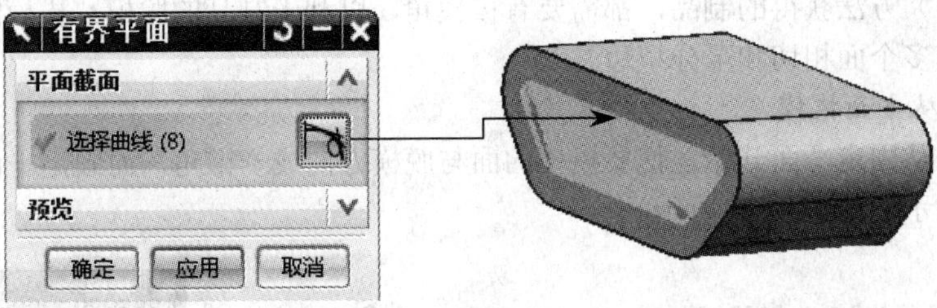

图 3-49 “有界平面”对话框

3.4.14 用户定义的特征

使用用户定义的特征（UDF）命令 可以扩展 NX 内置特征的范围和功能。用户可以创建自己的特征，以使常用的设计单元自动化。创建的用户定义特征添加到目标模型库中，以加快设计的效率。

3.4.14.1 用户定义的特征的定义

在菜单“文件”→“导出”→“用户定义特征”，定义用户定义的特征的名称后，弹出如图 3-50 所示的用户向导对话框。

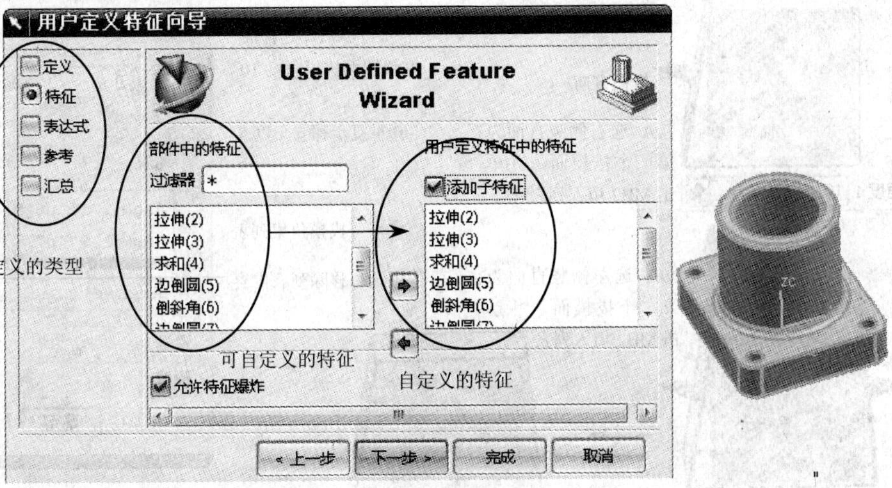

图 3-50 “用户定义特征”向导

3.4.14.2 调用用户定义的特征

从“特征”→“用户定义特征”，可以把自定义的特征，调入到当前文件中，调入时可以对原来的参数进行重定义，也需要对它进行定位。

3.5 特征操作

对成型特征生成的体作进一步的处理，以满足设计要求。主要命令有：设计特征、关联复制、联合体、裁剪、偏置/比例、细节特征（倒圆角、倒斜角、拔模、桥接）等。

3.5.1　拔模

拔模命令是修改所选面使之与指定的脱模方向成一锥角。通常情况下，通过液态成型（如铸造、注塑等）方法获得的制品，都需要有拔模角，以利于制品的脱模。拔模的类型有：从平面、从边、与多个面相切和至分型边。

3.5.1.1　从平面拔模

该命令是从固定平面开始，使要拔模的面与脱模方向成一锥角，而固定平面处的截面保持不变。其操作示例如图3-51所示。

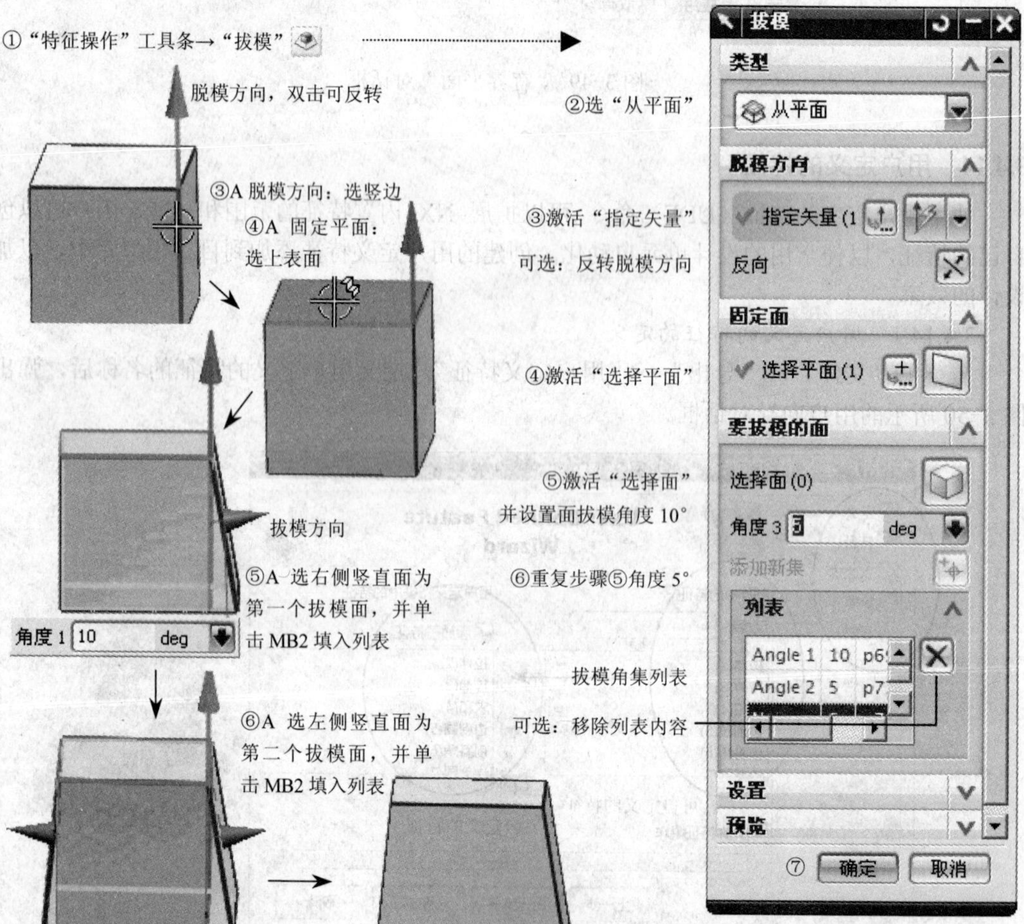

图3-51　“从平面”拔模操作示例

从平面拔模操作须注意：(1) 拔模角度可为正值也可为负值，它影响拔模方向；(2) 当多个面有相同拔模角时，步骤⑤A可选多个面后，再单击MB2；(3) 拔模方向手柄是可拖动操作的。

3.5.1.2　从边

沿一组边，按一定的角度拔模，适用进行沿3D面的边拔模。其操作示例如图3-52所示。

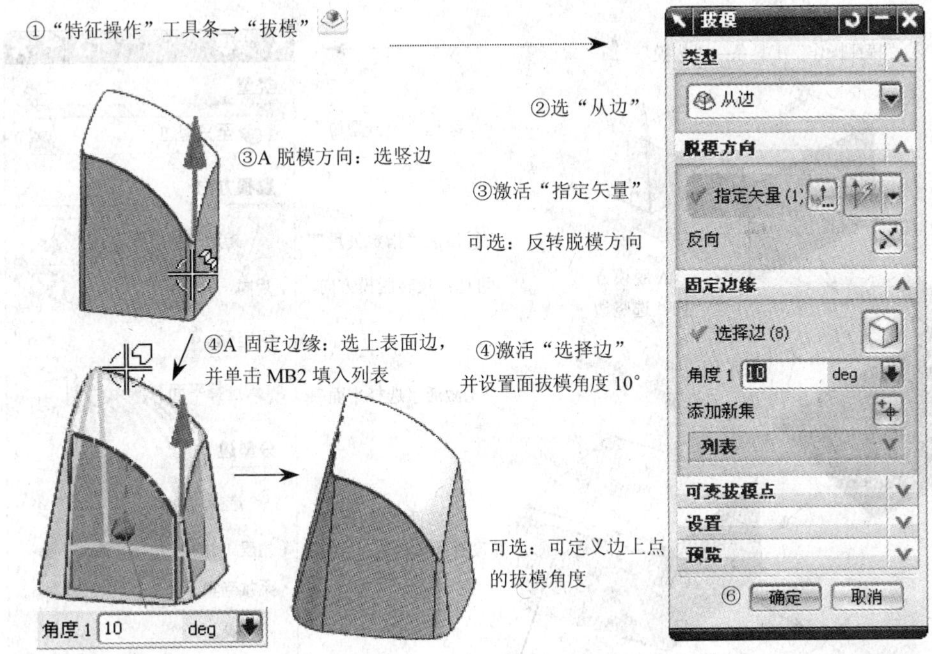

图 3-52 “从边”拔模操作示例

3.5.1.3 多个面相切

该功能是以给定的拔模角度，朝向脱模方向拔模并与选面相切，拔模操作后拔模的面与邻近面相切。操作示例如图 3-53 所示。

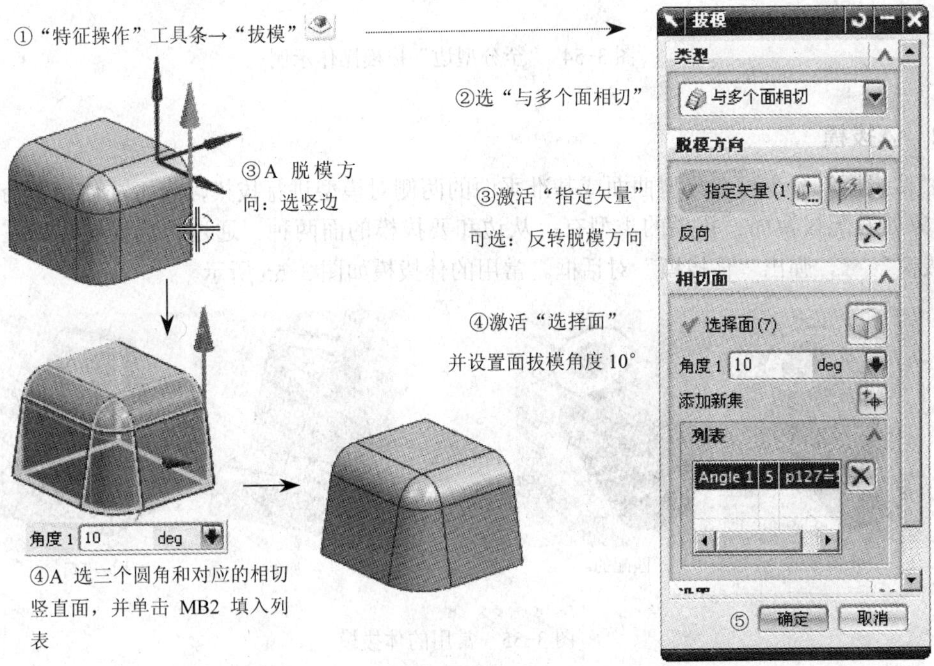

图 3-53 “与多个面相切”拔模操作示例

3.5.1.4 至分型边

该功能是要拔模的面用指定的角度进行拔模并终止于分型边。其操作示例如图 3-54 所示。

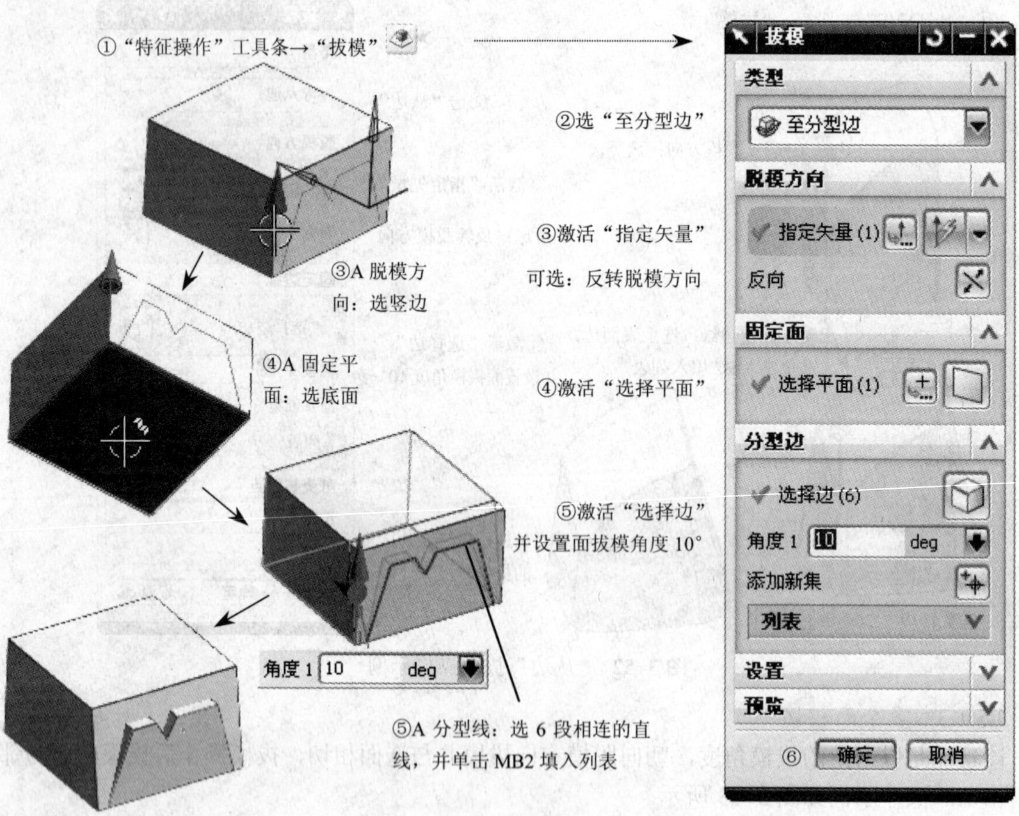

图 3-54 “至分型边”拔模操作示例

3.5.2 体拔模

“体拔模”命令可在分型曲面或基准平面的两侧对模型进行拔模，也可选使用该命令在分型对象处匹配拔模面。拔模的类型有：从边和要拔模的面两种。通过“特征操作”工具条→“体拔模”，弹出“体拔模”对话框。常用的体拔模如图 3-55 所示。

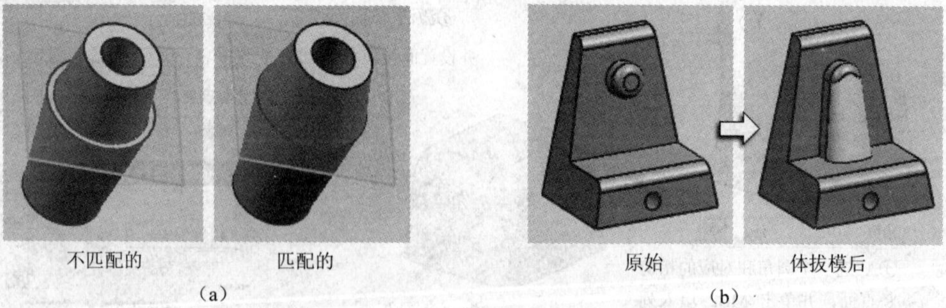

图 3-55 常用的体拔模

（a）基本体拔模；（b）相切体拔模

3.5.3 边倒圆

“边倒圆”可使至少由两个面共享的选定边缘修改成光顺的圆角连接。在“特征操作”工具条→“边倒圆”，弹出“边倒圆”对话框。“边倒圆”对话框及类型如图3-56所示。

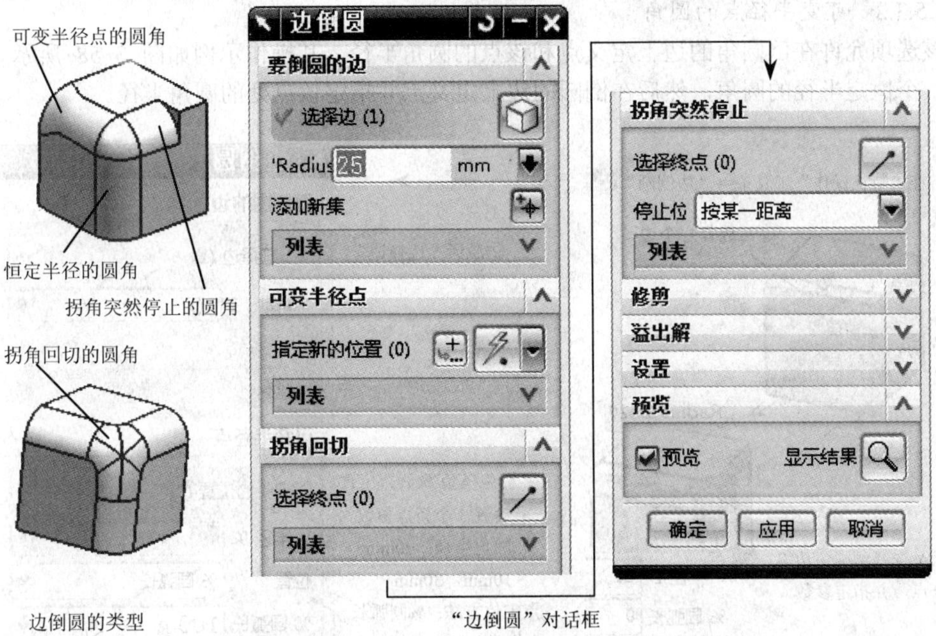

图3-56 “边倒圆”对话框及类型

恒定半径的圆角是基础，其他类型的倒圆都是在它的基础上进行的。

3.5.3.1 恒定半径的圆角

该选项使边倒圆具有恒定的圆角半径，其操作示例如图3-57所示。选择要倒圆的边并指定圆角半径，单击MB2或在对话框中单击“添加新集”可重新选择边并指定不同的圆角半径。

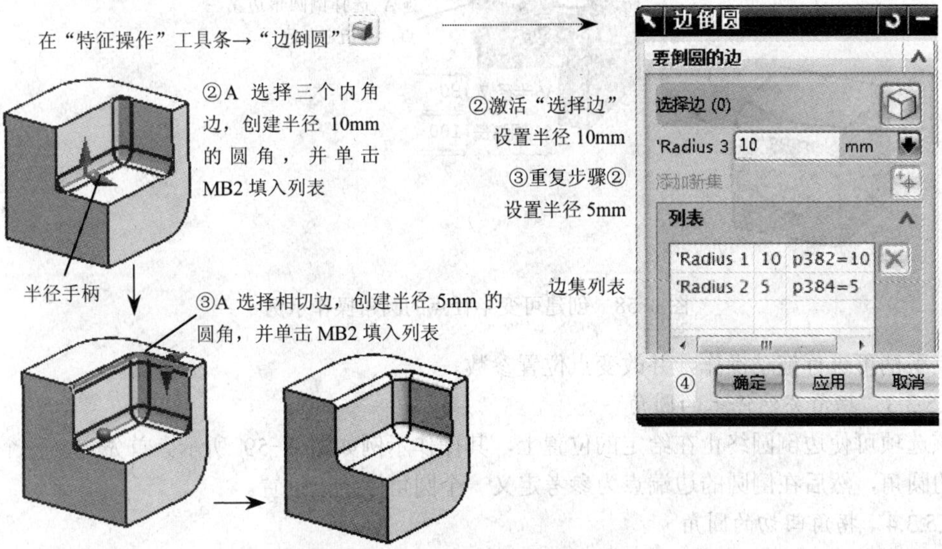

图3-57 创建恒定半径的圆角操作示例

操作中，半径手柄可进行拖动操作，并改变圆角半径。

3.5.3.2　可变半径点的圆角

该选项允许在倒圆角的边上定义点和该点的圆角半径，其操作示例如图 3-58 所示。首先定义一个恒定半径的圆角，然后在倒圆的边上定义点并指定该点处的圆角半径。

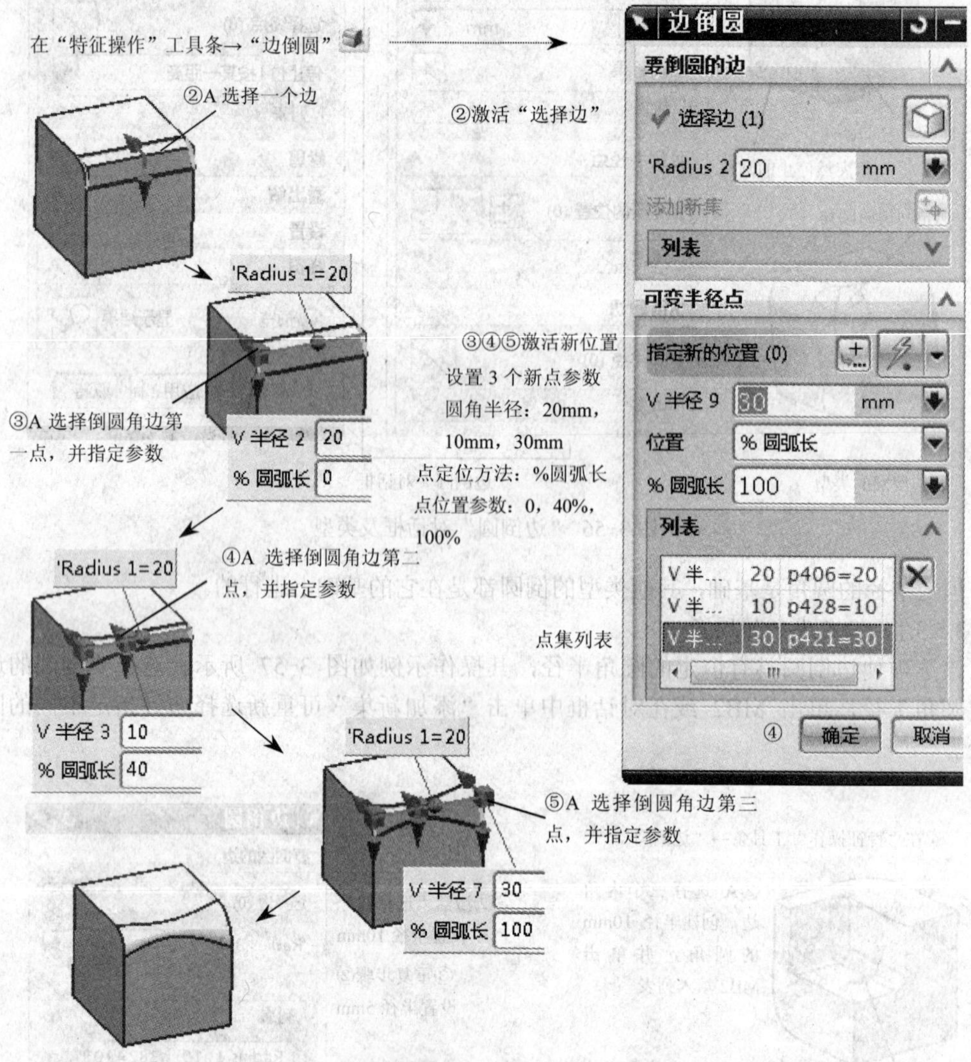

图 3-58　创建可变半径点的圆角操作示例

点手柄可进行拖动操作，并改变点位置参数。

3.5.3.3　拐角突然停止的圆角

该选项可使边倒圆终止在给定的位置上，其操作示例如图 3-59 所示。首先定义一个恒定半径的圆角，然后在倒圆的边端点为参考定义一个圆角停止点位置。

3.5.3.4　拐角回切的圆角

该选项可向圆角的顶点添加回切距离，来改变圆角的形状，可生成球型圆角，其操作示例如图 3-59 所示。顶点的边集都需要进行倒圆角才能使用拐角回切。

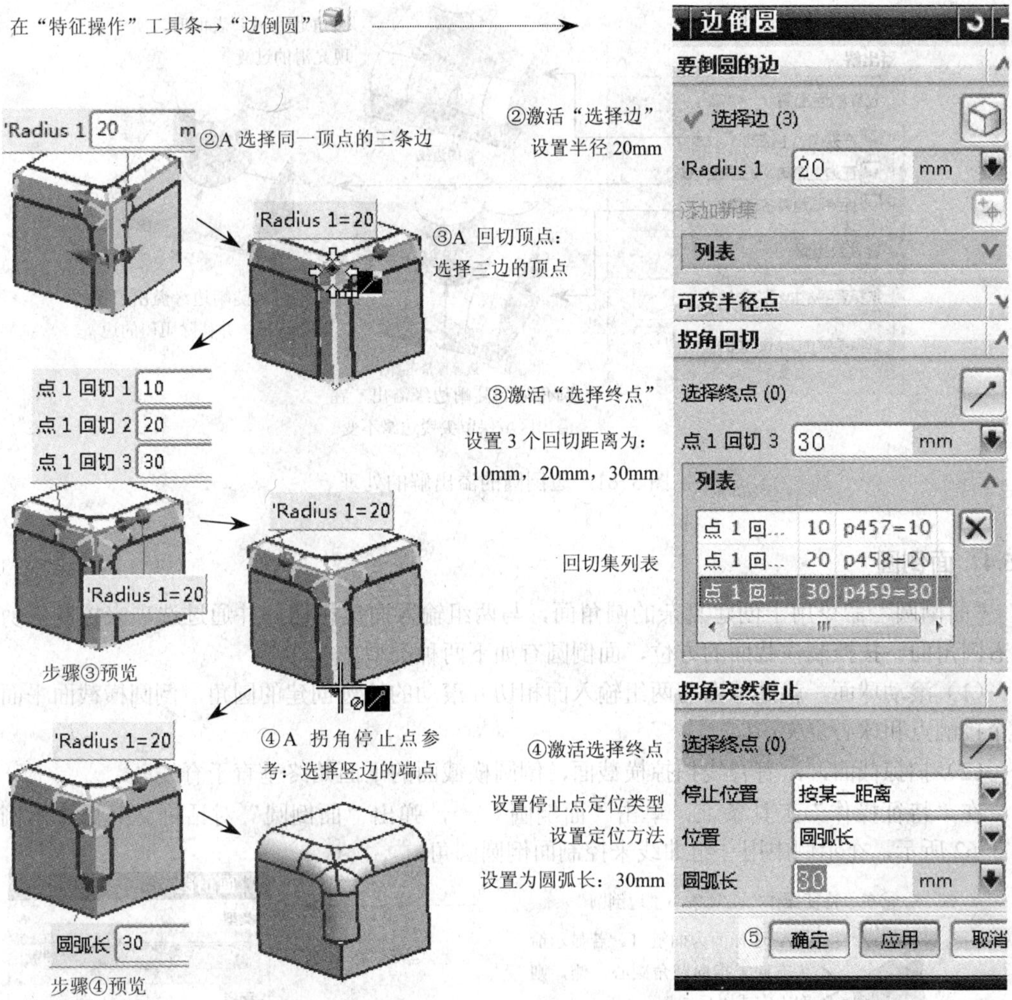

图 3-59 创建回切和突然停止的圆角操作示例

3.5.3.5 边倒圆的其他选项

（1）边倒圆的修剪。不使用的默认修剪面，由用户选定面或平面来修剪圆角。示例如图 3-60 所示。

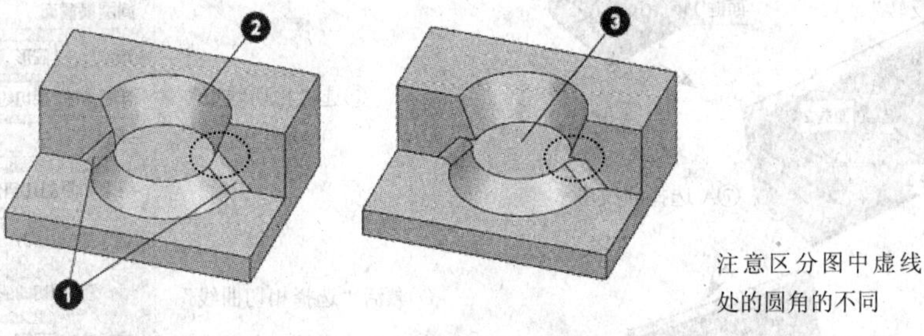

图 3-60 边倒圆的修剪

①圆角；②系统默认修剪面；③选定的修剪面

（2）边倒圆的溢出解。当圆角的相切边与该实体上的其他边相交时，就会发生圆角溢出。系统关于溢出解的处理如图 3-61 所示。

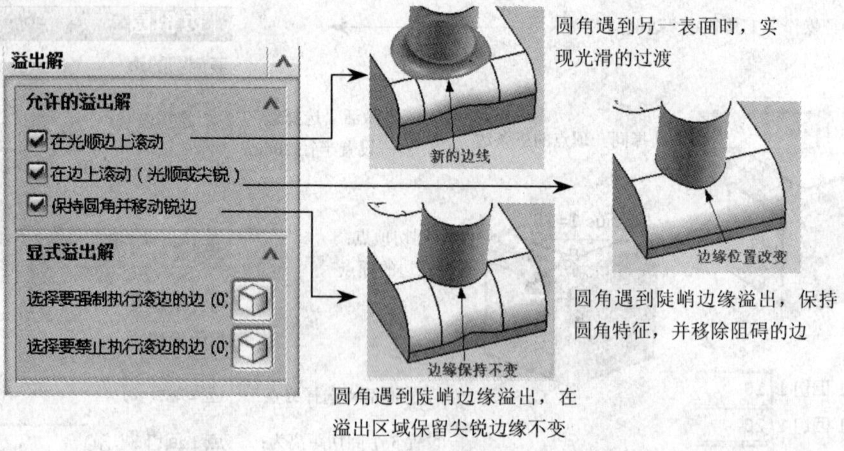

图 3-61　边倒圆的溢出解的处理

3.5.4　面倒圆

“面倒圆”命令用于创建复杂的圆角面，与两组输入面集相切，并通过选项来控制修剪并附着圆角面。按控制横截面的方位，面倒圆有如下两种类型：

（1）滚动球面，就是球面与两组输入面相切并滚动的轨迹创建的圆角，倒圆横截面平面由两个接触点和球心定义；

（2）扫掠截面，沿着脊线扫掠横截面，倒圆横截面的平面始终垂直于脊线。

在“特征操作”工具条上，单击“面倒圆”，弹出“面倒圆”对话框。其操作示例如图 3-62 所示，在示例中用一组曲线来控制面倒圆圆角。

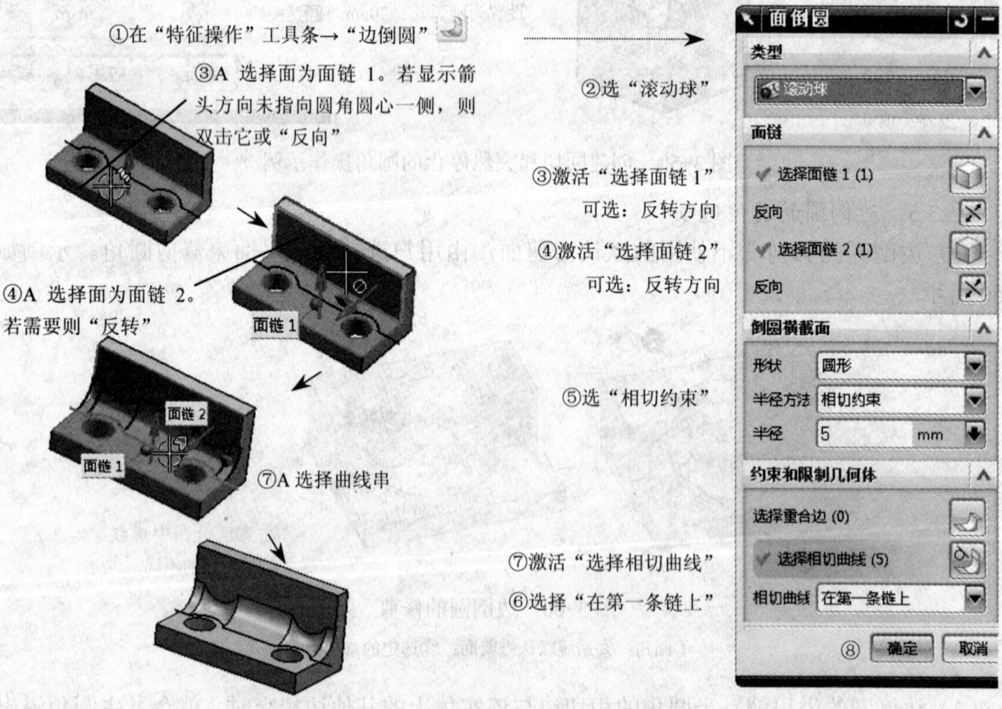

图 3-62　滚动球面的面倒圆操作示例

在选择面链时，显示的箭头方向应指向所生成面倒圆圆角的圆心一侧，若需要可双击箭头反转方向或在对话框中单击“反向”。

3.5.5 软倒圆

“软倒圆”命令用于创建其横截面形状不是圆形的圆角，比边倒圆和面倒圆有更大的灵活性，圆角也更美观。前面两种倒圆只能达到 G1 连接，软倒圆能达到 G2 连接，用于创建断面非圆弧的圆角。在“特征操作”工具条→“软倒圆”，弹出“软倒圆”对话框，如图 3-63 所示。

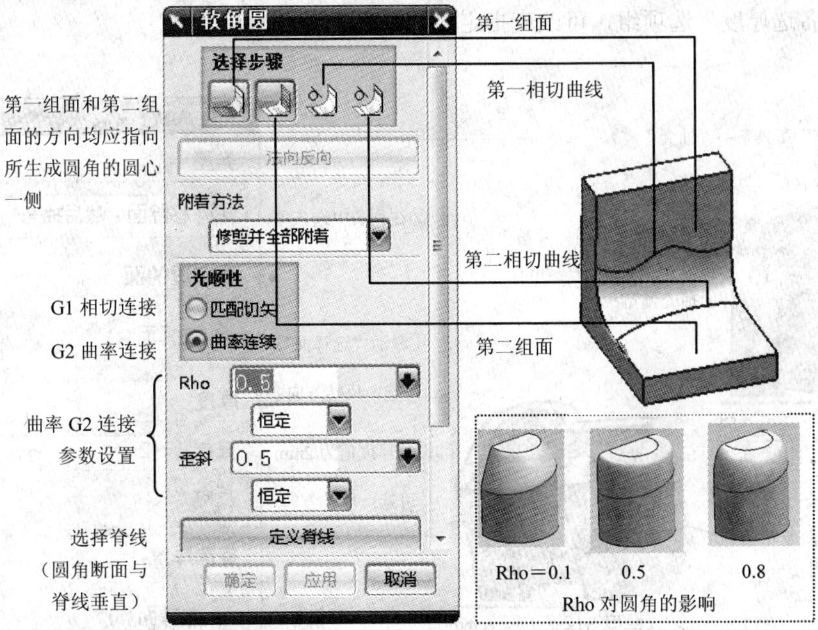

图 3-63 “软倒圆”对话框

3.5.6 倒斜角

该命令是通过给定的尺寸在实体的边上形成斜角的，其类型有：对称、非对称、偏置和角度。在“特征操作”工具条→“倒斜角”，弹出“倒斜角”对话框，如图 3-64 所示。

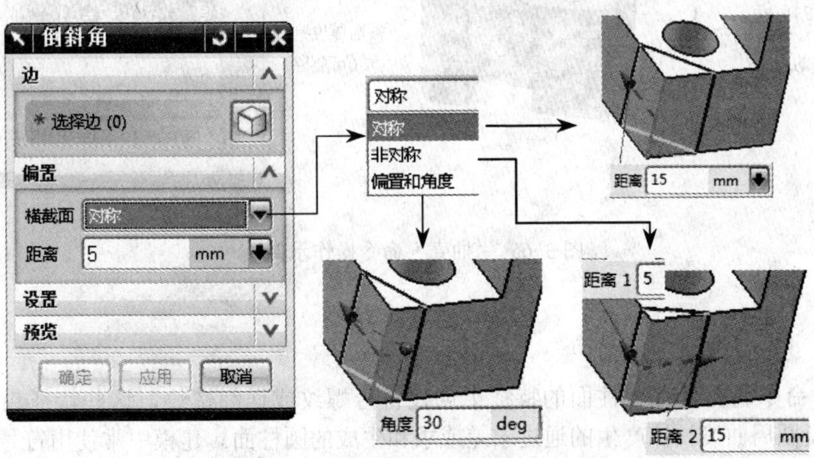

图 3-64 “倒斜角”对话框

3.5.7　抽壳

“抽壳”命令是根据指定壁厚值抽空实体或在其四周创建壳体，有两种类型：

（1）移除面，然后抽壳：在执行抽壳之前指定要移除面然后抽壳，获得移除面开口的壳体。

（2）抽壳所有面，对体的所有面进行抽壳，获得封闭的中空壳体。

在“特征操作”工具条→“抽壳”，弹出“抽壳”对话框，其操作示例如图 3-65 所示。通过“备选厚度”选项组，可改变指定面的厚度。

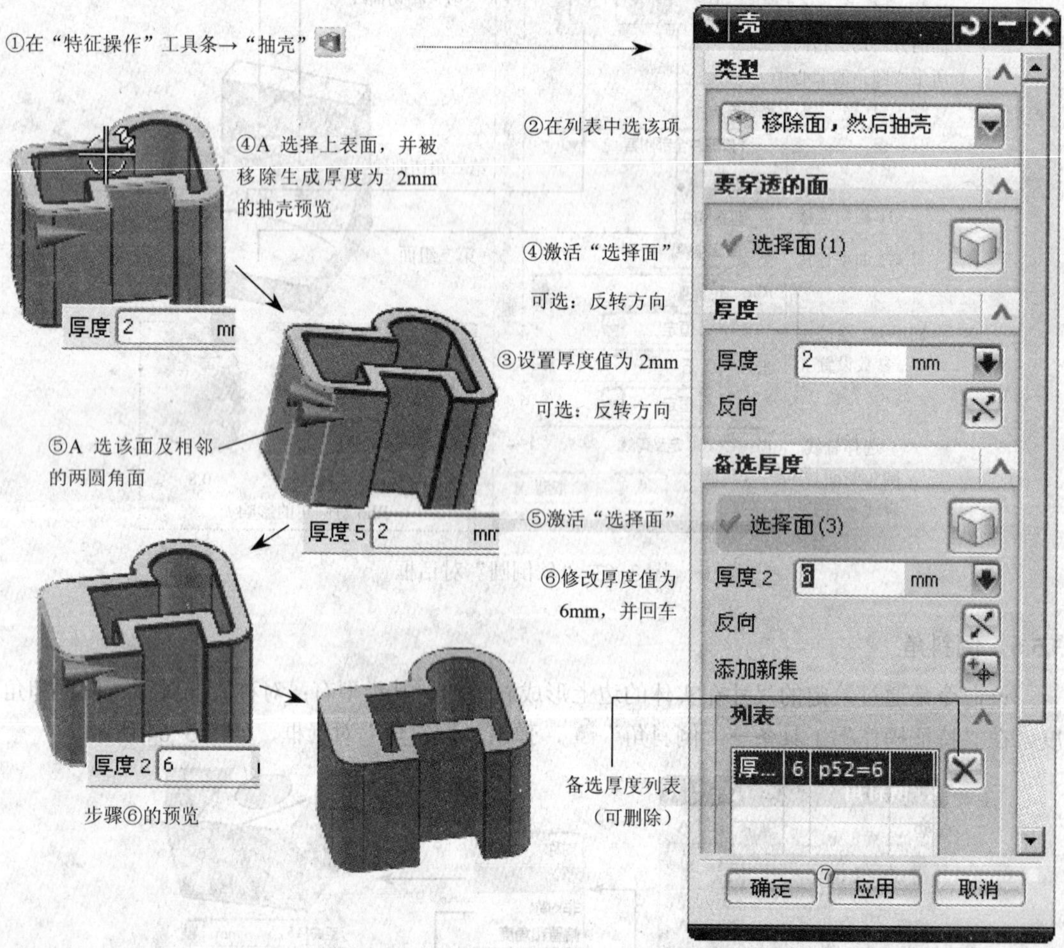

图 3-65　“抽壳”命令操作示例

3.5.8　螺纹

“螺纹”命令是在具有圆柱面的特征上创建符号螺纹或详细螺纹，这些特征包括孔、圆柱、凸台以及圆周曲线扫掠产生的通过求差或求和生成的圆柱面。建模中常使用符号螺纹。可以创建内螺纹和外螺纹，内螺纹通常通过螺纹孔命令创建。

在“特征操作”工具条→“螺纹”，弹出“抽壳”对话框。其操作示例如图 3-66 所示。

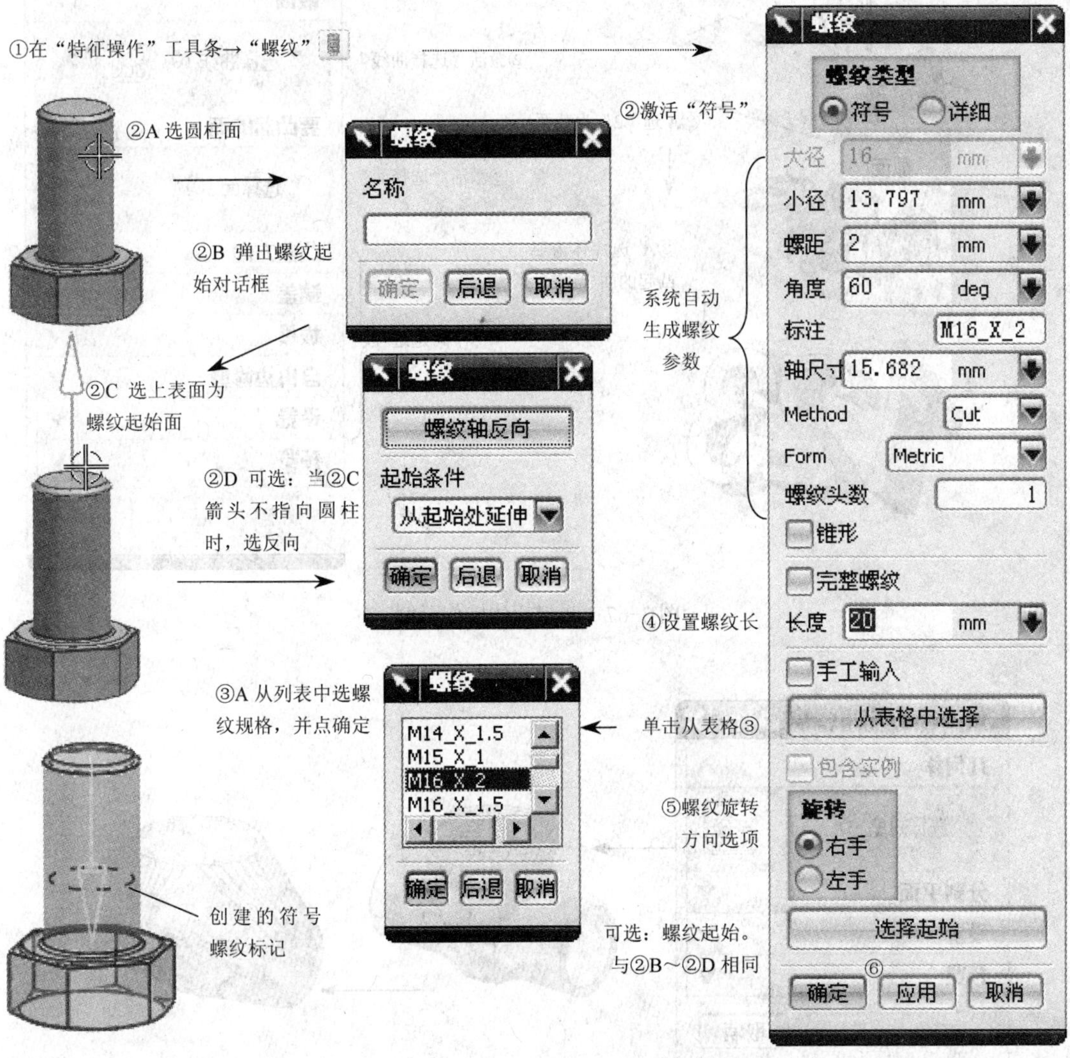

图 3-66 “螺纹”命令操作示例

3.5.9 凸起片体

“凸起片体”命令是截面沿矢量投影并向体的面或片体并添加片体，常用于钣金零件中。其操作示例如图 3-67 所示。

3.5.10 包络几何体

“包络几何体”命令是通过计算要围绕实体的包络体，用平的面的凸多面体有效地“收缩包络”，主要用于分析以简化详细模型。

通过“特征操作”工具条→“包络几何体”，弹出“包络几何体”对话框，如图 3-68 所示。

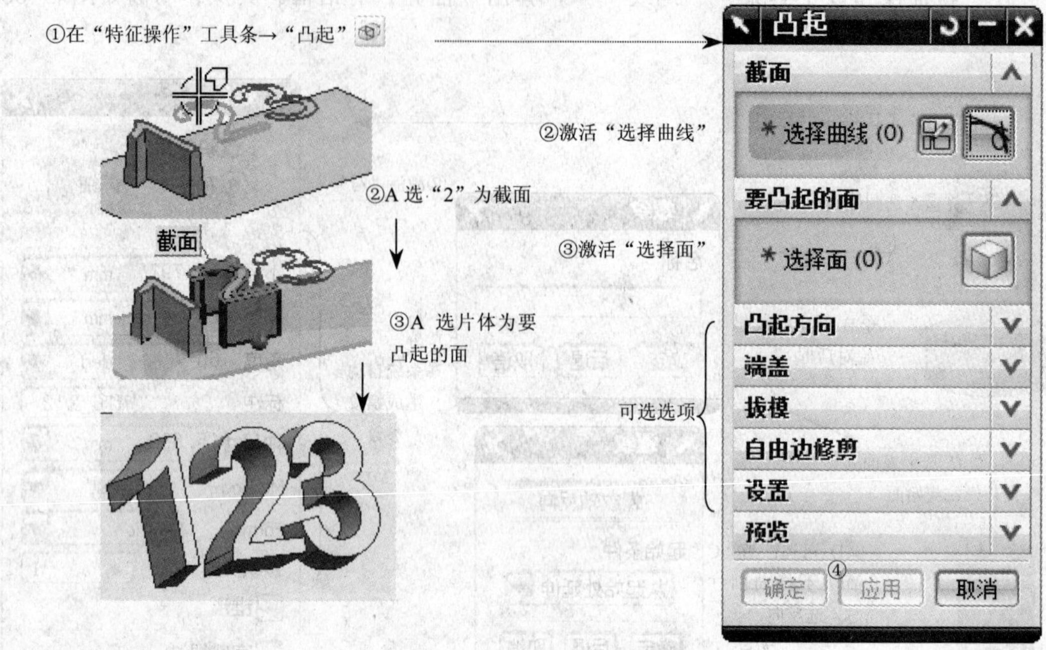

图 3-67　凸起片体操作示例

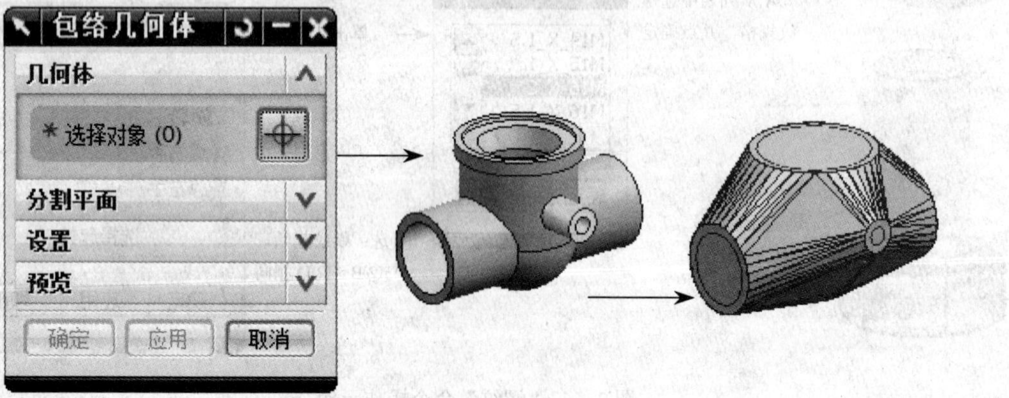

图 3-68　“包络几何体”对话框

3.5.11　简化体

“简化体”命令是从实体中移动除或保留接成组的面所包围的体积，常用于以下情况：

（1）获得腔体形状的实体，就是通常所说的“芯子”；

（2）模具行业部件凸凹的形状。

通过“特征操作”工具条→“简化体”调用。如图 3-69 所示的示例中，获得该零件的腔体形状的实体。

操作提示：压印面是通过一个基准面与所选面的交线来生成一个新边。为不能修复的缺口定义盖子，或为面重新定义一个新的边界。

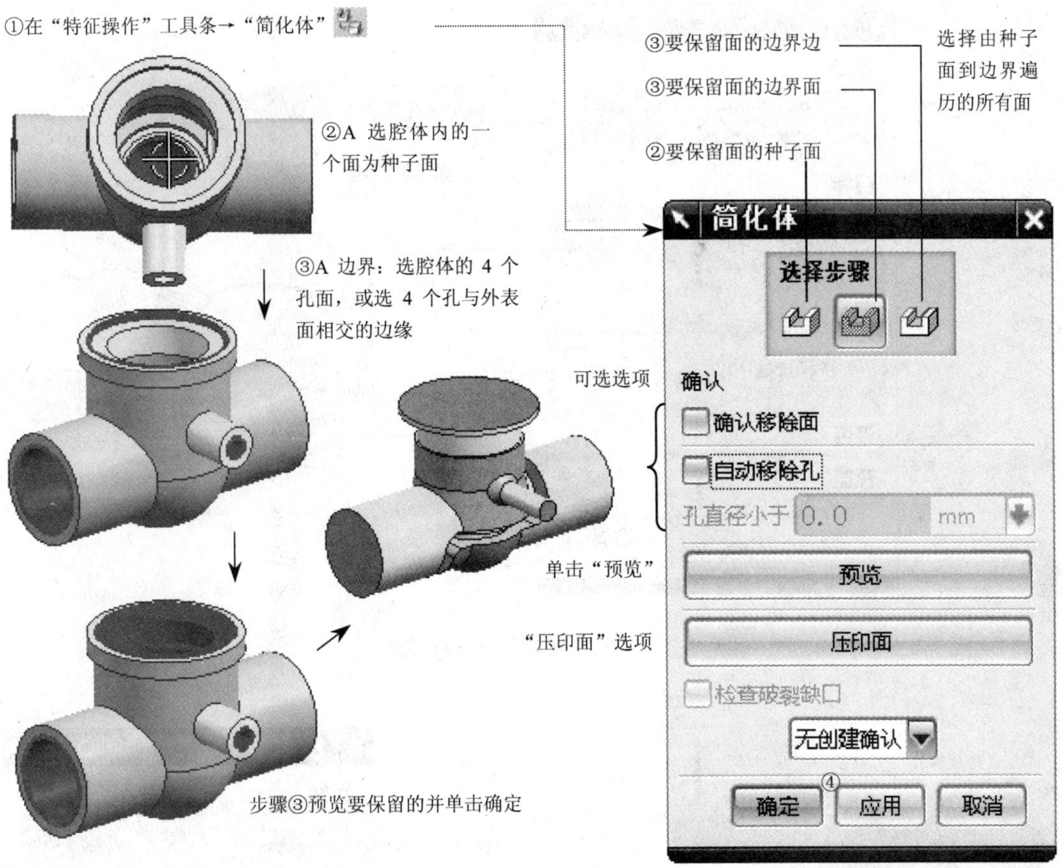

图 3-69 创建简化体操作示例

3.6 修剪与缝合

3.6.1 缝合和取消缝合

“缝合”命令是把两个或多个片体连接到一起，形成一个片体，当缝合后的片体包围一个体积时，则形成一个实体；如果两个实体共享一个或多个公共（重合）面，也可以缝合这两个实体。

缝合命令是片体向实体转换的方法之一，当缝合的片体是封闭时则形成一个实体。

从“特征操作”工具条→“缝合”，弹出“缝合”对话框，如图 3-70 所示。

“取消缝合”命令则是将现有的片体或实体分割成多个体。从菜单“插入”→ 组合体 →“取消缝合”调用。

3.6.2 修剪体

“修剪体”命令是修剪几何体（使用一个面或基准平面）修剪一个或多个目标体，保留选中的一侧，并且被修剪的体具有修剪几何体的形状。其操作示例如图 3-71 所示。

3.6.3 拆分体

“拆分体”命令使用一组面或基准平面将实体或片体拆分为多个体。

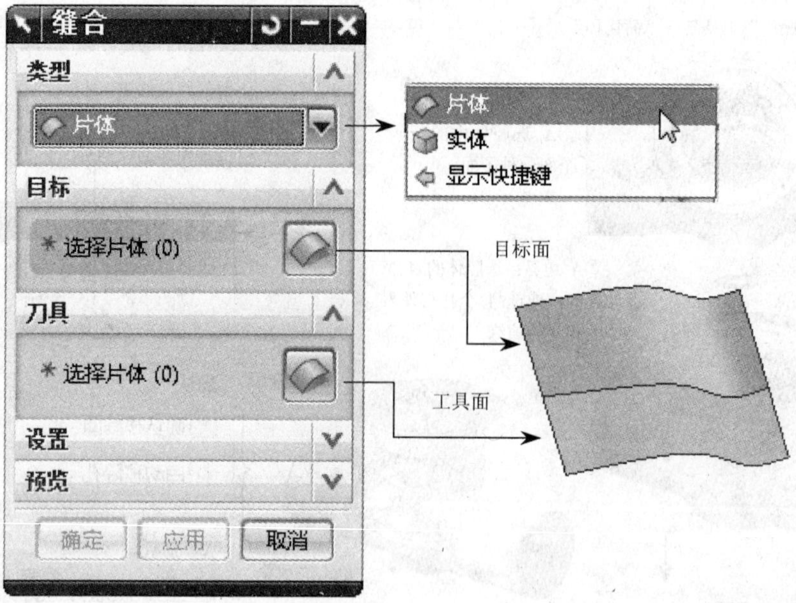

图 3-70 “缝合”命令对话框

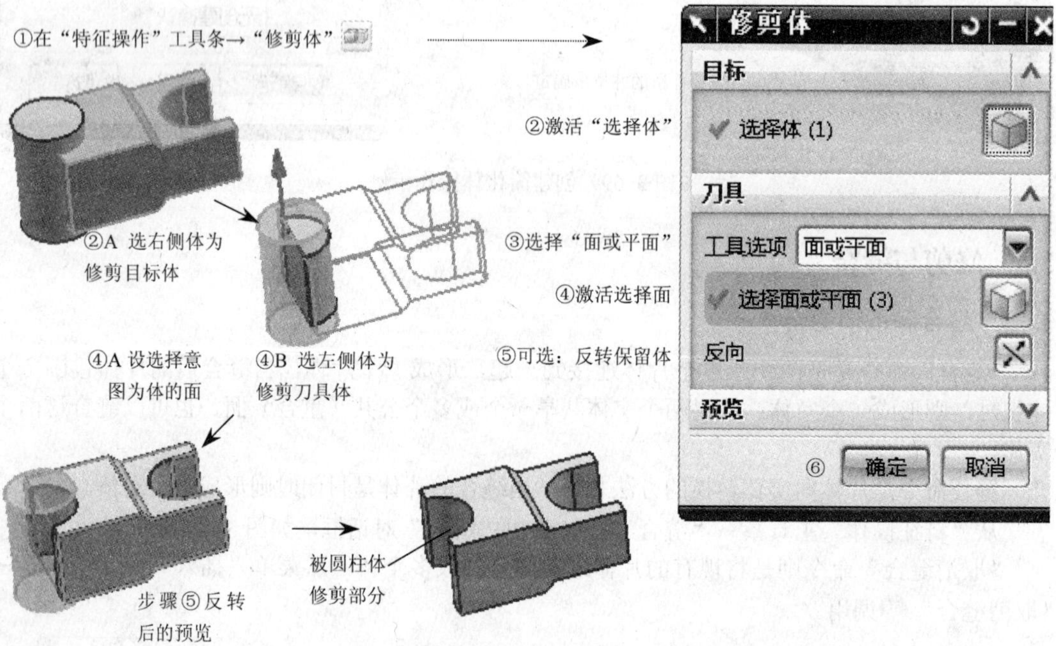

图 3-71 “修剪体”命令操作示例

在“特征操作”工具条→“拆分体”，弹出“拆分体”对话框，如图 3-72 所示。

3.6.4 补片

“补片”命令是用片体的形状来代替实体或片体的某些表面，应注意如下情况：

（1）片体边缘在实体的表面上；

（2）在分割体或修剪体功能时，工具体和目标体之间有小缝隙时，会导致失败，可把工具体延伸至目标体表面，用补片体来实现。

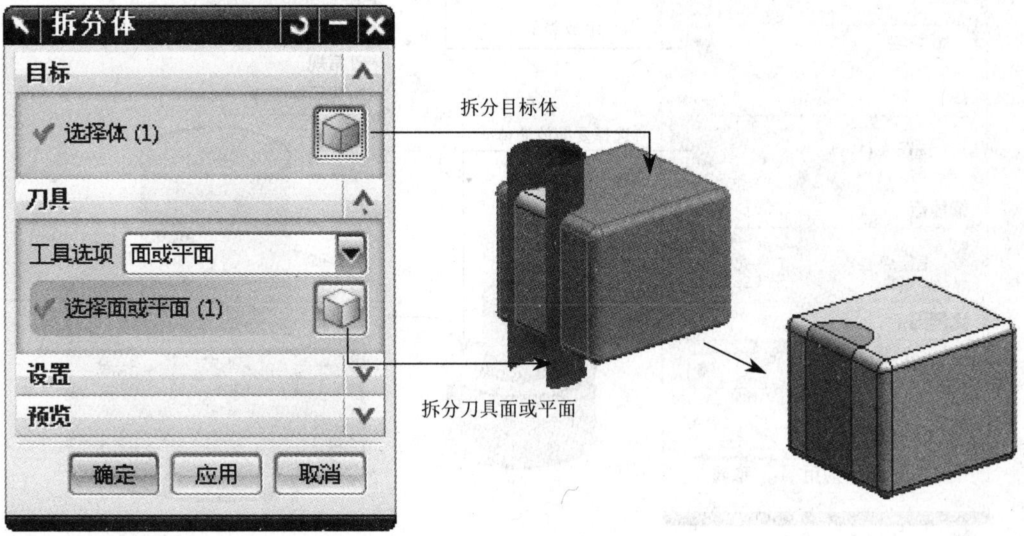

图 3-72 “拆分体”对话框

在“特征操作”工具条→“补片”，弹出“补片”对话框，如图 3-73 所示。

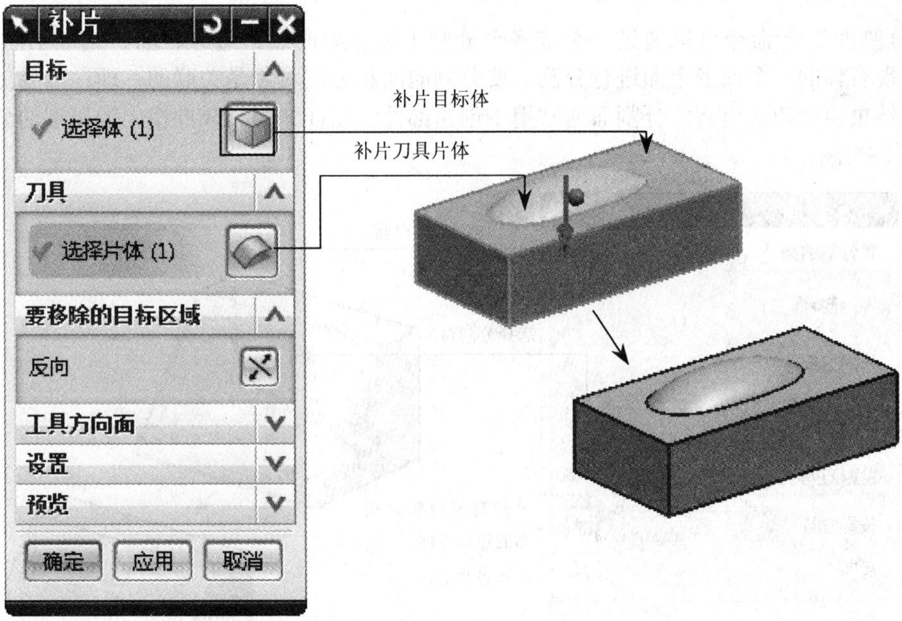

图 3-73 “补片”对话框

3.6.5 缩放体

“缩放体”命令是用指定的缩放类型和比例缩放实体和片体。

在"特征操作"工具条→"补片"，弹出"缩放体"对话框，如图 3-74 所示。

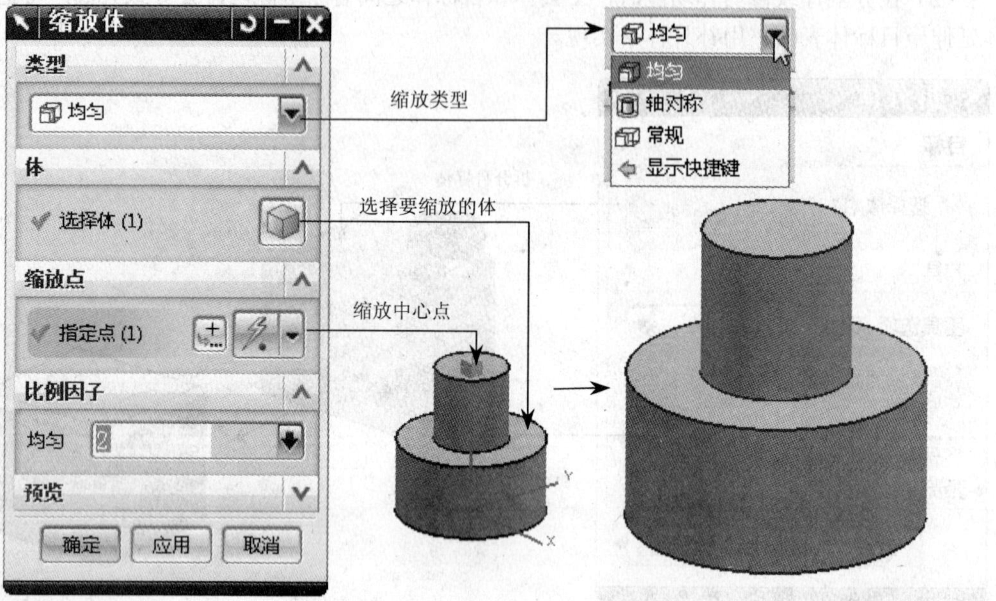

图 3-74 "缩放体"对话框

3.6.6　分割面

"分割面"命令可以通过一个或多个分割工具（如曲线、边缘、面、基准平面和/或实体）将现有体的一个或多个面进行分割。要分割的面和分割对象是关联的，即：如果更改任对象，则结果也会随之更新。分割面通常用于创建部件、图样、模具或冲模上的模型的分型边，如图 3-75 所示。

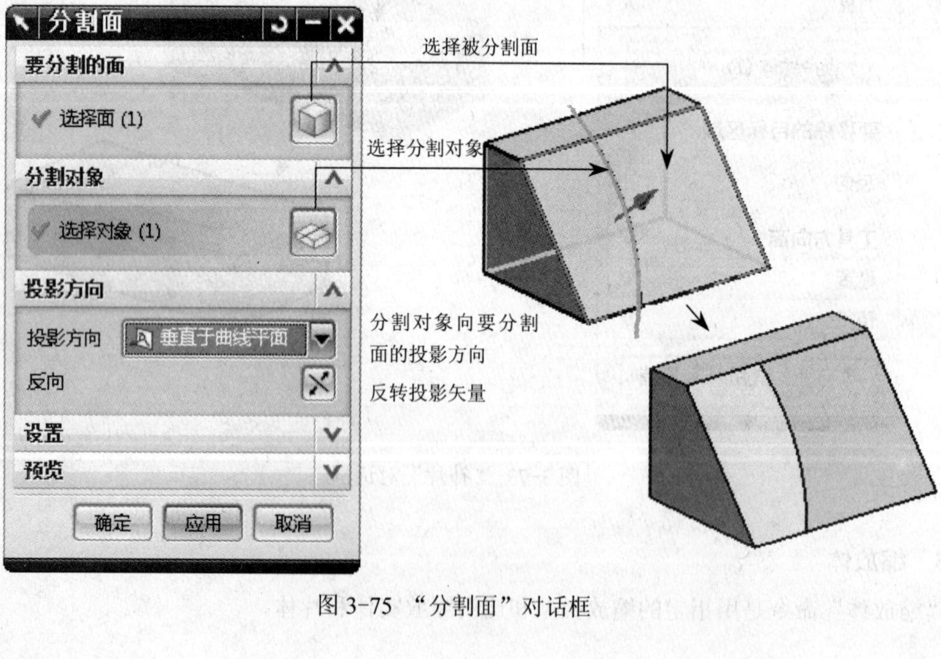

图 3-75 "分割面"对话框

3.6.7 连接面

“连接面”命令有以下两种方法连接实体上的面：

（1）在同一个曲面上的面，可以从选定片体和实体上移除多余的面、边缘和顶点，使之成为一个面；

（2）转换为 B 曲面，可以用这个选项把多个面连接到一个 B 曲面类型的面上，使之成为一个 B 曲面。

在“特征操作”工具条→“连接面”，弹出“分割面”对话框。

3.7 关联复制

3.7.1 镜像特征

“镜像特征”命令是通过基准平面或平面镜像选定特征的方法来创建对称的模型。镜像特征只能在同一个体内进行，不能跨越体；若要镜像整个体应使用“镜像体”命令。

在“特征操作”工具条→“镜像特征”，弹出“镜像特征”对话框。其操作示例如图 3-76 所示。

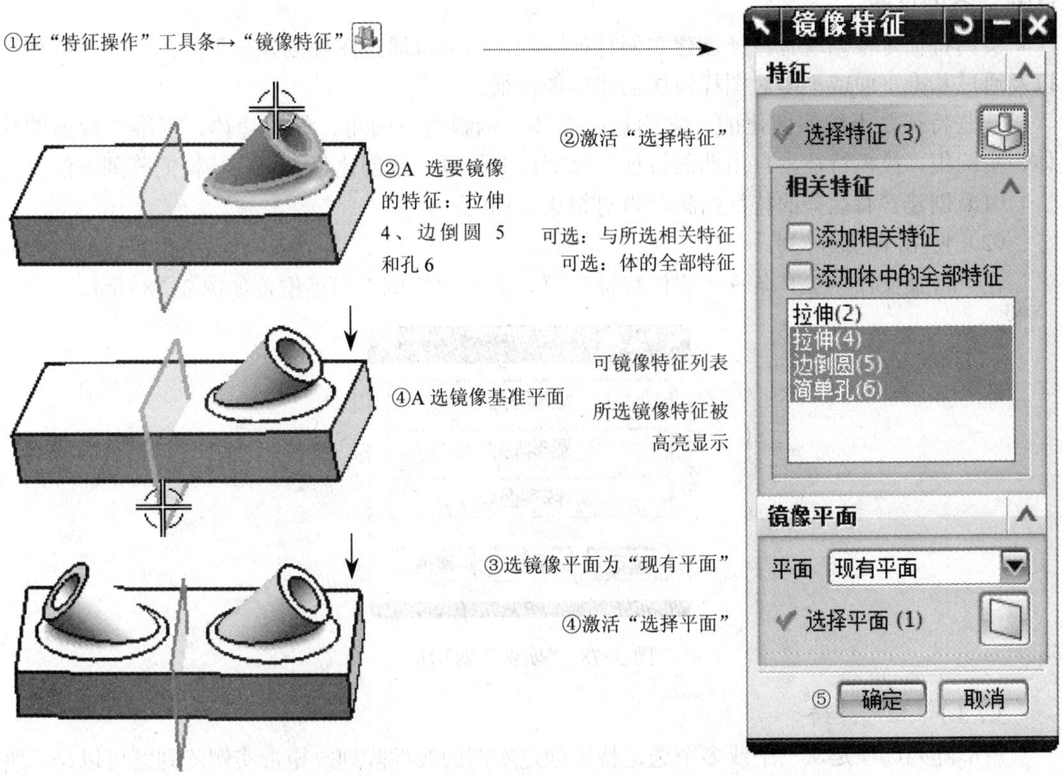

图 3-76 “镜像特征”操作示例

3.7.2 镜像体

“镜像体”命令是通过基准平面镜像选定的体生成对称模型。在“特征操作”工具条→“镜像体”，弹出“镜像体”对话框，如图 3-77 所示。

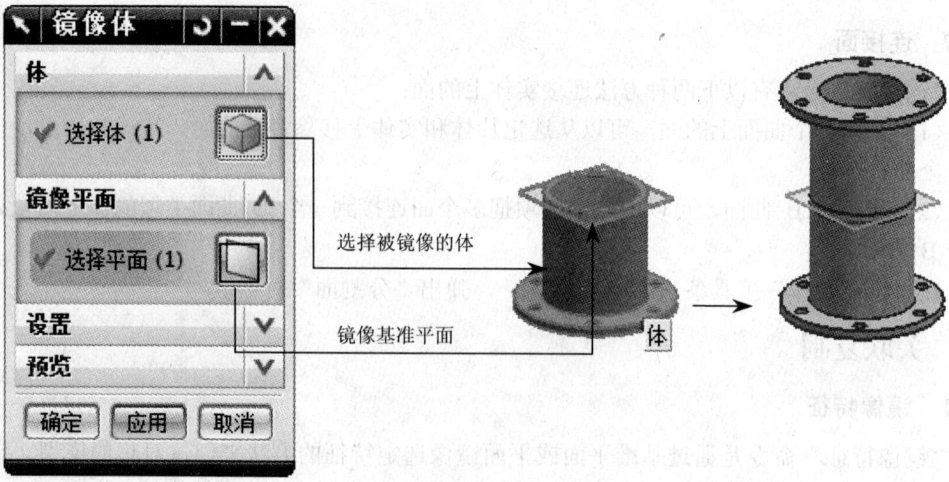

图 3-77 “镜像体”对话框

3.7.3　实例特征

实例特征是根据现有特征创建实例特征阵列，也可以通过图样创建矩形阵列或圆形阵列，以及通过基准平面或平面对图样镜像创建镜像特征。

一些特征是不能实例化的，它们是：壳体、倒斜角、圆角、偏置片体、基准、修剪的片体、实例集、拔模特征、自由曲面特征、修剪过的特征。欲创建包含这些特征的阵列方法有：

（1）创建含有这些的特征组集，再对组集实例化；

（2）使用阵列面阵列。

在“特征操作”工具条→“实例特征”，弹出“实例”对话框，如图 3-78 所示。

图 3-78 “实例”对话框

3.7.3.1　矩形阵列

矩形阵列选项是从一个或多个选定特征创建实例的线性阵列。矩形实例阵列既可以是二维的，也可以是一维的，并且阵列只在 XC、YC 方向创建，所以创建阵列前应注意调整工作坐标系 WCS 的方位。除一些简单的阵列外，它被功能更强、更灵活的阵列面所取代。

矩形阵列操作示例如图 3-79 所示。

3.7.3.2　圆形阵列

圆形阵列选项是从一个或多个选定的特征中生成实例的圆周阵列。圆形阵列操作示例如图 3-80 所示。

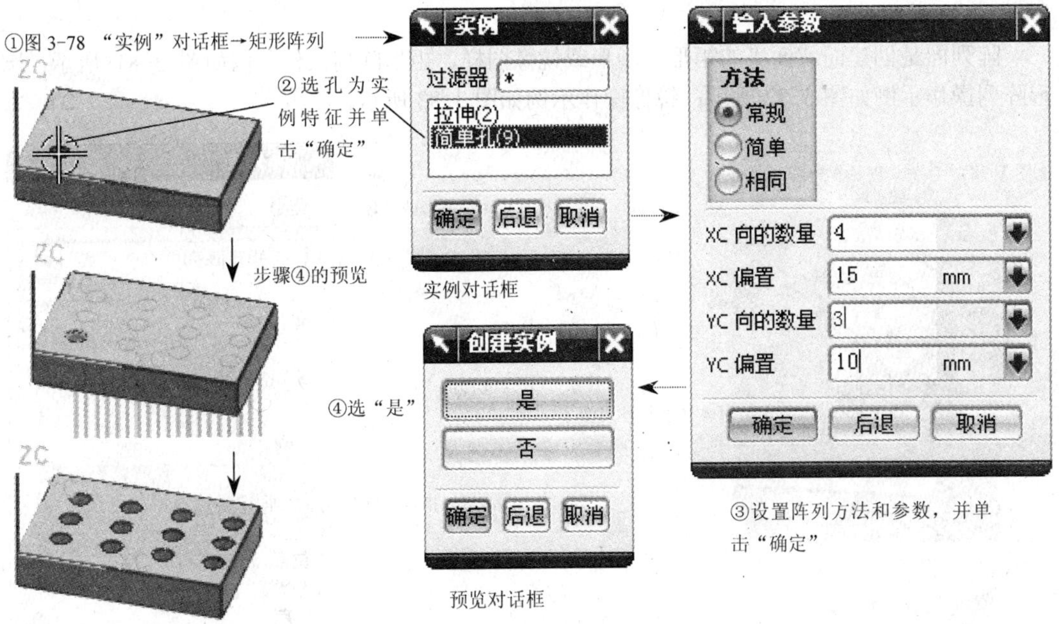

图 3-79 矩形阵列操作示例

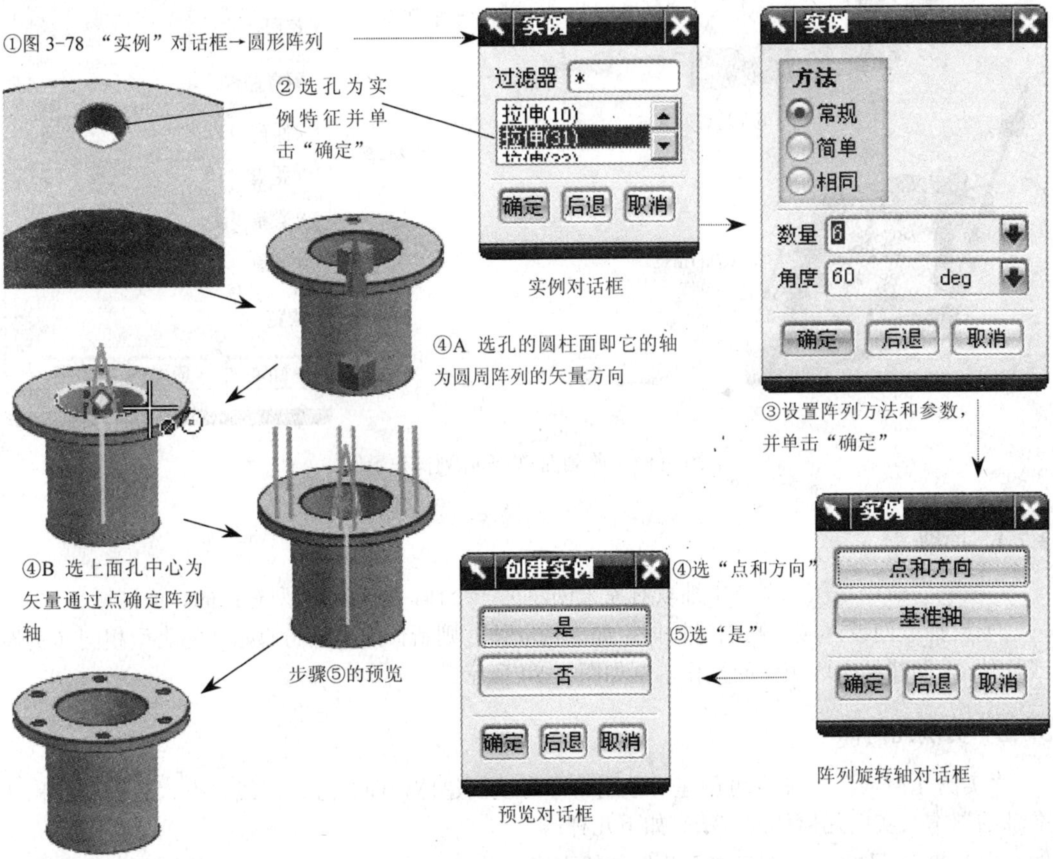

图 3-80 圆形阵列操作示例

3.7.3.3　阵列面

阵列面是创建面或面集的矩形、圆形或镜像图样，矩形阵列操作示例如图 3-81 所示；圆形阵列操作示例如图 3-82 所示；镜像操作示例如图 3-83 所示。

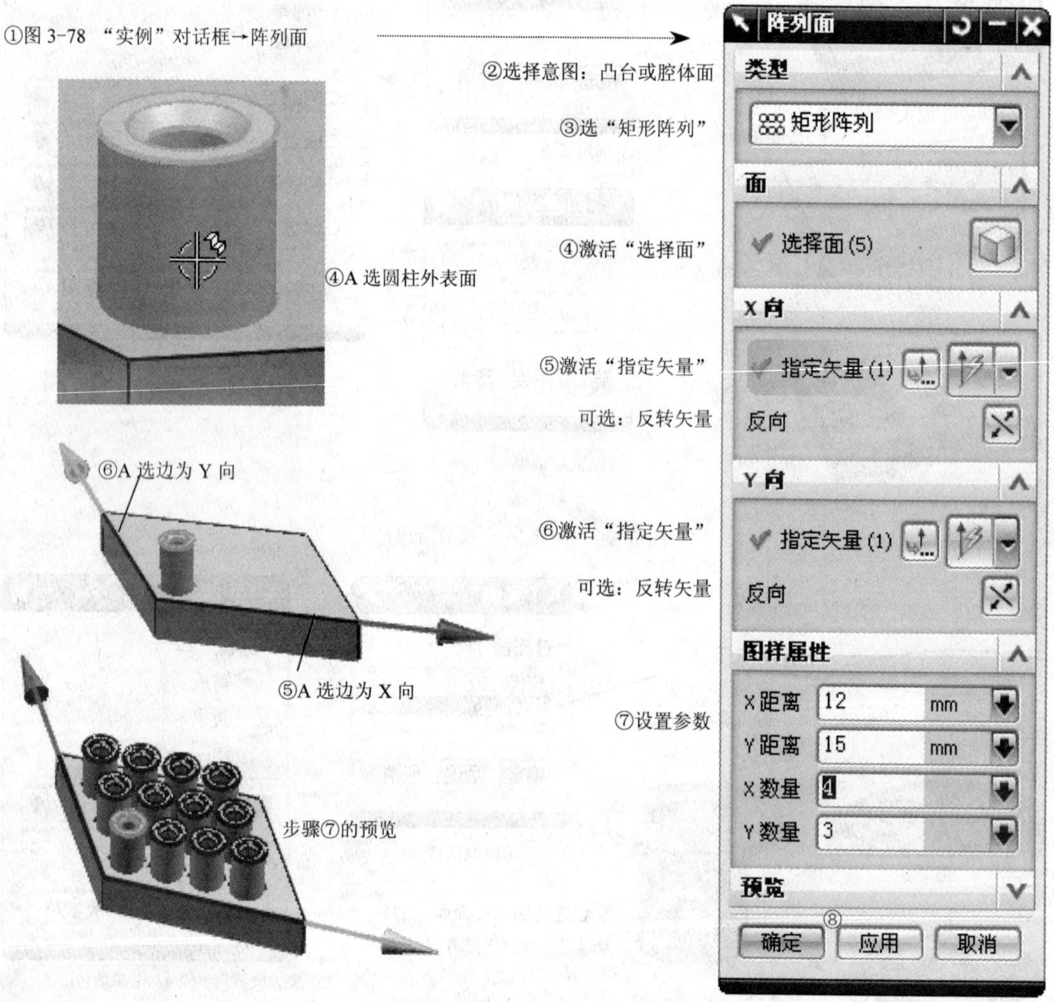

图 3-81　阵列面-矩形阵列操作示例

3.7.4　抽取

“抽取”命令是从一个体中抽取对象来创建另一个体，抽取的类型有：面、面区域、体。如果抽取面或区域，则创建片体；如果抽取体，则新体的类型与原始体的类型相同（实体或片体）。创建抽取区域面的操作示例如图 3-84 所示。

3.7.5　实例几何体

“实例几何体”命令可创建对象副本，可以创建体、面、边、曲线、点、基准平面和基准轴的副本。实例几何体的方法有如下几种：

（1）来源/目标：创建选定几何体的引用，并将其从一个点或 CSYS 位置复制到另一个点或 CSYS 位置；

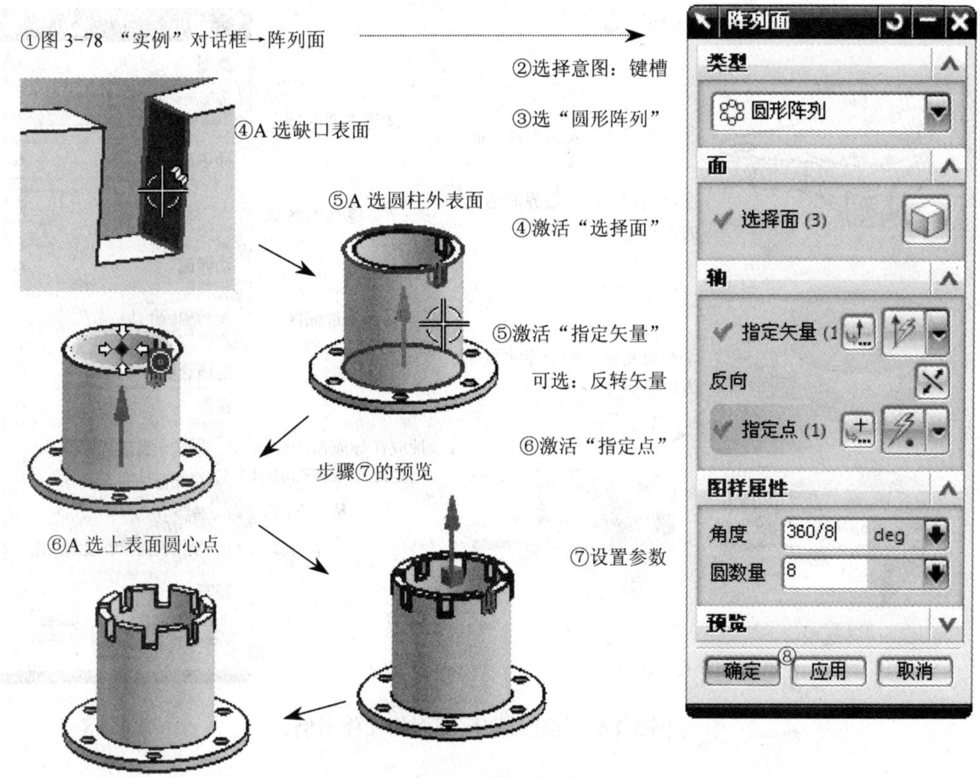

图 3-82 阵列面-圆形阵列操作示例

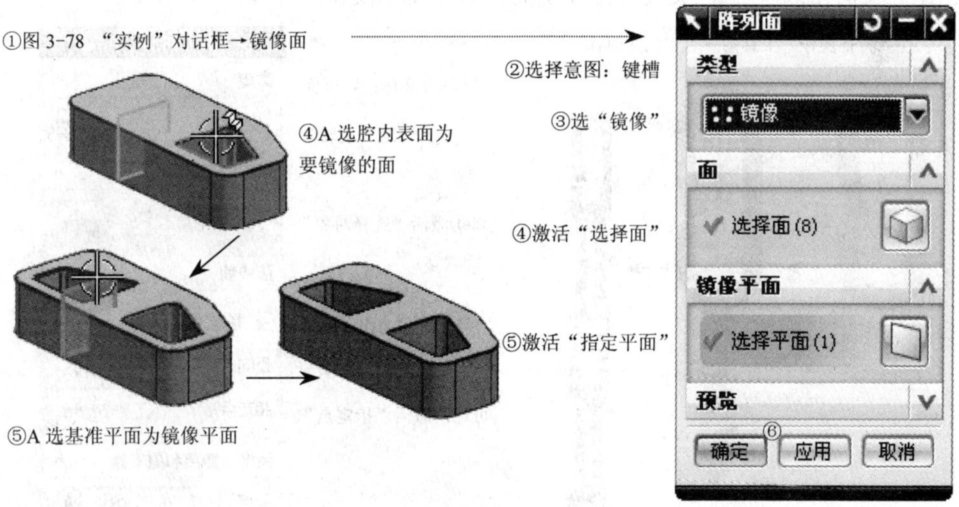

图 3-83 阵列面-镜像面操作示例

（2）镜像：创建选定几何体的引用，并通过平面进行镜像；

（3）平移：创建选定几何体的引用，并按指定方向平移；

（4）沿路径：创建选定几何体的引用，并沿曲线或边缘路径移动，可以为每个引用添加偏置旋转角度（以达到螺旋状效果）；

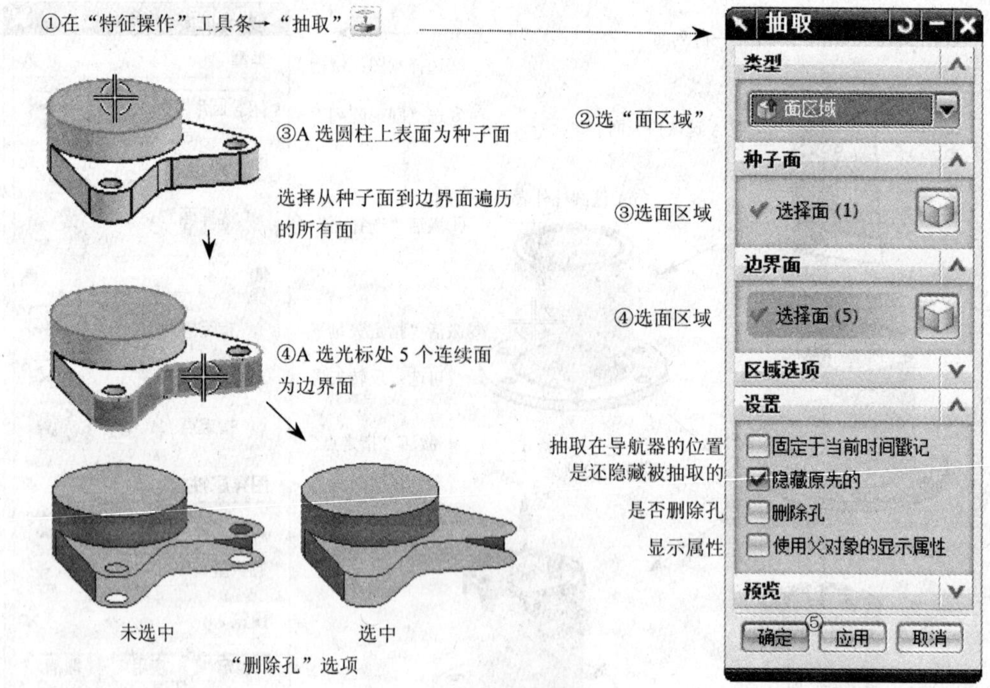

图 3-84　创建抽取区域面的操作示例

(5) 旋转：创建选中几何体的引用，并绕指定轴旋转，可以添加旋转副本之间的偏置距离（以达到螺旋状放置）。

创建“实例几何体”-“旋转”操作示例如图 3-85 所示。

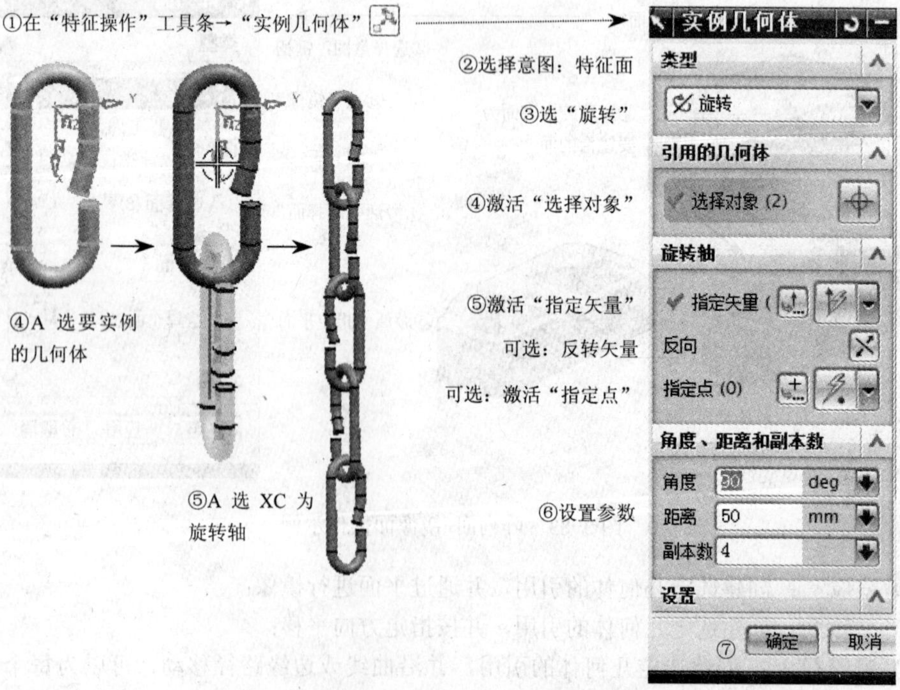

图 3-85　创建“实例几何体”-“旋转”操作示例

习　题

3-1　完成端盖（如图 3-86 所示）的三维实体建模。

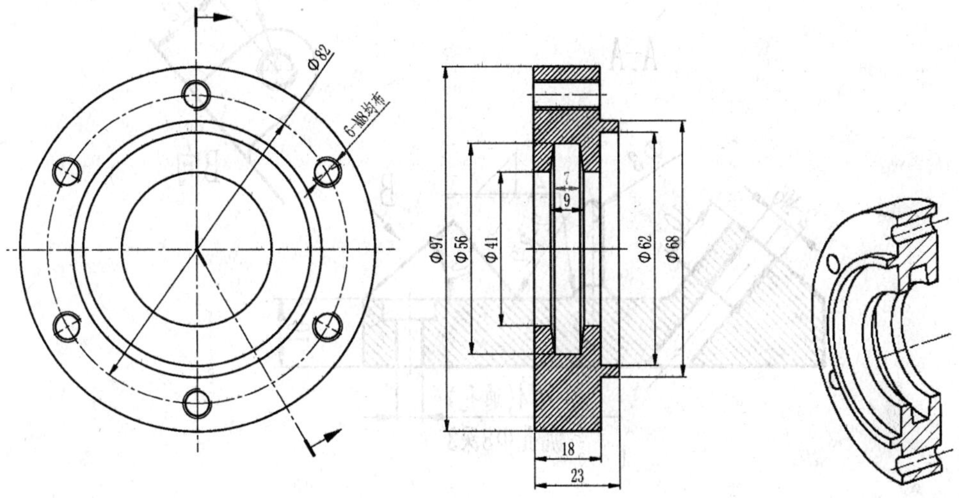

图 3-86　端盖

3-2　完成放风管（如图 3-87 所示）的三维实体建模。

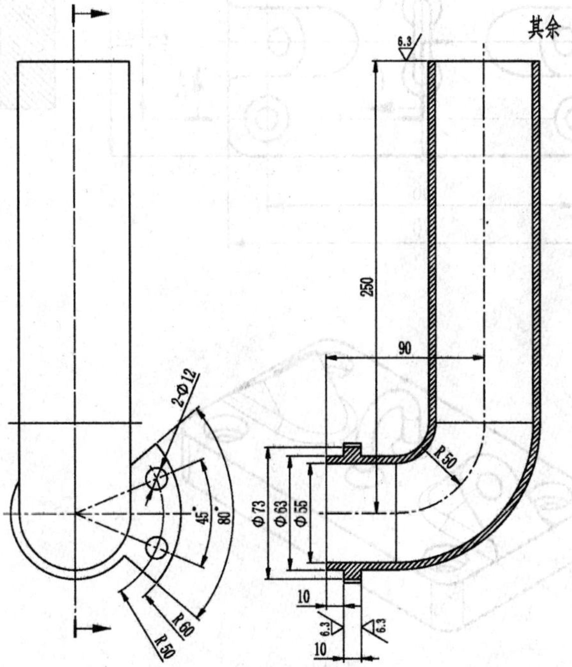

图 3-87　放风管

3-3　完成箱盖（如图3-88所示）的三维实体建模。

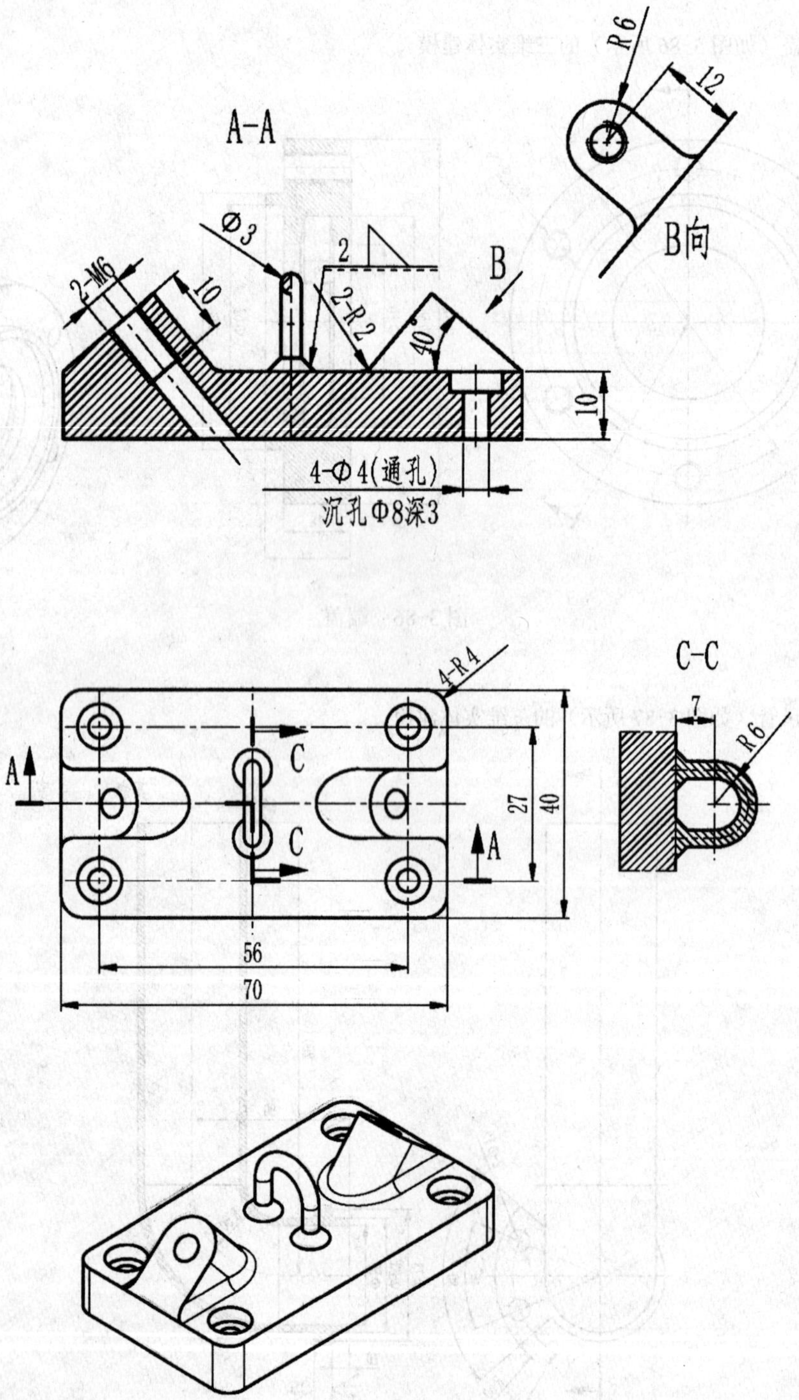

图3-88　箱盖

3-4　完成支架（如图 3-89 所示）的三维实体建模。

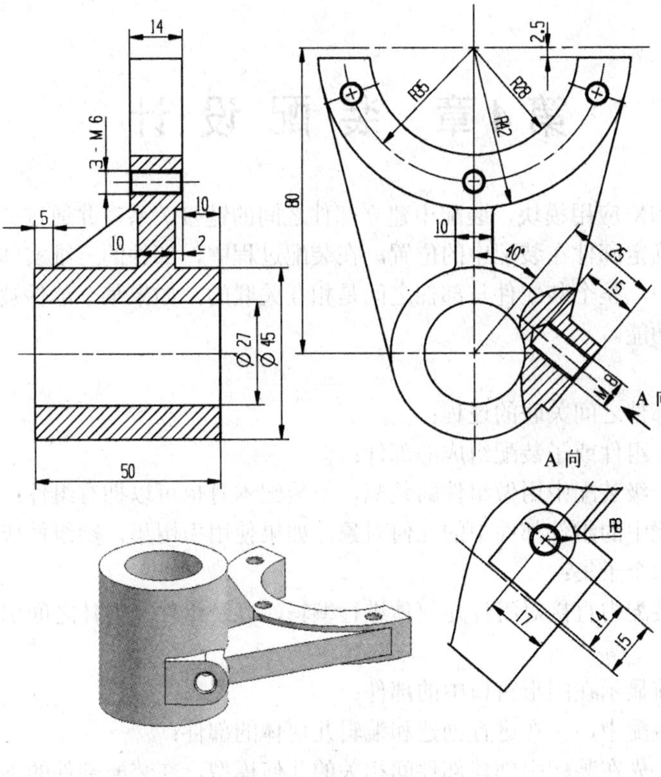

图 3-89　支架

第4章 装配设计

装配是集成的NX应用模块，装配中建立部件之间的链接关系，并通过关联条件在部件之间建立约束关系来确定部件在装配中的位置。在装配过程中，部件的三维实体只被装配引用，而没有复制到装配中。整个装配件与部件之间是相互关联的，如果某个部件被修改，则引用它的装配件自动更新功能。

装配常用术语：

装配：在装配部件之间关联的过程；

组件：由部件、组件或子装配组成的部件；

子装配：在高一级装配中用做组件的装配，子装配本身也可以拥有组件；

组件成员：装配中的组件部件中的几何对象，如果使用引用集，则组件成员可以是组件部件中所有几何体的一个子集；

关联设计：在装配中直接对组件几何体进行编辑，以及组件几何体之间引用参数、关联几何体的建模的功能；

显示部件：当前显示在图形窗口中的部件；

工作部件：在装配中，正在进行创建和编辑几何体的部件；

自上而下建模：先在装配中创建部件间相关的几何模型，在装配部件的顶级向下生成子装配体和部件的建模方法；

自下而上建模：先创建部件，再组合成子装配，最后构建装配部件的建模方法；

引用集：部件中创建的几何体集合；

配对条件：单个组件的约束集；

序列：装配序列功能可控制一个装配和拆卸顺序，可以模拟和回放序列信息，可以通过一个步骤来装配或拆装组件，或者可以创建运动步骤来模拟组件的运动。

4.1 装配建模方法

4.1.1 创建装配结构

创建装配结构就是按产品的结构创建子装配、零件。装配结构可以在顶级装配部件中预定义，也可以先设计部件后装配。前者合适自上而下建模，后者用于自下而上建模。

创建装配结构所需要的功能集成在“装配”工具条上和菜单“装配”→“组件”里。“装配”工具条如图4-1所示。

4.1.2 装配建模方法

装配建模方法有自下而上设计和自上而下设计两种方法。

4.1.2.1 自下而上设计的建模

自下而上设计建模的设计过程是：

（1）使用“文件”菜单→“新建”创建新的部件；

（2）使用各种建模功能创建所需的几何体；

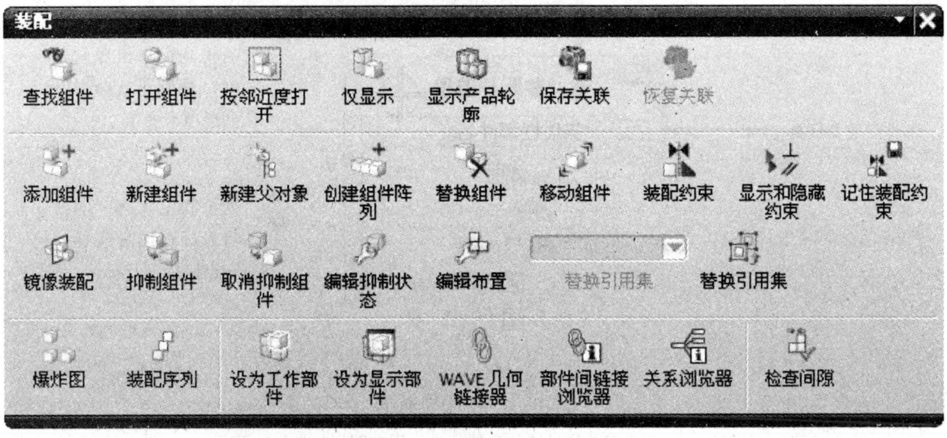

图 4-1 “装配”工具条

（3）使用“文件”菜单→“新建”创建新的装配部件；

（4）在装配部件中，使用“装配”工具条→“添加组件”，或选择“装配”→“组件”→“添加组件”链接到装配中，并进行配对定位。

4.1.2.2　自上而下设计的建模

自上而下建模允许在部件间复制和移动几何体，并允许部件间引用参数。自下而上设计建模的设计过程是：

（1）使用“文件”菜单→“新建”创建顶级装配部件；

（2）使用“装配”工具条中的“创建新组件”，或选择“装配”→“组件”→“新建”向装配中添加一个新组件部件，如果装配部件中有几何体，可将其移动或复制到新的组件部件；否则添加一个空的组件部件；

（3）使用各种建模功能创建所需的几何体，并创建组件部件之间的定位关系。

4.1.3　装配导航器

装配导航器在一个单独的窗口中以图标的方式显示出显示部件的装配结构，并提供了在装配中操控组件的快捷方法。例如，可以使用装配导航器为各种操作选择组件，以及执行装配管理功能，如更改工作部件、更改显示部件、隐藏和显示组件等等。“装配导航器”工具条上集成了对装配导航器管理的工具。

4.1.3.1　打开和关闭装配导航器

默认状态下，装配导航器位于停靠在图形窗口的左边的资源工具条上。

（1）打开/关闭装配导航器可用如下方法之一：

1）将光标滑动到导航器选项卡上，如图 4-2（a）所示（上次使用的导航器可能会自动打开）；

2）请单击装配导航器选项卡来将其打开。

（2）固定和取消固定装配导航器。通过单击导航器标题栏上的固定图标来固定装配导航器。当固定图标处于状态时，当将光标移出导航器时，导航器就会滑回到选项卡中；当固定图标处于状态时，导航器一直处于打开状态。

4.1.3.2　工作部件和非工作部件

：装配（或子装配），黄色表示处于装配工作部件状态，灰色且纯黑色边表示处于装配为非工作部件。

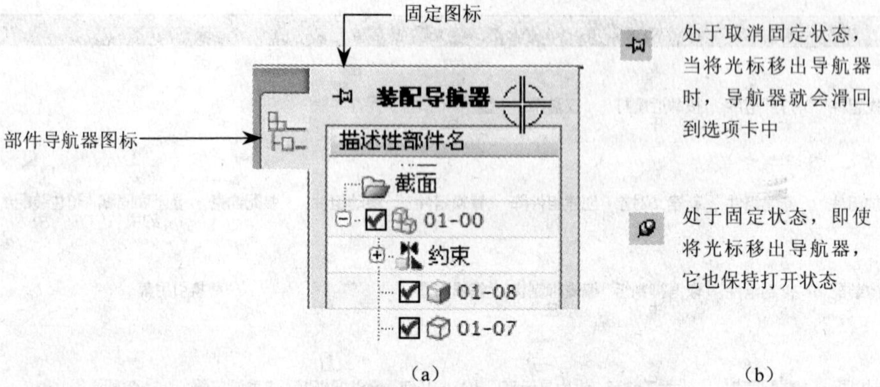

图 4-2　部件导航器

(a) 部件导航器的位置；(b) 固定图标状态

：组件，黄色表示该组件为工作部件，灰色且纯黑色边表示该组件为非工作部件。

工作部件只能有一个，当装配或组件处于工作部件时，部件导航器就属于该部件，可对它进行编辑。在图形窗口正常颜色显示，处于非工作部件的组件颜色被弱化显示。

处于非工作部件的组合，在装配导航器中双击它的图标可切换它工作部件，原来的工作部件自动切换到非工作部件。

4.2　建立装配结构

4.2.1　引用集

引用集是在部件中创建的几何体集合，一个部件可以定义多个引用集，在装配部件中选择使用的引用集，并允许替换引用集。从“格式”菜单→“引用集”弹出“引用集”对话框，如图 4-3 所示。

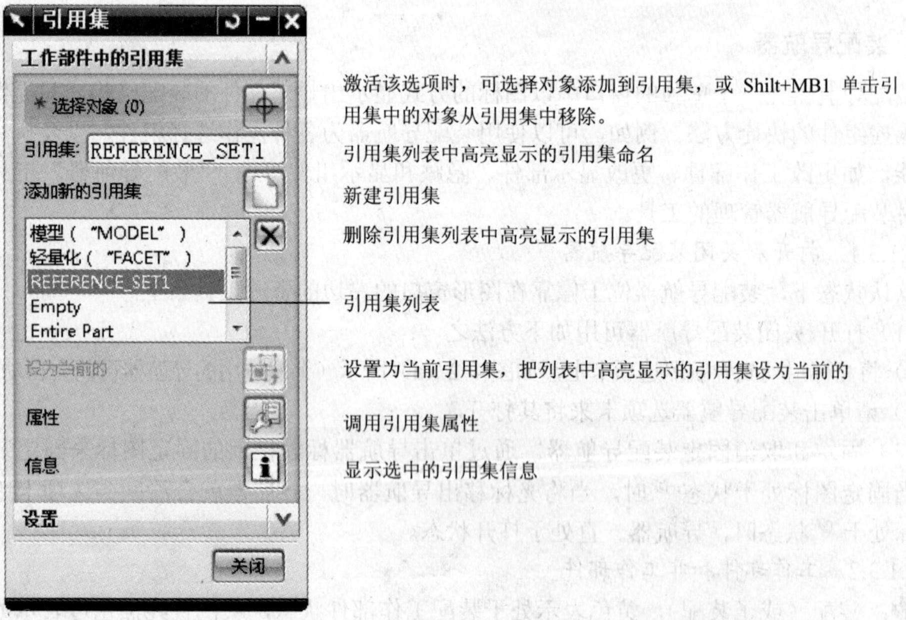

图 4-3　“引用集”对话框

4.2.2 添加组件

“添加组件”命令可通过自下而上设计方法创建装配，它是将一个或多个部件作为组件添加到工作部件。在“装配”工具条上，单击“添加组件”，弹出“添加组件”对话框，如图 4-4 所示。

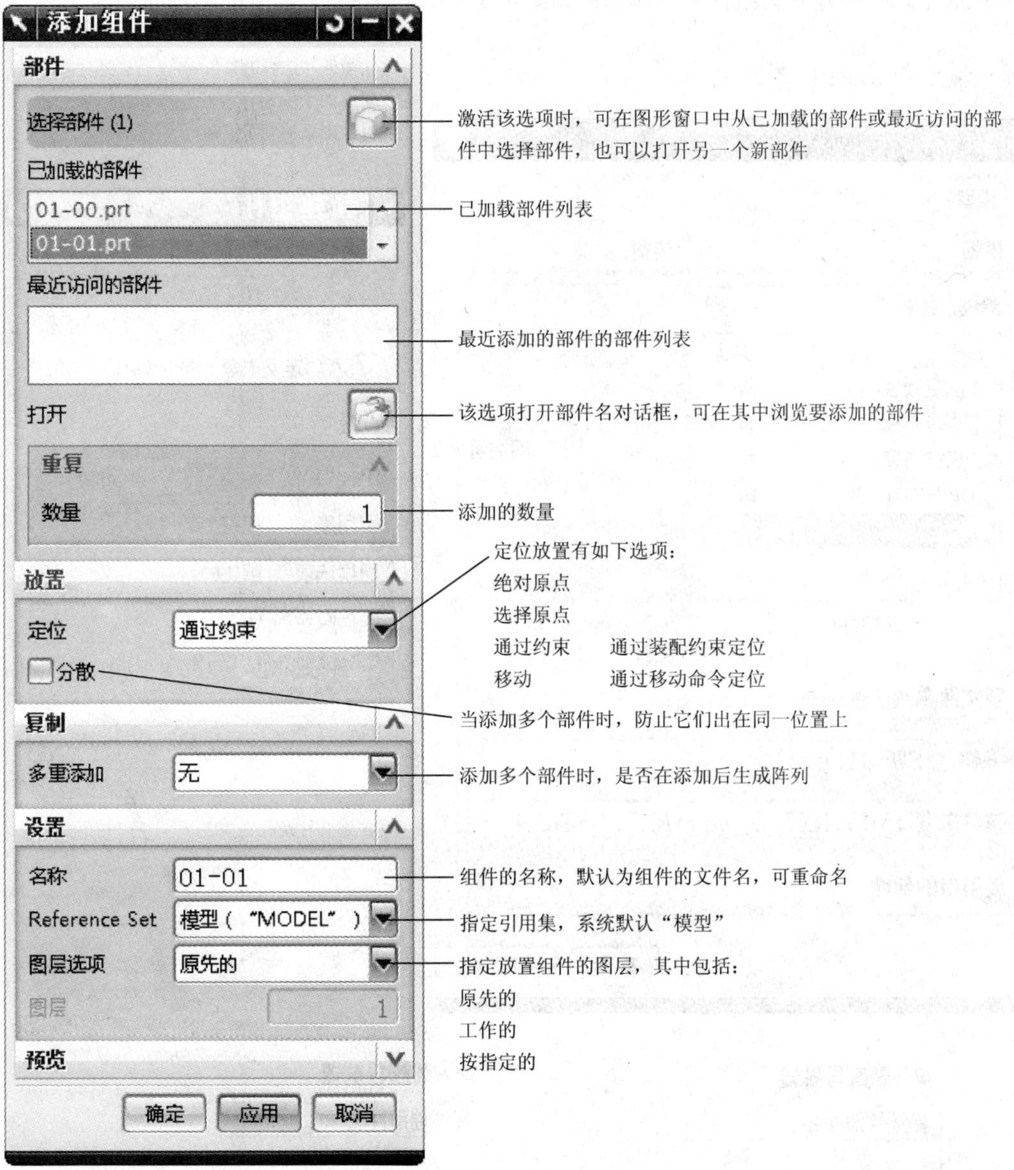

图 4-4 “添加组件”对话框

提示：（1）若向装配添加的是第一个组件，通常选择产品中的具有定位作用的部件，如机架等，它的定位一般采用“绝对原点”或“移动”；（2）图层选项，当添加的组件几何体的图层在装配中“不可见”图层时，这时添加的组件不可见，建议选择“工作的”图层；（3）部件中有多个引用集时，应选择符合设计意图的引用集。

4.2.3　在装配部件中建立新组件

在装配部件建立新组件，一般在自上而下的设计时使用。可建立两种新组件：

（1）建立一个空的组件；

（2）在建立新组件时，将装配部件中的现有对象添加到新组件。

在装配部件中建立新组件的操作示例如图 4-5 所示。

图 4-5　在装配部件中建立新组件的操作示例

4.2.4　组件的移动

当装配中的组件位置、方位不能满足设计要求时，可使用“移动组件”命令改变它的位置和方位，当然也可以使用“装配约束”将组件移到位置上。

在“装配”工具条上，单击“移动组件”，可弹出“移动组件”对话框，如图 4-6 所示。在移动类型中除“通过约束”外，其他的操作类似与 WCS 的操作，不再赘述。

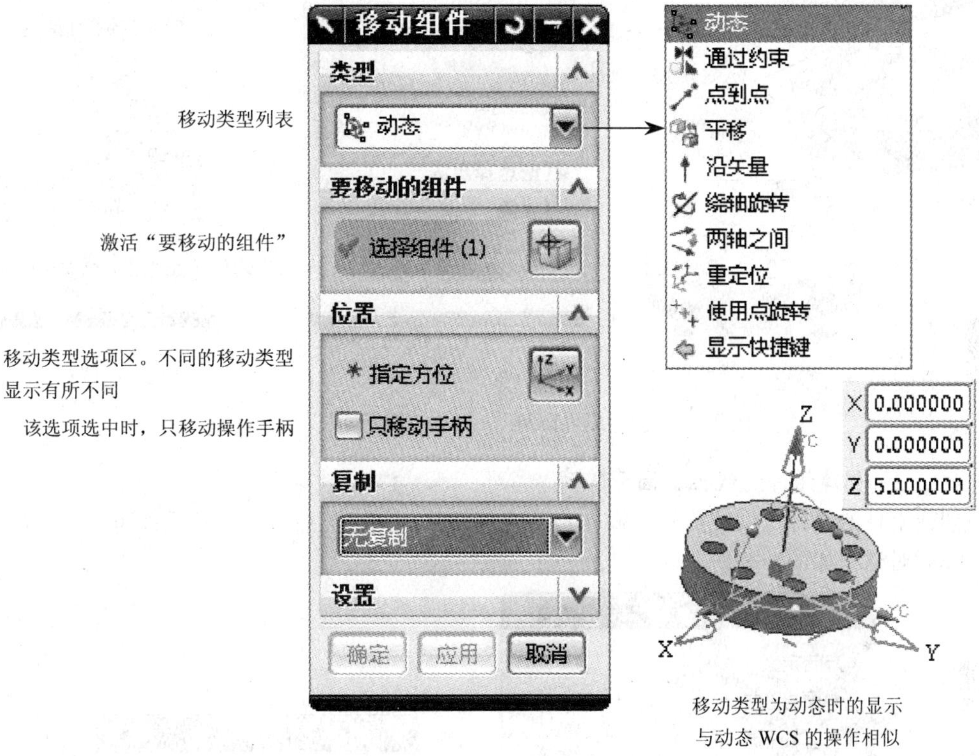

图 4-6 “移动组件”对话框

4.2.5　组件阵列

使用“创建组件阵列”命令来创建和编辑一个装配中组件的相关联阵列。“创建组件阵列”命令允许使用组件中的现有的实例特征对组件进行阵列；或创建新的线性、圆形阵列来阵列组件。

4.2.5.1　利用实例特征对组件进行阵列

利用实例特征对组件进行阵列时，必须满足如下条件：

（1）在一个组件中存在实例特征（如实例特征中的线性、圆形阵列，图样中的线性、圆形阵列）；

（2）在装配中，要阵列的另一个组件必须通过装配约束与实例特征有定位关系。

利用实例特征对组件进行阵列的操作示例如图 4-7 所示。

当装配中有多个实例特征时，系统会提示用户选择一个实例特征来进行组件阵列。本例中只有一个实例特征，不需要选择实例特征。

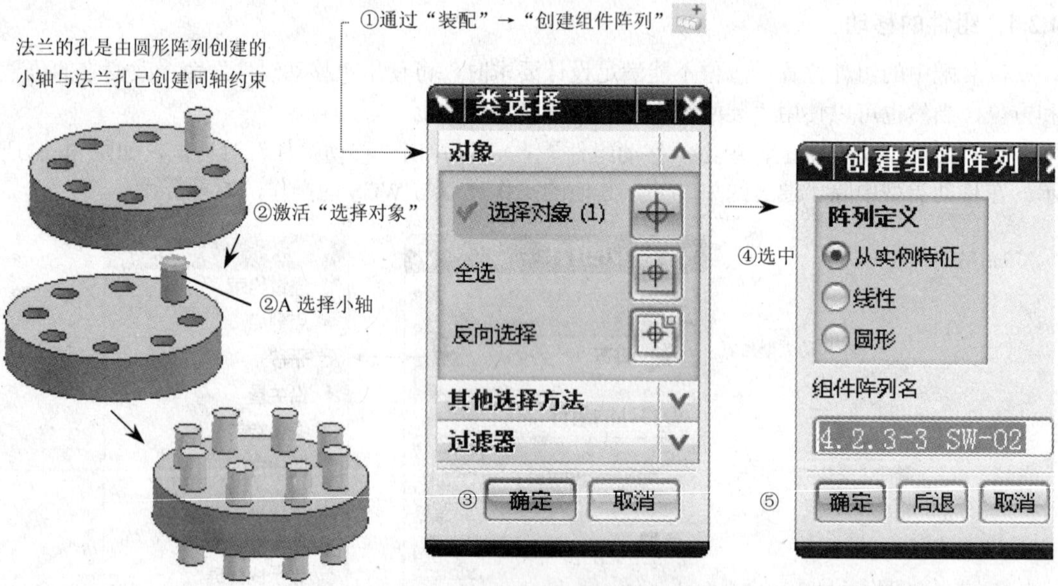

图 4-7 “创建组件阵列”-“从实例特征”阵列示例

4.2.5.2　创建组件的线性、圆形阵列

创建组件的线性、圆柱阵列的操作与从实例特征相同，然后定义其参数即可。组件线性、圆柱阵列对话框如图 4-8 所示。

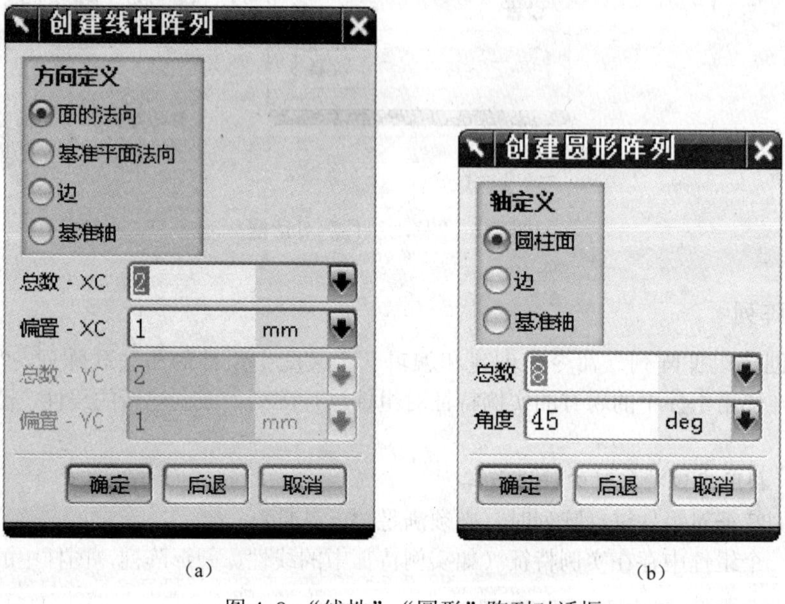

图 4-8 “线性”、“圆形”阵列对话框

(a)“创建线性阵列”对话框；(b)“创建圆形阵列”对话框

4.2.6　镜像装配

通过“镜像装配向导”来创建镜像组件，有两种方式：

（1）创建镜像几何体，并创建新的部件文件，以新的镜像部件作为组件添加到装配中；

（2）镜像重定位，不创建任何新部件，仅创建原始部件的镜像新实例。

单击“装配”工具条上“镜像装配”，在镜像装配向导下进行镜像，基本过程如下：

镜像装配向导→选择要镜像的组件→择或创建镜像装配的平面→镜像设置（重定位/创建新的镜像文件、排除不需要镜像的组件）→镜像查看（可修改上面的选项、还有 6 种可选的镜像方案）→命名策略→命名新创建的部件文件。

4.2.7 替换组件

使用“替换组件”命令可移除现有组件，并按原始组件的方向和位置添加其他组件。在“装配”工具条上“替换组件”调用该命令。

4.3 装配约束

装配约束是利用组件的点、边、面、中心、轴等几何体对象之间的装配关系，来确定组件在装配中的位置关系的过程。

在“装配”工具条上“装配约束”，弹出“装配约束”对话框，如图 4-9 所示。

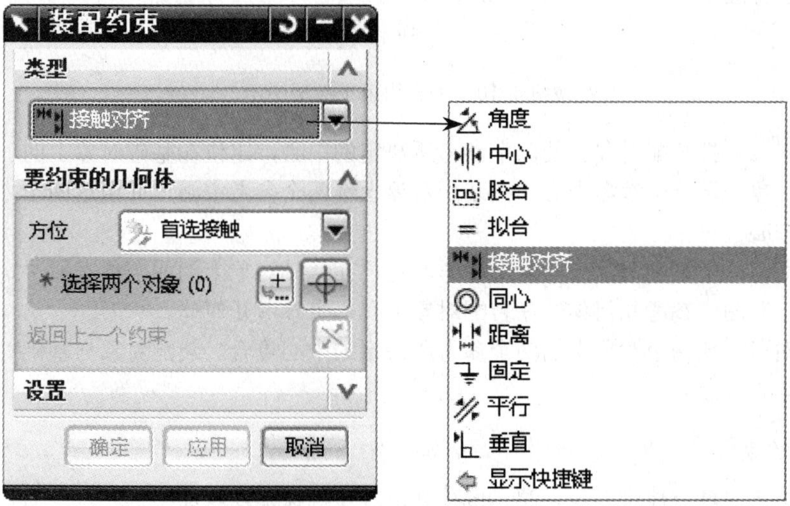

图 4-9 “装配约束”对话框

创建装配约束时，需要两个对象，第一个对象为基础对象；第二个对象为装配对象，系统总是把装配对象约束在基础对象上。操作时，应首先在第一对象上、后在第二对象上选择参与约束的参考几何体。

4.3.1 角度约束

角度约束用于定义两个对象之间的角度值。角度有两种子类型：

（1）3D 角度：在未定义旋转轴的情况下定义两个对象之间的角度约束；

（2）定位角：使用所选的旋转轴定义两个对象之间的角度约束。

4.3.2 中心约束

中心约束可使对象中心居中放置。有三种子类型，如图 4-10 所示。

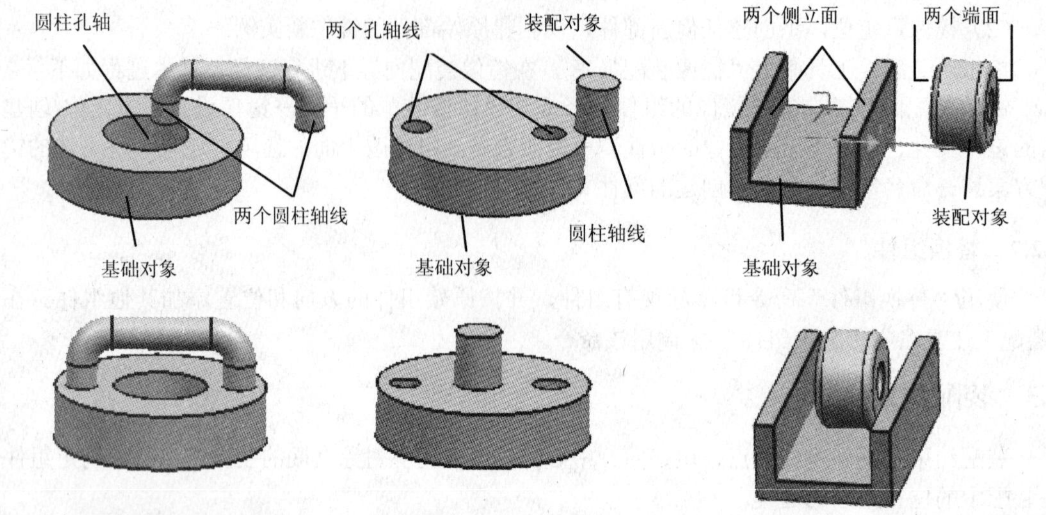

装配对象的两个圆柱轴线决定的中心与基础对象的孔轴线重合
1对2

装配对象的圆柱轴线与基础对象两个孔轴线所决定的中心重合
2对1

装配对象的两个端面的中面与基础对象两个侧立面的中面重合
2对2

图4-10　中心约束子类型图示

（1）1 对 2：把装配对象上的两个参考所决定的中心，定位在基础对象上的一个参考中心上。在基础对象上选一个参考中心，在装配对象上选两个参考中心，并由这两个中心定义一个用于装配的中心。

（2）2 对 1：把装配对象上的一个参考，定位在基础对象上的两个参考所决定的中心上。在基础对象上有两个参考几何体，在装配对象上有一个参考几何体。

（3）2 对 2：使两个对象上的两个参考所决定的中心重合。装配对象与基础对象上均有两个参考几何体。

4.3.3　胶合约束

胶合约束将组件“焊接”在一起，以使其可以像刚体那样移动。

4.3.4　拟合

拟合约束将半径相等的两个圆柱面，或相等锥角的圆锥面拟合在一起。此约束对确定孔中销或螺栓的位置很有用。如果约束的二对象半径不相等，则该约束无效。

4.3.5　接触约束

接触对齐约束可约束两个组件，使其彼此接触或对齐。这是最常用的约束。

如图 4-11 所示可见：面的接触约束对象，使其曲面法向相反；面的对齐约束对象，使其曲面法向相同；1 对 1 的中心约束对象，使其中心重合；圆锥面之间的相切约束是锥面之间相切并使截面直径吻合。

4.3.6　同心约束

同心约束使两个组件的圆形或椭圆的中心重合。

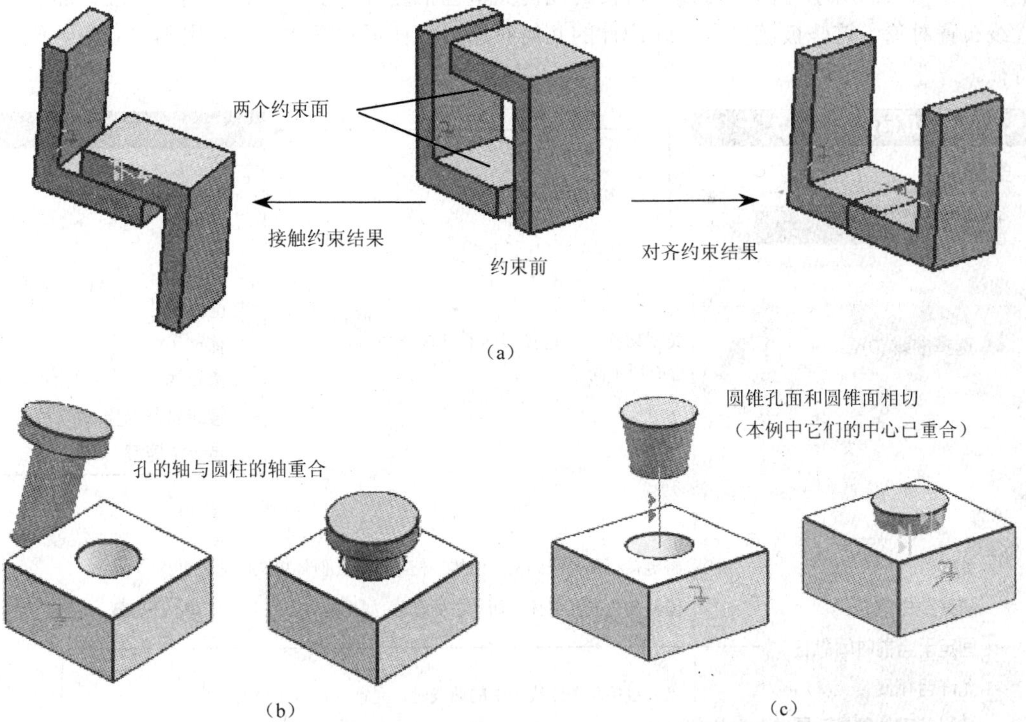

图 4-11 常用的接触和对齐约束图示

（a）面的接触约束；（b）1 对 1 的中心约束（接触或对齐）；（c）锥面的接触约束（接触）

4.3.7 距离约束

距离约束指定两个对象之间的最小 3D 距离。

4.3.8 固定约束

固定约束将组件固定在其当前位置。要确保组件停留在适当位置且约束其他组件时，此约束很有用。

4.3.9 平行约束

平行约束定义两个对象的方向矢量为互相平行。

4.3.10 垂直约束

垂直约束定义两个对象的方向矢量为互相垂直。

4.4 WAVE 几何链接器

WAVE 的核心是部件之间创建关联几何体，它具有以下几个基本功能：

（1）在装配内部，将几何体从一个部件关联地复制到另一个部件；

（2）在某些部件或所有部件中延迟链接几何体的更新；

（3）查询和了解部件间的关系。

在“装配”工具条上单击“WAVE 几何链接器”，弹出“WAVE 几何链接器”对话框，如图 4-12 所示。由图可知，链接的几何类型包括复合曲线、点、草图、基准、面和体及管线布置对象。这些被链接到工作部件的几何对象以特征形式存在，并可用于建立和定位新的特征。

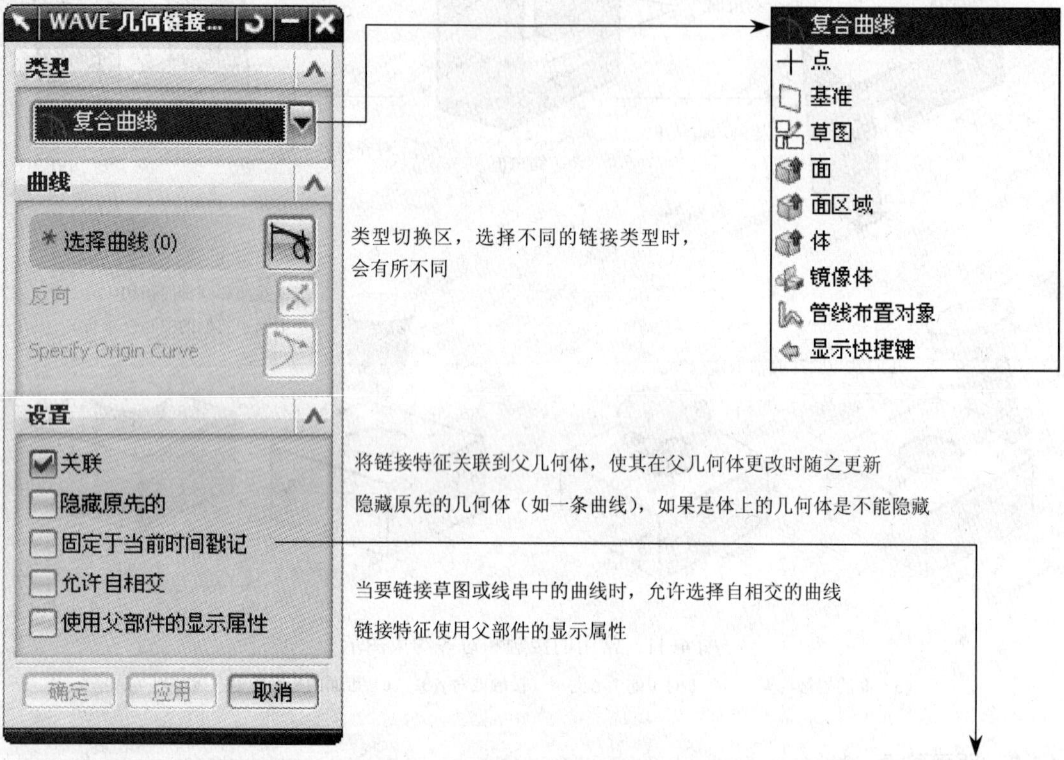

当创建 WAVE 链接体或链接镜像体时，NX 使用来自源体的整个特征树以生成新链接体。

创建链接体时，未选中“固定于当前时间戳记”，若其后对源体的特征树进行重新排列或者将新特征添加到源体中时，链接体将被更新。如果不希望链接体更新以反映这些更改，或如果不希望链接体包括其后在源体中创建的特征，则在创建链接体时，应选择“固定于当前时间戳记”，并在源体的最近特征处放置时间戳记。在时间戳记特征之后对源体所做的更改将不显示在链接体中（除非在源体中重新排列了特征）

图 4-12 “WAVE 几何链接器”对话框

使用了链接特征的部件与源部件间如果是关联的，那么，链接特征的部件与源部件之间的位置关系就是确定的，它们之间不需要使用“装配约束”进行定位。

在部件中创建 WAVE 链接基本步骤如下：

（1）使装配部件为显示部件，欲创建 WAVE 链接的部件为工作部件，可以认为工作部件是被连接几何对象的接收器；

（2）单击“装配”工具条上“WAVE 几何链接器”，弹出“WAVE 几何链接器”对话框；

（3）在“WAVE 几何链接器”对话框，选择要复制的几何类型，然后选择欲链接的几何体，并单击“确定”，被选择的几何对象被链接到工作部件中。在工作部件中，这些链接的几何对象是以特征的形式存在。同时，可用链接特征产生和定位新的特征。

在图 4-13 的示例中，为带法兰零件创建一个机座，它们之间通过螺栓连接，机座的孔径和数量与零件是对应的，利用 WAVE 几何链接器可以实现这一要求。

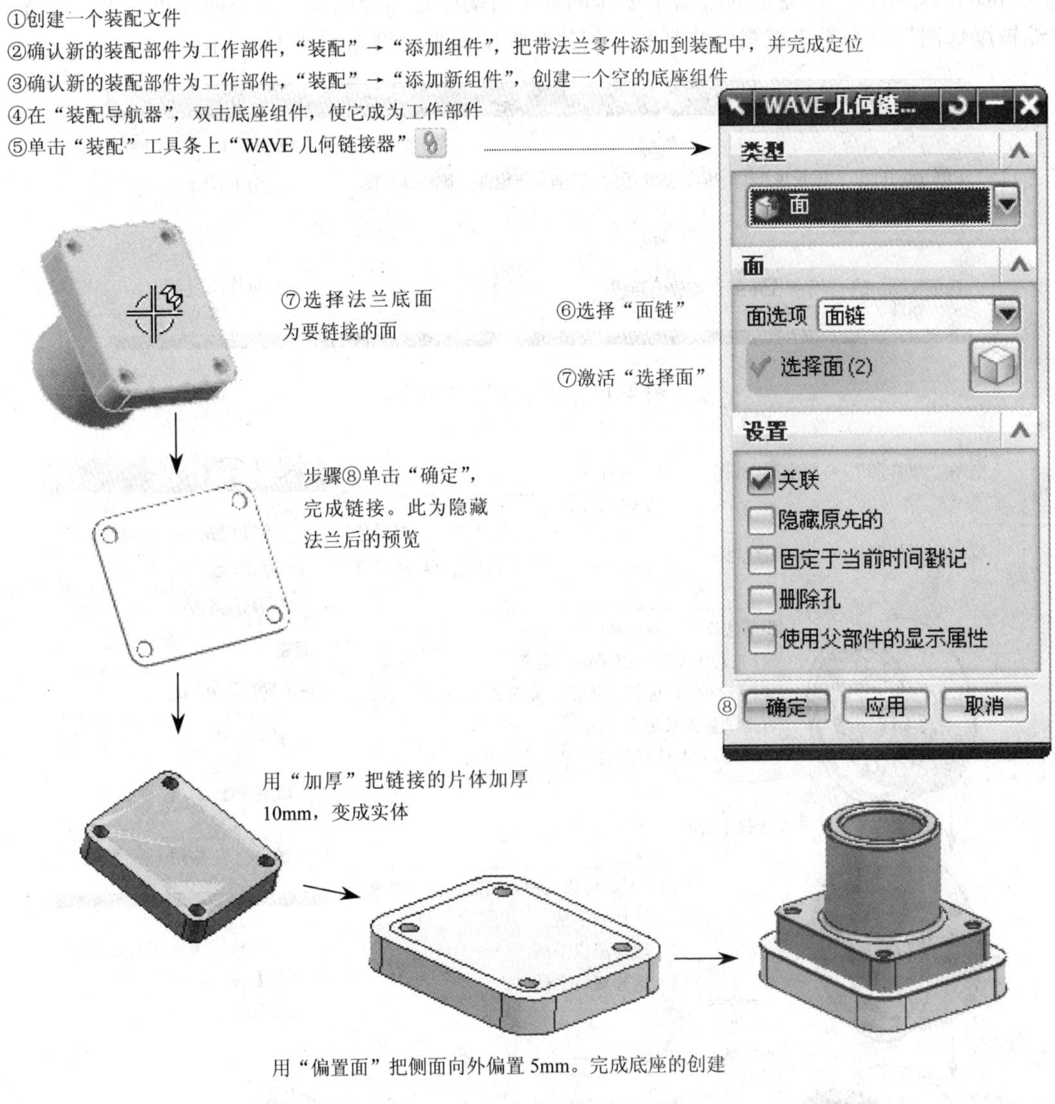

图 4-13 “WAVE 几何链接器”操作示例

4.5 爆炸图

装配爆视图是将装配模型中的组件按照装配关系偏移原来的位置而生成的图形，可以更加清楚地表示装配件中各零部件及其相互关系，以指导用户进行产品装配和维修，组件在真实装配中的位置不受影响。

（1）在装配爆炸图中可对组件进行所有的 NX 操作，且这操作均反映到非爆炸视图中。

（2）在装配爆炸视图环境下，可按爆炸和非爆炸两种方式显示。

（3）在制图模块中，可能生成爆炸图的工程图。

4.5.1 创建爆炸图

在“装配”工具条上单击“爆炸图”，会弹出“爆炸图”工具条，如图 4-14 所示。图中“自动爆炸组件”命令是通过指定爆炸偏置来自动创建爆炸图，一般不能满足要求，常使用“编辑爆炸图”命令手工编辑爆炸视图。创建爆炸图操作示例如图 4-15 所示。

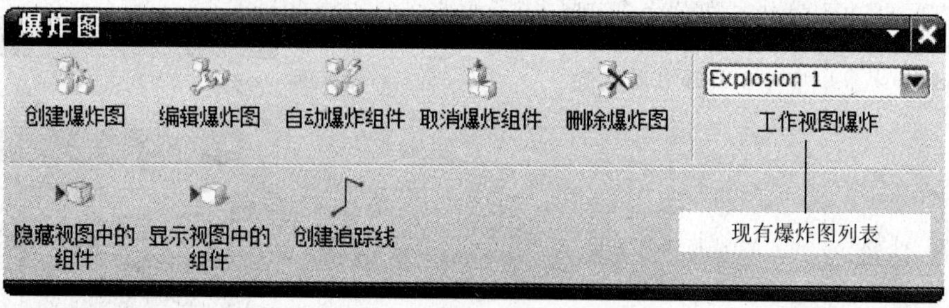

图 4-14 “爆炸图”工具条

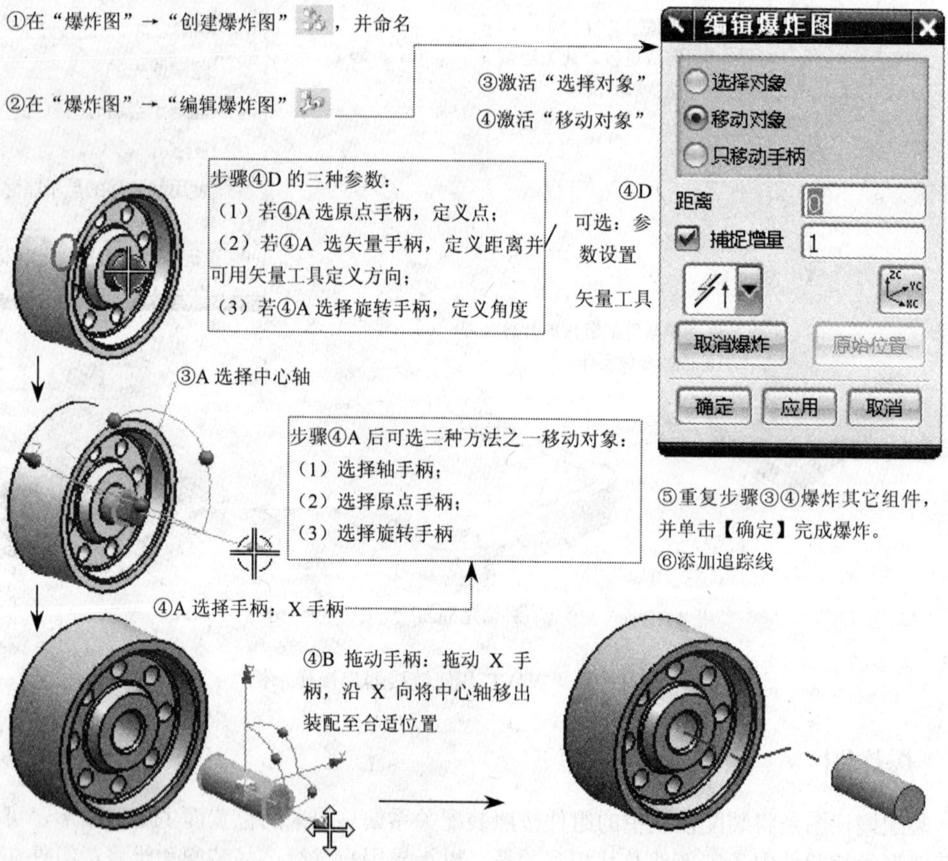

图 4-15 “爆炸图”操作示例

当手柄的方位与组件移动的方向不一致时，可使用“只移动手柄”选项调整的位置和方向。

4.5.2　追踪线

创建爆炸图后，建立爆炸组件间的跟踪线，以清晰的表达爆炸的路径和组合间装配关系。

在“装配”→“创建追踪线”，弹出“创建追踪线”对话框。“创建追踪线”操作示例如图 4-16 所示。

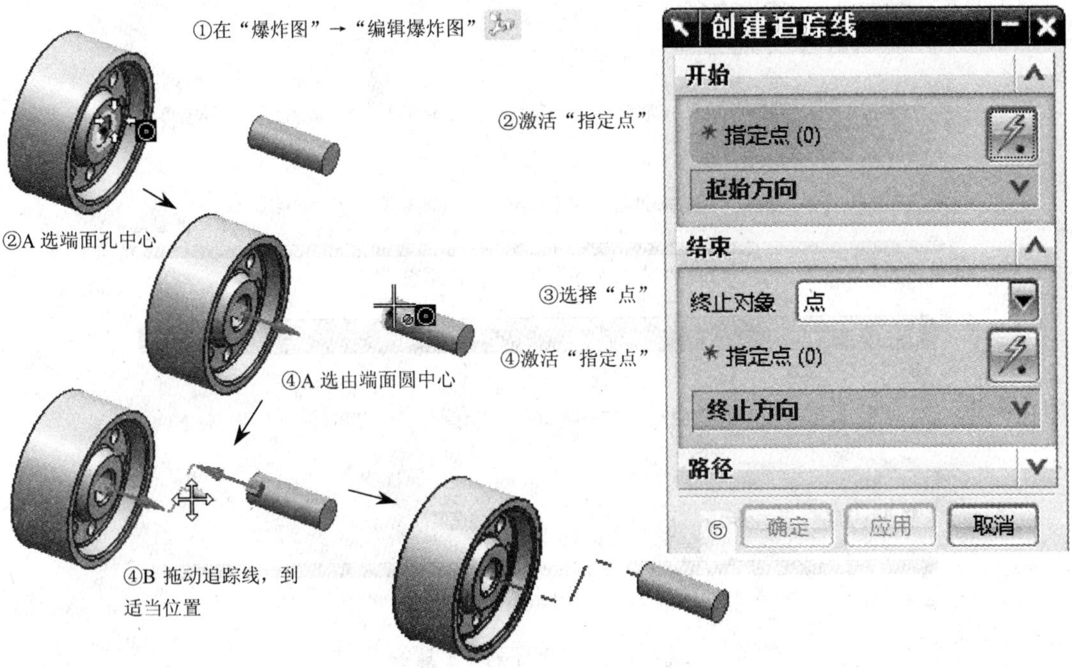

图 4-16 “创建追踪线”操作示例

4.5.3 生成爆炸图的工程图

把爆炸视图添加到工程图中的一般步骤如下：

（1）使爆炸图处于工作视图；

（2）选择“开始”菜单→“制图”模块，创建一个图纸页；

（3）选择在“绘图”工具条上选“基本视图”，选择视图模型为：TFR-TRI；

（4）选择定向视图工具，调整爆炸视图的视角后，将爆炸视图放入工程图中。

4.6 装配序列

用于演示已经装配完成的部件的装配顺序/拆卸过程，以及通过约束所产生的组件间的运动。

从“装配”→“装配序列”进入装配序列模块。装配序列的工具集成在“装配次序和运动”和“装配次序回放”两个工具条上，如图 4-17 所示。可以通过“装配次序和运动”工具条中的命令创建装配、拆装组件，或创建运动来模拟组件的移动，并记录下来通过“装配次序回放”工具进行回放。

4.6.1 序列导航器

序列导航器类似于装配导航器，可以对当前序列（或者是所有序列）及其步骤的图形进行显示和管理，如图 4-18 所示。

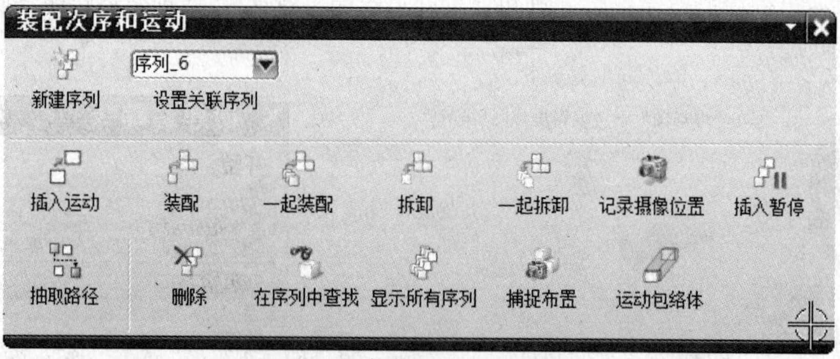

"装配次序和运动"工具条

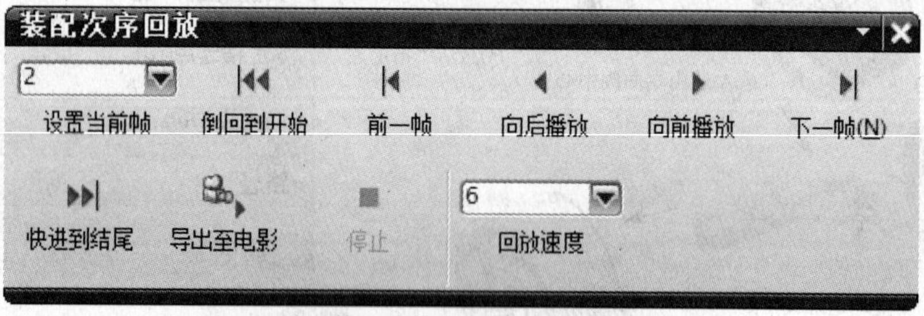

"装配次序回放"工具条

图 4-17 "装配序列"工具条

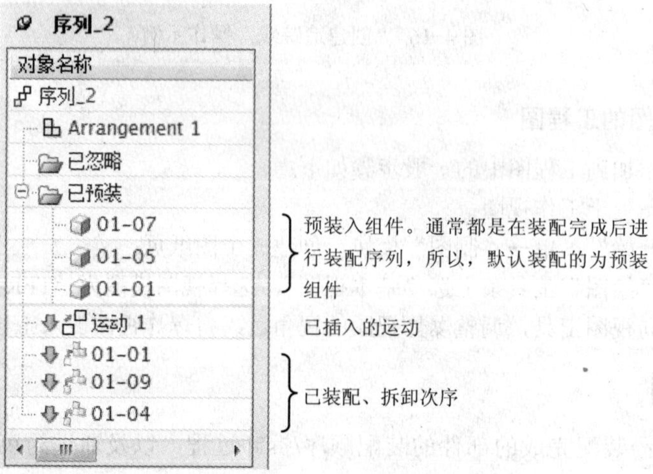

图 4-18 序列导航器

4.6.2 创建装配序列

因为要从一个完整的装配开始的装配序列，所以开始创建的序列都是拆卸序列。创建装配序列的操作过程如下：

（1）在"装配"工具条上，单击装配序列。

（2）在"装配次序和运动"工具条上，单击"新建序列"。该新序列出现在序列导航器中。

（3）创建装配/拆卸序列。每个序列步骤可以包含一个组件、一个子组或一个运动：

1）若拆卸一个组件作为一步，则选择该组件，然后单击“装配次序和运动”工具条上的“拆卸”；若未选择组件，单击“装配次序和运动”工具条上的“拆卸”则出现“拆卸”对话框；

2）若拆卸一个子组作为一步，则选择一个子装配或一组组件，然后单击“一起拆卸”；

3）若在显示一个序列步骤之前定向或缩放一个视图，要先修改视图（例如，使用平移和缩放等），然后单击“记录摄像位置”；

4）如果希望显示选定组件移动到位置，则单击“插入运动”，然后将组件移至您希望的位置。

（4）（可选）如果正移动的组件与其他组件相碰撞，则可以设置“动态间隙检查”工具条选项，当碰撞时提醒、或阻止：

1）如果希望 NX 提醒而不阻止移动，则单击“高亮显示碰撞”；

2）如果希望 NX 阻止，则单击“在碰撞前停止”；如果发生碰撞，则选择认可碰撞以继续；

3）如果不希望使用动态间隙检查，则选择“无检查”。

4.6.3　回放装配序列

创建装配序列后，可以通过回放来检查序列的有效性。基本操作由“装配次序回放”工具条上的命令来实现：

（1）如果希望从第一步播放序列，则单击“倒回到开始”；如果希望装配序列从其最后步骤向后播放，则单击“快进到结尾”；

（2）回放，单击“向前播放”或“向后播放”，单击“停止”，可在回放进行中的任何点停止连续回放；

（3）回放一帧，选择“前一帧”或“下一帧”。

习　题

4-1　完成万向节机构（如图 4-19 所示）的装配，并创建爆炸视图、装配序列和装配运动。（部件文件在附盘\4zhang\4.7 文件夹中）

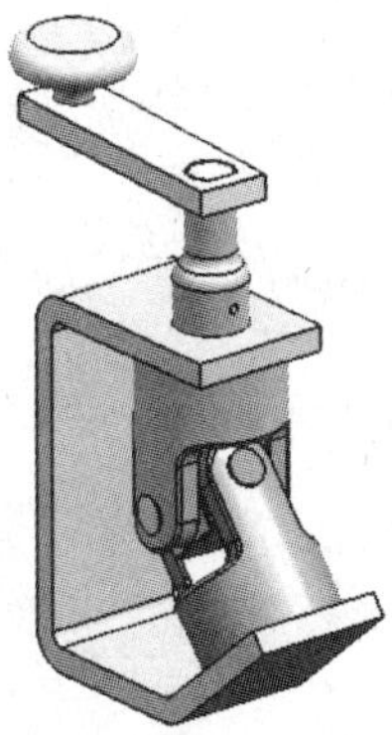

（a）

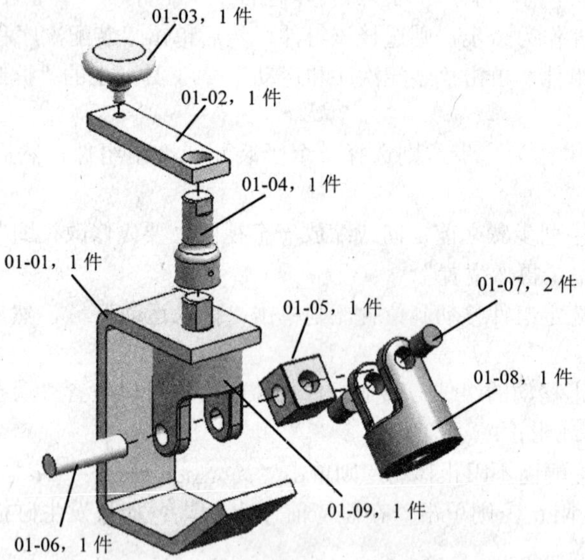

（b）

图 4-19　万向节机构装配图和爆炸视图

（a）装配正等测视图；（b）爆炸视图

第5章 工 程 图

5.1 概述

“制图”应用模块是根据“建模”应用模块中生成的模型来制作各种二维工程图纸的。在“制图”应用模块中创建的图纸与模型完全关联，对模型所做的任何更改都会在图纸中自动反映出来。

通过“标准”工具条→“开始”→“制图”可进入“制图”应用模块，如果尚未建立图纸，会弹出图 5-1 所示的“片体”对话框，进行图纸大小、比例、投影方向等的设置，单击“确定”后，进入制图模块。

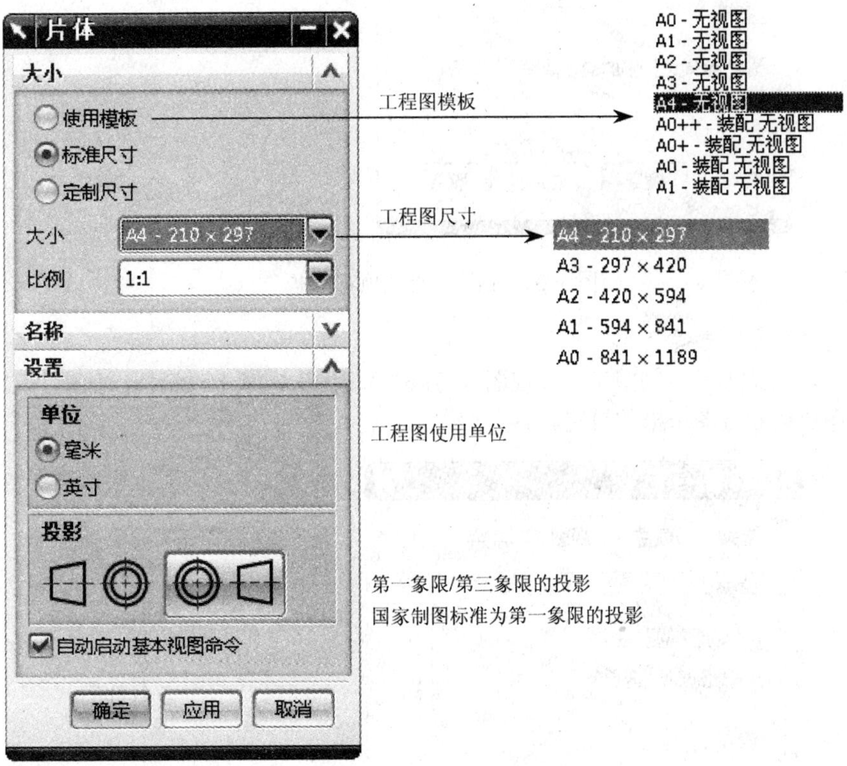

图 5-1 “片体”对话框

5.2 首选项

进入制图模块后，一般需要预先设置制图参数。系统默认的制图参数订制，可通过“文件”→“用户默认设置”→“制图”→“常规”→“标准”选项重新设置，设置后可保存；也可导入已经制定好的制图标准，重新启动 UG 后永久可用。如果默认标准不能满足时，可通过

“首选项”来修改，但修改只能在当前文件起作用。

5.2.1　制图首选项

“首选项”菜单→“制图”，弹出“制图对话框”。有“常规”、“预览”、“视图”和“注释”4 个选项卡。下面仅介绍几个常用的首选项。

5.2.1.1　“预览”选项卡

从“首选项”菜单→“制图”→“预览”，弹出“预览”选项卡对话框，如图 5-2 所示，用于设置创建视图期间的预览的样式。

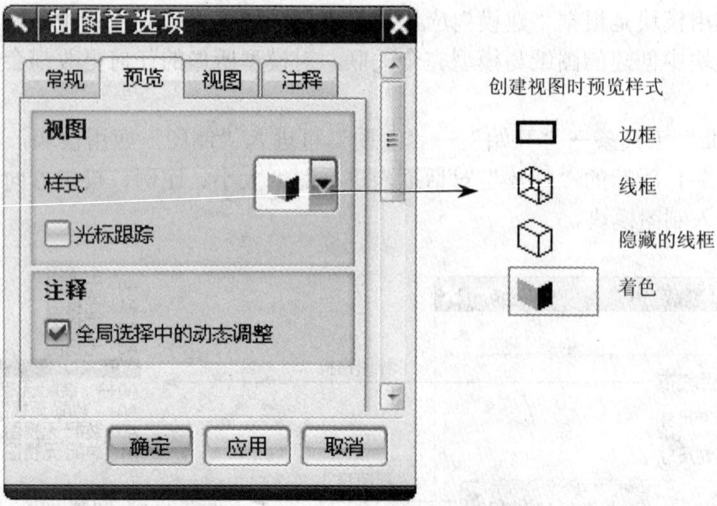

图 5-2　“预览”首选项对话框

5.2.1.2　“视图”选项卡

从“首选项”菜单→“制图”→“视图”，弹出“视图”选项卡对话框，如图 5-3 所示，用于控制视图更新和视图边框的设置。

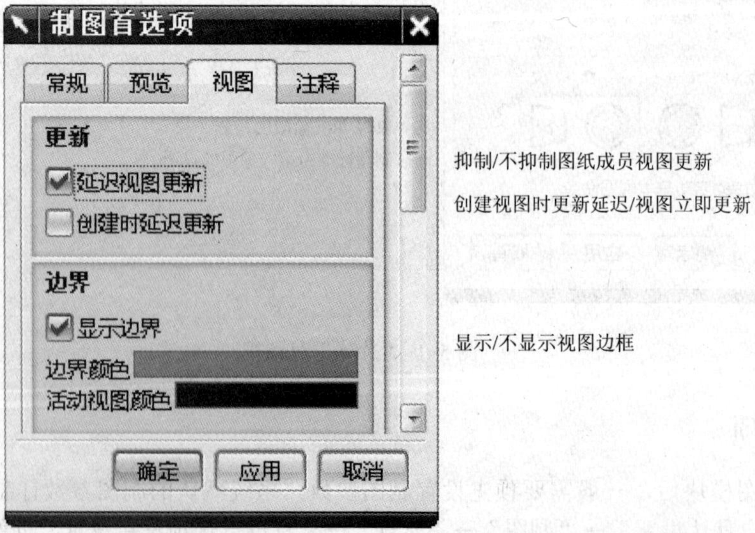

图 5-3　“视图”首选项对话框

5.2.2 视图首选项

“制图首选项”命令在“制图首选项”工具条上，如图 5-4 所示。

图 5-4 “制图首选项”工具条

“视图首选项”选项提供了创建视图使用的全局设置，从“制图首选项”→“视图首选项”，弹出“视图首选项”对话框，如图 5-5 所示。通常情况下可使用默认设置。下面仅介绍几个常用而重要的设置。

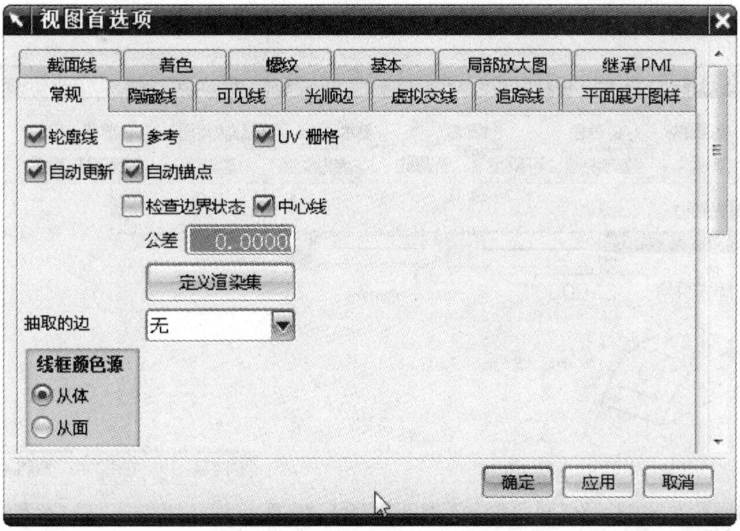

图 5-5 “视图首选项”对话框

5.2.2.1 “常规”选项卡

如图 5-5“视图首选项”对话框所示。其中“参考”选项用于控制视图的显示状态，选中时不显示图形，只显示参考点，一般不选中；

“中心线”选项用于控制创建视图时是否同时创建中心线。

5.2.2.2 “可见线”选项卡

用于设置可见轮廓线的显示颜色、线型和粗细，通常使用默认设置，如图 5-6 所示。

5.2.2.3 “光顺边”选项卡

用于控制光顺边的显示，及所显示颜色、线型和粗细，通常使用默认设置，如图 5-7 所示。GB 制图标准中，工程图的光顺边是不显示的；但对于 3D 轴测图，显示光顺边能增加 3D 观察效果。

5.2.2.4 “着色”选项卡

用于视图的渲染样式设置，如图 5-8 所示。工程图一般是使用“线框”样式，3D 轴测图也可选用“完全着色”样式。

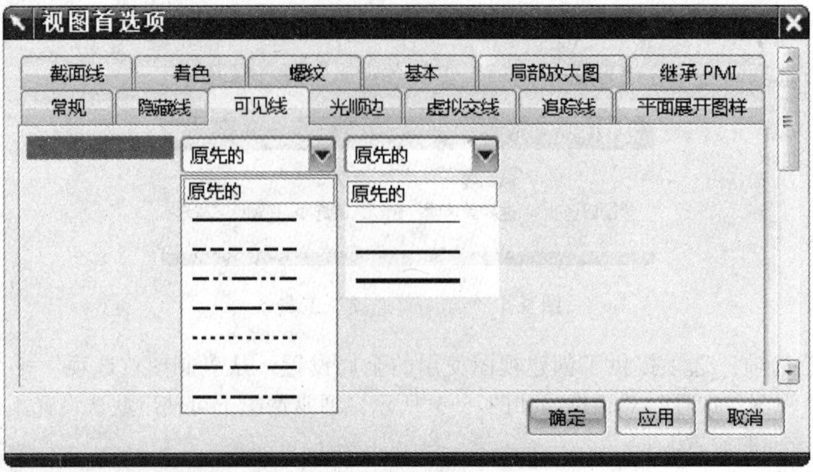

图 5-6 “视图首选项”的“可见线”选项卡

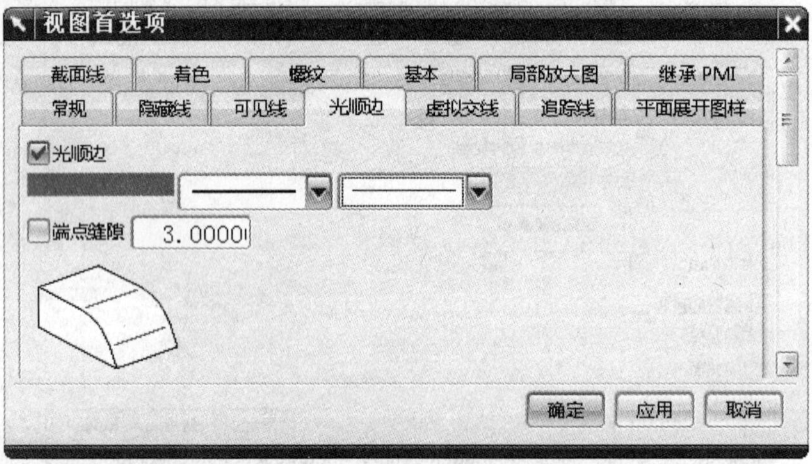

图 5-7 “视图首选项”的“光顺边”选项卡

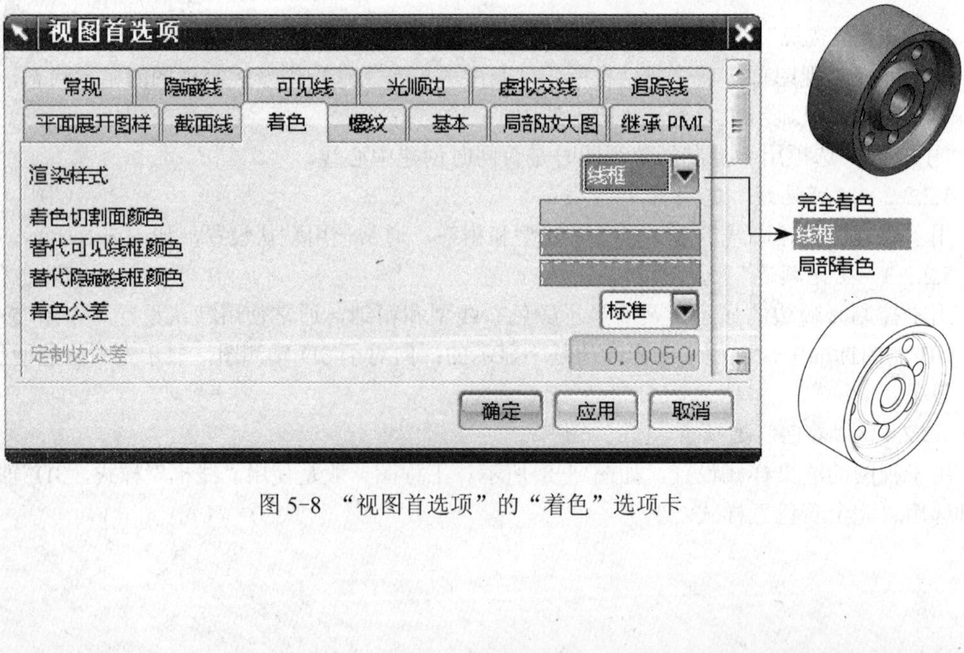

图 5-8 “视图首选项”的“着色”选项卡

5.2.2.5 “截面线”选项卡

用于剖视图的剖面线设置，如图 5-9 所示。

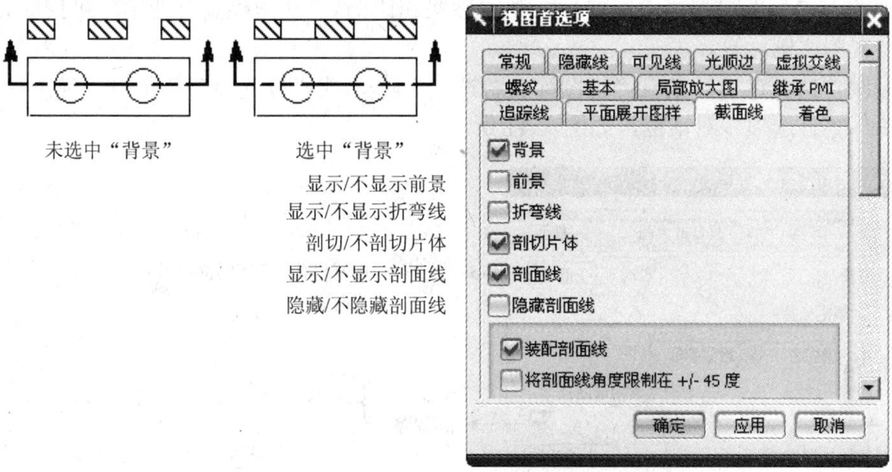

图 5-9 “视图首选项”的“截面线”选项卡

5.2.3 剖切线首选项

“剖切线首选项”用于控制剖切线的显示，用于设置剖视图的父视图的剖切线箭头样式和剖切线标准。

在“制图首选项”工具条→“剖切线首选项”，或“首选项”菜单→“剖切线”，弹出“剖切线首选项”对话框，如图 5-10 所示。

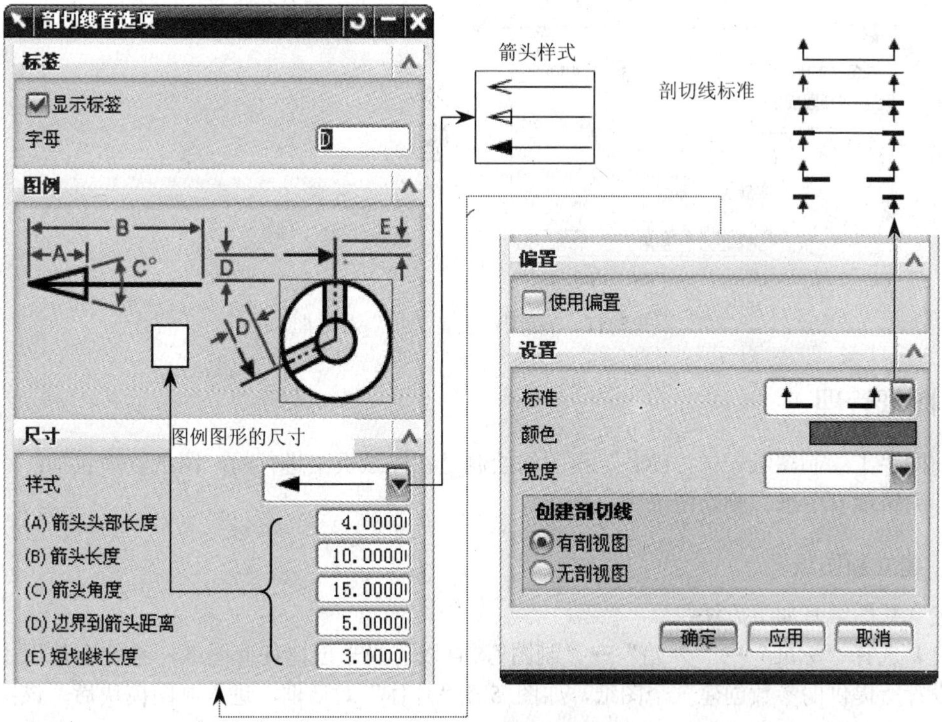

图 5-10 “剖切线首选项”对话框

5.2.4　视图标签首选项

在剖视图、局部剖视图等中，要标注视图标签和比例。“视图标签首选项”可控制视图标签的显示及视图比例标签。

在“制图首选项”工具条→“视图标签首选项”，或“首选项”菜单→“视图标签”，弹出“视图标签首选项”对话框，如图 5-11 所示。

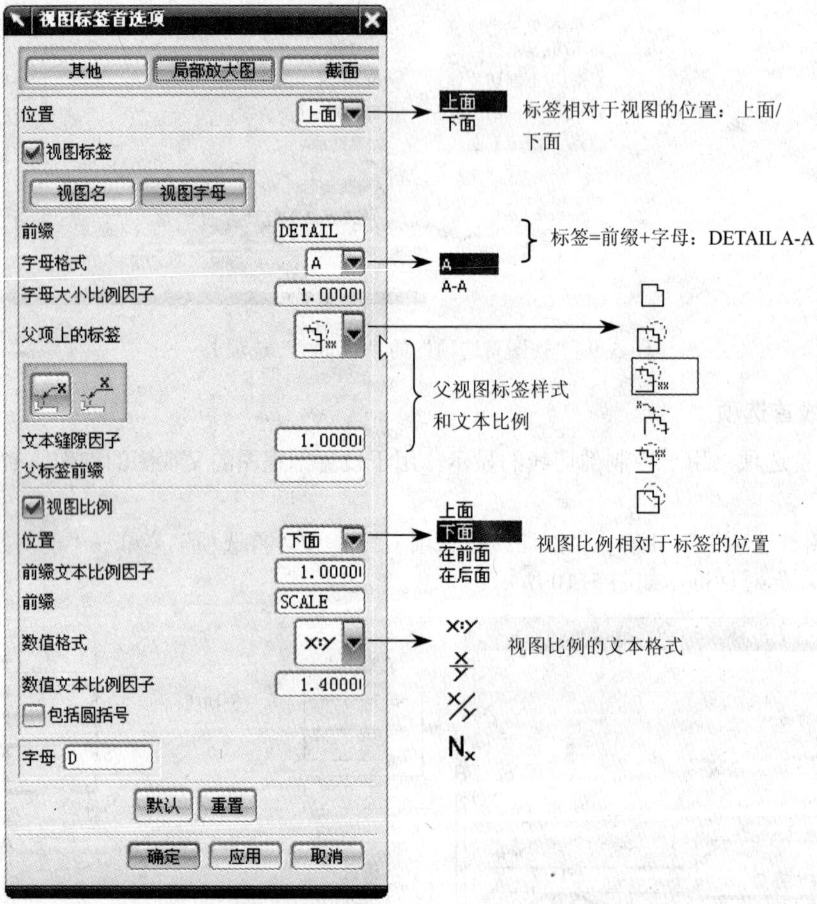

图 5-11 “视图标签首选项”对话框

5.3　图纸管理

如同手工绘制图纸一样，UG 工程图的绘制是在图纸页上进行的。图纸管理包括：建立新图纸、编辑现有图纸、删除图纸等。

5.3.1　建立新图纸

建立新图纸有如下方法：

（1）选择“标准”→“开始”→“制图”，且以前尚未创建任何图纸，系统会使用由用户默认设置所提供的参数创建一个图纸，如图 5-1“片体”对话框，进入制图模块后，该图纸将成为工作视图；

（2）在制图模块，选择“图纸”工具条→“建立图纸页”，弹出图 5-1“片体”对话框；

（3）选择“插入”菜单→“图纸页”。

5.3.2　打开图纸页

当有多张图纸，需要编辑某一张图纸时，选择“图纸”工具条→“打开图纸页”，弹出“打开图纸页”对话框，如图 5-12 所示。

图 5-12　“打开图纸页”对话框

5.3.3　编辑现有图纸

在制图中若要重新定义现有图纸的参数，如名称、图纸大小、比例等，要调用图 5-1“片体”对话框，有以下方法：

（1）选择“编辑”菜单→“图纸页”，弹出图 5-1“片体”对话框；

（2）在图纸边框右键菜单→“编辑图纸页”，弹出图 5-1“片体”对话框。

5.3.4　删除图纸

选择活动图纸的边框，选择“编辑”菜单→“删除”。

5.4　生成常规视图

生成图纸页后，就可以在其上进行视图的投影。创建的视图包括基本视图、正交视图、辅助视图、局部放大图、剖视图等等，这些视图工具以及对视图的管理功能都集成在“图纸”工具条上，如图 5-13 所示。

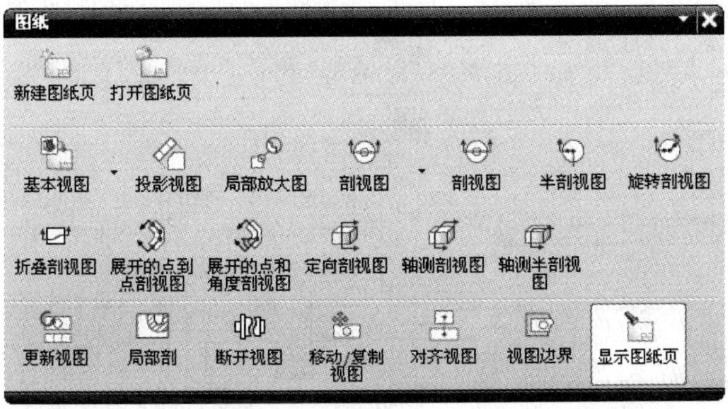

图 5-13　“图纸”工具条

5.4.1　基本视图

基本视图是由建模视图导入的，一般用于生成图纸的第一个视图。可以在一张图纸上创建一个或多个基本视图。基本视图可以是独立的视图，也可是其他图纸类型（如剖视图）的父视图。

5.4.1.1　“基本视图”对话框

使用以下任一方法创建“基本视图”：

（1）在“图纸”工具条中单击“基本视图”；

（2）当显示图纸页时，选择“插入”→“视图”→“基本视图”；

（3）在选定了图纸页后，MB3 键单击并选择“添加基本视图”；

（4）选定了图纸后，在图纸节点（部件导航器）中 MB3 键单击并选择“添加基本视图”，弹出“基本视图”对话框，如图 5-14 所示。

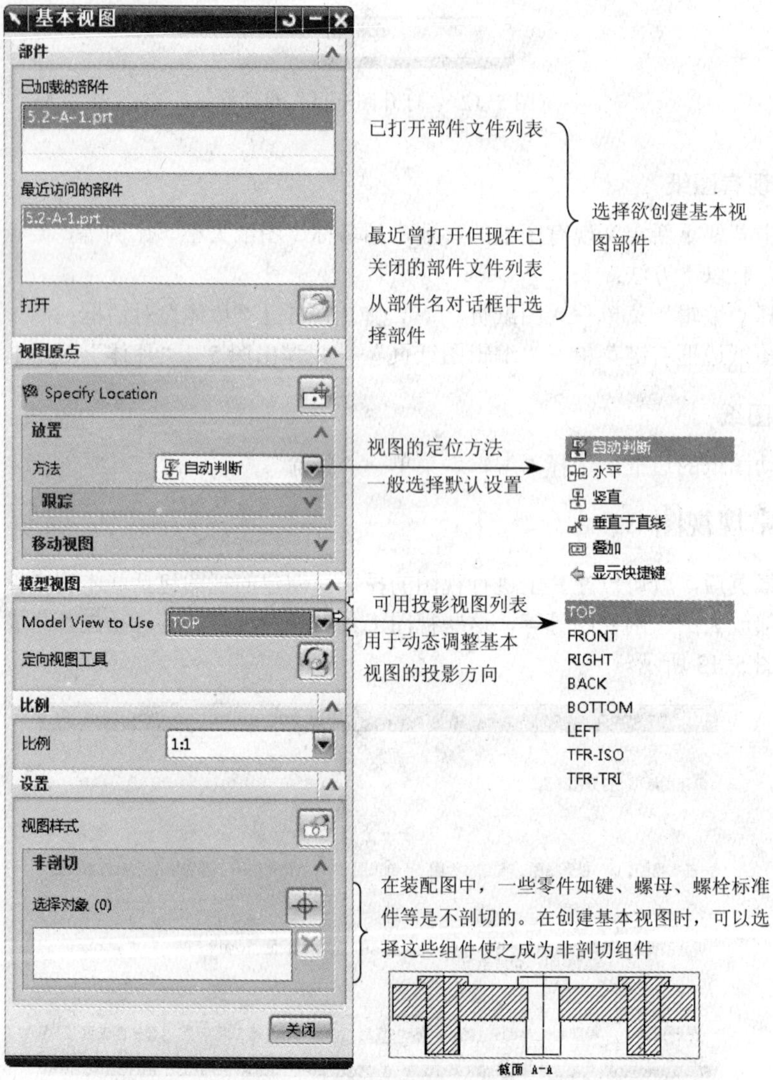

图 5-14　“基本视图”对话框

“定向视图工具”用于动态设置基本视图投影方向，在“基本视图”对话框→“定向视图工具”，弹出“定向视图工具”对话框，并显示“定向视图”窗口，如图 5-15 所示。

（1）确定视图法向。视图的法向垂直于视图平面

（2）确定视图水平方向。X 方向就是视图的水平方向

法向和 X 向选择矢量方法：
1. 用“矢量”工具；
2. 从矢量列表选择；
3. 根据“定向视图”窗口选择的对象

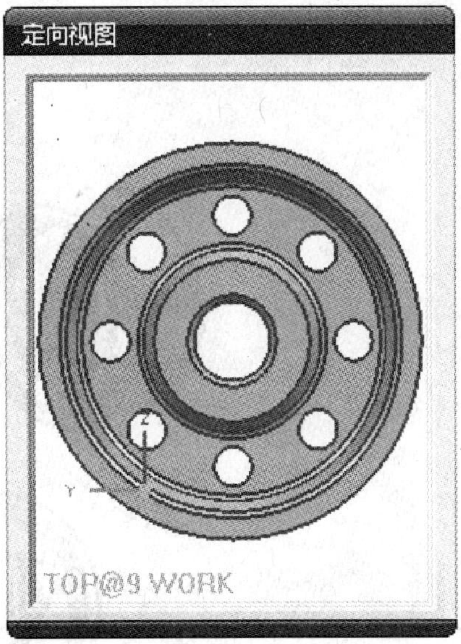

（a）　　　　　　　　　　　　　　　　　　　　（b）

方法 1：用矢量定位
①确定视图的法向矢量
②确定视图的水平矢量
③单击“确定”、或单击 MB2 完成

方法 2：用动态旋转定位
①在“定向视图”预览窗口中按住 MB2 键的同时，拖动光标以定向视图
②在合适的方向，释放鼠标中键
③单击“确定”或单击 MB2 完成

图 5-15　“定向视图工具”对话框和“定向视图”窗口
（a）“定向视图工具”对话框；（b）“定向视图”预览窗口

操作提示：视图的法向垂直于视图平面，也就是垂直于屏幕平面指向操作者；而视图水平方向就是屏幕水平的方向，二者是相互垂直的，在定位的时候应注意。

5.4.1.2　创建“基本视图”操作示例

生成行走轮基本视图的操作步骤如下（参见图 5-16）：

① 打开行走轮文件 5.4.1-A-1.prt，系统自动设它为工作组件；

② 在“标准”→“开始”→“制图”进入制图模块；

③ 在“图纸”→“新建图纸页”，建立一个新图纸页；

④ 在“图纸”→“基本视图”，弹出“基本视图”对话框，并在图纸页预览，设置合适的比例。如果投影方向符合要求，单击 MB1 放置基本视图；

⑤ 在“基本视图”→“定位视图工具”，弹出“定向视图工具”对话框，并显示“定向视图”窗口；

⑥ 在“定向视图工具”对话框，激活“法向-指定矢量”选项；

⑥ A 在“定向视图”窗口，拖动 MB2 键旋转组件观察方位后，选择轮毂端面；

⑦ 单击 MB2，完成视图定向返回；

⑧ 在图纸页移动光标至合适位置，单击 MB1 放置基本视图；

⑨ 系统自动进入投影状态，按 ESC 键退出。

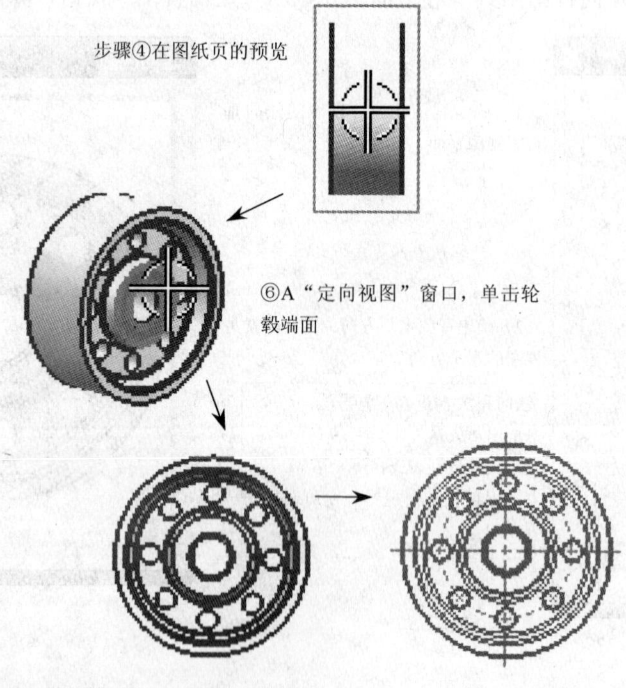

图 5-16　生成行走轮基本视图的操作示例

操作提示：（1）生成基本视图时，通常使用“模型视图”列表中已经存在的视图进行投影，这样可简化操作，只有当列表中的视图不符合设计意图时，才使用“定位视图工具”对视图进行定位；（2）若对爆炸视图生成基本视图，应选择“模型视图”列表中选择“正二侧视图”，即 TFR-TRI。

5.4.2　投影视图

投影视图是根据现有的视图（称为父视图）和一定的方向投影生成的视图，可以生成正交投影视图（处于父视图中心逆时针方向上在 0°、90°、180°、270°投影通道里的视图）和辅助视图。

在生成基本视图之后，系统会立即转至投影视图模式，也可以通过“图纸”→“投影视图”进入。

5.4.2.1　铰链线和投影矢量

铰链线是生成投影视图的参考，投影矢量是与铰链线垂直的矢量，并可以反转矢量方向来改变投影的方向，如图 5-17 所示。可以理解为：父视图垂直的投影到铰链线，而投影的方向是由投影矢量决定的。

5.4.2.2　生成正交投影视图

生成正交投影视图的操作示例如图 5-18 所示。

操作提示：在步骤④A 定位时，可使用 MB3 里的快捷菜单里的选项，对视图作进一步的设置。其他的视图生成都可有类似操作。

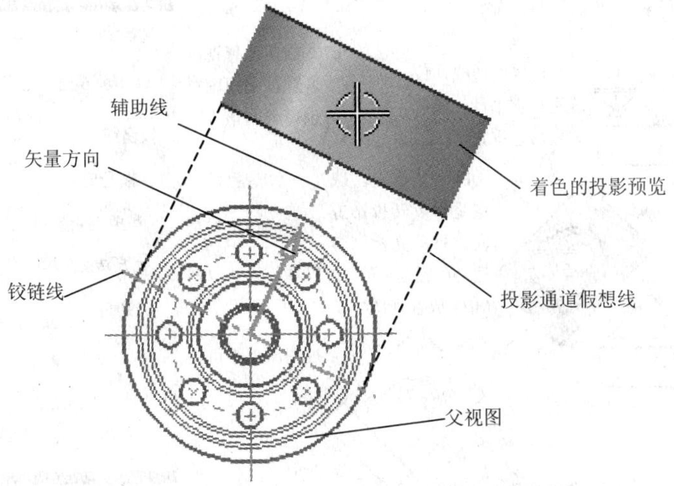

图 5-17 铰链线和投影矢量

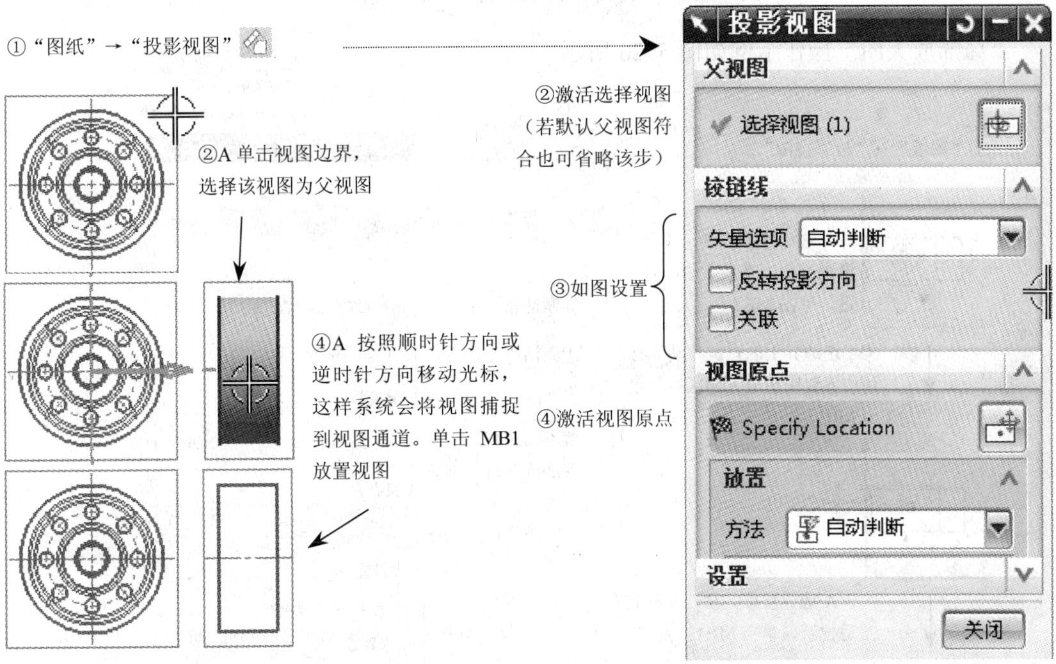

图 5-18 生成正交投影视图的操作示例

5.4.2.3 “投影视图”生成辅助视图

“投影视图”生成辅助视图的操作示例如图 5-19 所示。

5.4.3 局部放大图

当视图中局部特征太小，无法清晰表示其结构时，需要进行局部放大。“局部放大图”功能就是对用圆形、矩形或用户定义的曲线边界所围成的区域进行局部放大，并创建局部放大图。

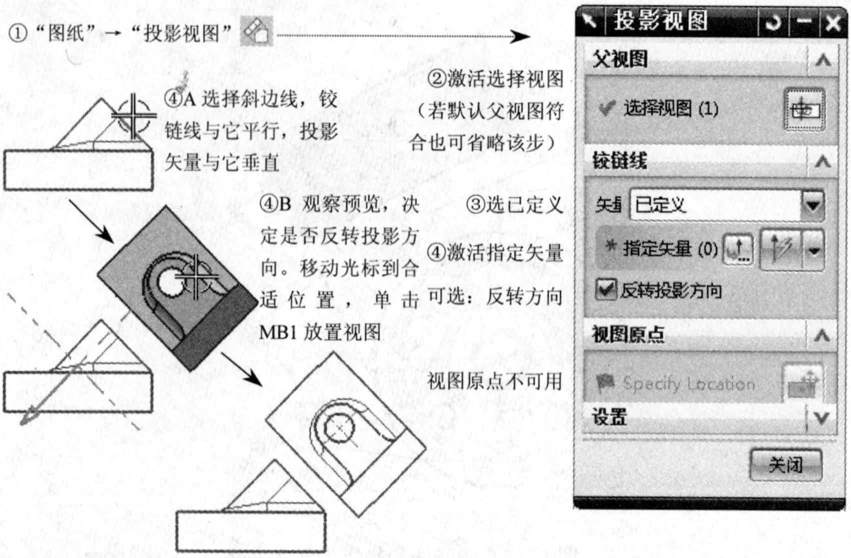

图 5-19 "投影视图"生成辅助视图的操作示例

"局部放大图"操作示例如图 5-20 所示。

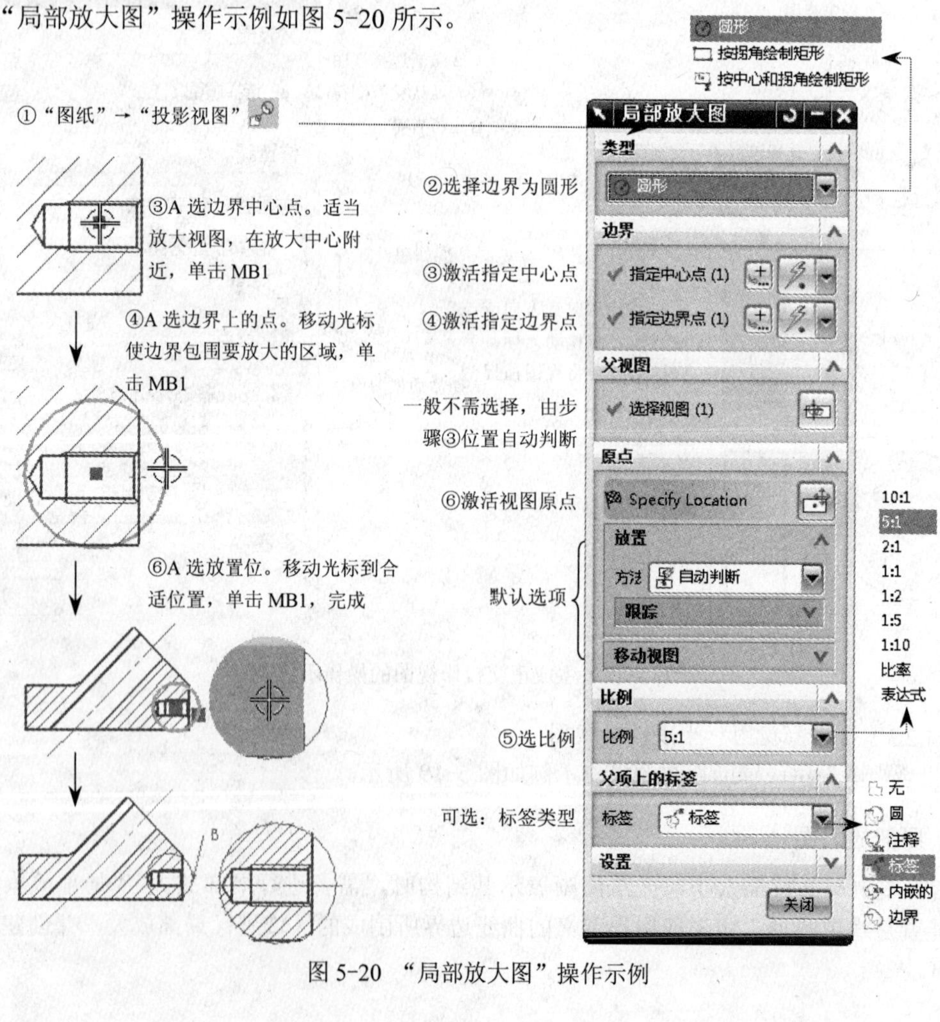

图 5-20 "局部放大图"操作示例

5.5 剖视图

NX 版本提供了丰富的剖视图功能，它包括：全剖视图、半剖视图、旋转剖视图、折叠剖视图、局部剖视图、展开剖视图、断开剖视图。

NX 的各种剖视图的操作主要过程基本相同，有关剖视图的选项以“剖视图”对话框为例加以介绍，如图 5-21 所示。

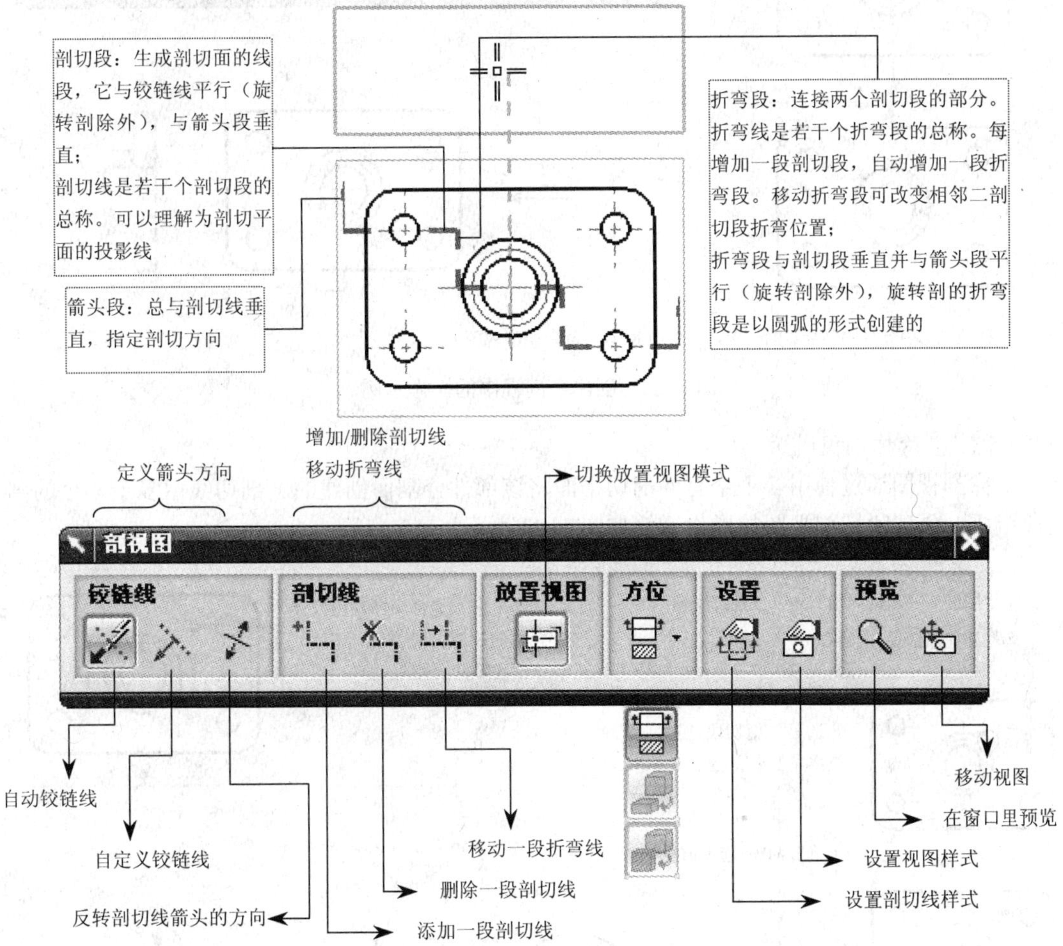

图 5-21 剖视图常用选项图解

操作提示：若父视图是装配图，还有如下选项：隐藏组件、显示组件、非剖切组件、剖切组件；在放置视图模式时，这些选项都集成在 MB3 键快捷菜单上，使用也更方便。

5.5.1 全剖/阶梯剖视图

5.5.1.1 全剖视图

全剖视图是通过使用单个剖切平面将该部件分割而创建的。剖切线只有一个剖切段，创建全剖视图的操作示例如图 5-22 所示。

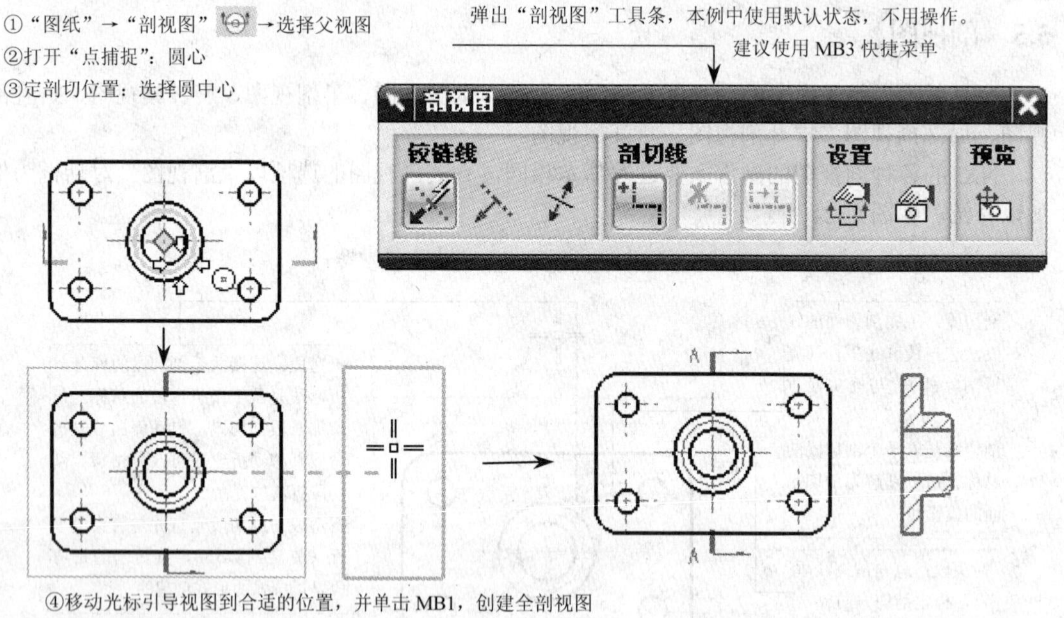

图 5-22　创建全剖视图的操作示例

5.5.1.2　阶梯剖视图

阶梯剖视图通过使用若干个有界剖切平面将该部件分割而创建的。剖切线由多于一个的剖切段组成，创建阶梯剖视图的操作示例如图 5-23 所示。

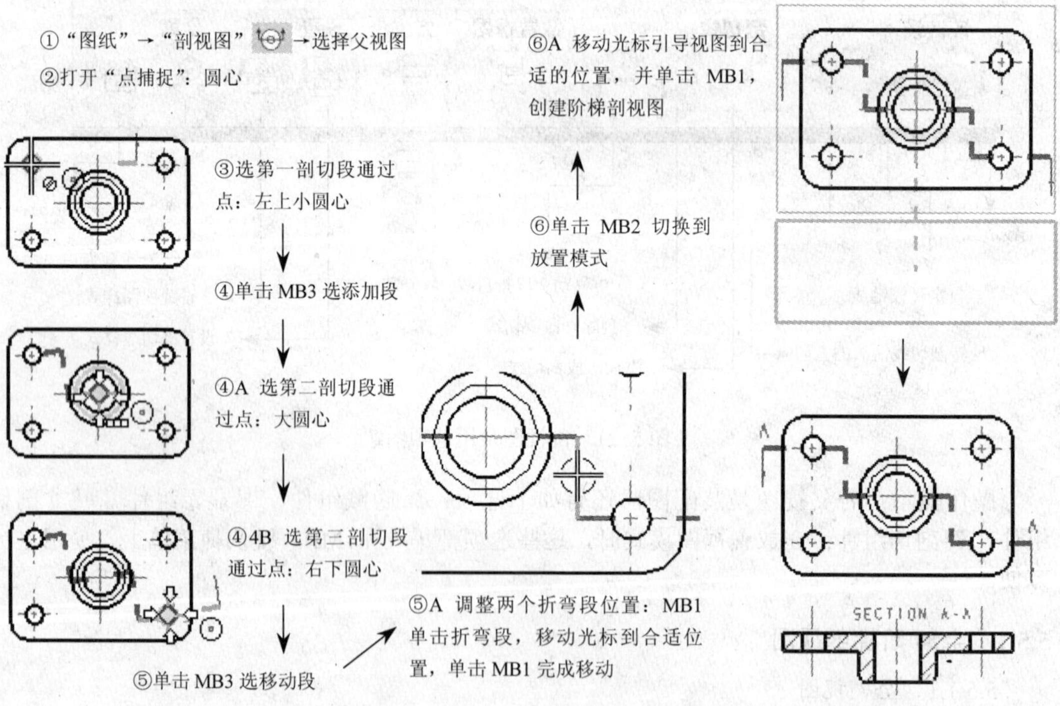

图 5-23　创建阶梯剖视图的操作示例

操作提示：（1）移动段选项不仅可以移动折弯段，也可以移动剖切段和箭头段；（2）本例中选项的操作全部为 MB3 键快捷菜单，可以加快绘制速度。

5.5.2 半剖视图

半剖视图用于对称零件，部件的一半被剖切，另一半未被剖切。剖切线的折弯位置点应选在零件的对称线上。操作示例如图 5-24 所示。

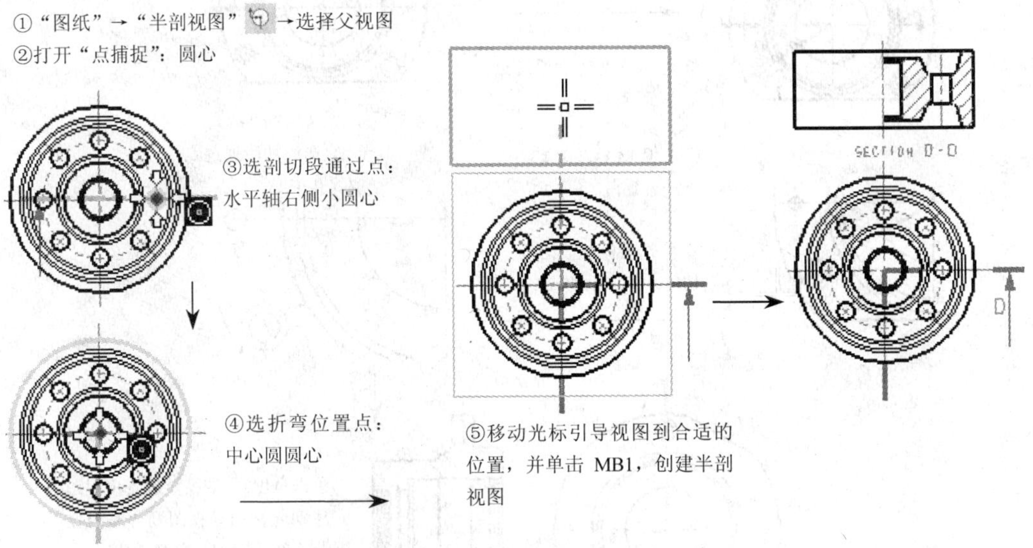

图 5-24 创建半剖视图的操作示例

5.5.3 旋转剖视图

旋转剖视图可以有两个或多个剖切段，连接剖切段的折弯段是圆弧，这与剖视图不同。若只有两个剖切段则生成旋转剖视图，多于两个剖切段则生成阶梯剖视图，剖切线都绕一个旋转中心旋转，并且所有的剖切面展开在一个公共面上。

阶梯旋转剖视图操作示例如图 5-25 所示。

操作提示：跳过步骤⑥～⑦，可生成旋转剖视图。

5.5.4 折叠剖视图、展开剖视图

折叠剖视图、展开的点到点剖视图、展开的线段和角度剖视图都是创建展开到一个平面上的剖视图。

5.5.4.1 折叠剖视图

折叠剖视图由多个无折弯段的连续的剖切段剖切父视图，并将它们开展到一个平面上。其操作示例如图 5-26 所示。

5.5.4.2 创建展开的点到点剖视图

“展开的点到点剖视图”与折叠剖视图相似，是由多个无折弯段的连续的剖切段剖切父视图，并将它们开展到一个平面上。用“点”构造器来选择剖切线每个旋转点的位置，在选择了每个旋转点的位置之后，移动光标时，线会以橡皮筋式拖动，软件将连接旋转点以创建剖切线的剖切段。

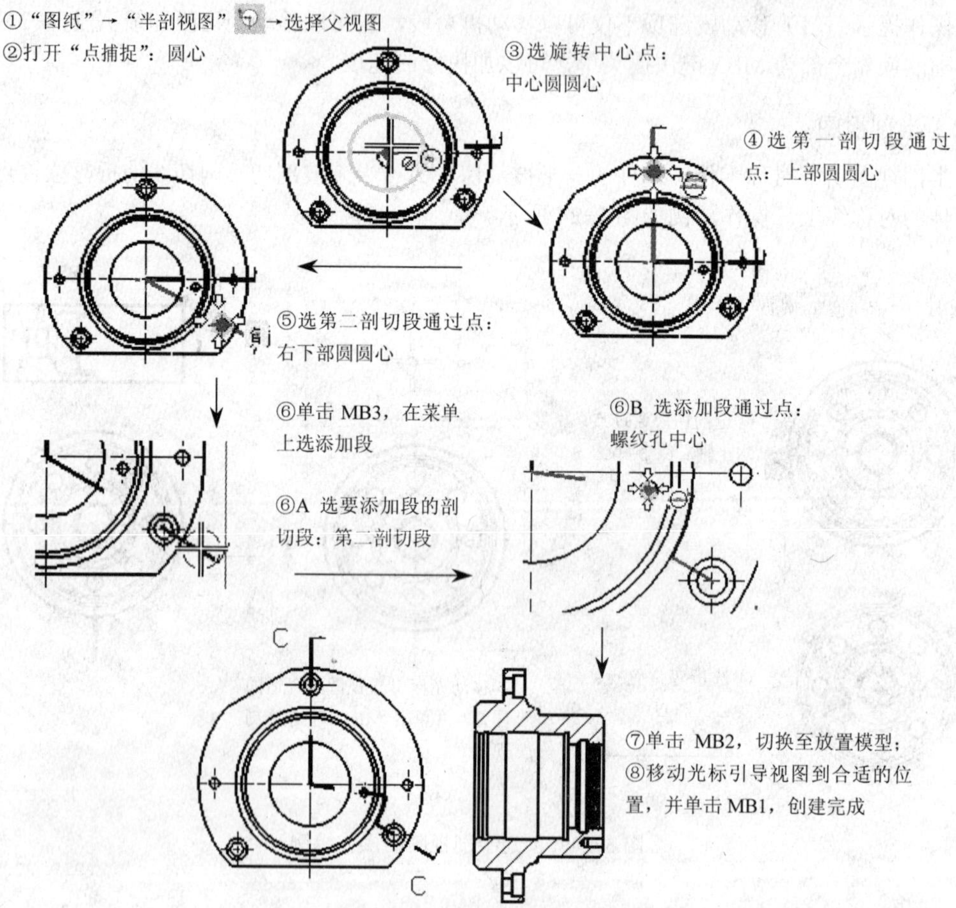

图 5-25　创建阶梯旋转剖视图的操作示例

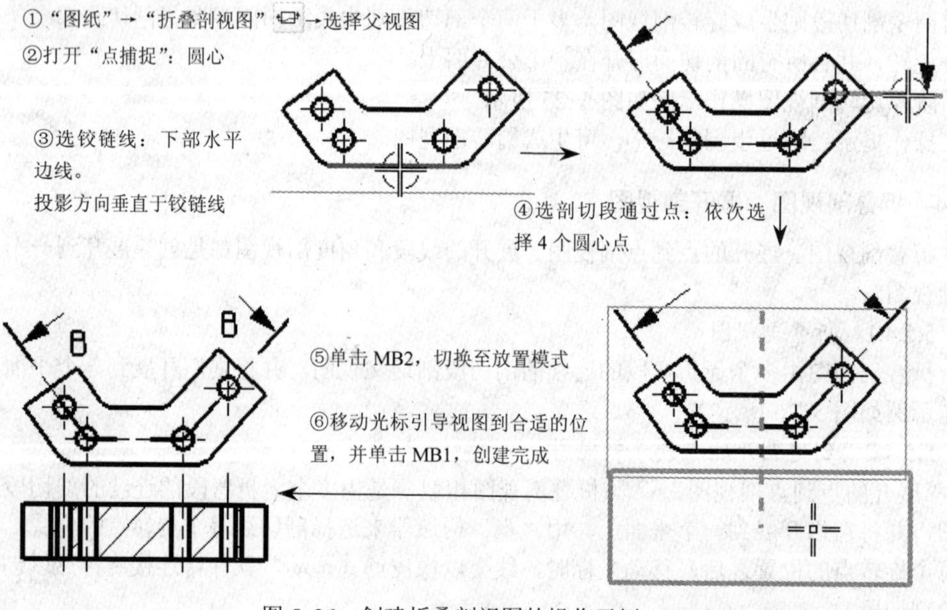

图 5-26　创建折叠剖视图的操作示例

操作方法参见折叠剖视图。

5.5.4.3 创建展开的线段和角度剖视图

创建“展开的线段和角度剖视图”是由一点和一个角度定义剖切段位置，且相邻剖切段的交点为折弯点的剖切线来剖切的视图。如图5-27所示。

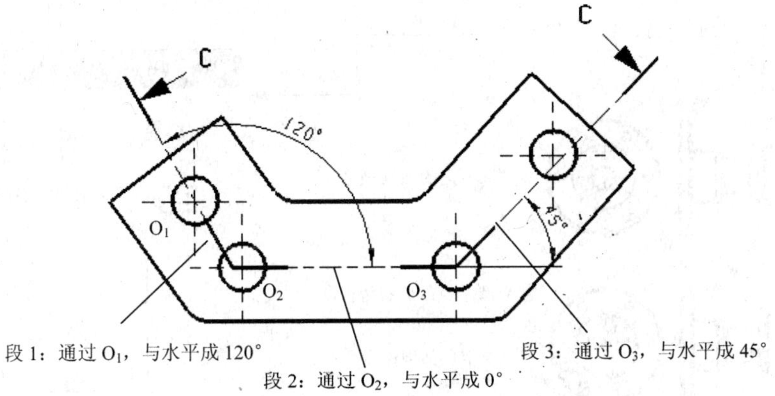

图5-27 “展开的线段和角度剖视图”的剖切线

5.5.5 局部剖视图

局部剖是通过移除部件的局部区域体积来查看部件内部的。该区域的截面由封闭的局部剖曲线来定义，拉伸局部剖曲线并作求差运算移除拉伸的体积。局部剖有正交视图和轴测图两种。

局部剖不生成新的视图，而是在原视图中进行剖切。操作中应注意以下几点：

（1）局部剖曲线：在进行局部剖前应首先绘制局部剖曲线，其方法是选择要局部剖的视图边界→单击 MB3→在菜单中选“扩展成员视图”→用“曲线”工具条上的命令创建一个封闭的局部剖曲线→单击MB3→在菜单中选“扩展成员视图”；

（2）局部剖的基点：是局部剖曲线（闭环）沿着拉伸矢量方向扫掠的参考点，可以认为是拉伸的起始点，基点要在另一个与要局部剖的视图有投影关系的视图里定义，它决定局部剖的深度；

（3）拉伸矢量：是剖切视图的法向，在要剖切的视图中观察，该矢量应指向操作者。

5.5.5.1 正交视图的局部剖

创建正交视图的局部剖操作示例如图5-28所示。

5.5.5.2 轴测视图的局部剖

创建轴测视图的局部剖操作示例如图5-29所示。

在示例中局部剖曲线是在模型中绘制的曲线并把它转换成视图对象中的曲线。该操作过程如下：

（1）通过“编辑”菜单→“视图”→“视图相关编辑”，调用“视图相关编辑”对话框；

（2）选择要使对象在其中成为视图相关对象的视图，本例为轴测图；

（3）单击“模型转换到视图”，使用“类选择”选择要转换的对象，本例为矩形的4条边线；

（4）单击“确定”或按鼠标中键，选择的对象将转换为视图相关对象。

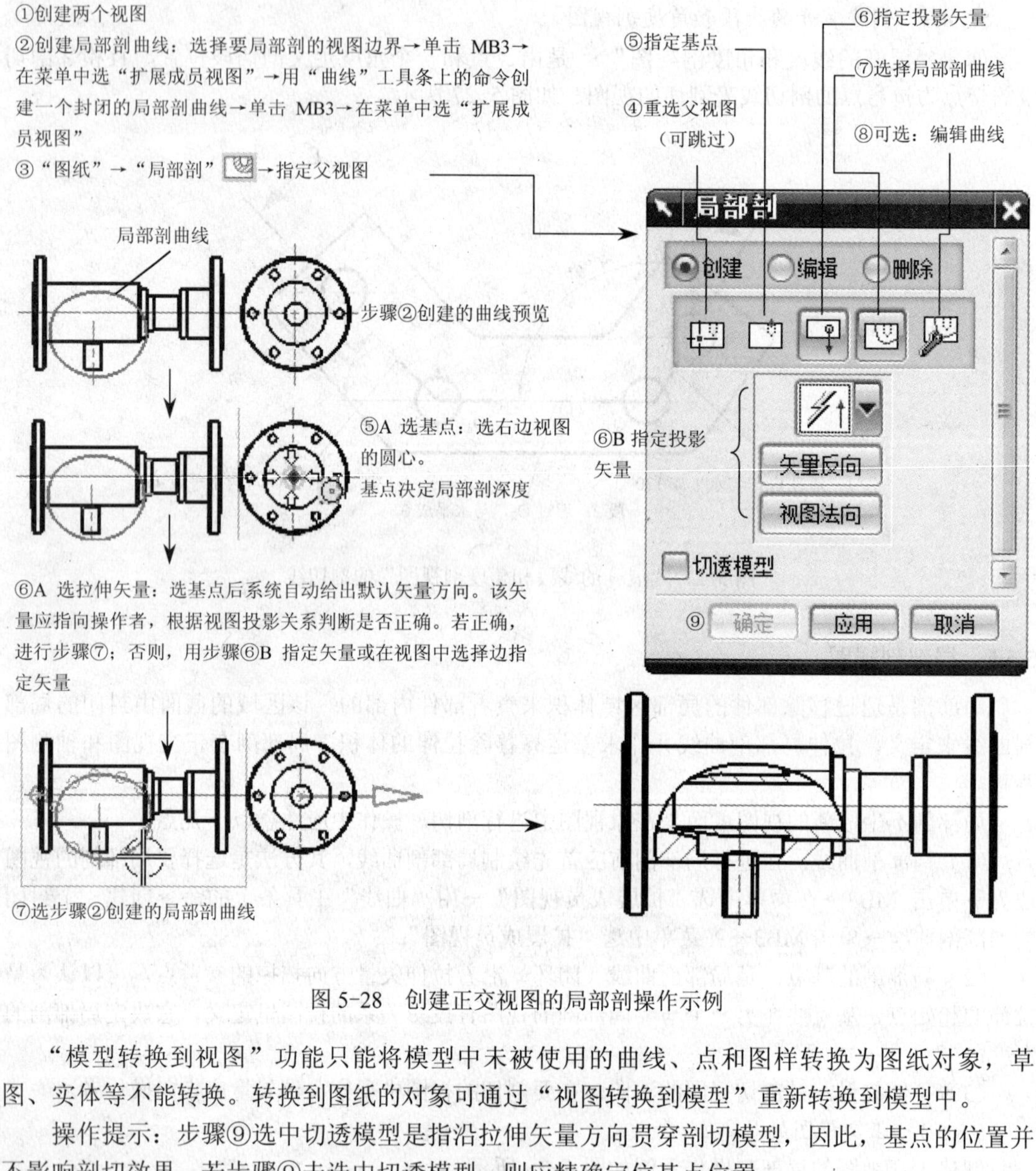

图 5-28　创建正交视图的局部剖操作示例

“模型转换到视图”功能只能将模型中未被使用的曲线、点和图样转换为图纸对象，草图、实体等不能转换。转换到图纸的对象可通过“视图转换到模型”重新转换到模型中。

操作提示：步骤⑨选中切透模型是指沿拉伸矢量方向贯穿剖切模型，因此，基点的位置并不影响剖切效果。若步骤⑨未选中切透模型，则应精确定位基点位置。

5.5.6　断开视图

“断开视图”是通过定义的多个边界来移除一部分图形的，只保留一部分必要的视图。对于细长的零件，在不影响图形表达完整的情况下，可移除部分图形，以节省图纸和视图美观。

创建断开视图使用两个曲线围成的封闭的区域来定义边界，区域内的图形被保留。其操作示例如图 5-30 所示。

操作提示：在定义边界点时，可设置“点捕捉”方式为“点在曲线上”。

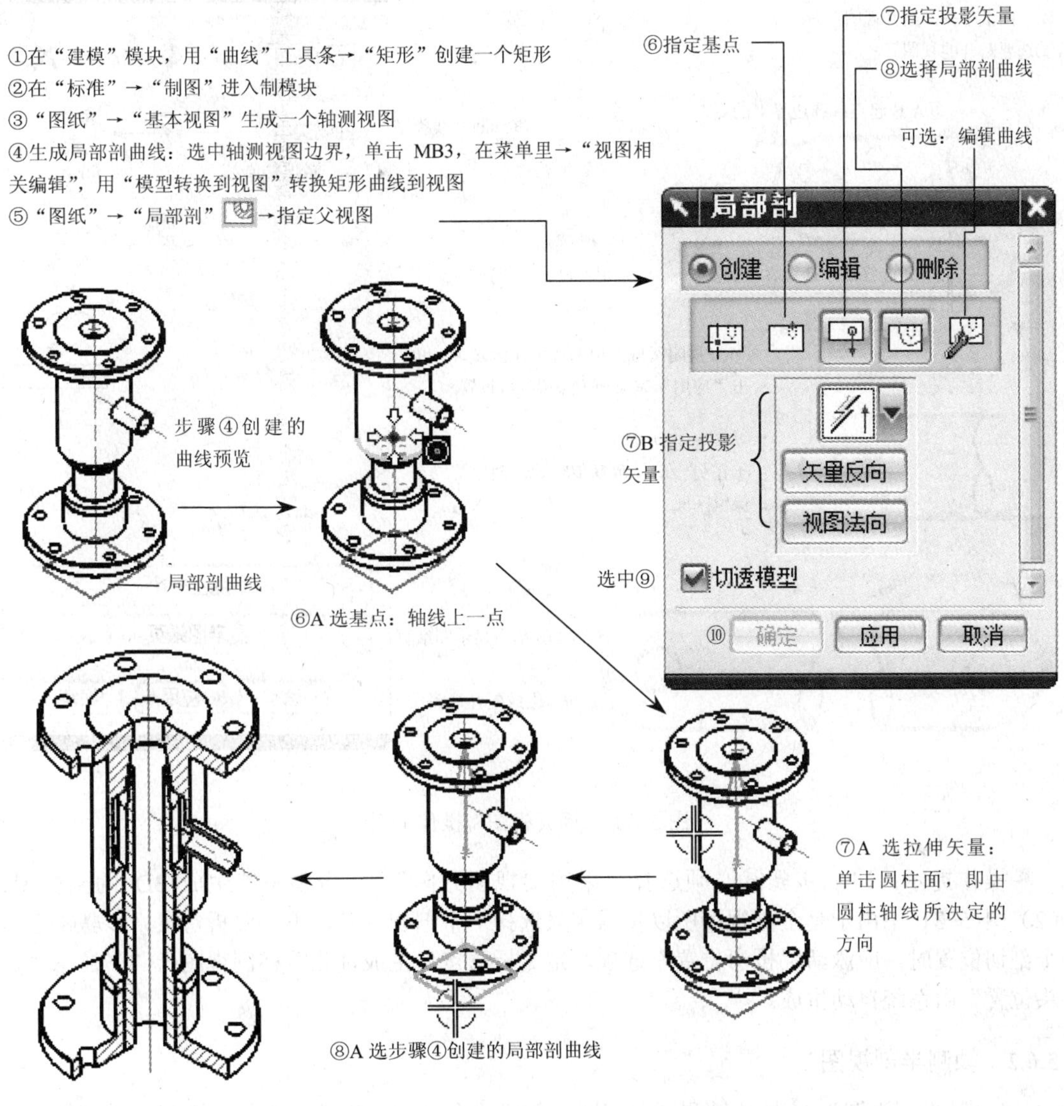

图 5-29 创建轴测视图的局部剖操作示例

5.6 轴测剖视图

与前面讲的 2D 剖视图不同，轴测剖视图可对 3D 视图进行剖切，生成 2D 或 3D 剖视图。

5.6.1 轴测剖视图

“轴测剖视图”是从轴测图父视图中创建全剖或阶梯剖生成的视图。只有一条剖切线生成全剖视图，多于一条剖切线生成阶梯剖视图。

图 5-31 所示的示例是从对称面全剖零件。

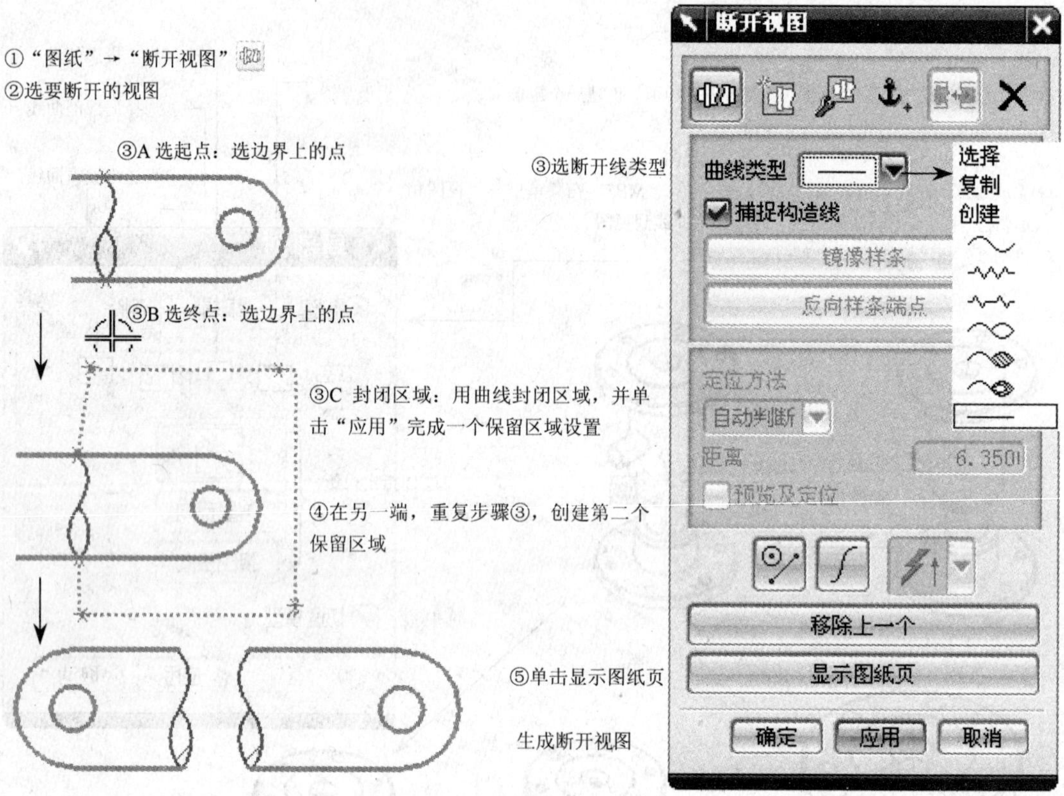

图 5-30 "断开视图"操作示例

操作提示：（1）步骤⑥必须选择"采用父视图方向"，否则不能生成 3D 的剖视图；（2）图 5-31 中由于是全剖视图所以步骤④只选择一个剖切位置，不需要折弯段；步骤④选多个剖切位置时，应激活"折弯位置"选项，定义折弯点，生成轴测阶梯剖视图；（3）通常"箭头位置"由系统自动生成。

5.6.2　轴测半剖视图

"轴测半剖视图"是从轴测图父视图中创建一个半剖，它的操作与轴测剖视图相似，它只有一个剖切段、一个折弯段和一个箭头段（一般由系统自动生成）。轴测半剖视图如图 5-32 所示。

5.6.3　定向剖视图

"定向剖视图"命令可创建 3D 或 2D 模式的剖切，两种模式的剖切均生成 2D 剖视图。3D 剖切线显示与简单 2D 剖切线相似，但它是基于正交的和切向矢量（派生自曲线上的点）的 3D 剖切。

"定向剖视图"操作示例如图 5-33 所示。

5.7　视图管理

视图生成后，需要进一步调整视图位置、删除视图、剖切位置微调等工作。

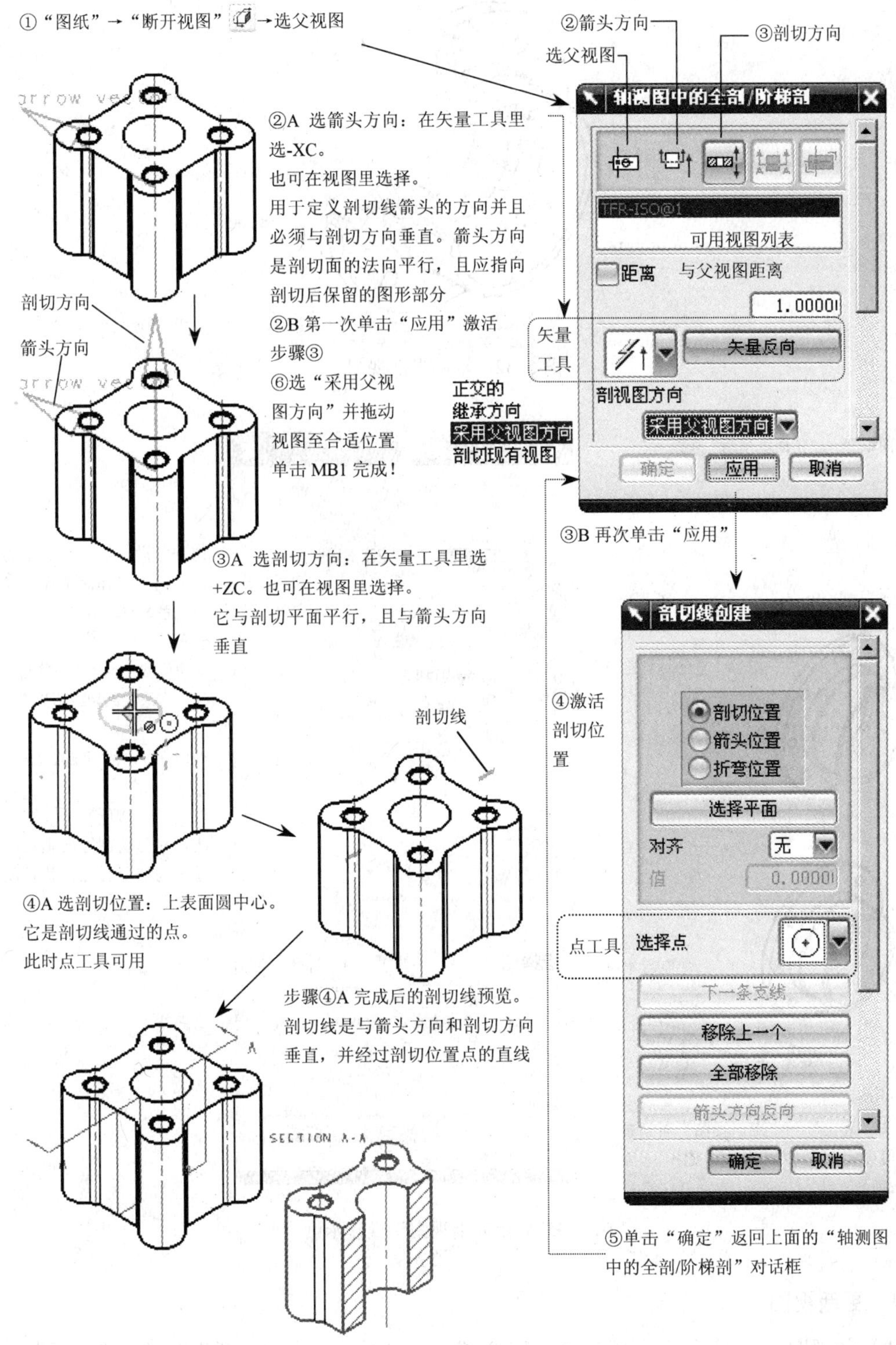

图 5-31　轴测全剖视图操作示例

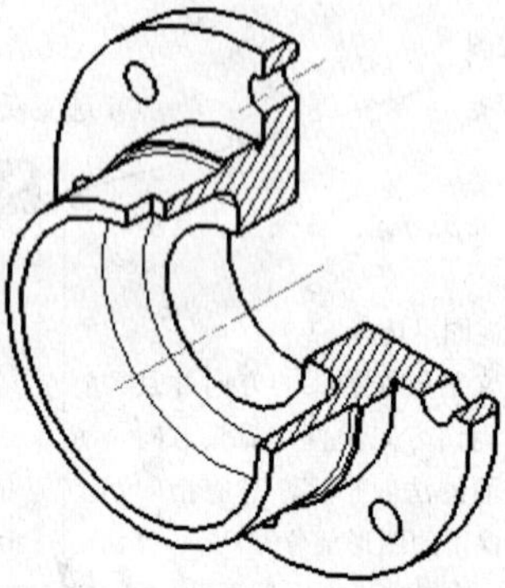

图 5-32　轴测半剖视图

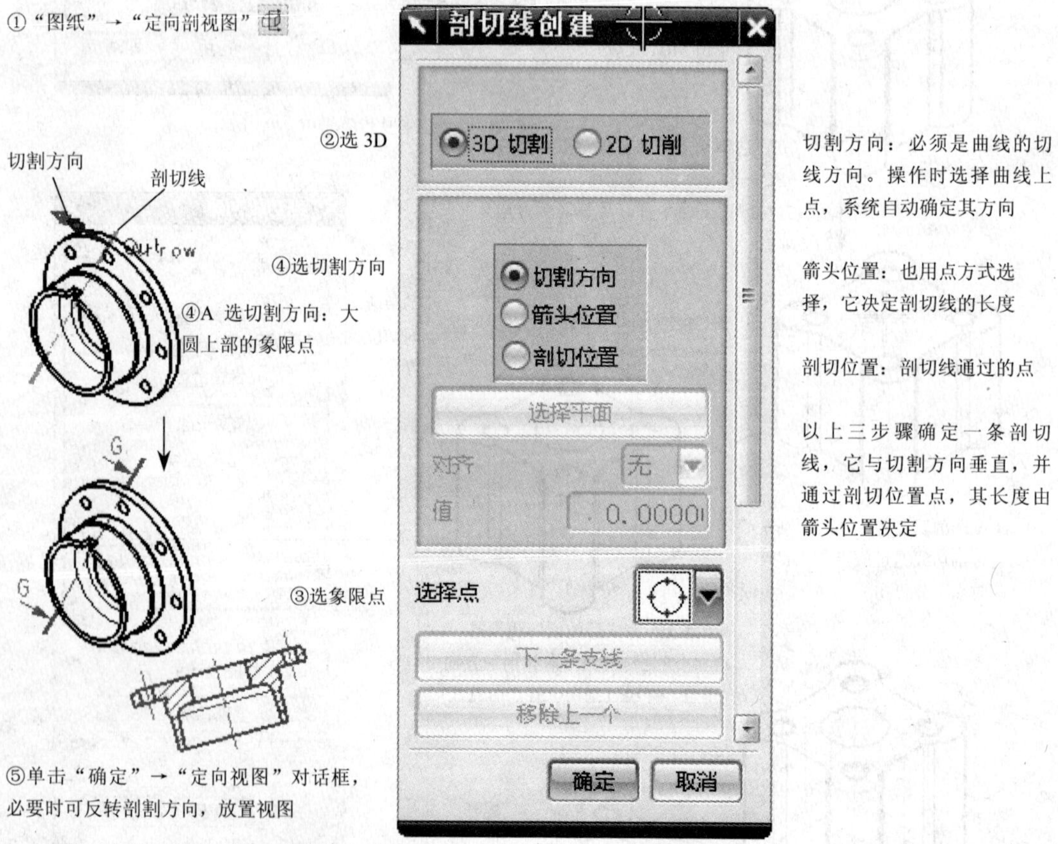

图 5-33　“定向剖视图”操作示例

5.7.1　更新视图

“更新视图”是手工更新选定的图纸视图，以便反映在上次更新视图以来模型所发生的更改。

当启用“延迟视图更新”选项（位于“首选项”→“制图”中）时会提高系统性能，但由于实体模型更改或可见性更改，或者关联视图方向、关联视图锚点、关联视图边界曲线、关联铰链线或追踪线发生任何更改，图纸都不会自动更新，而处于“过时”状态，需要进行更新。

从“编辑”→“视图”→“更新视图”，调用“更新视图”对话框，如图 5-34 所示；或在图纸/视图边界右键菜单选“更新”对特定视图进行更新。

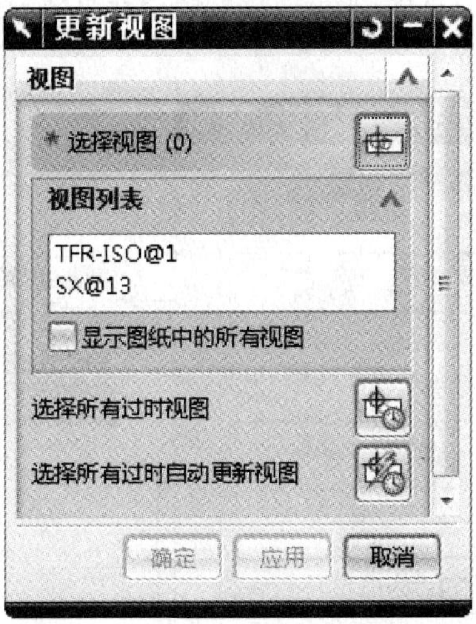

图 5-34 “更新视图”对话框

5.7.2 对齐视图

“对齐视图”可对齐图纸上现有的图纸视图。可通过对齐叠加、水平、竖直、垂直于直线，以及自动判断方法来对齐视图。

在图纸页，拖动视图边界可移动视图，可自动捕捉视图之间的对齐，如图 5-35 所示。

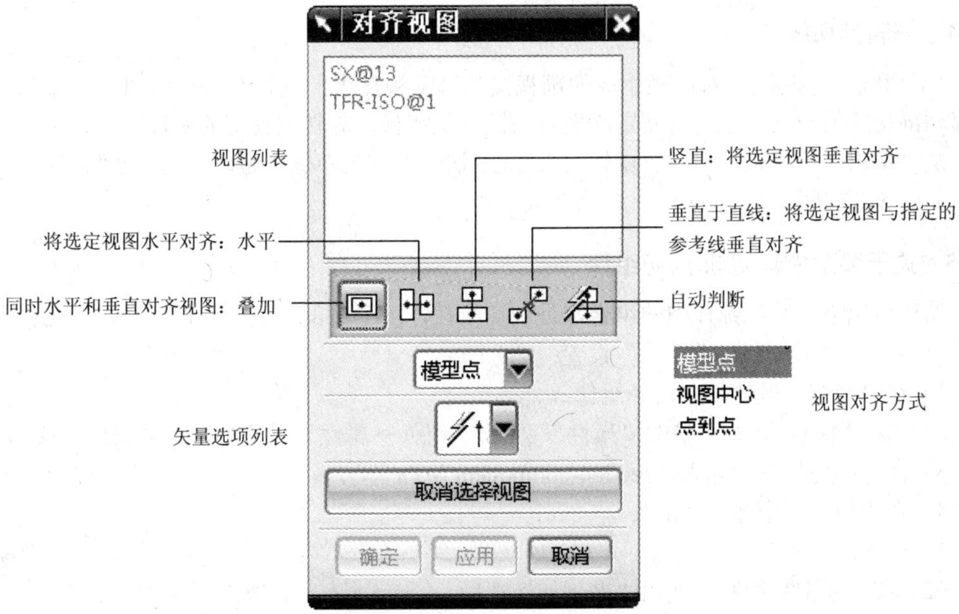

图 5-35 “对齐视图”对话框

5.7.3　视图边界

生成视图后，系统会自动定义一个矩形为视图边界。“视图边界” 用于选择边界的类型或调整其位置来控制视图的大小。

从“编辑”→“视图”→“视图边界”，或视图边界右键菜单选“视图边界”，调用“视图边界”对话框，如图 5-36 所示。

图 5-36 “视图边界”对话框

5.7.4　编辑剖切线

“剖切线” 功能可对已经生成的剖视图的其父视图上的剖切线进行编辑。可添加、删除或移动剖切线的分段，也可重新定义现有的铰链线或移动旋转剖视图的旋转点。

从“编辑”→“视图”→“剖切线”，或剖切线右键菜单选“编辑”，调用“剖切线”对话框，如图 5-37 所示。

5.7.5　关于装配中剖切/非剖切组件

默认情况下，装配部件中的组合都是剖切组件，关于非剖切组件的设置有以下几种方法。

（1）通过“用户自定义属性”设置：

1）在“装配导航器”中选择组件；

2）单击 MB3，选菜单中的“属性”，弹出“组件→属性”对话框，选“属性”选项卡；

3）在“标题”框中输入“section-component”；

4）在“值”框中输入“no”；

5）单击应用或确定。

（2）在生成剖视图时，使用“非剖切”选项。

（3）通过“视图中剖切”功能设置。

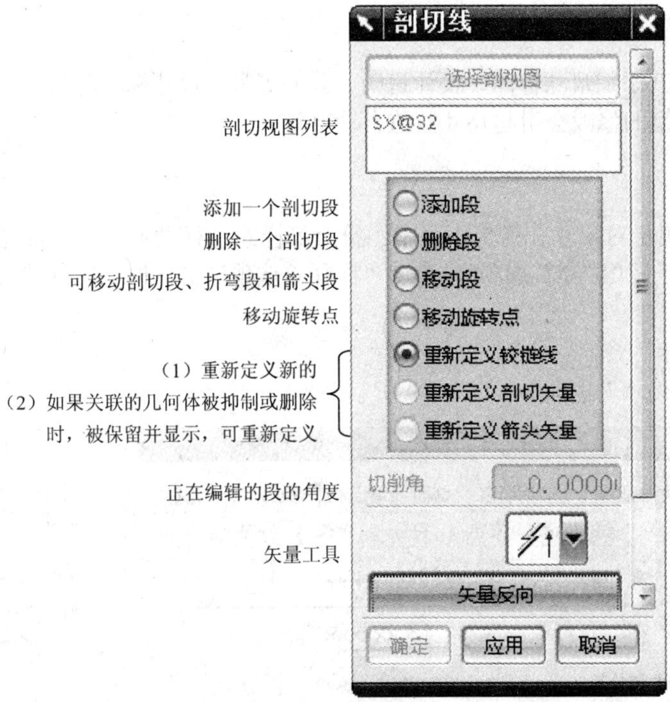

图 5-37 “剖切线”对话框

“视图中剖切”可将剖视图的装配组件或实体编辑为剖切的或非剖切的。从“编辑”→“视图”→“视图中剖切”，弹出“视图中剖切”对话框，如图 5-38 所示。

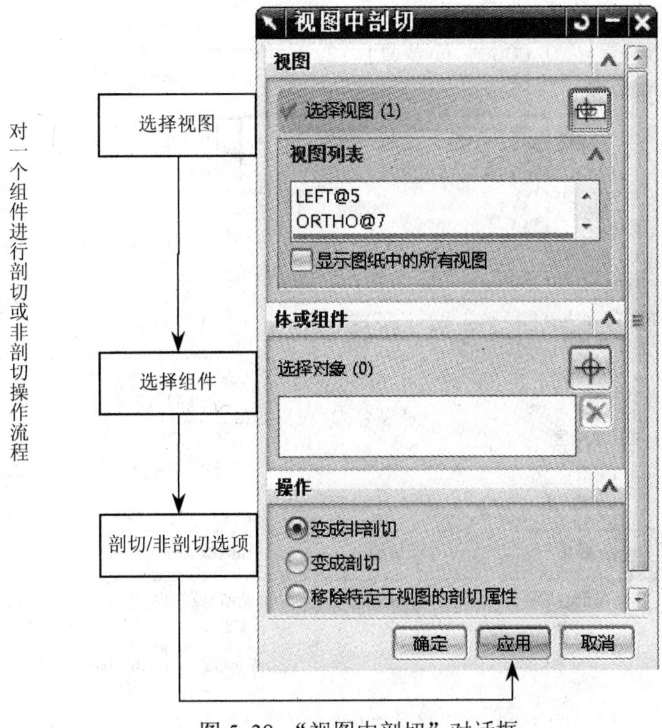

图 5-38 “视图中剖切”对话框

5.8　尺寸标注

生成视图后，应对其添加尺寸标注、设计说明、公差等等。尺寸标注对象与视图相关，与 3D 模型也相关，3D 模型的修改会引起尺寸数值自动更新。

5.8.1　注释首选项

“注释首选项” A 用于对尺寸、箭头、文本、符合等样式进行设置。从“首选项”→“注释”、或“制图首选项”→“注释首选项”，弹出“注释首选项”对话框。仅对常用的选项作简单介绍。

5.8.1.1　尺寸选项卡

“注释首选项”-“尺寸”选项卡如图 5-39 所示。

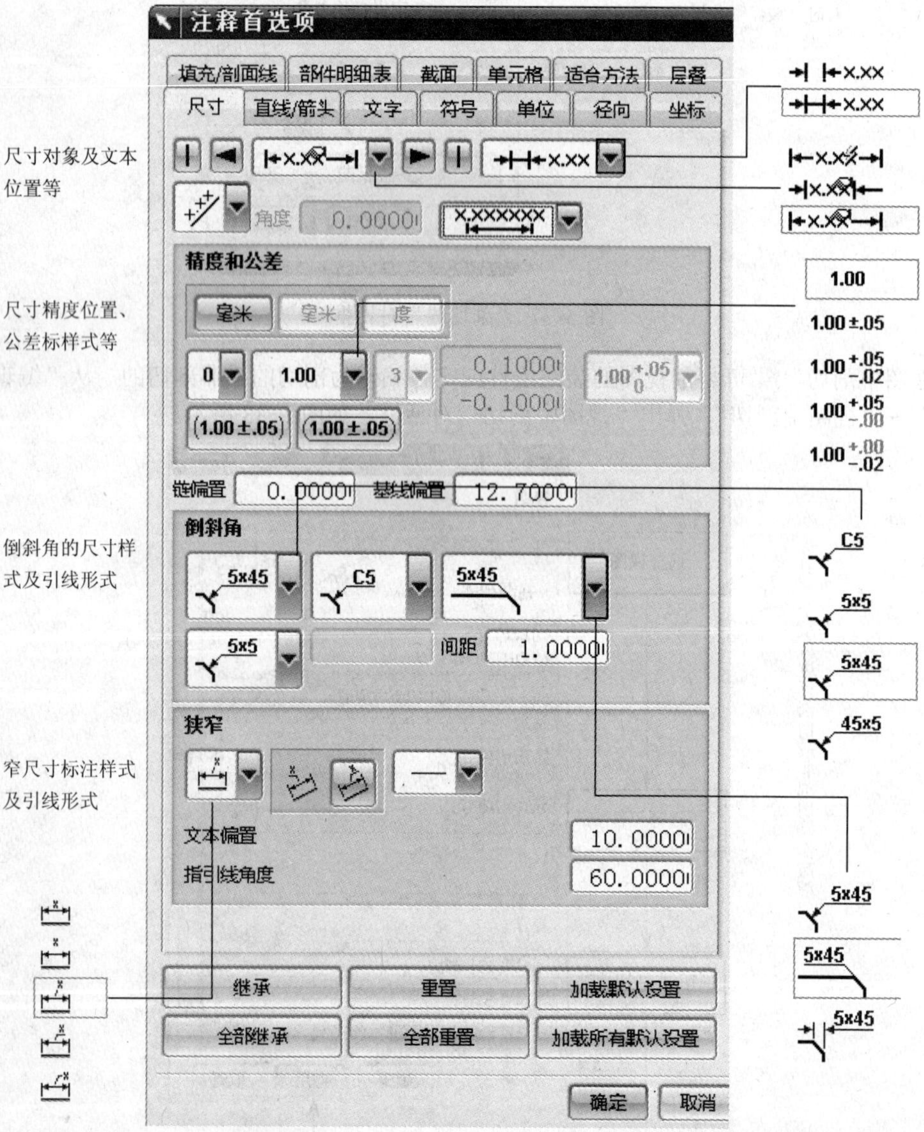

图 5-39　“注释首选项”-“尺寸”选项卡

5.8.1.2 直线/箭头选项卡

“注释首选项”-“直线/箭头”选项卡如图 5-40 所示，用于尺寸及其他注释的指引线、箭头和延伸线等设置。

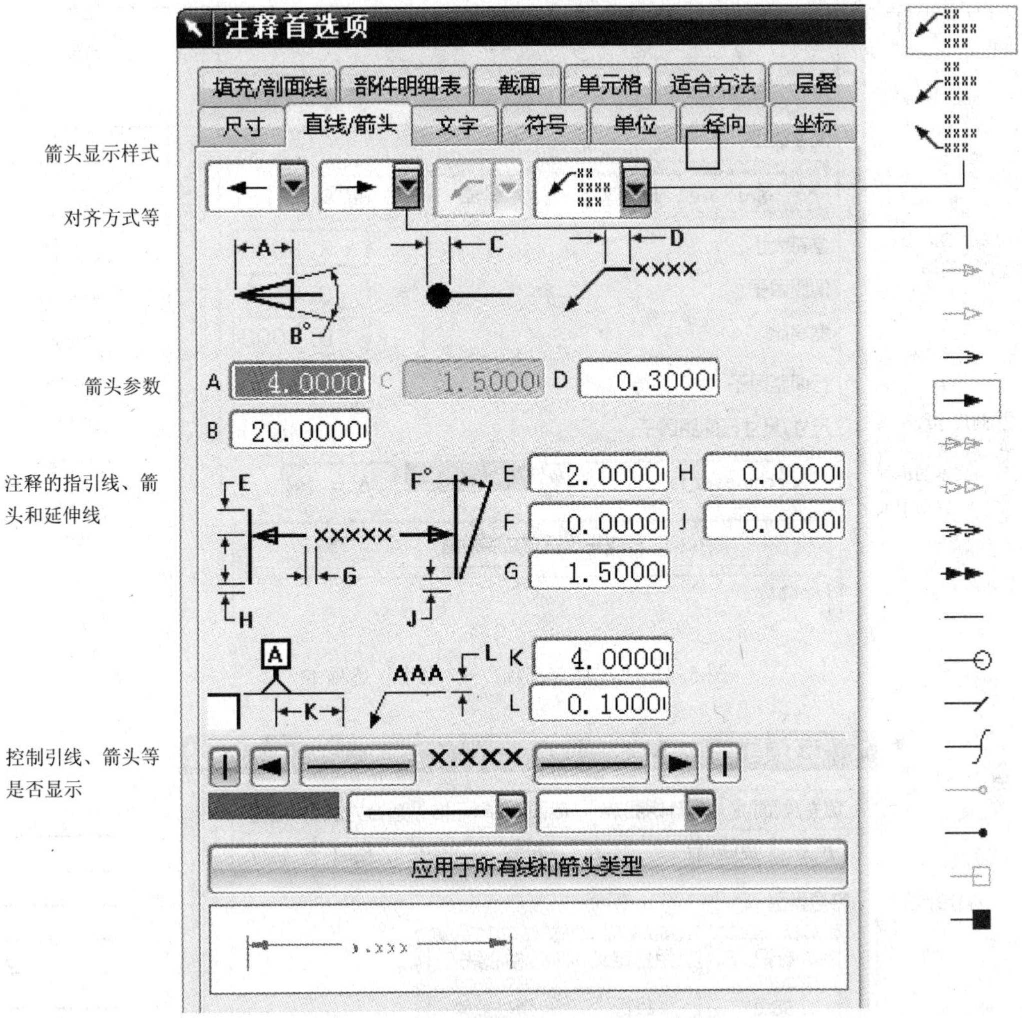

图 5-40 “注释首选项”-“直线/箭头”选项卡

5.8.1.3 文字选项卡

“注释首选项”-“文字”选项卡如图 5-41 所示，对各种制图文本类型（例如，尺寸文本、附加文本等）进行设置。

5.8.1.4 符号选项卡

“注释首选项”-“符号”选项卡如图 5-42 所示，用于对显示符号的颜色、线型和线宽等设置。

5.8.1.5 单位选项卡

“注释首选项”-“单位”选项卡如图 5-43 所示，用于设置制图的尺寸测量单位、公差在尺寸文本中的位置、角度的样式及双尺寸格式等。

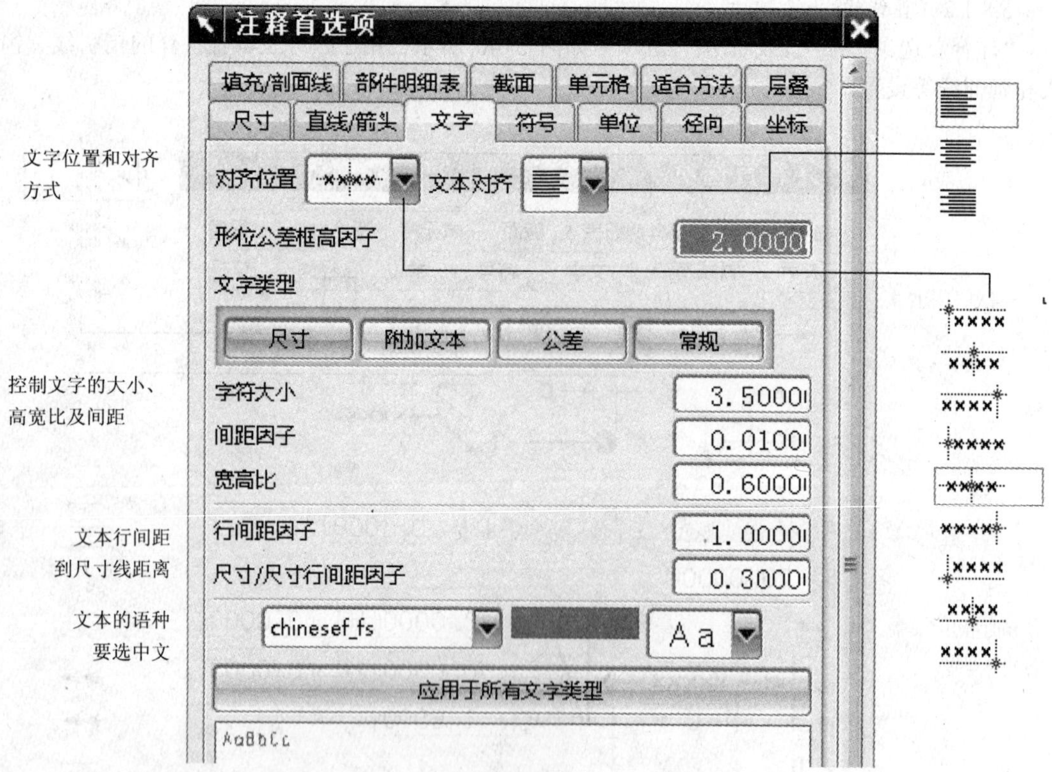

图 5-41　“注释首选项”-“文字”选项卡

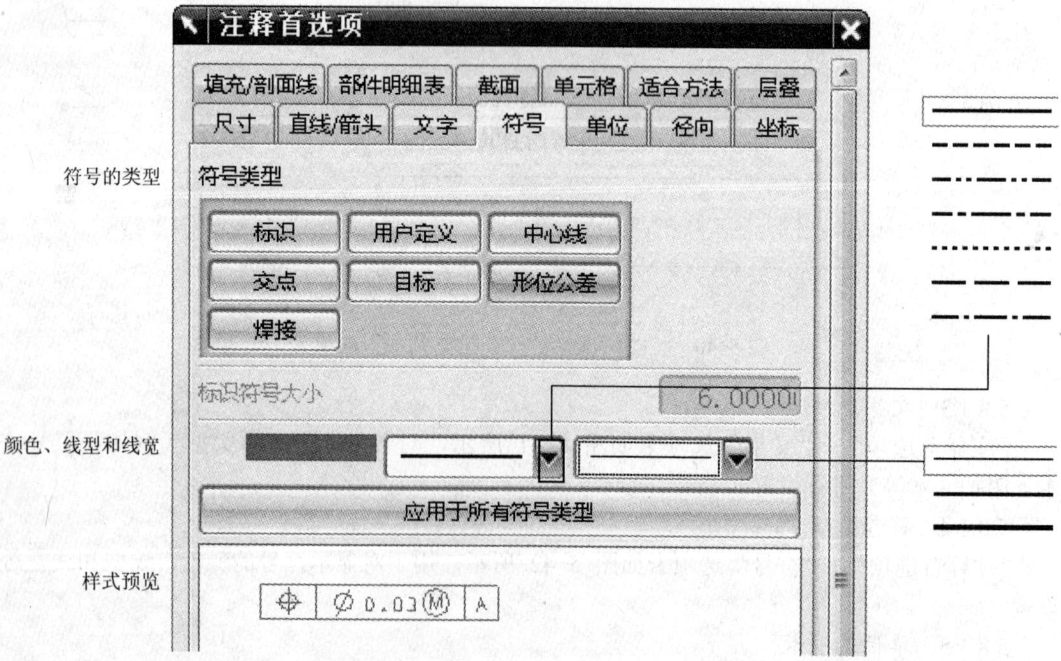

图 5-42　“注释首选项”-“符号”选项卡

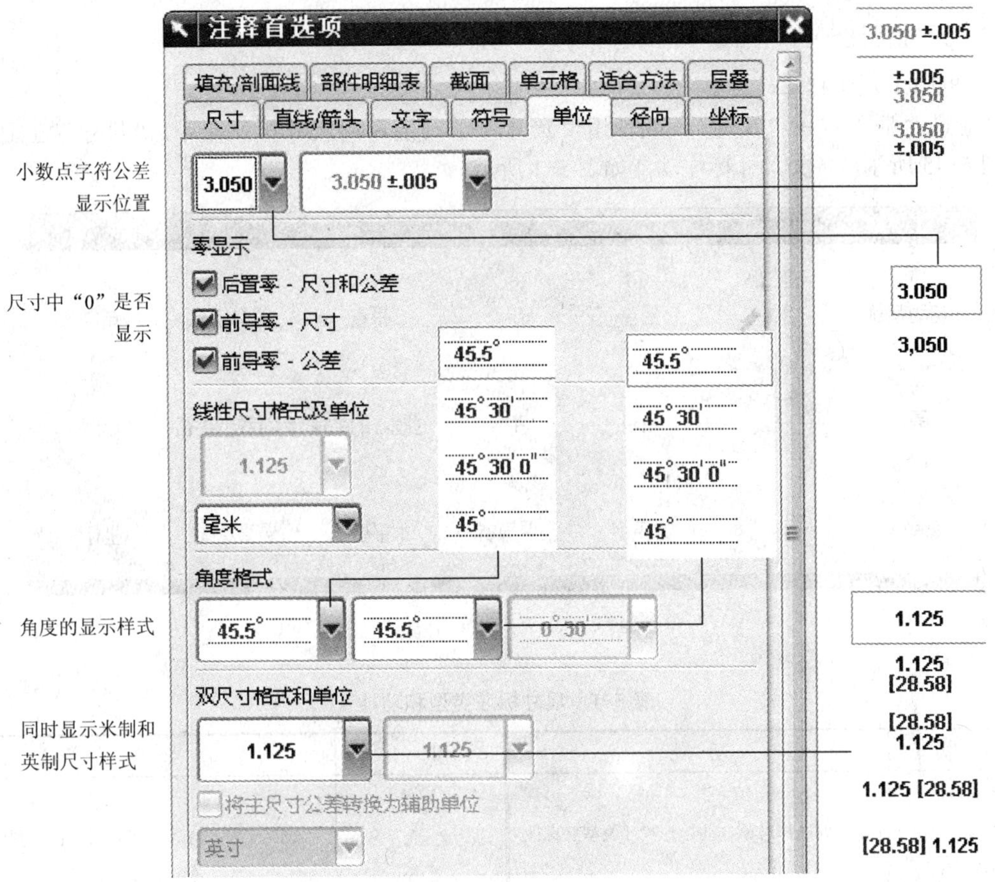

图 5-43 “注释首选项”-“单位”选项卡

5.8.1.6 径向选项卡

“注释首选项”-“径向”选项卡如图 5-44 所示，用于设置直径和半径尺寸值显示等。

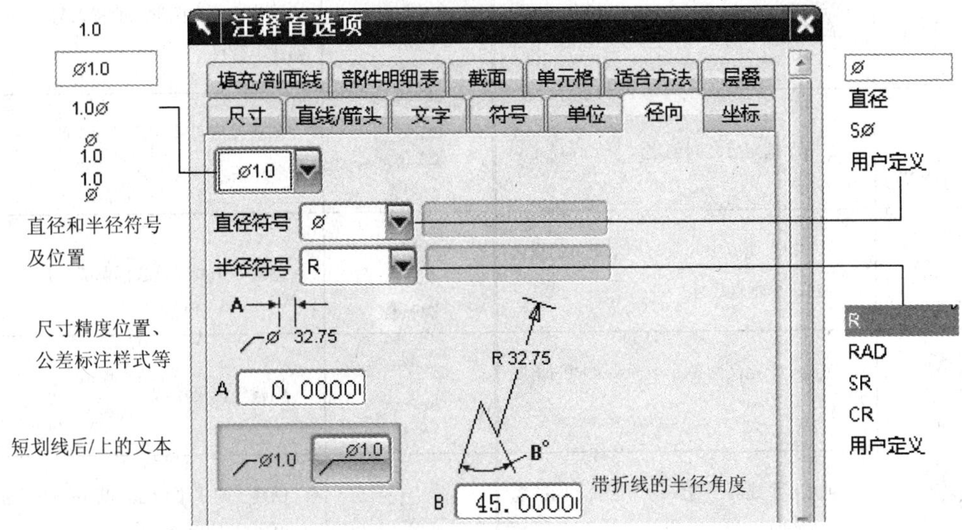

图 5-44 “注释首选项”-“径向”选项卡

5.8.2　尺寸标注

5.8.2.1　尺寸标注的类型

通过“插入”→“尺寸”，或使用“尺寸”工具条调用尺寸标注命令。“尺寸”工具条如图 5-45 所示，各类尺寸标注功能如表 5-1 所示。

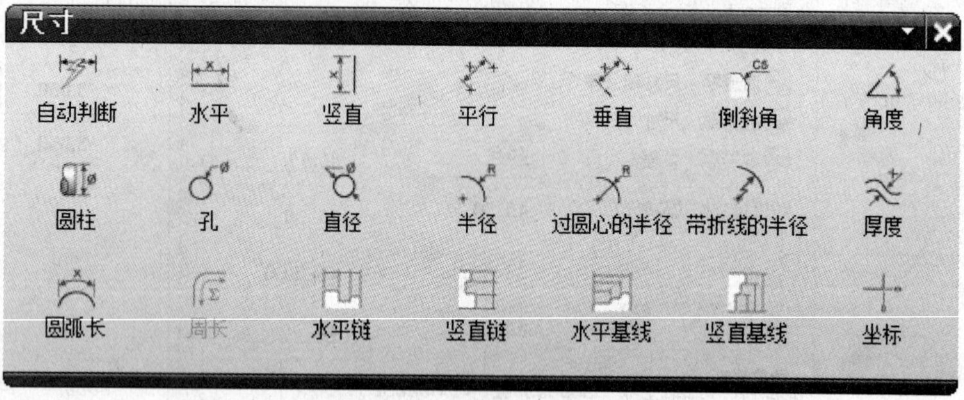

图 5-45　“尺寸”工具条

表 5-1　尺寸标注类型和功能

图　例	功　能	图　例	功　能
自动判断	根据选择对象自动选择尺寸类型并标注	半径	创建半径尺寸，此半径尺寸指向圆弧
水平	在两个选定点之间创建一个水平尺寸	过圆心的半径	创建一个半径尺寸，此半径尺寸线延伸到圆弧的中心
竖直	在两个选定点之间创建一个竖直尺寸	带折线的半径	为中心不在图形区的特大型半径圆弧创建半径尺寸
平行	在两个选定点之间创建一个平行尺寸	厚度	创建厚度尺寸，该尺寸为两个圆弧或两个样条之间的距离
垂直	在一条直线或中心线与一个定义的点之间创建一个垂直尺寸	圆弧长	创建一个圆弧周长的圆弧长尺寸
角度	创建一个定义两条非平行线之间的角度尺寸	坐标	创建坐标尺寸
圆柱	创建一个或两个对象或点位置之间的线性距离的圆柱尺寸	水平链	创建一组水平尺寸，其中每个尺寸都与相邻尺寸共享其端点

续表 5-1

图 例	功 能	图 例	功 能
 孔	用一个指引线创建具有任何圆形特征的直径尺寸	 竖直链	创建一组竖直尺寸，其中每个尺寸都与相邻尺寸共享其端点
 直径	标注圆或圆弧的直径的尺寸	 水平基线	创建一组水平尺寸，其中每个尺寸都共享一条公共基线
 倒斜角	创建倒斜角特征的斜角尺寸	 直基线	创建一组竖直尺寸，其中每个尺寸都共享一条公共基线

5.8.2.2 创建尺寸的一般过程

创建尺寸标注的操作的一般过程如图 5-46 所示。

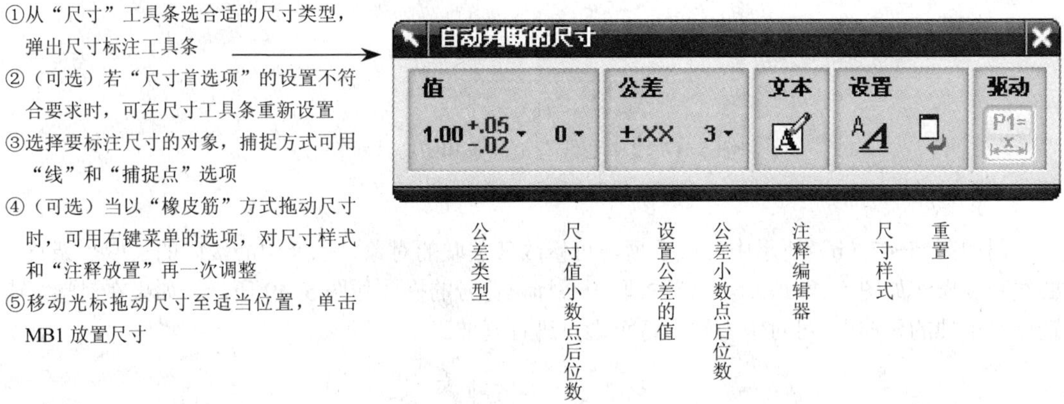

图 5-46 创建尺寸标注的操作的一般过程

5.8.2.3 编辑尺寸的方法

尺寸创建后，可对尺寸进行编辑，方法如下：

（1）双击一次尺寸值可弹出“编辑尺寸”对话框（类似图 5-46 中的对话框），然后用其中的任意选项来编辑尺寸；

（2）双击两次尺寸值可显示“尺寸样式”对话框；

（3）双击某个尺寸的附加文本元素（如尺寸的导前或置后的文本），可显示用于编辑附加文本的屏显输入框；

（4）双击公差值可显示编辑公差的屏幕输入框；

（5）选择一个尺寸，将光标移到该尺寸上，然后单击 MB3 可显示弹出菜单；

（6）当以橡皮筋模式放置尺寸时，可单击 MB3，调用菜单中的选项。

5.9 其他制图对象

在工程图中还应包括中心线、技术说明、标识符号、焊接符号、形位公差、表格等。

5.9.1　中心线

在生成视图时，系统会产生对称中心线，其他的需要手工绘制。NX 版本提供了单独的“中心线”工具条，集成了多种中心线的绘制功能，如图 5-47（a）所示。

（a）

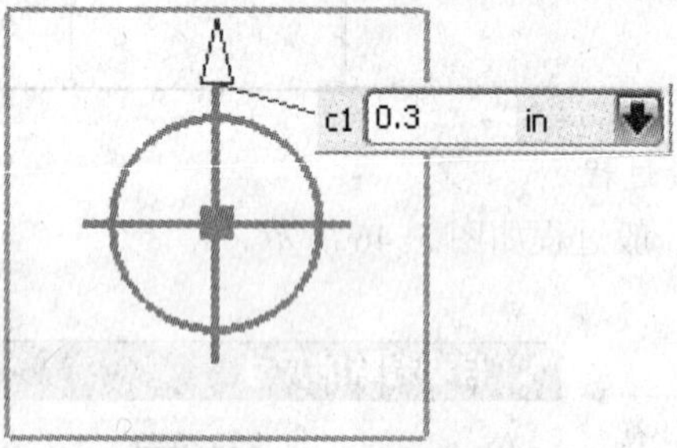

（b）

图 5-47 “中心线”工具条和中心线手柄

（a）“中心线”工具条；（b）“中心线”手柄

用如图 5-47（b）所示中心线手柄，可修改其关联的对象，以及中心线段的长度。调整中心线长度操作如图 5-48 所示。重新关联中心标记符号的操作如图 5-49 所示。如果在对话框中选中“单独的延伸”，可对中心线的每个端点进行延伸。

步骤：
①双击一条现有的中心线；
②拖动延伸手柄（箭头）；
③单击 MB3。

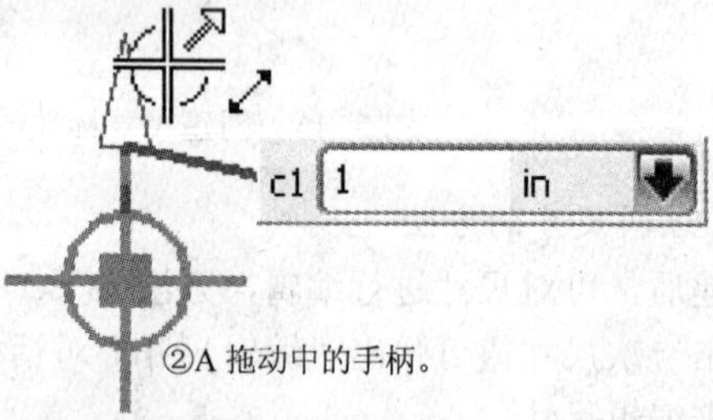

图 5-48　调整中心线长度操作

步骤：
①双击一条现有的中心线；
②MB3 单击该中心线并选择“移除”；
③单击一个新位置；
④单击 MB3。

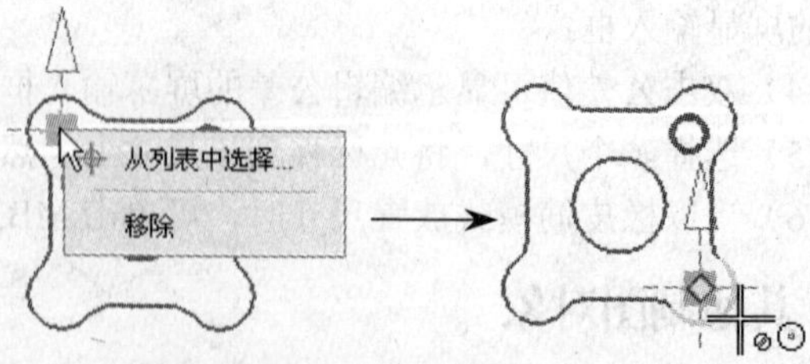

图 5-49　重新关联中心标记符号的操作

5.9.1.1 中心标记

“中心标记”可创建通过点或圆弧的中心线。从“中心线”工具条→“中心标记”标记，弹出图 5-50 所示的对话框。创建中心标记符号的过程如下：

（1）从中心线工具条中选择“中心标记”符号；

（2）修改参数，并按需要在中心标记对话框中设置选项；

（3）选择需要中心线的对象；

（4）单击 MB2、“应用”或“确定”。

若连续选择多个共线的中心对象，则生成共线的中心标记。

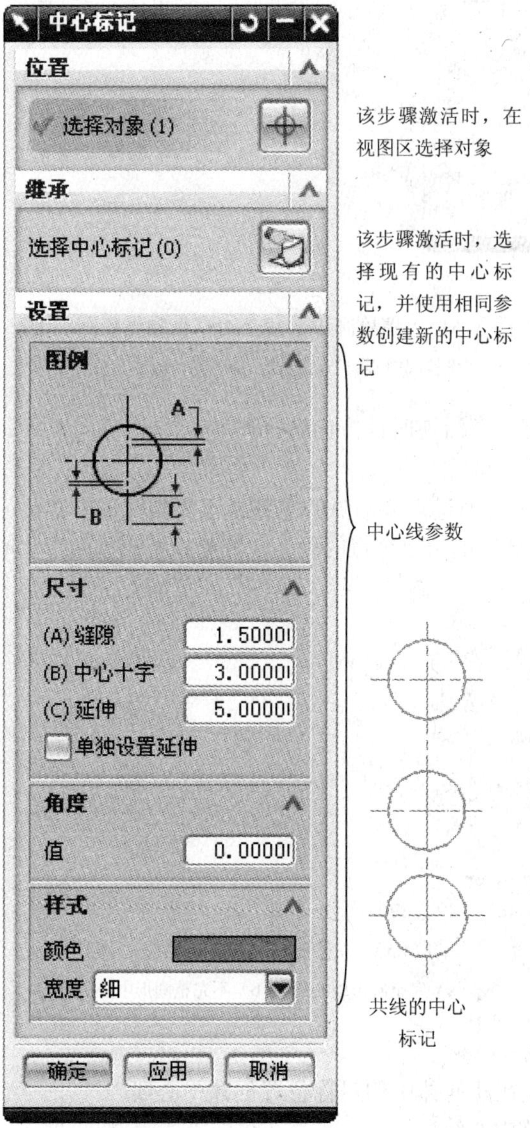

图 5-50 “中心标记”对话框

5.9.1.2 螺栓圆中心线

“螺栓圆中心线”可以通过点或圆弧创建完整或不完整螺栓圆（如图 5-51（b）所示）。

螺栓圆的半径始终等于从螺栓圆中心到选取的第一个点的距离。

从“中心线”→“螺栓圆中心线”，弹出“螺栓圆中心线”对话框，如图 5-51（a）所示。

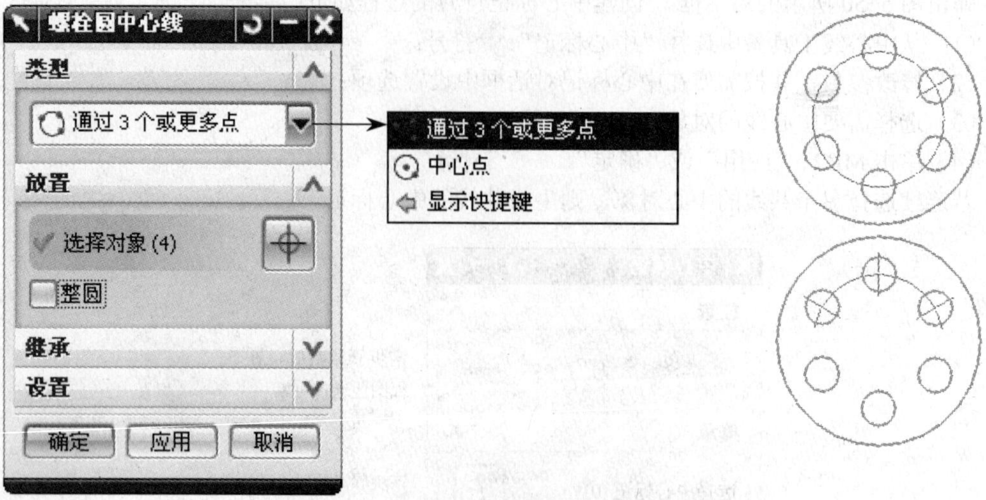

（a）　（b）

图 5-51　“螺栓圆中心线”对话框和螺栓圆类型

（a）“螺栓圆中心线”对话框；（b）完整或不完整螺栓圆

创建不完整螺栓圆时，应沿逆时针方向选择圆心。

5.9.1.3　圆形中心线

“圆形中心线”可创建通过点或圆弧的完整或不完整圆形中心线。圆形中心线的半径始终等于从圆形中心线中心到选取的第一个点的距离。完整或不完整圆形中心线如图 5-52 所示。

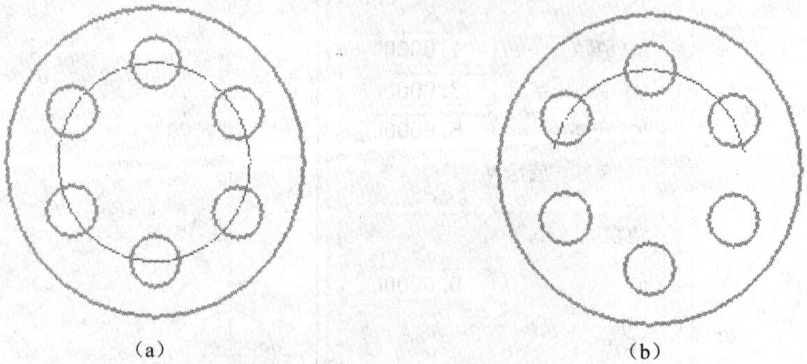

（a）　（b）

图 5-52　完整或不完整圆形中心线

（a）完整圆形中心线；（b）不完整圆形中心线

5.9.1.4　对称中心线

“对称中心线”是在几何体中的对称位置创建中心线。

（1）使用点创建对称中心线：

1）单击“中心线”→“对称”；

2）从类型组中选择起点和终点；

3）从起点组中选择一个点；

4）从终点组中选择一个点；

5）单击 MB3、“确定”或“应用”。

（2）使用面创建对称中心线：

1）单击“中心线”→“对称”；

2）从类型组中选择起始面；

3）从面组中选择一个面；

4）单击 MB3、“确定”或“应用”。

5.9.1.5 2D 中心线

“2D 中心线”使用曲线或控制点来限制中心线的长度，从而创建 2D 中心线。例如，如果使用控制点来定义中心线（从圆弧中心到圆弧中心），则产生线性中心线，如图 5-53 所示。

（a） （b）

图 5-53 使用曲线或控制点创建 2D 中心线

（a）从两条曲线创建的 2D 中心线；（b）从控制点创建的 2D 中心线

5.9.1.6 3D 中心线

“3D 中心线”在扫掠面或分析面上创建 3D 中心线，例如 3D 模式中的圆柱面、锥面、直纹面、拉伸面、回转面、环面和扫掠类型面在制图中的中心线等。

5.9.1.7 自动中心线

“自动中心线”可自动在现有的视图（孔或销轴与图纸视图的平面垂直或平行）中创建中心线。如果不是圆形阵列螺栓圆孔，则将为每个孔创建一条线性中心线。

5.9.2 表面粗糙度符号

“表面粗糙度符号”用于创建 ISO/DIN 标准的表面粗糙度符号。

要使用表面粗糙度符号必须在启动 UG 前修改环境变量配置文件，在 Windows 的记事本打开 ugii_env_ug.dat 文件，把原 UGII_SURFACE_FINISH=OFF 改成 ON。

从“插入”→“符号”→“表面粗糙度符号”，弹出“表面粗糙度符号”对话框，如图 5-54 所示。可以创建与 3D 模型特征关联或非关联的表面粗糙度符号。

5.9.2.1 创建与模型特征关联的表面粗糙度符号一般过程

（1）单击要创建的符号类型。

（2）设置所需的符号文本大小、Ra 单位、圆括号等。

（3）使用文本框和/或下拉菜单，在该对话框的输入区域中输入相应的符号文本。

（4）可选：选择符号的方向（例如，“水平”）。

（5）单击某个关联的“创建”按钮（例如，“在边上创建”）。

（6）选择要与该符号相关联的边或尺寸。受支持的尺寸类型包括“水平”、“竖直”、“平行”、“垂直”、“坐标”和“成角度”。

（7）单击以指出符号的位置。

5.9.2.2 用指引线创建非关联的表面粗糙度符号一般过程

（1）完成创建与模型特征关联的前 4 步骤。

（2）选择所需的“指引线类型”。

（3）单击“用指引线创建”按钮。

（4）指出 3 个指引线点（只能屏幕点）位置，指引线点 1 和点 2 定义箭头段的角度和位置。指引线点 3 用于定义符号的位置。

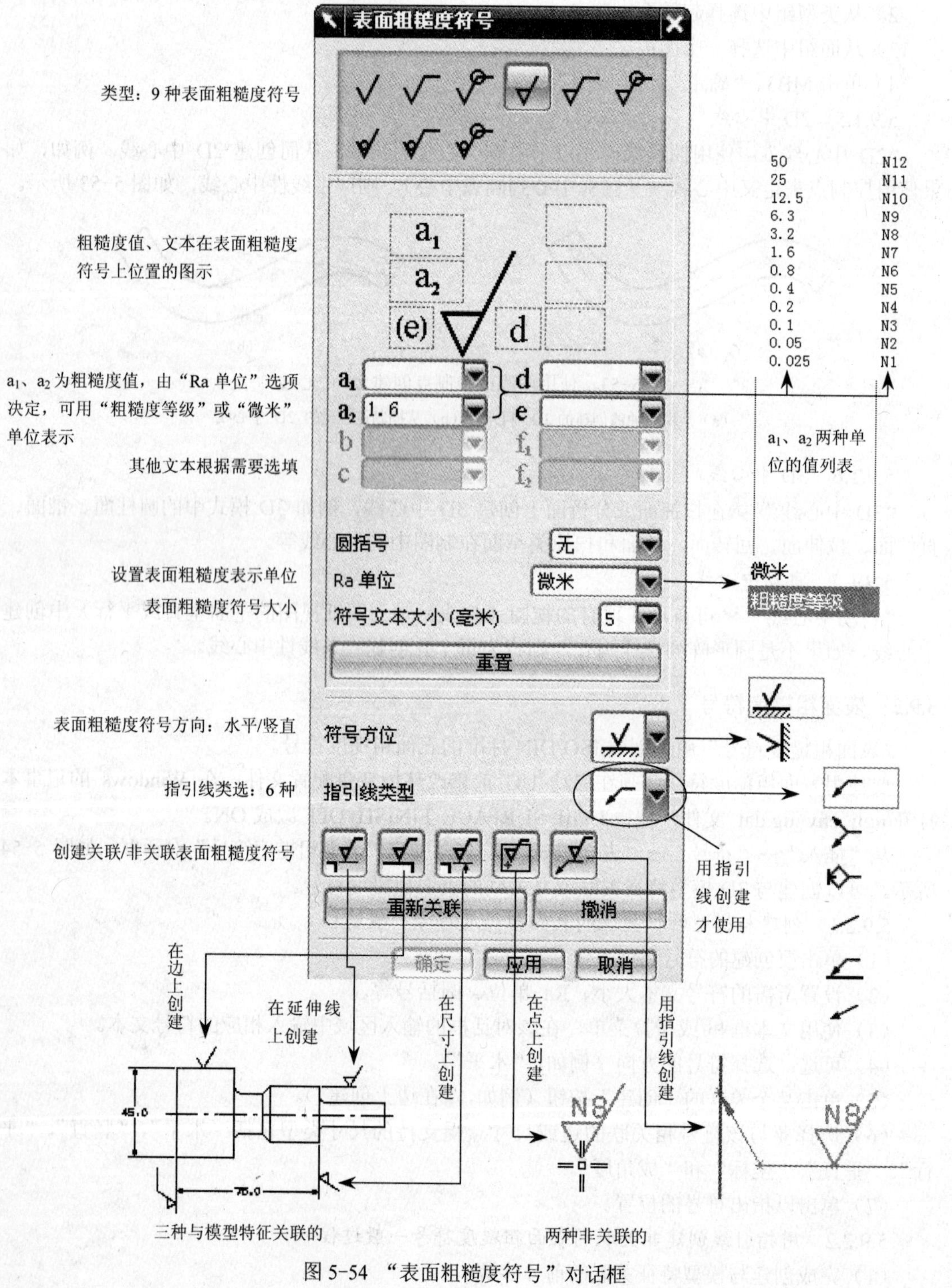

图 5-54 “表面粗糙度符号”对话框

5.9.3 文本标注

用于在工程图中插入技术要求、说明等文本注释。

从“注释”工具条→“创建注释”，或“插入”→“注释”，弹出“注释”对话框，如图 5-55 所示，可创建非关联的注释或与模型对象关联的标签。

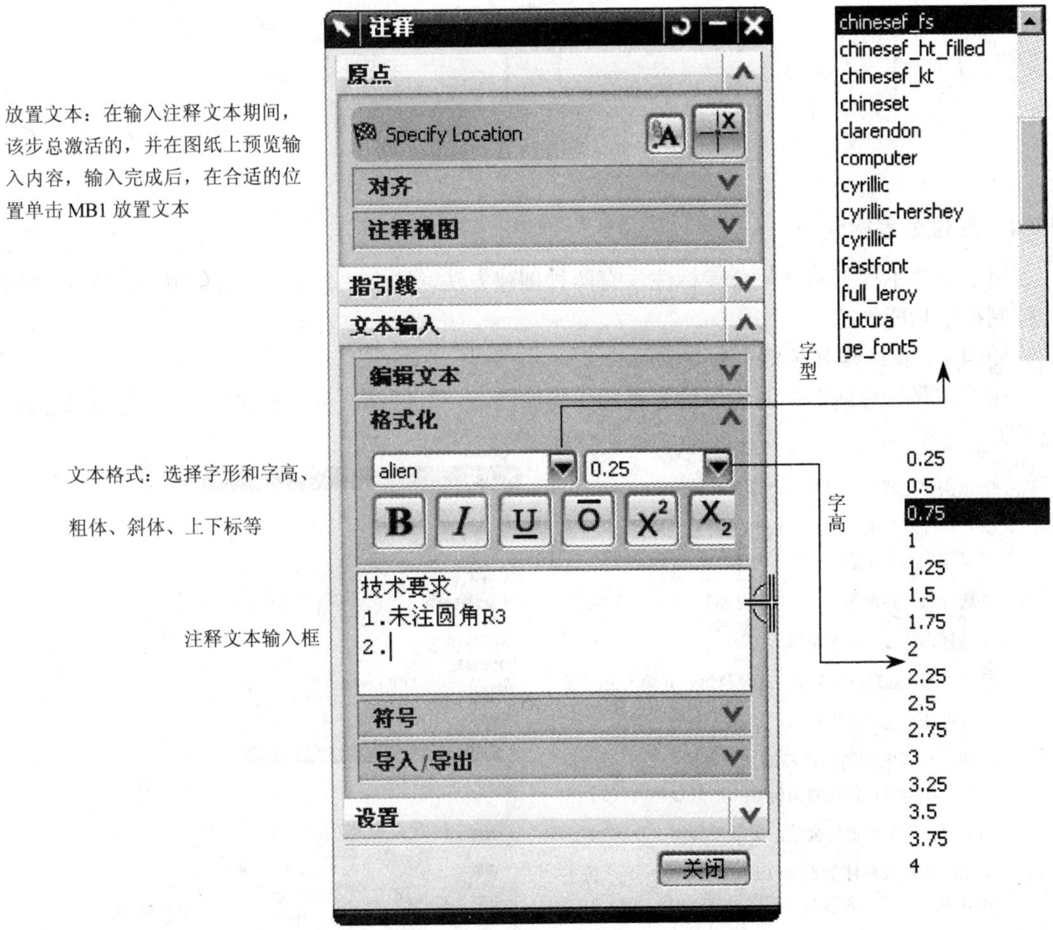

图 5-55 “注释”对话框

5.9.3.1 创建非关联注释的一般过程

（1）单击“注释”工具条→“注释”或者选择“插入”→“注释”。

（2）选择文本的格式，并在文本框中输入所需文本。所输入的文本同时显示图形窗口预览。

（3）在希望放置注释的位置上单击 MB1 放置注释文本。

5.9.3.2 创建标签的一般过程

创建标签的操作示例如图 5-56 所示。

操作提示：当多个对象标注相同的标签时，对多个对象重复步骤③和步骤④即可。

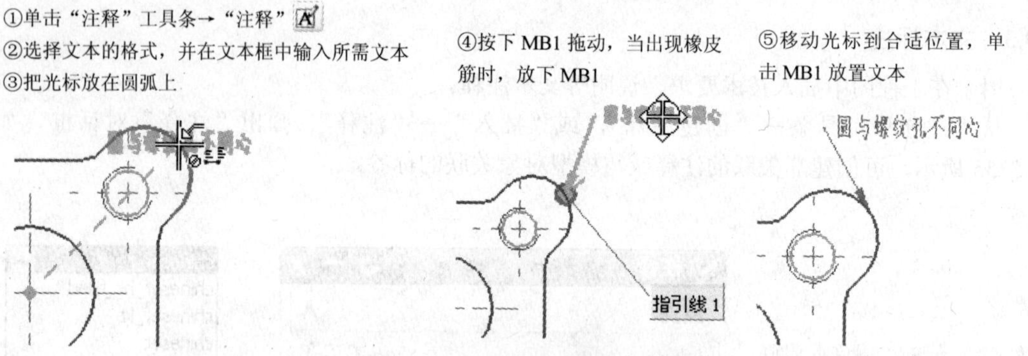

图 5-56　创建标签的操作示例

5.9.4　形位公差标注

用于创建工程图的形位公差标注，有两种创建方法，即在“注释”对话框中创建和在“特征控制框”功能创建。

5.9.4.1　在注释对话框中创建形位公差

在“注释”对话框中创建形位公差的步骤如图 5-57 所示，可以创建一个或多个框架的形位公差。

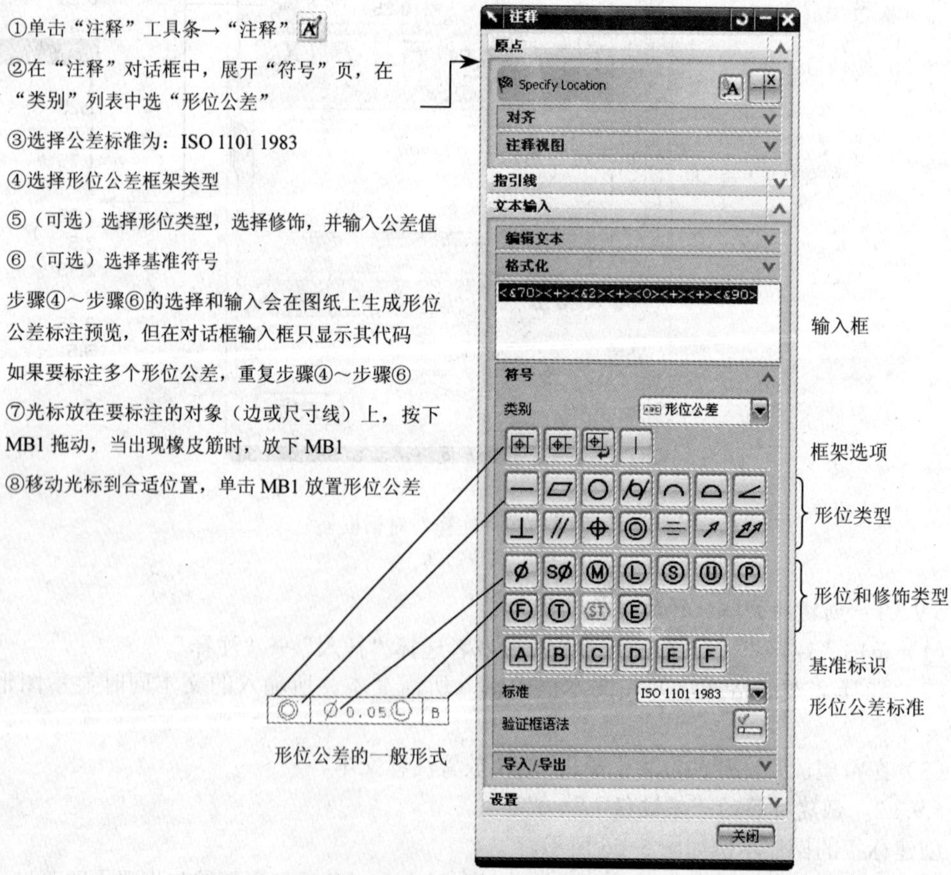

图 5-57　在“注释”对话框中创建形位公差的步骤

5.9.4.2 用“特征控制框”功能创建形位公差

“特征控制框”功能是构建形位公差特征控制框注释。它有如下功能：

（1）创建并编辑包含一行的特征控制框；

（2）创建并编辑包含多行的公差框；

（3）创建并编辑组合特征控制框；

（4）创建并编辑其下包含一个或多个其他公差框的组合特征控制框（组合特征控制框始终位于顶部）；

（5）将特征控制框（上述任何一种）附加到现有尺寸上，包含现有的原点功能。

在 PMI 应用模块中可以获得类似的“特征控制框”对话框，其区别在于“制图”模块的“特征控制框”支持包含多个框的符号，而“PMI”版本仅支持单个框的符号。

在图纸上创建一个组合特征控制框（FCF）的过程如图 5-58 所示。

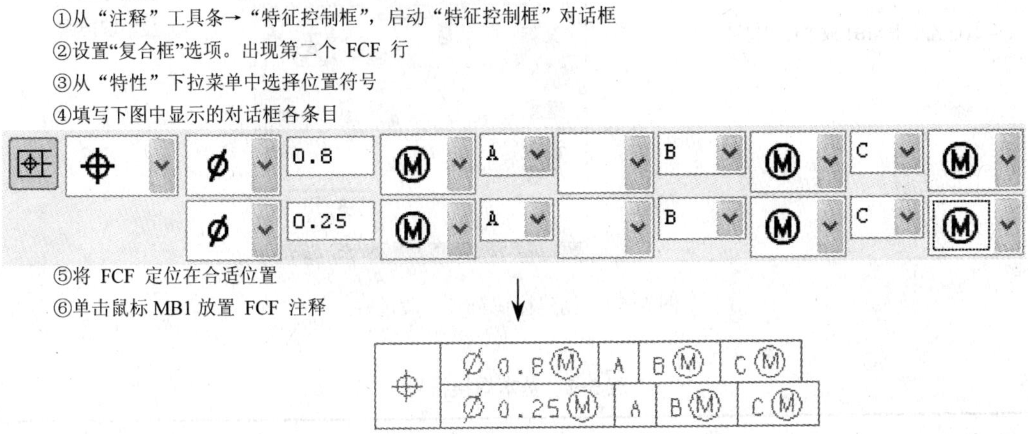

图 5-58 创建一个组合特征控制框（FCF）的过程

5.9.5 标识符号

使用“标识符号”功能可在图纸上创建和编辑 ID 符号，常用于生成装配图的零件序号等。可以独立的或带有引线的标识符号。

从“注释”→“标识符号”、或“插入”菜单→“符号”→“标识符号”，弹出“标识符号”对话框。创建标识符号一般过程如图 5-59 所示。

5.9.6 焊接符号

“焊接符号”选项在图纸中创建各种焊接符号。焊接符号具有关联性。基本焊接符号如表 5-2 所示。

从“注释”→“焊接符号”、或“插入”菜单→“符号”→“焊接符号”，弹出“焊接符号”对话框。

5.9.7 表格注释

“表格注释”选项可以在图纸中创建和编辑表格信息。表格注释通常用于定义部件系列中相似部件的尺寸值，也用于孔图表和材料列表。

①从“注释”工具条→“标识符号”，启动“标识符号”对话框

②选择符号类型（例如，圆）

③在“文本”框中输入所需的文本

④（可选）在“设置”“符号大小”框中输入 1.0

⑤在“引线”里选择所需的指引线类型（例如，普通）

⑥在要标识的对象上，按下 MB1 拖动，出现橡皮条后松开 MB1

⑦在合适位置单击 MB1 放置标识符号

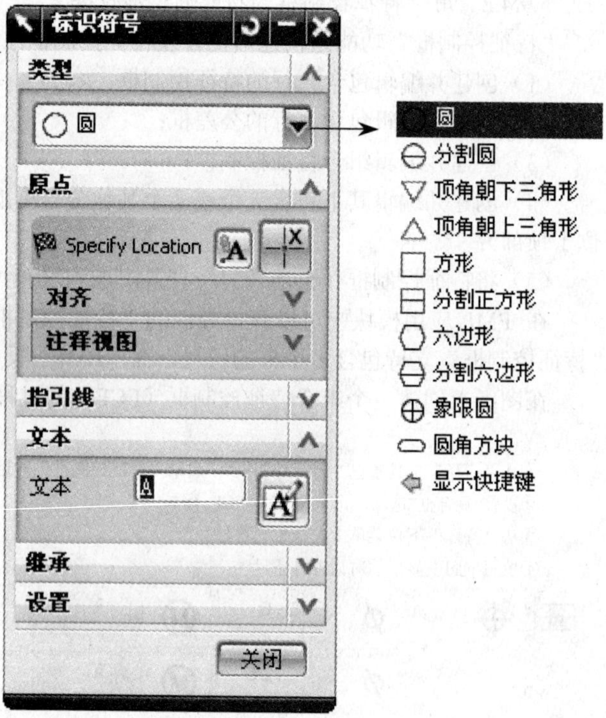

图 5-59 创建标识符号一般过程

表 5-2 基本焊接符号

图 标	注 解	图 标	注 解
	卷边对接焊		角焊
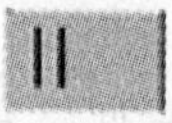	平头对接焊	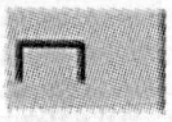	塞焊/槽焊
	V 形对接焊		边焊（仅限 ISO 和 DIN）
	宽脚面 V 形对接焊（仅限 ISO 和 DIN）		边焊（仅限 ANSI 和 JIS，不支持边缝）
	斜角对接焊		点焊（除 JIS 以外的所有标准）
	宽脚面斜角对接焊（仅限 ISO 和 DIN）		侧面陡弯 V 形对接焊（仅限 ISO 和 DIN，不支持边缝）
	U 形对接焊	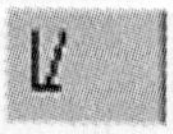	侧面陡弯斜角对接焊（仅限 ISO 和 DIN，不支持边缝）
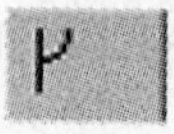	J 形对接焊		垫板（仅限连续参考线的一侧，不支持边缝）

续表 5-2

图 标	注 解	图 标	注 解
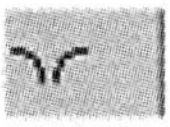	喇叭形 V 形焊（不支持边缝）		缝焊（除 JIS 以外的所有标准）
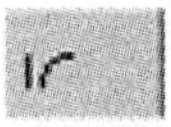	喇叭形斜焊（不支持边缝）	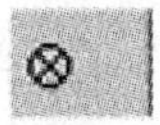	螺柱焊接（仅限箭头侧）
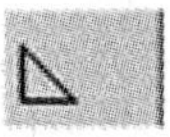	角焊		堆焊（仅限 ISO 和 DIN，仅限箭头侧，不支持边缝）
	塞焊/槽焊	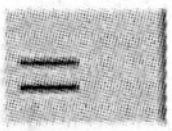	表面连接（仅限 ISO 和 DIN，不支持边缝）
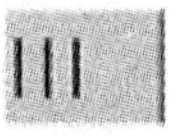	边焊（仅限 ISO 和 DIN）		倾斜连接（不支持边缝）
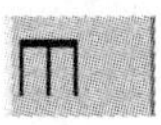	边焊（仅限 ANSI 和 JIS，不支持边缝）		折叠连接（仅限 ISO 和 DIN，仅限连续参考线的一侧，不支持边缝）
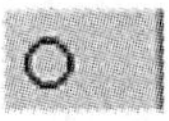	点焊（除 JIS 以外的所有标准）		

5.9.7.1 创建表格注释的基本操作

（1）选择“插入”→“表格”→“表格注释”。

（2）系统产生一个 5×5 的表格，将表格拖动到所需位置。

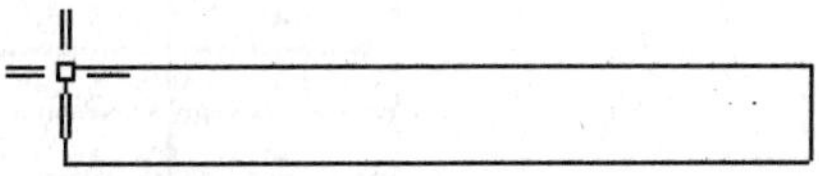

（3）单击鼠标左键放置表格注释。

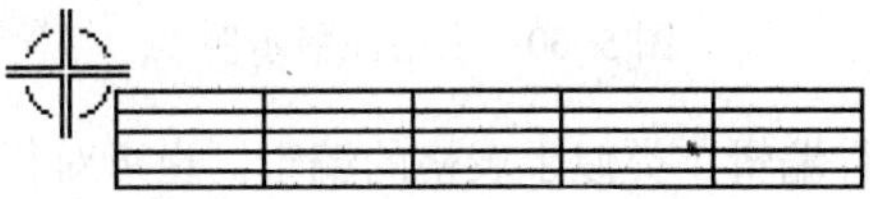

5.9.7.2 从模板创建表格注释的操作

从资源条的表格资源板中，将一个模板拖放到图纸中。

默认表格或模板表格创建后，可对其添加内容、排序、插入、合并、删除等基本操作，也可对其导出、导入、定制成模板等较复杂的操作。

5.9.8 零件明细表

“零件明细表”为装配创建材料清单方法。零件明细表与装配部件关联并能自动进行更新。个别部件号可以根据需要被锁定或重新编号。零件明细表更新时，也会生成自动标注并进行更新。

以下两种办法可启用创建零件明细表：

（1）从“制图”模块“表格”工具条中选择“零件明细表”，或者选择“插入”→“零件明细表”；

（2）从“资源条”上的“表格”选项面板上选择“零件明细表”模板，并将它拖放到图纸页上。

创建零件明细表示例如图 5-60 所示。

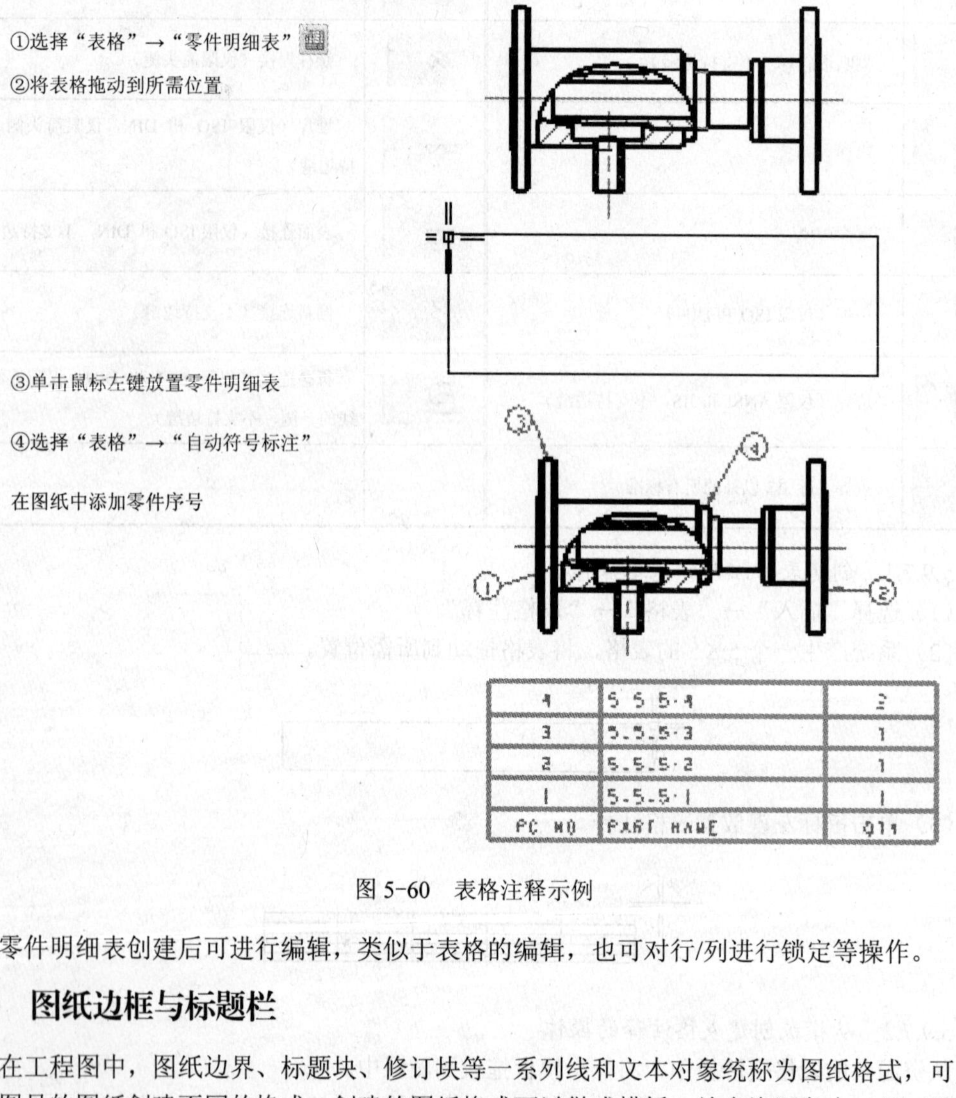

图 5-60　表格注释示例

零件明细表创建后可进行编辑，类似于表格的编辑，也可对行/列进行锁定等操作。

5.10　图纸边框与标题栏

在工程图中，图纸边界、标题块、修订块等一系列线和文本对象统称为图纸格式，可以为不同图号的图纸创建不同的格式，创建的图纸格式可以做成模板，放在资源条中；另一种方法也可以调用图样。

图样对象是保存在一个称为图样主模型部件文件的文件中的单独对象，单独的对象可以是点、直线、圆弧、二次曲线、样条、B 曲线、尺寸、制图对象、曲面和实体，图样对象通过图样控制点对其进行定位。图样作为统一的信息被调用，插入到图纸中。当用于生成标题栏、图框、工艺卡等大量重复性工作时，可大大节省时间，提高效率。

5.10.1　使用 UG NX 制图模板自动建立图纸边框和标题栏

UG NX 提供了符合 GB 标准的图纸边框和标题栏和模板。使用方法如下：

（1）“文件”菜单→“用户默认设置”→“制图”→“常规”→“标准”→“制图标准”

选项，设置为：GB（出厂设置）（设置后重启）；

（2）当没有图纸页时，从“文件”菜单→“新建”→“图纸”，调用“片体”对话框，启用“使用模板”选项，在列表中选取图纸模板，指定或不指定 3D 模型后，进入到“制图”模块，并绘制图纸边框和标题。

如果新建为装配文件，应选列表中的装配模板，指定或不指定装配部件，进入到“制图”模块，并绘制图纸边框和标题，且还会产生零件明细表。

进入“制图”模块后，也可以从“图纸”“基本视图”，调用“新建”对话框，建立具有输入框和标题栏的图纸页。

5.10.2 利用图样创建图纸边框和标题栏

5.10.2.1 创建图纸边框和标题栏图样

以建立 A4 图纸边框和标题栏图样为例，如图 5-61 所示。A3、A2、A1、A0 图纸边框和标题栏图样用同样的方法创建。

①选择“标准”→“新建”，选择空模板，文件名为：GB_A4

②“标准”→“开始”→“制图”，新建一个 A4 的图纸页

③利用曲线和注释功能，按照 GB 标准绘制边框和标题栏

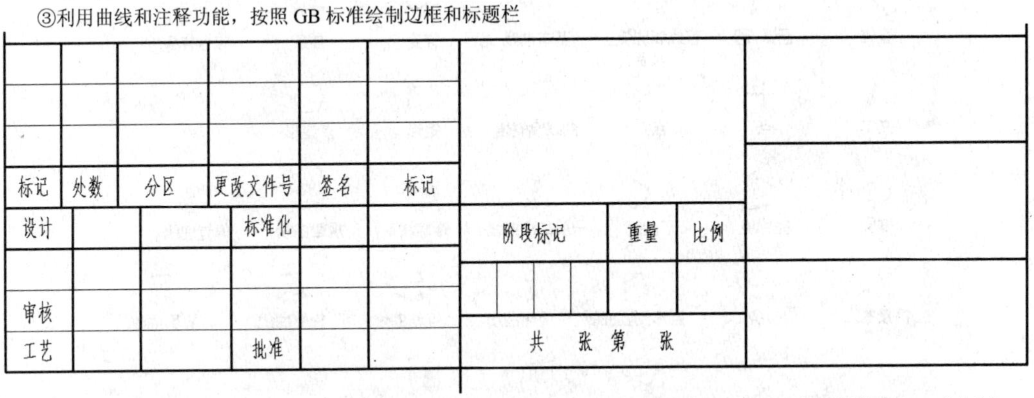

④设置保存文件选项。从“文件”→“选项”→“保存选项”→“保存图样数据”→选“仅图样数据”→“确定”

⑤保存文件。“文件”→“保存”或“另存为”。创建一个 A4 图纸边框和标题栏图样

图 5-61 创建图纸边框和标题栏图样

5.10.2.2 调用图纸边框和标题栏图样

从“格式”菜单→“图样”→“调用图样”→“调用图样”对话框中“确定”→选择调用的图样文件（如 GB_A4）“OK”→在“图样名称”对话框中“确定”→在“点”对话框中置定位点 XC、YC、ZC 坐标值为（0，0，0）并“确定”。完成图纸的调用。

习 题

5-1 创建附盘中 5.2-A-1 Tu5-8.prt 零件的工程图。

5-2 创建附盘中 5.5.5-0 asm Tu5-28.prt 装配部件的工作图。

5-3 创建附盘中 5.6.2-1 Tu5-23.prt 零件的工程图和半剖视图。

5-4 创建附盘中 5.3.3-1 Tu5-25.prt 零件的工作图和旋转剖视图。

5-5 创建习题 4-1 中万向节机构装配的工程图。

第 6 章　曲　　线

曲线作为创建模型的基础，在特征建模过程中应用非常广泛。可以通过曲线的拉伸、旋转等操作创建特征，也可以用曲线创建曲面进行复杂特征建模。在特征建模过程中，曲线也常用作建模的辅助线（如定位线、中心线等），另外，创建的曲线还可添加到草图中进行参数化设计。利用曲线生成功能，可创建基本曲线和高级曲线；利用曲线操作功能，可以进行曲线的偏置、桥接、相交、截面和简化等操作；利用曲线编辑功能，可以修剪曲线、编辑曲线参数和拉伸曲线等。

曲线命令集成在“曲线”工具条上，如图 6-1 所示。

图 6-1 “曲线”工具条

6.1　点和点集

6.1.1　点

点是最小的几何构造元素，是构造曲线的基本元素。利用点可以按一定次序和规律来生成直线、圆、圆弧和样条等曲线，也可以通过矩形阵列的点或定义曲面的极点来直接创建自由曲面。

从“曲线”工具条→“点” ＋，弹出“点”对话框，可以构造关联点和非关联点。关于“点”构造器的用法在第 1 章已经述及，这里不再重复。

6.1.2　点集

点集主要用来构造按一定规律分布在曲线或曲面上的点。从“曲线”工具条→“点集”，弹出“点集”对话框，如图 6-2 所示。

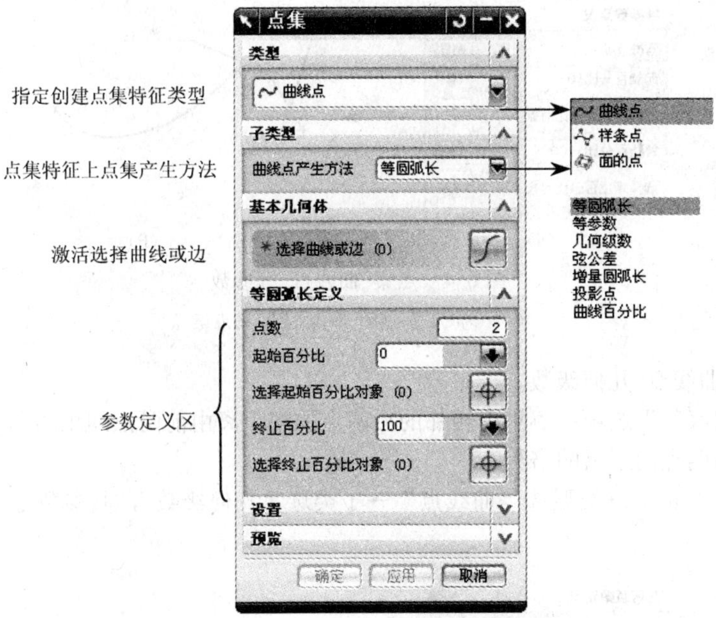

图 6-2 “点集”对话框

6.1.2.1 点集-曲线点

在图 6-2“点集”对话框“类型”列表里选“曲线点”，按点集产生方法“子类型”介绍如下：

（1）点集-曲线点-等圆弧长。

子类“等圆弧长”选项：开始和结束点之间按点之间相等弧长来创建指定点数的点集。

在“点集”对话框→类型选“曲线点”→子类选“等圆弧长”，其参数定义及创建的点集如图 6-3 所示。

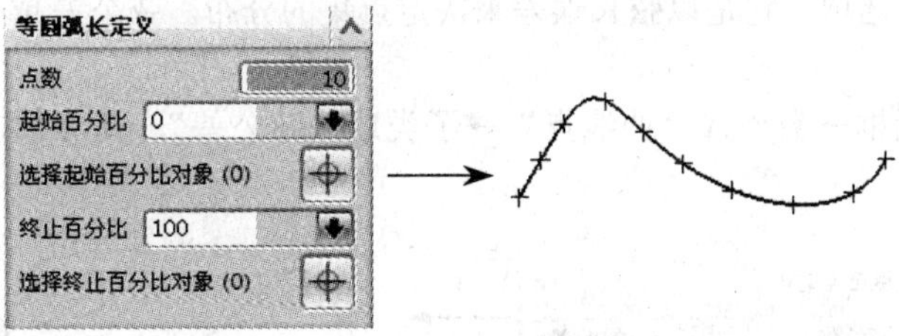

(a) (b)

图 6-3 点集-曲线点-等圆弧长

(a) 参数定义；(b) 曲线上创建的点集

（2）点集-曲线点-等参数。

子类“等参数”选项：以曲线的曲率大小来分布点集的相应位置。曲率越大，点的分布越密集，反之，点分布越稀疏。

在“点集”对话框→类型选“曲线点”→子类选“等参数”，其参数定义及创建的点集如图 6-4 所示。

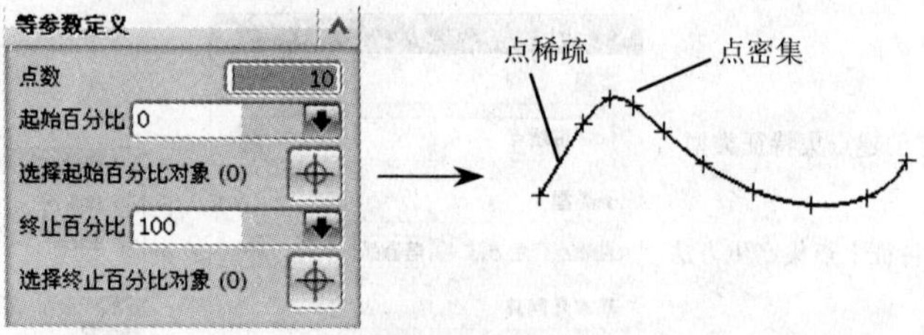

(a)　　(b)

图 6-4　点集-曲线点-等参数

(a) 参数定义；(b) 曲线上创建的点集

(3) 点集-曲线点-几何级数。

子类“几何级数”选项：点集中相邻的后两点的间距离由前两点间距离和“比率”决定，即比率的值是前两点间距离的倍数。

在“点集”对话框→类型选“曲线点”→子类选“几何级数”，其参数定义及创建的点集如图 6-5 所示。

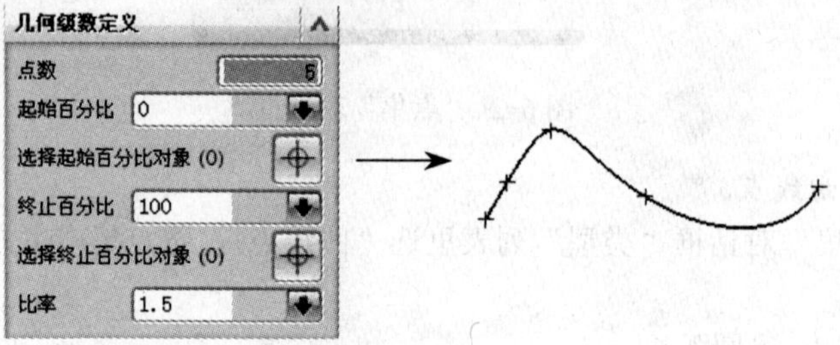

(a)　　(b)

图 6-5　点集-曲线点-几何级数

(a) 参数定义；(b) 曲线上创建的点集

(4) 点集-曲线点-弦公差。

子类“弦公差”选项：它是以弦长误差来决定点集的分布。弦公差越小，点分布越密，反之越少。

在“点集”对话框→类型选“曲线点”→子类选“弦公差”，其参数定义及创建的点集如图 6-6 所示。

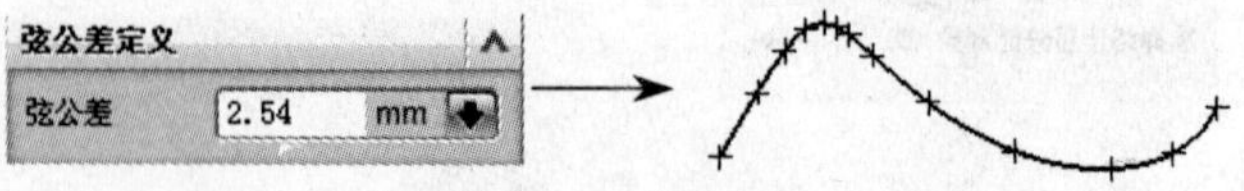

(a)　　(b)

图 6-6　点集-曲线点-弦公差

(a) 参数定义；(b) 曲线上创建的点集

(5) 点集-曲线点-增量圆弧长。

子类“增量圆弧长”选项：用户给出圆弧长的大小，创建的点集以两点间的弧长等于给定的圆弧长度来分布点的位置，点集中的点数的多少取决于曲线总长和两点间的弧长。

在“点集”对话框→类型选“曲线点”→子类选“增量圆弧长”，其参数定义及创建的点集如图 6-7 所示。

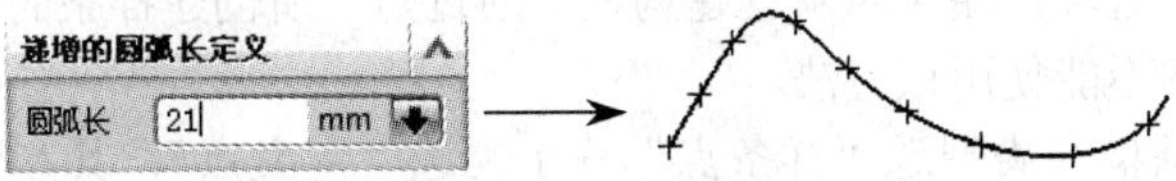

(a) (b)

图 6-7 点集-曲线点-增量圆弧长

(a) 参数定义；(b) 曲线上创建的点集

注意区分“增量圆弧长”与“等圆弧长”创建结果的不同点。“增量圆弧长”最后一段弧长可能小于定义的弧长。

(6) 点集-曲线点-投影点。

子类“投影点”选项：将选定点投影到指定曲线并在该位置创建一个点，如果投影点未投影在选定曲线上，就要在最靠近投影点可能落下的曲线末端处创建一个点。

在“点集”对话框→类型选“曲线点”→子类选“投影点”，其参数定义及创建的点集如图 6-8 所示。

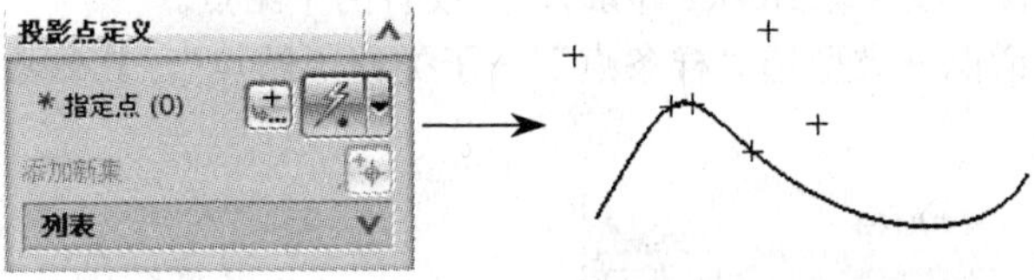

(a) (b)

图 6-8 点集-曲线点-投影点

(a) 指定要投影的点；(b) 曲线上创建的点集

(7) 点集-曲线点-曲线百分点。

子类“曲线百分点”选项：以指定百分比的距离在每条曲线上创建点，例如，如果选择三条曲线并将曲线百分比指定为 10%，则将在每条曲线上 10%的曲线长度位置处创建点。

在“点集”对话框→类型选“曲线点”→子类选“曲线百分点”，其参数定义及创建的点集如图 6-9 所示。

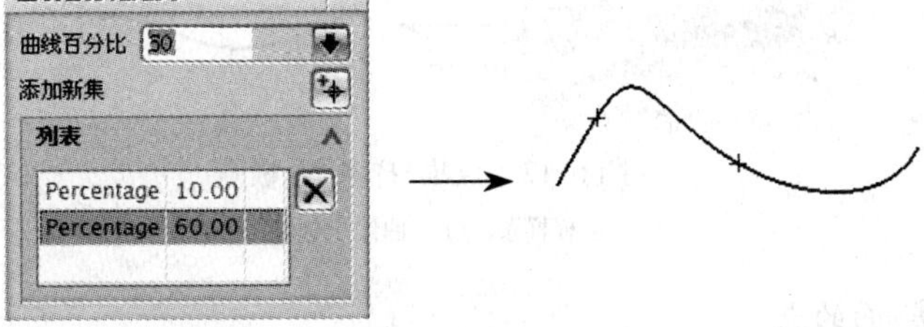

(a) (b)

图 6-9 点集-曲线点-曲线百分点

(a) 参数定义；(b) 曲线上创建的点集

6.1.2.2 点集-样条点

在“点集”对话框类型列表里选“样条点”，按点集产生方法介绍如下。

A　点集-样条点-定义点

子类“定义点”选项：用于重新创建构造“通过点”所创建样条的点。用极点或通过其他构造方法创建的样条不能使用该方法。

在“点集”对话框→类型选“样条点”→子类选“定义点”，其参数定义及创建的点集如图 6-10 所示。

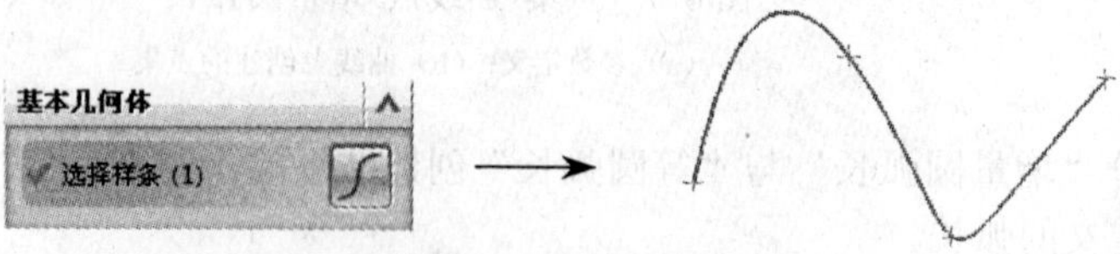

（a）　（b）

图 6-10　点集-样条点-定义点

（a）选择样条；（b）曲线上创建的点集

B　点集-样条点-结点

子类“结点”选项：用于使用现有样条的结点创建一组点。结点是组成曲线的各样条段的端点，如果样条只有一段（即 Bezier 样条），则仅有两个结点。

在“点集”对话框→类型选“样条点”→子类选“结点”，其参数定义及创建的点集如图 6-11 所示。

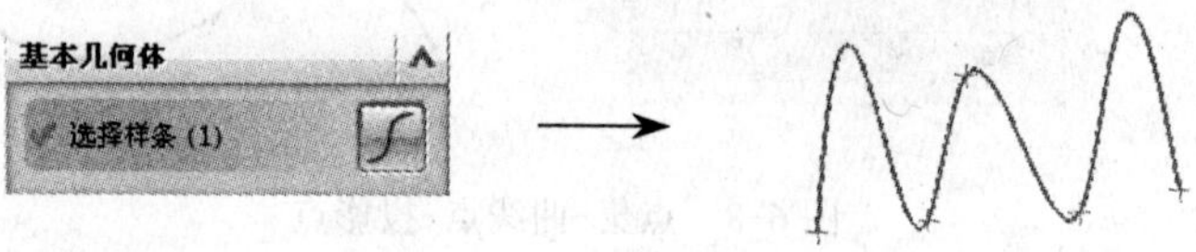

（a）　（b）

图 6-11　点集-样条点-结点

（a）选择样条；（b）曲线上创建的点集

C　点集-样条点-极点

子类“极点”选项：用于在任意样条的极点处创建点。

在“点集”对话框→类型选“样条点”→子类选“极点”，其参数定义及创建的点集如图 6-12 所示。

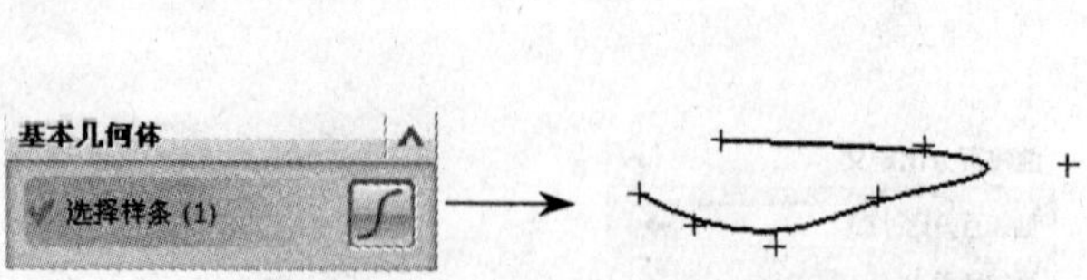

（a）　（b）

图 6-12　点集-样条点-极点

（a）选择样条；（b）曲线上创建的点集

6.1.2.3　点集-面的点

在“点集”对话框类型列表里选“面的点”，按点集产生方法介绍如下。

A　点集-面的点-面样

子类“面样”选项：在整个面上创建点，忽略修剪面的方式。

在“点集”对话框→类型选“面的点”→子类选“面样”，其参数定义及创建的点集如图 6-13 所示。

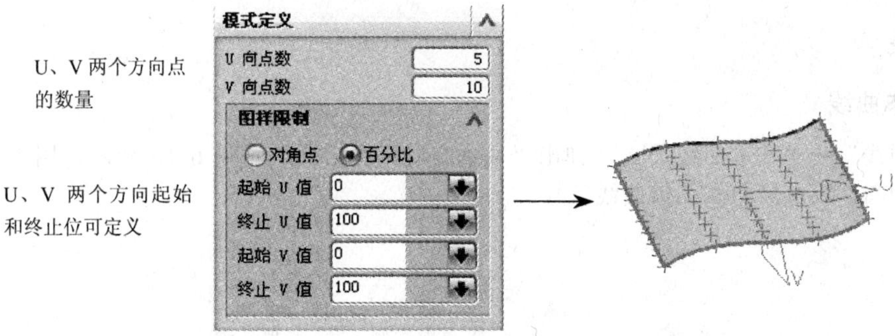

（a）　　　　（b）

图 6-13　点集-面的点-面样

（a）参数定义；（b）曲面上创建的点集

B　点集-面的点-面百分比

子类“面百分比”选项：在等于 U 和 V 百分比值的位置上，在一个或多个面上添加点。

在“点集”对话框→类型选“面的点”→子类选“面百分比”，其参数定义及创建的点集如图 6-14 所示。

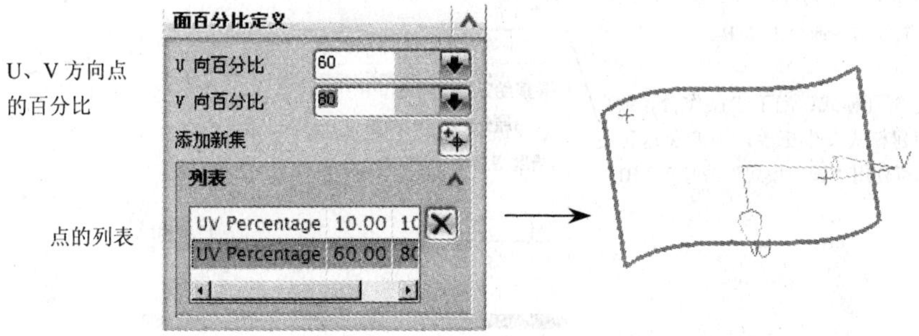

（a）　　　　（b）

图 6-14　点集-面的点-面百分比

（a）参数定义；（b）曲面上创建的点集

C　点集-面的点-B 曲面极点

子类“B 曲面极点”选项：在任意面的极点处创建点。

在“点集”对话框→类型选“面的点”→子类选“B 曲面极点”，其参数定义及创建的点集如图 6-15 所示。

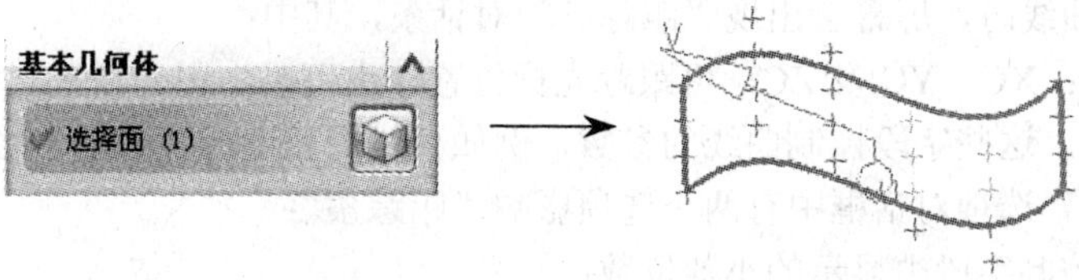

（a）　　　　（b）

图 6-15　点集-面的点-B 曲面极点

（a）参数定义；（b）曲面上创建的点集

6.2　曲线

6.2.1　基本曲线

从“曲线”→“基本曲线”，弹出“基本曲线”对话框，如图 6-16 所示，用于创建直线、圆弧和圆，以及修剪和编辑曲线参数。

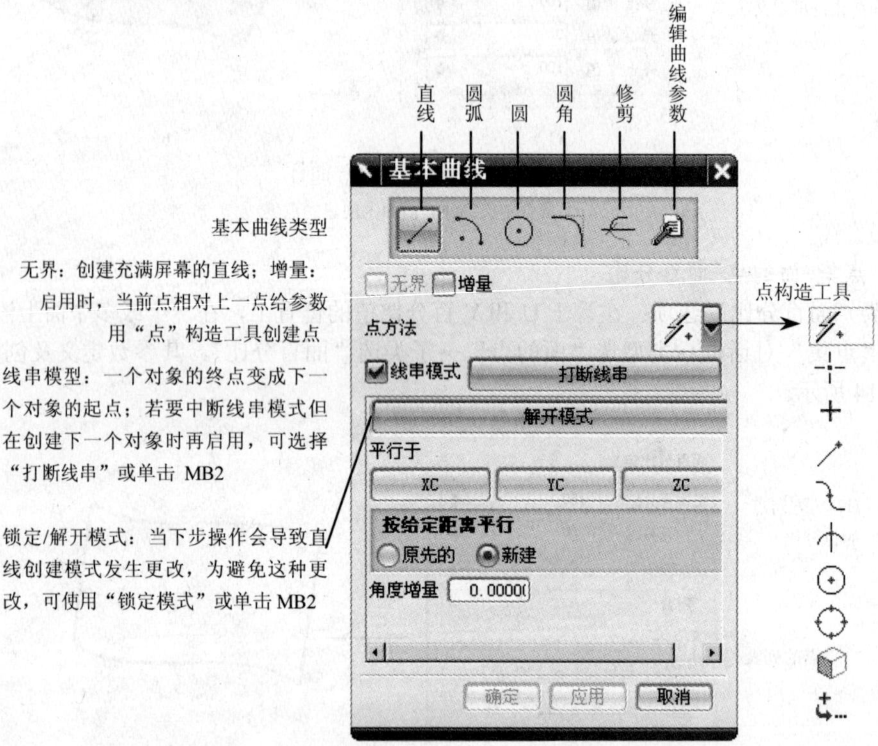

（a）

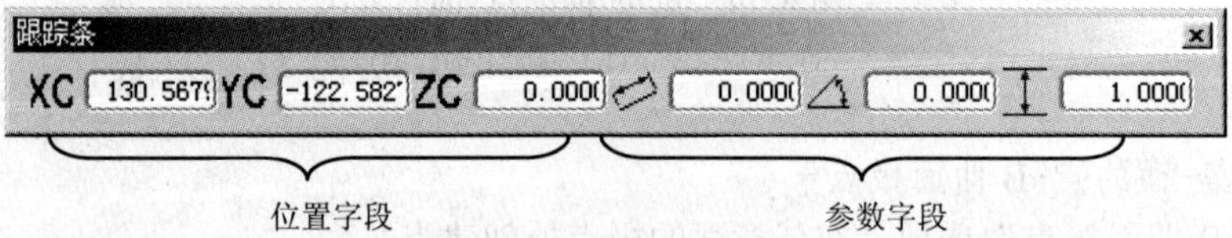

（b）

图 6-16　“基本曲线”对话框及跟踪条

（a）基本曲线对话框；（b）基本曲线的“跟踪条”

在创建基本曲线时，屏幕会出现“跟踪条”对话条，其中：

“位置”字段：XC、YC 及 ZC，可跟踪光标位置，也可以由用户输入固定的值；

“参数”字段：这些字段控制曲线的参数，例如直线的长度或圆弧的半径。

“用户界面首”选项对话框中有两个选项影响“跟踪条”：

小数位数：控制字段中显示的小数位数；

跟踪：控制字段是否跟踪光标的当前位置，选中跟踪时，“跟踪条”的字段会跟踪光标位置，否则，不跟踪，其字段参数由用户输入一个固定值。

如果在转移到“跟踪条”进行输入时，直线的方向或参数可能会改变，可以单击 MB2 使进入到“锁定模式”。

6.2.1.1 创建基本曲线——直线

（1）创建两点之间的直线。完成一个三角形的绘制操作示例如图 6-17 所示。

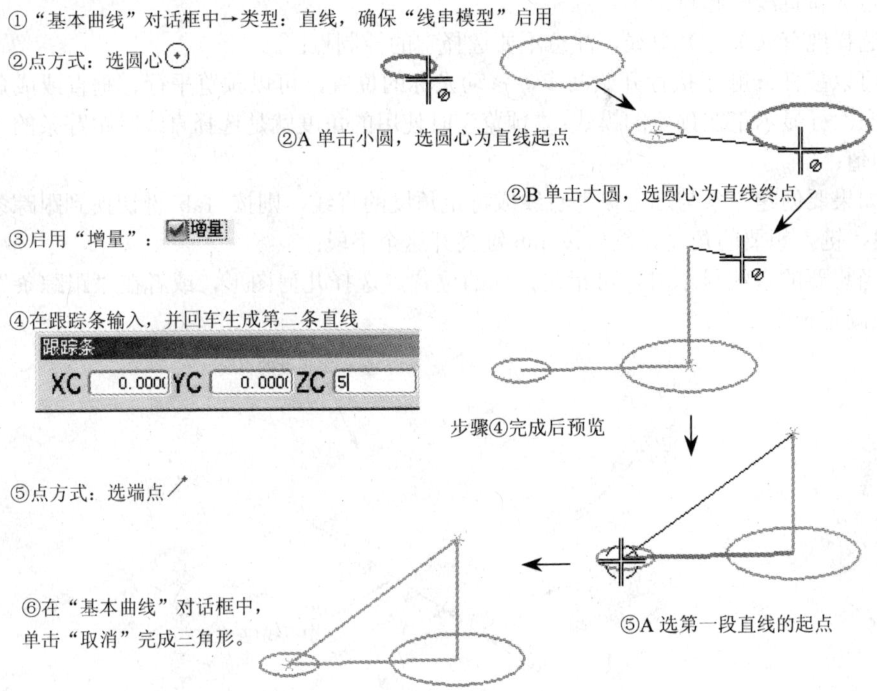

图 6-17 点-点绘制直线（三角形）的绘制操作示例

（2）创建通过一个点且保持水平或竖直的直线。点方式用自动判断的点，角度增量不为 0°时（如 7°），使用光标来定义第二点，该点在捕捉角之内，就会捕捉到水平或竖直方向，如图 6-18 所示。

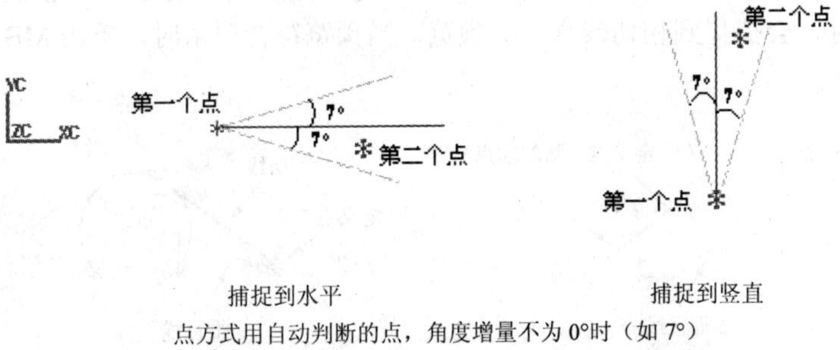

图 6-18 通过一个点并且保持水平或竖直的直线

（3）创建通过一个点并平行于 XC、YC 或 ZC 轴的直线。操作过程如下：

1）定义新直线起点；

2）在该对话框中的“平行于”下，选择 XC、YC 或 ZC，直线会在图形区域中以橡皮筋的形式显示出来；

3）通过指定光标位置、选择几何体或者在跟踪条的“长度”字段中键入一个值并按 Enter

键，确定直线长度。

（4）创建过一个点并平行或垂直于一条直线，或者与现有直线成一角度的直线，如图 6-19 所示。操作过程如下：

1）定义新直线的起点；

2）选择现有（参考）直线，注意不要选择它的控制点；

3）可以按任一顺序执行开始两步，移动光标的位置，可以预览平行、垂直或成角度的直线；“状态”行显示正在预览的模式；“预览”时使用的角度就是选择直线时跟踪条的“角度”字段中的值；

4）如果要创建一条与选定参考直线成特定角度的直线，则按 Tab 键切换到跟踪条的“角度”字段，键入想要的角度，然后按 Tab 键离开这个字段；

5）当想要的直线显示时，可指定光标的位置、选择几何图形，或者在“跟踪条”中键入长度，来确定长度。

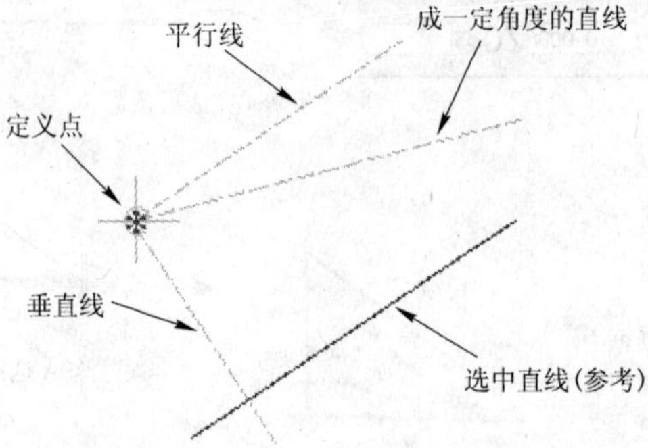

图 6-19 过一个点并平行或垂直于一条直线，或者与现有直线成一角度的直线

（5）创建通过一个点并与一条曲线相切或垂直的直线，如图 6-20 所示。操作过程如下：

1）定义新直线的起点；

2）选择现有曲线，注意不要选择它的控制点，选择曲线时，会有预览；如果要创建相切直线，则可以先选择曲线，然后定义点；如果要创建垂直直线，则必须首先定义点；

3）移动光标，会捕捉到相切或垂直的预览，当预览符合要求时，单击 MB1 创建切线或垂直直线。

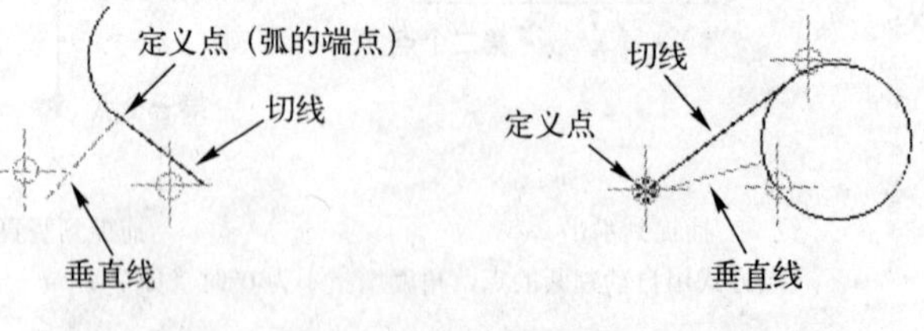

图 6-20 通过一个点并与一条曲线相切或垂直的直线

（6）创建与一条曲线相切并与另一条曲线相切或垂直的直线。如图 6-21 所示。操作过程如下：

1）选择第一条曲线，小心不要选择它的控制点，拖动橡皮条，观察切线方向是否正确，若错误，移动光标至曲线内侧，从曲线另一侧移出，可改变切线方向；

2）在第二条曲线上移动光标，注意，预览直线会捕捉与曲线相切或垂直；

3）当显示所需直线时，单击选择第二条曲线。

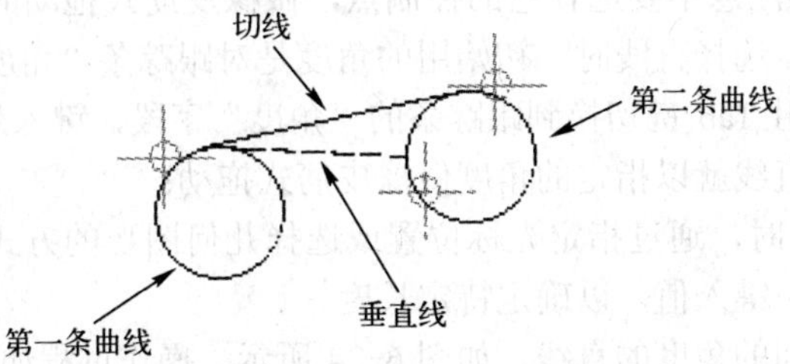

图 6-21　与一条曲线相切并与另一条曲线相切或垂直的直线

（7）创建与一条曲线相切并与另一条直线平行或垂直的直线，如图 6-22 所示，操作过程如下：

1）选择曲线，注意不要选择它的控制点，注意调整相切方向；

2）选择直线，同样注意不要选择它的控制点，做橡皮筋式拖动的直线显示为与选定直线平行、垂直或成一角度；

3）当想要的直线显示时，可指定光标的位置、选择几何图形，或者在对跟踪条中键入长度，来确定长度。

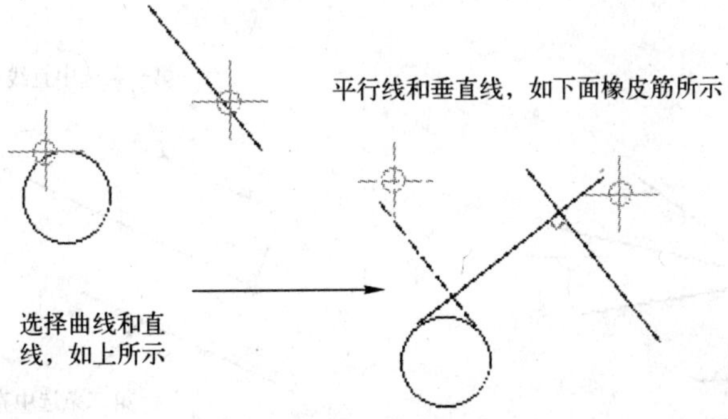

图 6-22　与一条曲线相切并与另一条直线平行或垂直的直线

（8）创建与一条曲线相切并与另一条直线成一角度的直线，如图 6-23 所示。操作过程如下：

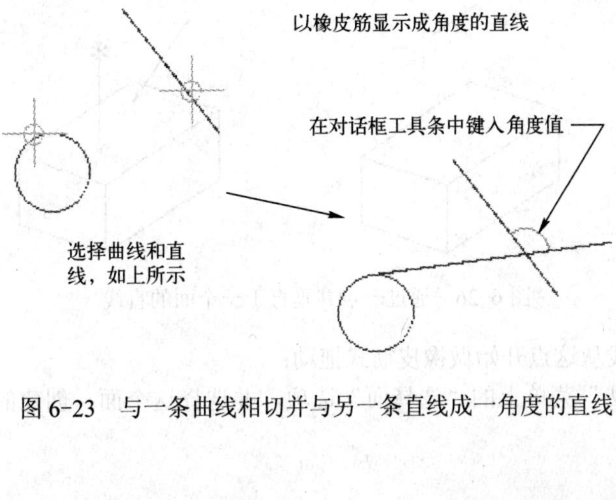

图 6-23　与一条曲线相切并与另一条直线成一角度的直线

1）选择曲线，注意不要选择它的控制点，取正确的切线方向；

2）选择直线，同样注意不要选择它的控制点，做橡皮筋式拖动的直线显示为与选定直线平行、垂直或成一角度，选择直线时，初始用的角度是对跟踪条“角度”字段中显示的值；

3）关闭“跟踪”，用 Tab 键切换到跟踪条的“角度”字段，键入想要的角度，然后按 Tab 键离开这个字段，现在直线就以指定的角度做橡皮筋式拖动；

4）显示想要的直线时，通过指定光标位置或选择几何图形的方式来确定长度，创建直线后，可以立即在跟踪条中键入值，以确定特定长度。

（9）创建两条直线间的角度的直线，如图 6-24 所示。操作过程如下：

1）选择两条不平行的直线，选定的线不一定要相交，在屏幕上移动光标时，会有四条可能的平分线以橡皮筋方式在拖动；

2）当想要的直线显示时，可指定光标的位置、选择几何图形，或者在跟踪条中键入长度，来确定长度。

（10）创建两条平行直线之间的中心线，如图 6-25 所示。操作过程如下：

1）选择第一条直线，距离选定直线最近的端点决定了新直线的起点；

2）选择一条平行于第一条直线的直线，新的直线平行于选定的直线以橡皮筋方式拖动，并且位于这两条直线的中间，起始于第一条选定直线的最近端点到新直线上的投影；

3）当想要的直线显示时，可指定光标的位置、选择几何图形，或者在跟踪条中键入长度，来确定长度。

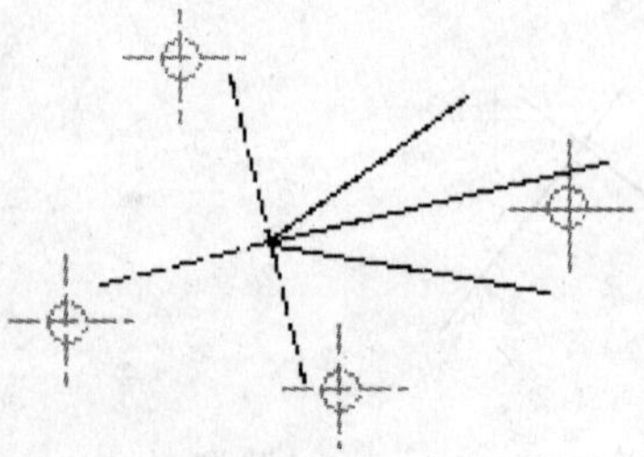

图 6-24　平分两条直线间角度的直线

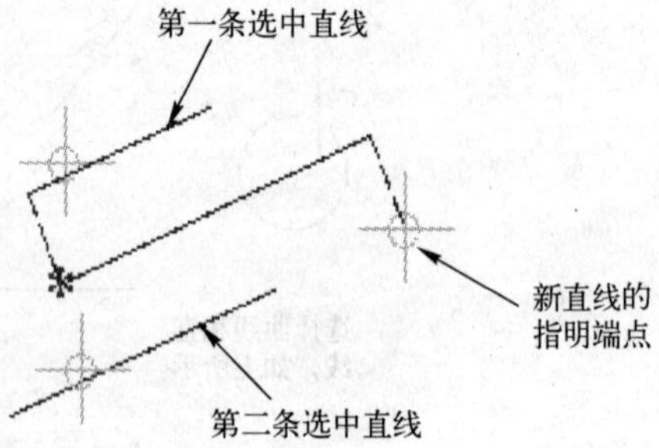

图 6-25　两条平行直线之间的中心线

（11）创建通过一点并垂直于一个面的直线，如图 6-26 所示。操作过程如下：

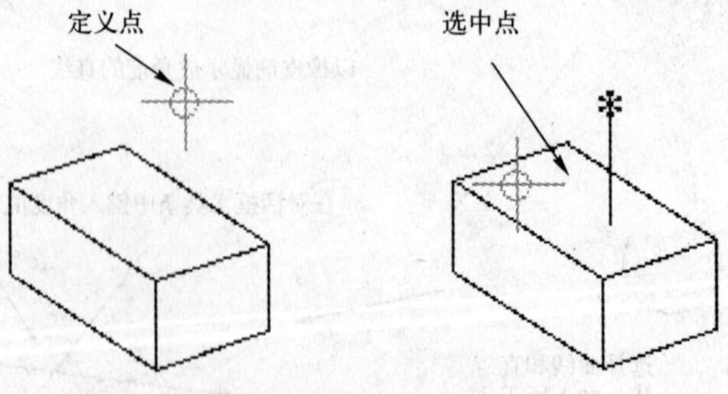

图 6-26　通过一点并垂直于一个面的直线

1）定义点，直线从这点开始做橡皮筋式拖动；

2）选取“点方法”菜单上的“选择面”选项，并选择这个面，创建的直线穿过这点并垂直于这个面，用这个面来限制它的相交。

可以先选择面，但如果这样做，就看不见任何橡皮筋式拖动。一旦指定了点就立即创建直线。如果点在面上，则直线做橡皮筋式拖动，并垂直于这个面，直到指定一个限制点或对象。

（12）创建以一定的距离平行于另一条直线的直线，如图 6-27 所示。操作过程如下：

1）关闭线串模式，处于线串模式时，无法按一定的距离创建平行的直线；

2）选择基线，保持选择球的中心在您想要测量偏置的直线的一侧；

3）在跟踪条的“偏置”字段中键入偏置距离，并按回车，则创建了偏置直线；

4）要按相同的偏置创建另一条直线，再按一次回车；要按不同的偏置创建另一直线，则键入值并按回车。

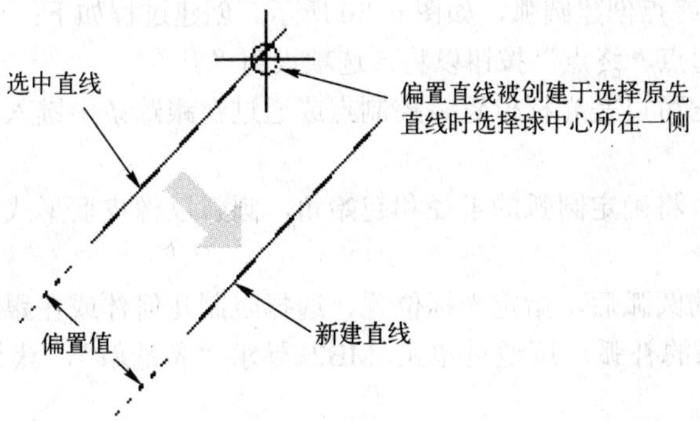

图 6-27 以一定的距离平行于另一条直线的直线

6.2.1.2 创建基本曲线——圆弧

（1）起点、终点、圆弧上的点或对象的切点创建圆弧，如图 6-28 所示。创建过程如下：

1）定义两个点，这些点可以是光标位置、控制点或通过在跟踪条中键入数字并按<Enter>键而建立的值；

2）定义第三点或选择一个相切对象（不能是抛物线、双曲线或样条）。

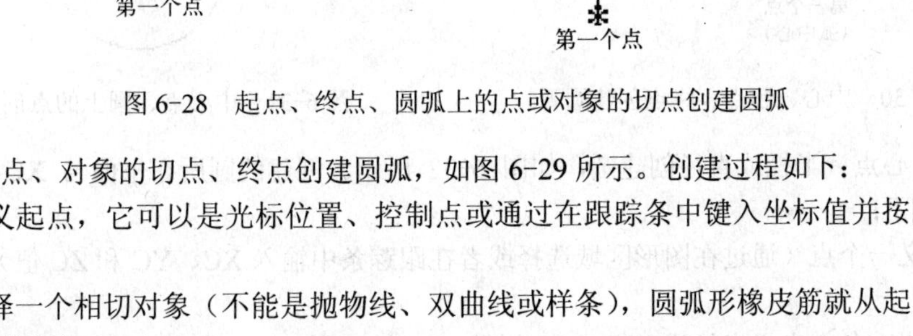

图 6-28 起点、终点、圆弧上的点或对象的切点创建圆弧

（2）起点、对象的切点、终点创建圆弧，如图 6-29 所示。创建过程如下：

1）定义起点，它可以是光标位置、控制点或通过在跟踪条中键入坐标值并按回车键而确定的点；

2）选择一个相切对象（不能是抛物线、双曲线或样条），圆弧形橡皮筋就从起点开始拉伸并与选定对象相切；

3）定义终点。

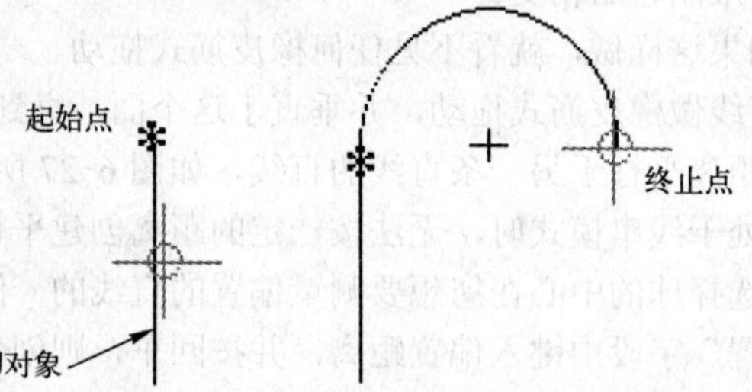

图 6-29　起点、对象的切点、终点创建圆弧

（3）中心、起点、终点创建圆弧，如图 6-30 所示。创建过程如下：

1）选择“中心、起点、终点”按钮以将该选项设为“开”；

2）定义中心点，它可以是光标位置、控制点或通过在跟踪条中键入坐标值并按回车键而确定的点；

3）定义第二个点，将确定圆弧的半径和起始角，圆弧以橡皮筋形式从第二个点开始沿逆时针方向拉伸；

4）当显示出预期的圆弧后，指定光标位置、选择限制几何体或在跟踪条中输入一个终止角（若需要是当前圆弧的补弧，可通过单击 MB2 寻求“备选解”，获得所预览圆弧的另一半）。

6.2.1.3　创建基本曲线——圆

（1）中心点、圆上的点创建圆，如图 6-31 所示。创建的圆在 XC-YC 平面上或与所在平面与 XC-YX 平行。创建方法如下：

1）定义一个点（通过在图形区域选择一个点、通过某个“点方法”选项或者在跟踪条中输入 XC、YC 和 ZC 值），该点将成为圆心；

2）定义第二个点，圆周会通过该点（如果增量选项设置为“开”，则在跟踪条的 XC、YC 和 ZC 字段中为第二点输入的任何值都将相对于第一点来应用）。

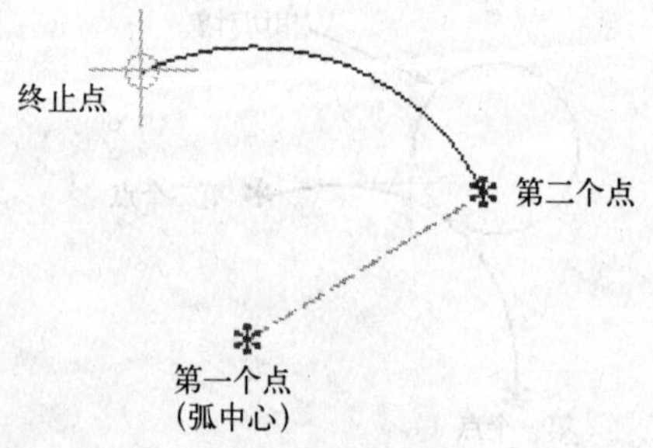

图 6-30　中心、起点、终点创建圆弧

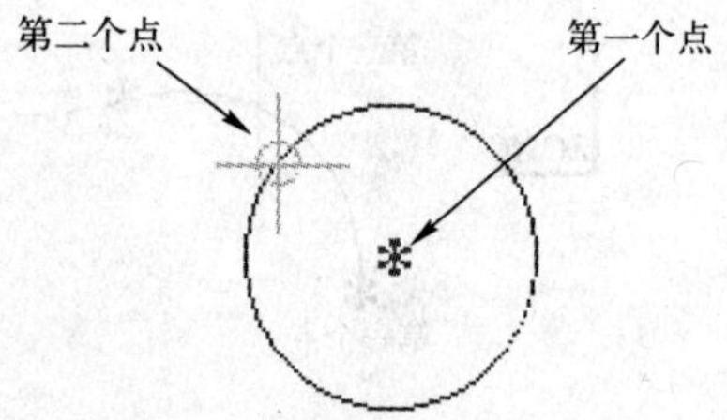

图 6-31　中心点、圆上的点创建圆

（2）中心点、半径或直径创建圆，如图 6-32 所示。创建的圆所在平面与 XC-YX 平行。创建方法如下：

1）定义一个点（通过在图形区域选择或者在跟踪条中输入 XC、YC 和 ZC 值），该点将成为圆心；

2）在跟踪条中定义半径或直径，并回车。

（3）中心点、相切对象创建圆，如图 6-33 所示，创建方法如下：

1）定义一个点（通过在图形区域选择或者在跟踪条中输入 XC、YC 和 ZC 值），该点将成为圆心；

2）选择一个对象，创建的圆将与该对象相切。

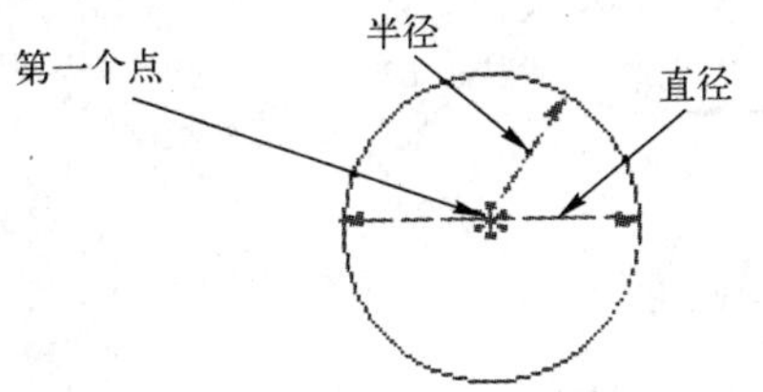

图 6-32 中心点、半径或直径创建圆

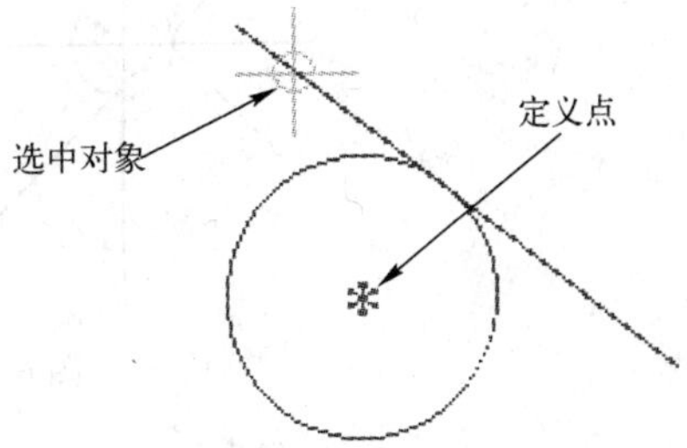

图 6-33 中心点，相切对象创建圆

6.2.1.4 创建基本曲线——圆角

可对二条或三条曲线相交处以“圆角”或“圆整”的方式与曲线相切。从“基本曲线”点“圆角”，弹出“曲线倒圆”对话框，如图 6-34 所示。三种类型的圆角如图 6-35 所示。

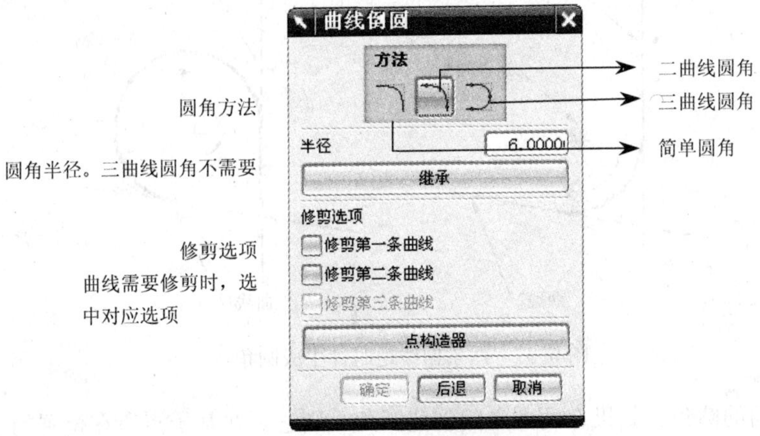

图 6-34 “曲线倒圆”对话框

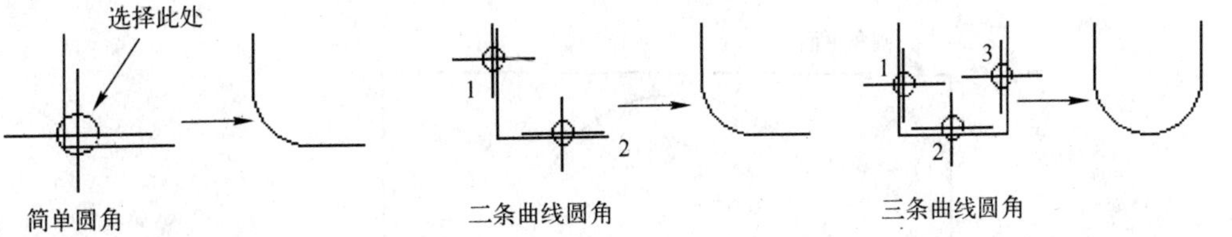

图 6-35 基本曲线——圆角中的三种圆角

（1）“简单圆角”在两条共面非平行直线之间创建圆角。输入半径值决定圆角的尺寸，直线被自动修剪到与圆弧相切的点。

创建简单圆角操作时，选择球要能套住两直线的交点，且圆角在选择球中心一侧，如图 6-36 所示。

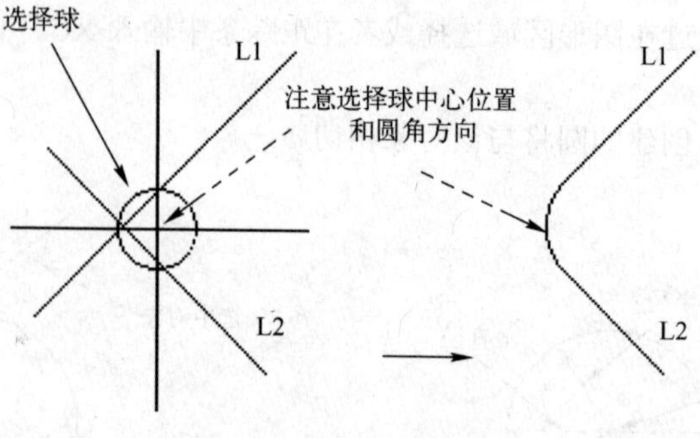

图 6-36　创建简单圆角

（2）“两条曲线圆角” 在两条曲线（包括点、直线、圆、二次曲线或样条）之间构造一个圆角。

1）两条曲线（共面）间的圆角。两条曲线间的圆角是从第一条曲线到第二条曲线沿逆时针方向生成的圆弧，并要给出圆角中心逼近的位置，如图 6-37 所示。

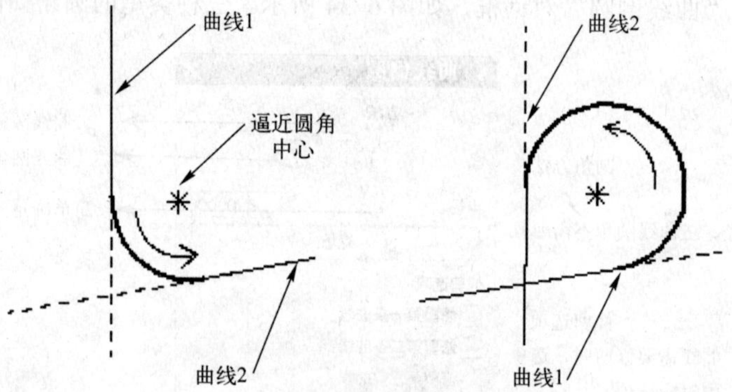

图 6-37　两条曲线逆时针生成圆角

2）两点之间的圆角。如果在两点之间创建圆角，则它是在基于点所在位置的平面上创建的。如图 6-38 所示，参考平面包含通过两点之间的矢量 $\vec{A}$，和一个平行于 ZC 轴的矢量 $\vec{B}$ 的平面。圆角平面内为包含了两点，且垂直于参考平面的平面。

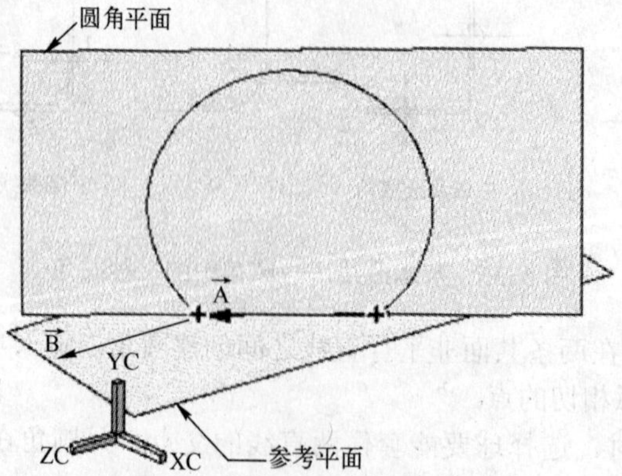

图 6-38　两点之间的圆角

3）一点和一条曲线之间的圆角，圆角平面包含处于点和曲线的圆角相切点之间的矢量 $\vec{A}$，和圆角切线矢量 $\vec{B}$ 的平面，如图 6-39 所示。

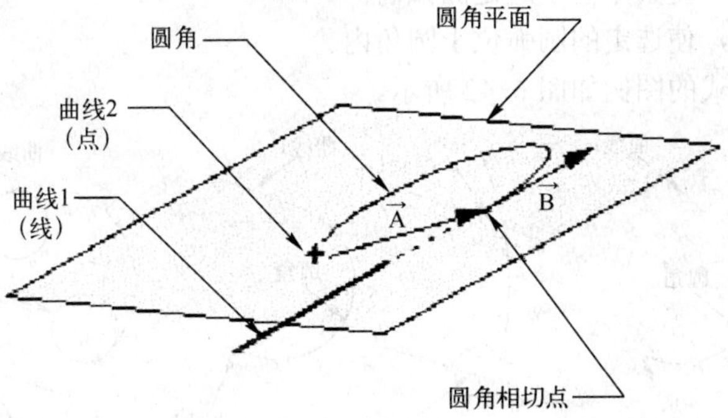

图 6-39　一点和一条曲线之间的圆角

4）两不共面曲线之间的圆角，则角平面包含第一条曲线的切线，并垂直于两条切线的矢量的平面，如图 6-40 所示。

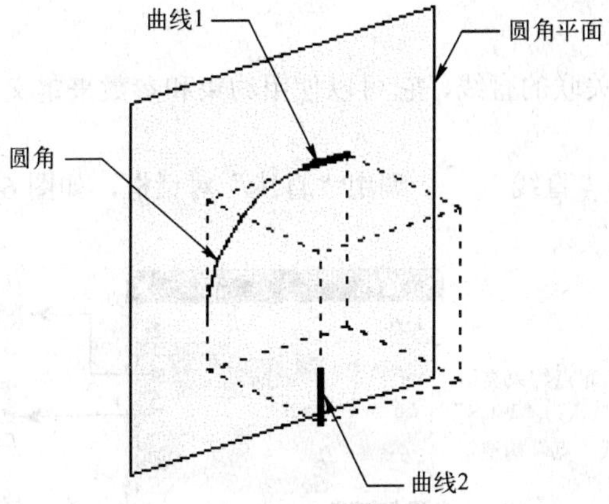

图 6-40　两不共面曲线之间的圆角

（3）“三条曲线圆角”是从第一条曲线到第三条曲线按逆时针方向，并根据给定的圆角中心逼近位置来生成圆弧。构造圆角使圆弧中心与这三条曲线等距，如图 6-41 所示。这三条曲线不必位于同一平面上。

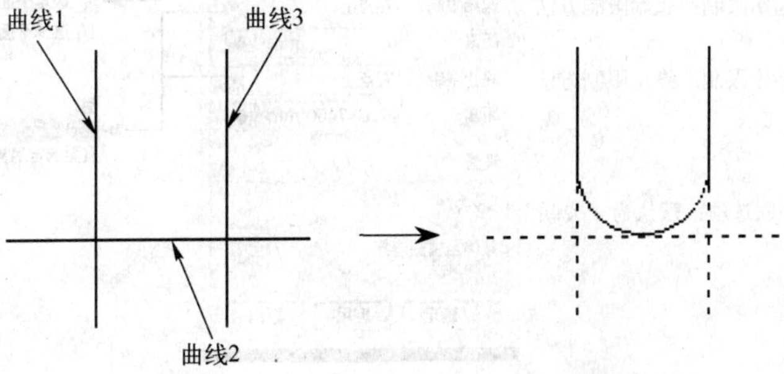

图 6-41　三条曲线圆角的基本形式

如果选定的曲线中有一条是圆弧，则需要提供如下信息以创建圆角：

（1）外切，使选定的圆弧位于圆角的外侧；

（2）圆角在圆内，使圆角位于选定圆弧内；

（3）圆角内的圆，使选定的圆弧位于圆角内。

以上三种处理方式的图例如图 6-42 所示。

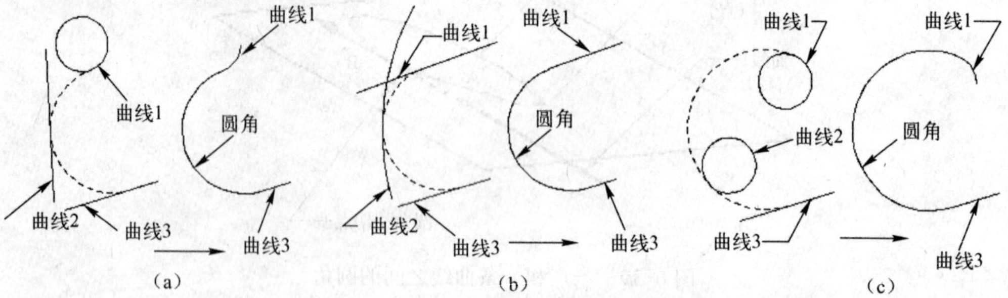

图 6-42　曲线为圆弧时的三条曲线圆角

（a）外切，使选定的圆弧位于要创建圆角的外部；（b）圆角在圆内，圆角位于选定圆弧内；（c）圆角内的圆，使选定的圆弧位于圆角内

6.2.2　直线

“直线”用于创建关联的直线，它可以使用约束和参数来定义直线，故它比基本曲线中的直线更便于创建。

从“曲线”工具条→“直线”，调用“直线”对话框，如图 6-43 所示。

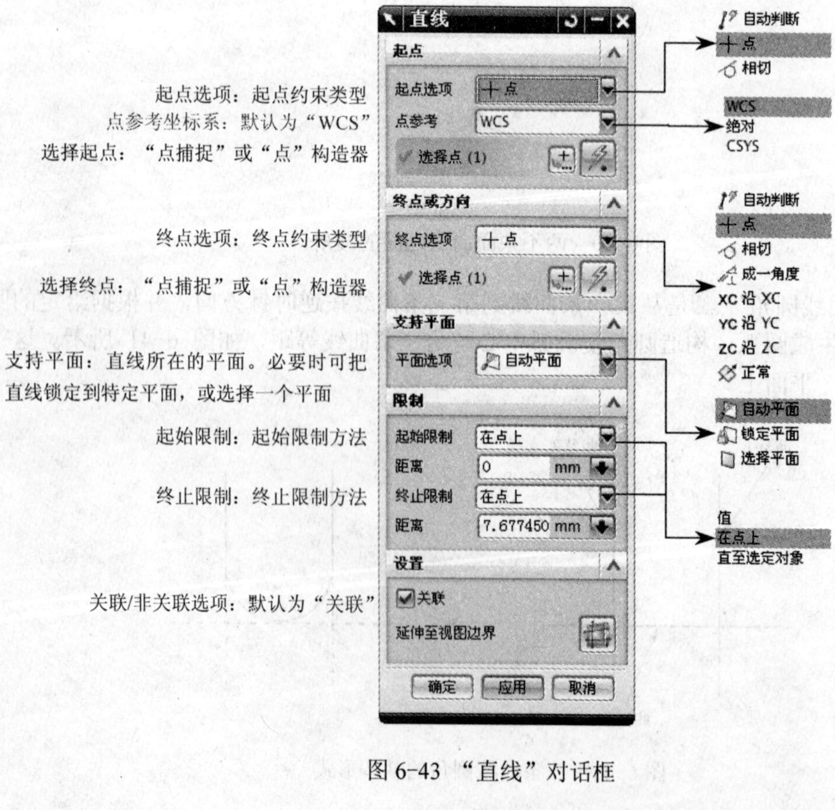

图 6-43 “直线”对话框

6.2.2.1　在两点之间创建直线

在两点之间创建直线的操作示例如图 6-44 所示。在创建起点和终点时，位于“选择条”上的“点捕捉”可用，选择合适的点捕捉方式，方便辅助选择对象。

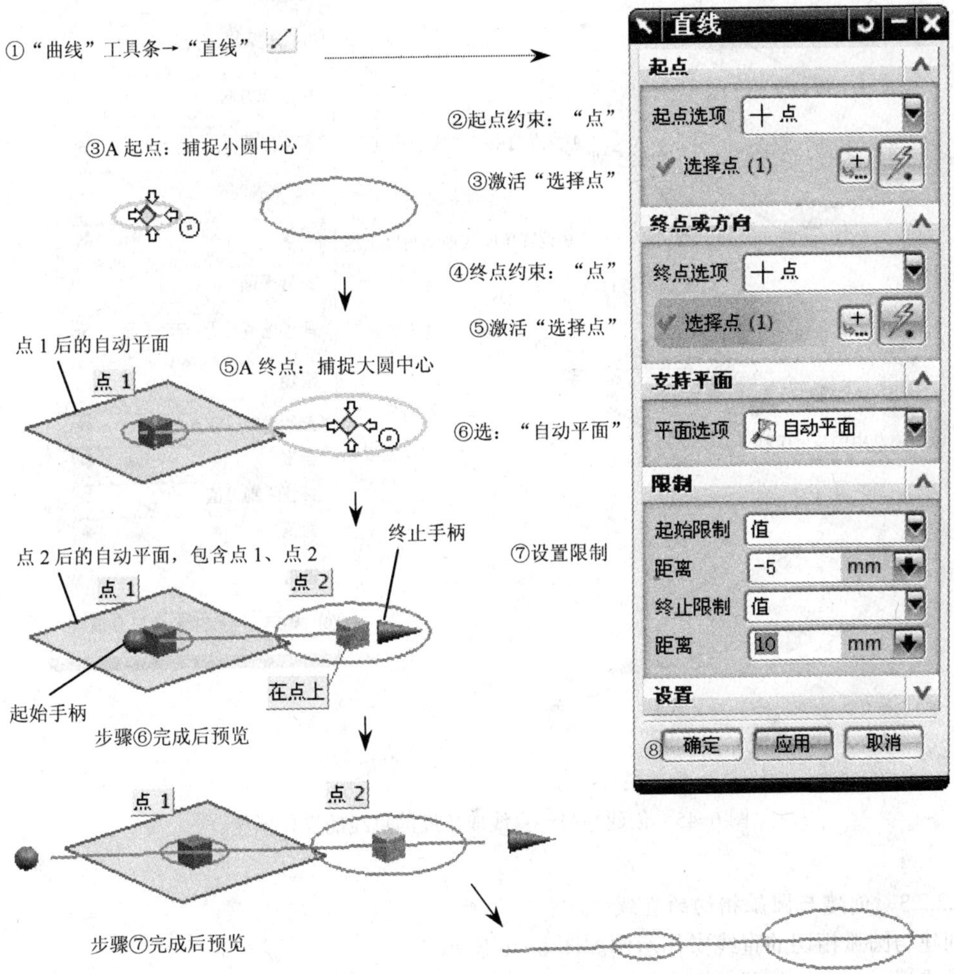

图 6-44　在两点之间创建直线的操作示例

操作提示：(1) 若支持平面为“自动平面”时，当选择点 1 后，自动平面会预览，再选择点 2 后，自动平面预览包含点 1 和点 2 的平面，当两个点不共面时，两个平面可能会不同；(2) 点 1 和点 2 决定了直线的方向，起始手柄和终止手柄可沿该方向拖动；(3) 在起始限制和终止限制的距离都是以点 1 为参考的值，正值表示沿直线方向上与点 1 的距离，负值表示沿直线方向的反向上与点 1 的距离。

6.2.2.2　创建与另一直线成角度的直线

创建与另一直线成角度的直线操作示例如图 6-45 所示。

操作提示：为了搞清与参考直线的夹角，可拖动角度手柄观察角度的变化，然后给定精确的角度值。

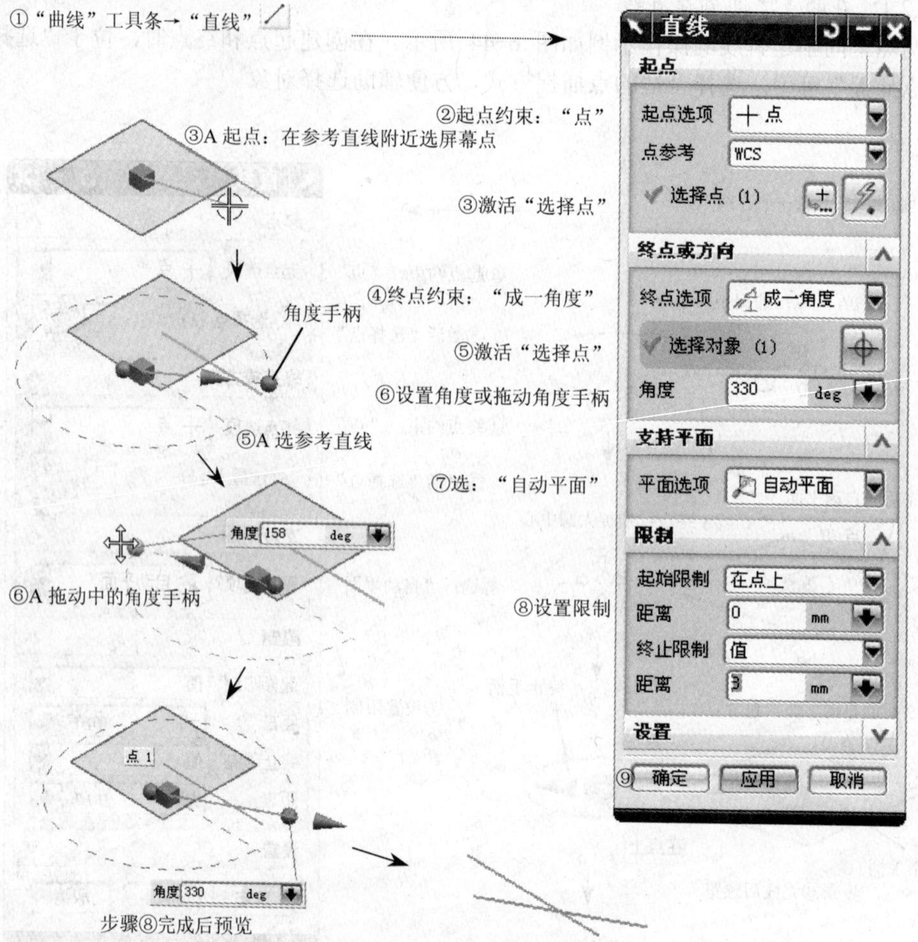

图 6-45　创建与另一直线成角度的直线的操作示例

6.2.2.3　创建与圆弧相切的直线

创建与圆弧相切的直线操作示例如图 6-46 所示。

操作提示：直线与圆有多个切点，步骤⑤A 圆时光标应在需要的切点附近选择圆，以便获得需要的切线。

6.2.3　圆弧/圆

"圆弧/圆"用于快速创建关联圆和圆弧特征，它可以使用约束和参数来定义圆和圆弧，通过组合不同类型的约束，可以创建多种类型的圆弧。

从"曲线"工具条→"圆弧/圆"，调用"圆弧/圆"对话框，如图 6-47 所示。

6.2.3.1　通过三点创建圆弧

通过圆弧上三个点来创建圆弧，点 1、点 2、点 3 分别是圆弧起点、终点和中间点。其操作示例如图 6-48 所示。

6.2.3.2　使用相切点创建圆弧

点 1、点 2 为圆弧的起点、终点，中间点与已知圆弧相切点。操作示例如图 6-49 所示。

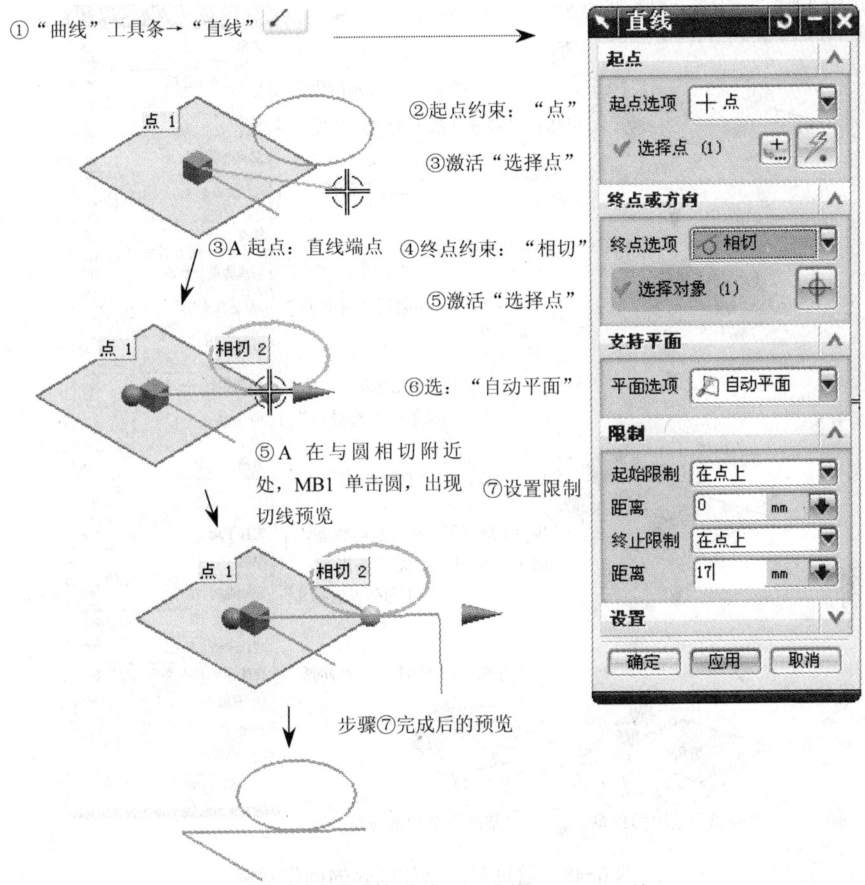

图 6-46 创建与圆弧相切的直线的操作示例

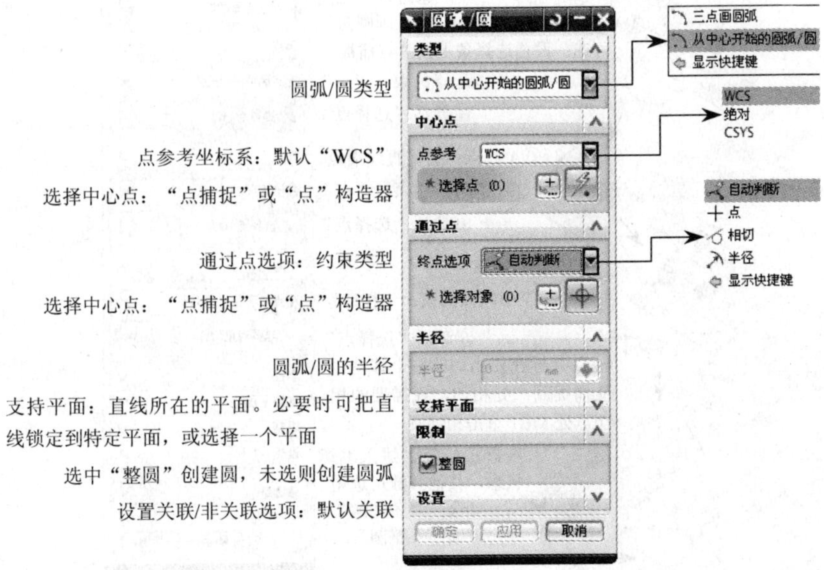

图 6-47 “圆弧/圆”对话框

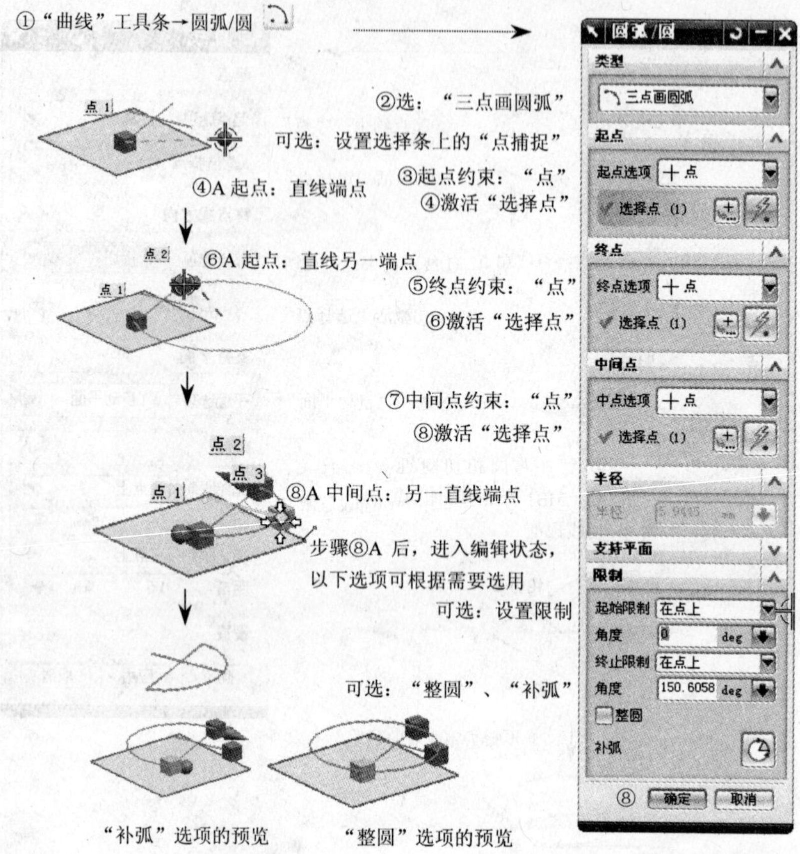

图 6-48　通过三点创建圆弧的操作示例

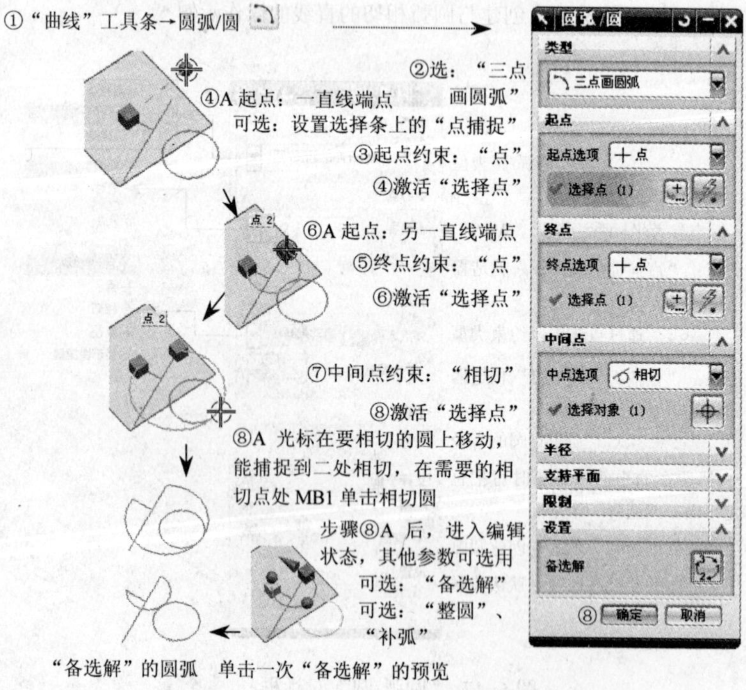

图 6-49　使用相切点创建圆弧的操作示例

操作提示：(1) 重新定义点，在图形区选中选择要重新定义的点，可拖动或选择新的位置点；(2) 改变点的约束状态，选择一个点，使用右键菜单或在菜单对应的约束上更改新的约束。

6.2.3.3　使用三个相切点创建圆弧

使用三个与已知曲线相切点创建圆弧，如图 6-50 所示。本示例中使用了 MB3 菜单对点重新约束方法来寻找切点，并使用“备选解”得到希望的圆弧。

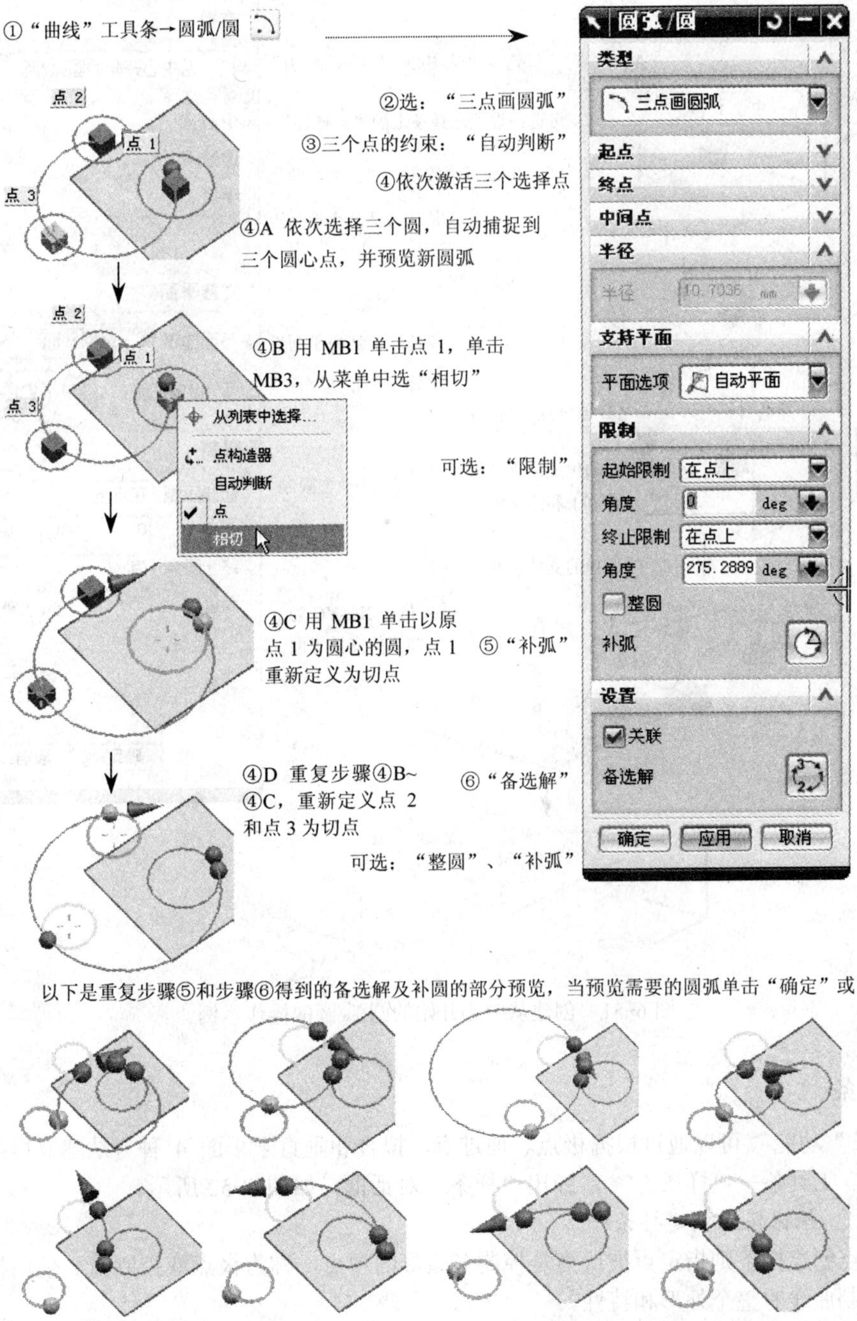

图 6-50　使用三个相切点创建圆弧的操作示例

6.2.3.4　创建从中心开始的圆弧/圆

第一点为圆弧/圆的中心点，可指定圆弧半径或圆弧上的点，来创建从中心开始的圆弧/圆，如图 6-51 所示。在示例中没有使用系统自动产生的支持平面，而为圆弧选择了支持平面。

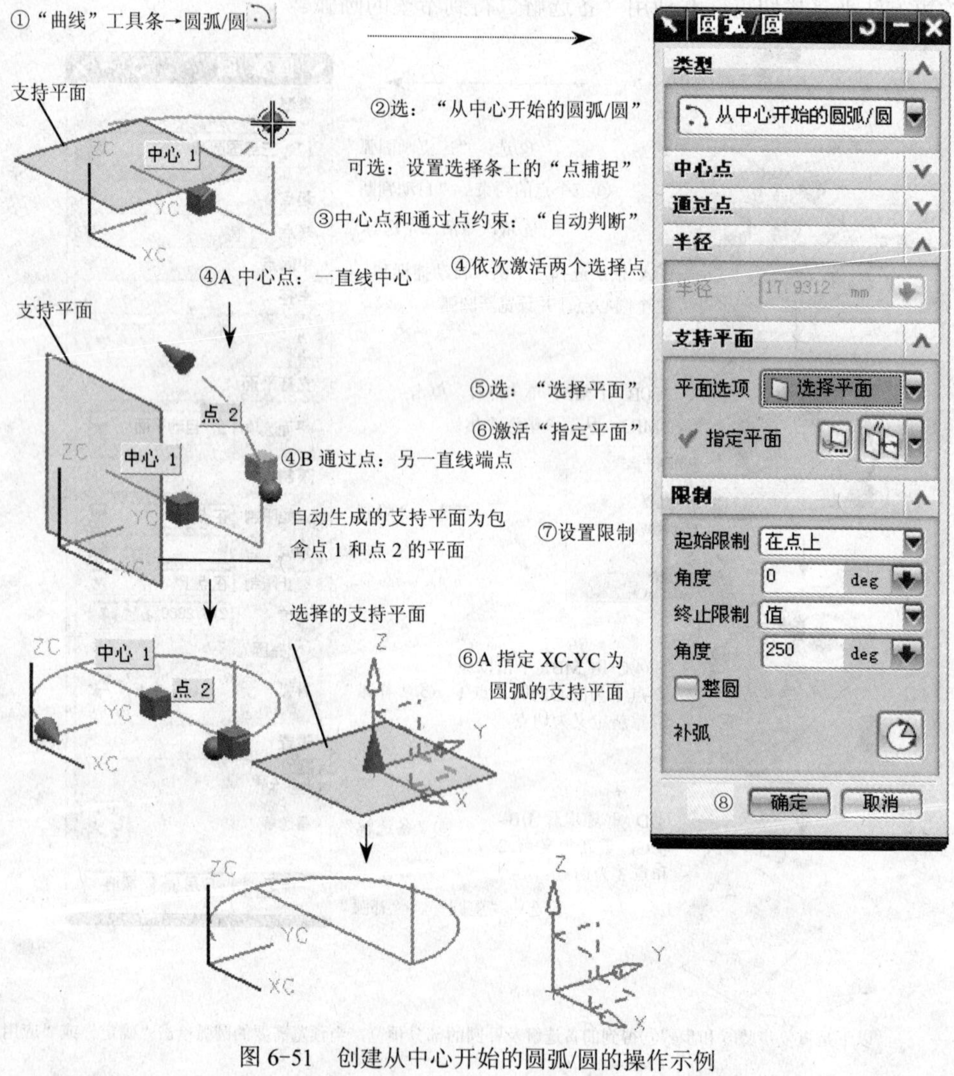

图 6-51　创建从中心开始的圆弧/圆的操作示例

6.2.4　样条

“样条”功能可以通过根据极点、通过点、拟合和垂直于平面 4 种方法建立样条曲线。从“曲线”工具条→“样条”，弹出“样条”对话框，如图 6-52 所示。

6.2.4.1　根据极点创建样条

用极点创建样条则指定点被认为是控制多边形的顶点，称为极点或控制点。使用极点可以更好地控制曲线的整个外形和特性。

从“样条”对话框→“根据极点”，弹出“根据极点生成样条”对话框。根据极点生成样条的操作示例如图 6-53 所示，本示例中使用了已经存在的一组点来创建样条。

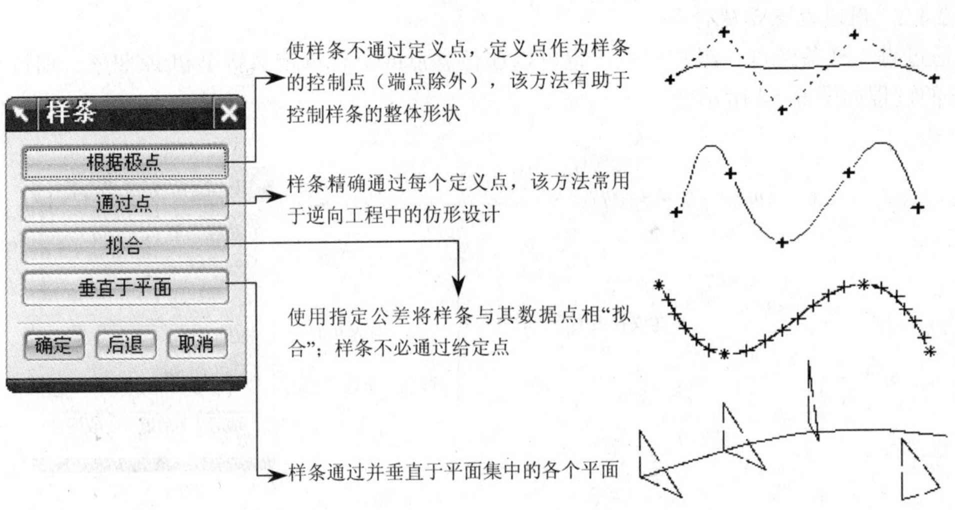

图 6-52 “样条”对话框

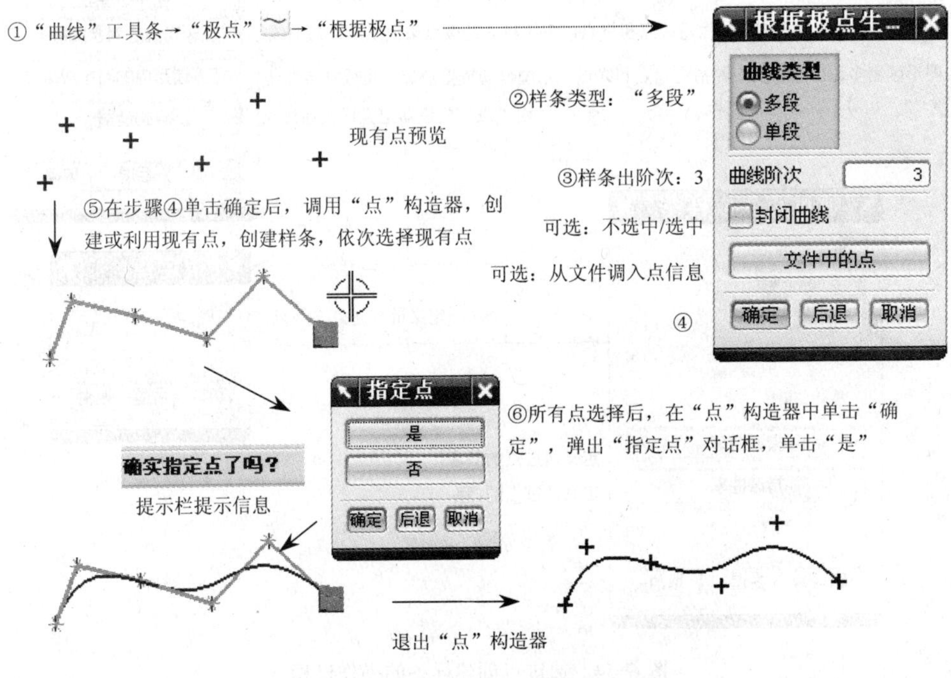

图 6-53 根据极点创建样条的操作示例

操作提示：（1）UG 的最高阶次为 24 次，高阶曲线从视觉上更为平直、美观，单段样条的整条曲线只有一段样条，阶次要比定义点数量小 1，因此单段样条最多只能使用 25 个定义点；多段样条对定义点数量没有要求，可自定义阶数，但样条定义点的数量至少比阶次多 1，建议采用 3 次样条线。阶次越高制造成本越高，尽量不要使用高阶样条；（2）使用“文件中的点”时，文件名为：xxxx.dat，点的格式为：X　Y　Z，每行一定义一个点。

6.2.4.2　用通过点创建样条

“通过点”样条经过一组数据点，也可以在任意点或所有点定义斜率和/或曲率。通过点创建样条的过程如图6-54所示。

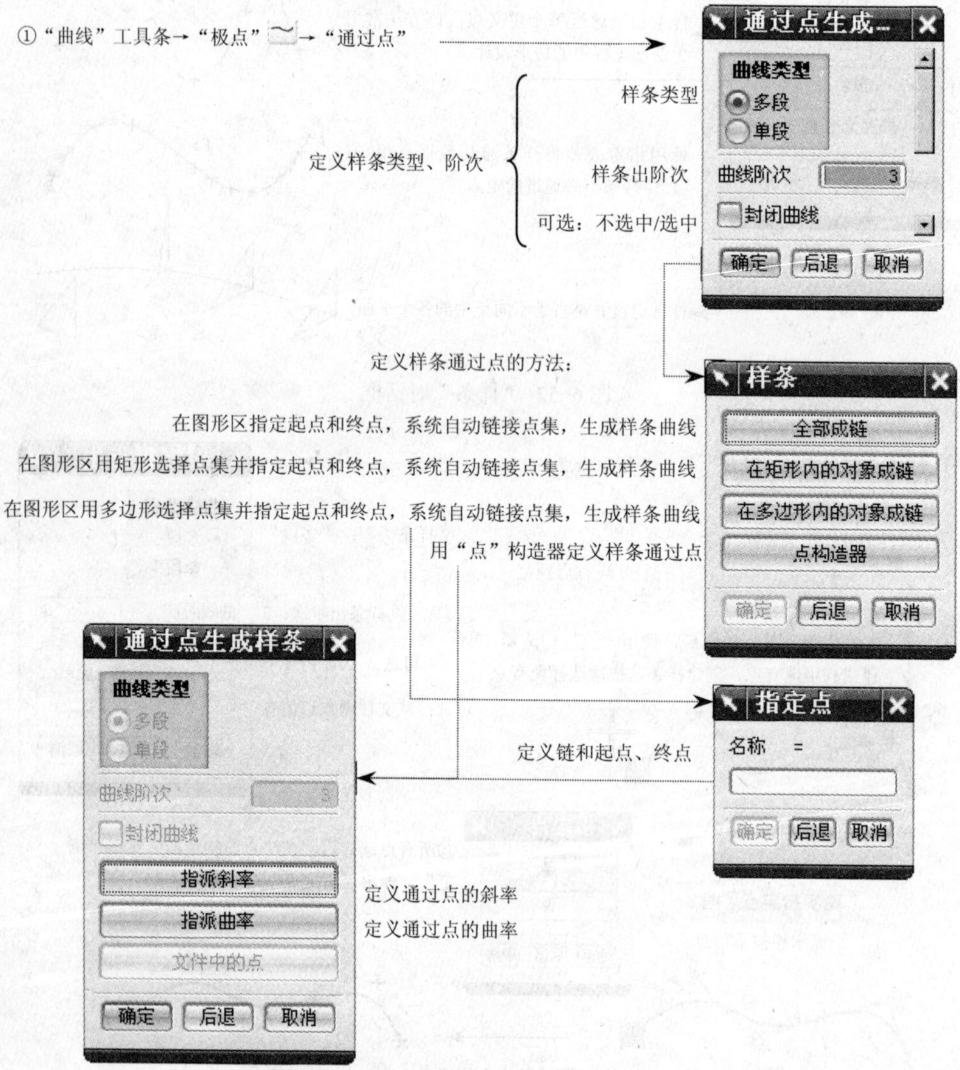

图6-54　通过点创建样条的操作过程

6.2.4.3　用拟合创建样条

它使用指定公差将样条与其数据点相“拟合”，样条不必通过给定点。拟合创建样条的过程如图6-55所示。

6.2.5　矩形和多边形

6.2.5.1　矩形

“矩形”是通过两个对角点创建的。矩形创建在XC-YC、YC-ZC或XC-ZC平面内，若不在平面内，则平行于YC轴创建其中的两条边。

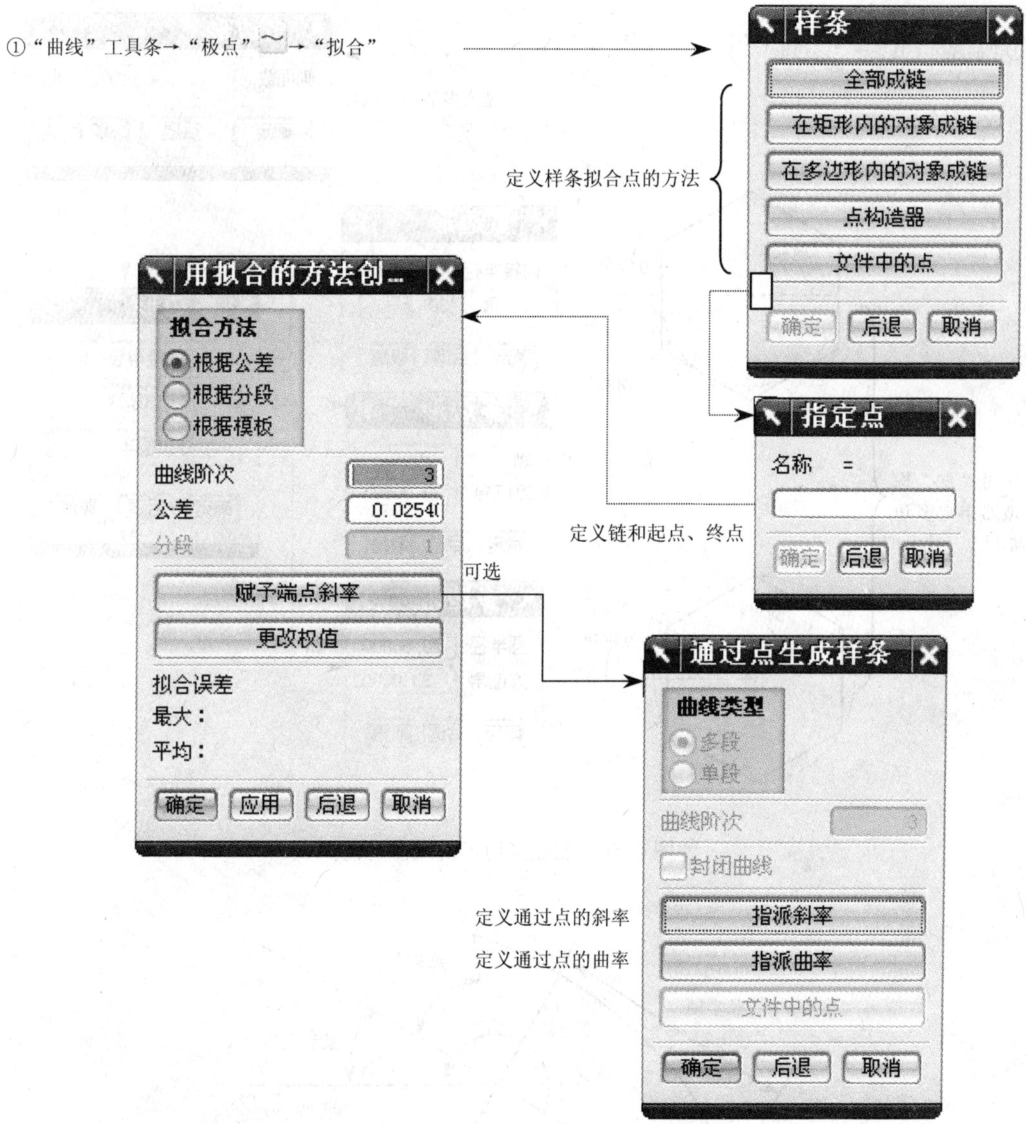

图 6-55 拟合创建样条的操作过程

从“曲线”工具条→“矩形”，调用“点”构造器创建两对角点创建矩形。

6.2.5.2 多边形

“多边形”是在平行于 WCS 的 XC-YC 平面的平面内创建一个多边形。创建多边形的操作过程如图 6-56 所示。

6.2.6 椭圆

“椭圆”在指定中心点上以给定的参数创建一个椭圆，该椭圆所在平面平行于 WCS 的 XC-YC 平面。

椭圆的参数如图 6-57 所示。创建椭圆的操作示例如图 6-58 所示。

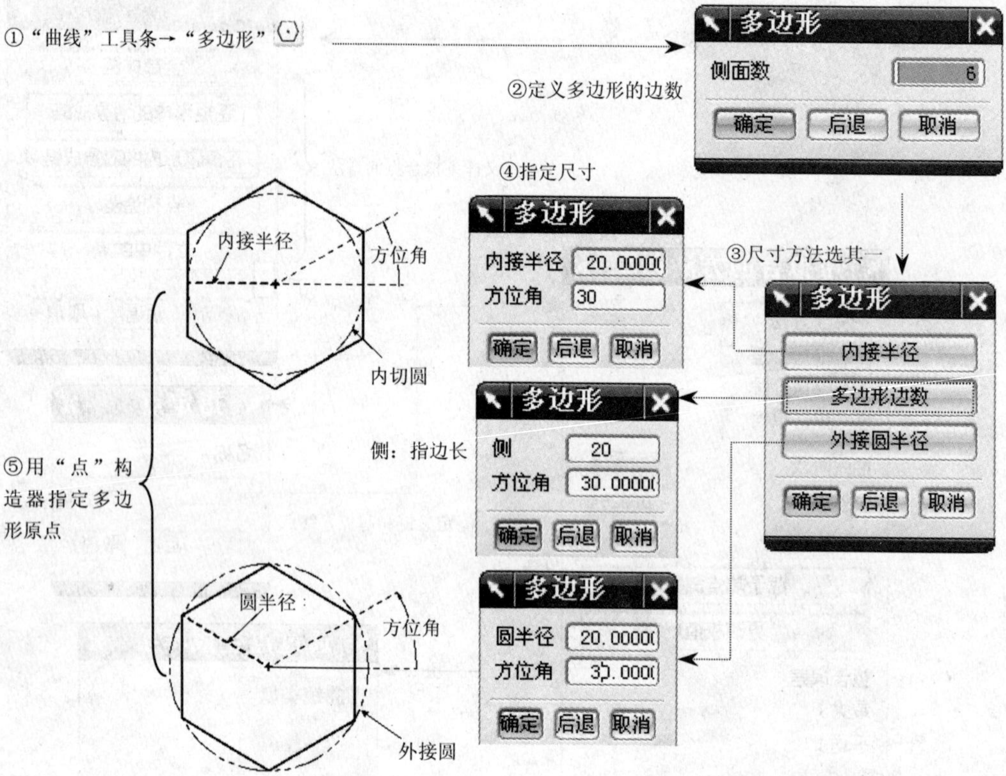

图 6-56　创建多边形的操作过程

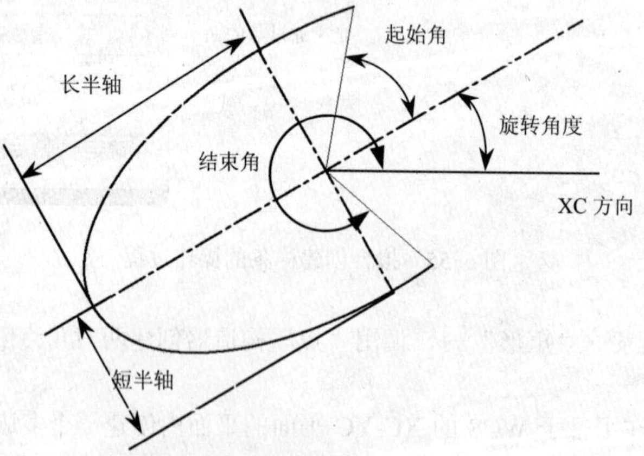

图 6-57　椭圆的参数

6.2.7　抛物线

"抛物线"的创建方法与椭圆相似。抛物线的参数如图 6-59 所示。

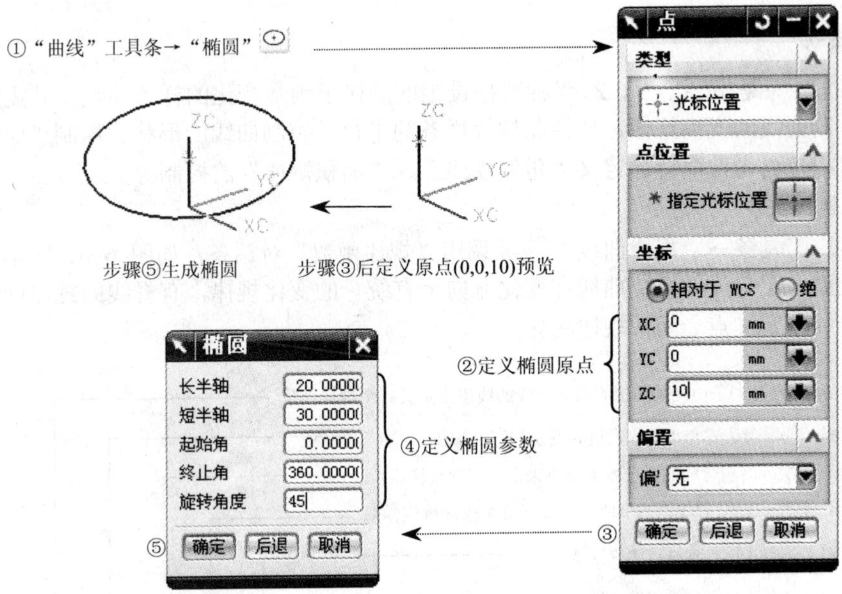

图 6-58　创建椭圆的操作示例

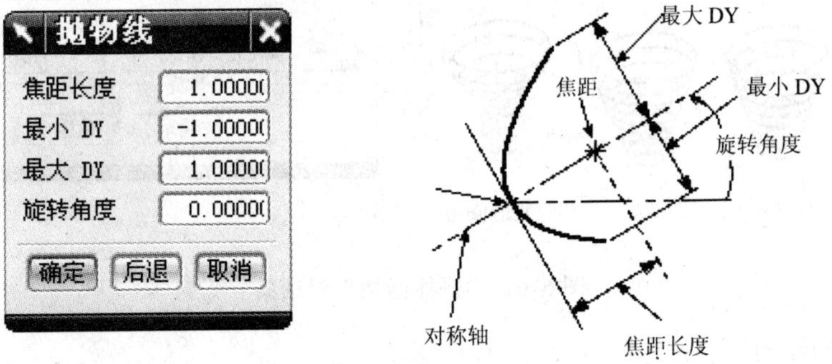

图 6-59　抛物线的参数

6.2.8　双曲线

“双曲线”的创建方法与椭圆相似。双曲线的参数如图 6-60 所示。

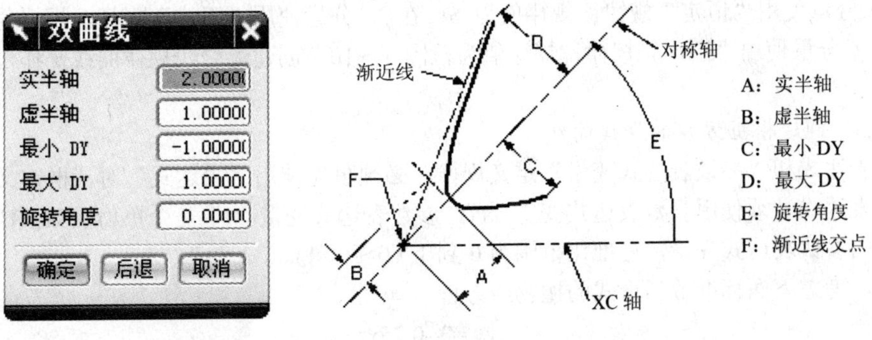

图 6-60　双曲线的参数

6.2.9　规律曲线

“规律曲线”是指 X、Y、Z 坐标值按设定的规律子函数变化的样条曲线，其主要通过改变参数来控制曲线的变换规律。如控制螺旋样条的半径、控制曲线的形状、控制“面倒圆”的横截面、对扫掠自由曲面特征定义“角度规律”或“面积规律”的控制等。

6.2.9.1　规律类型

从“曲线”工具条→“规律曲线”，调用“规律函数”对话条，如图 6-61 所示，图上集成了规律类型。无脊线的规律曲线在变化方向上有统一的变化规律，有脊线的规律曲线在变化方向上沿脊线的定义点之间按规律变化。

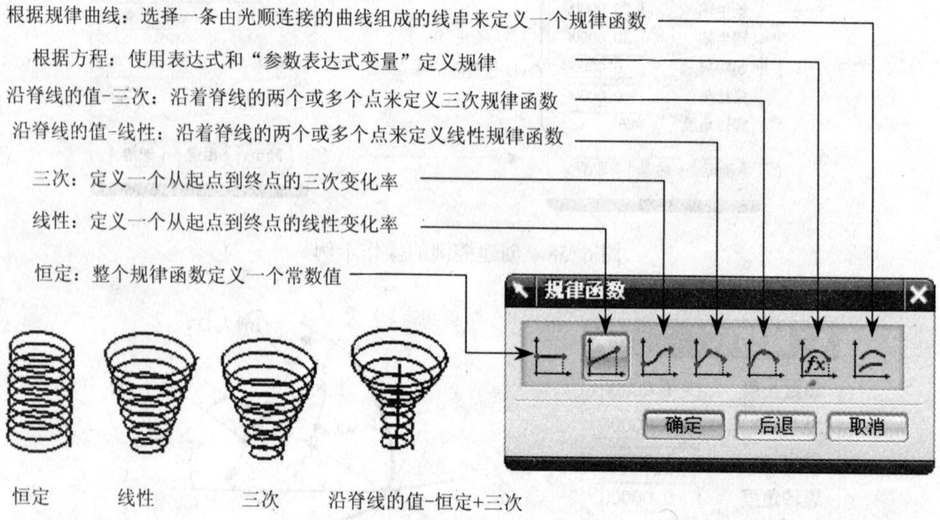

图 6-61　“规律函数”对话条

创建规律曲线的一般过程：

（1）使用规律子函数，为 X、Y 及 Z 各分量选择并定义一个规律选项；

（2）（可选）通过定义方位和/或基点，或指定一个参考坐标系来控制方位（样条的方位）；

（3）选择“确定”或“应用”来创建曲线。

6.2.9.2　创建无脊线规律曲线

在 X 分量使用“恒定”规律，规律值为 5；在 Y 分量使用“直线”规律，规律值为范围 1～8；在 Z 分量使用“三次”规律，规律值为范围 1～10。创建无脊线规律曲线操作过程如图 6-62 所示。

6.2.9.3　创建根据方程的规律曲线

使用表达式和“参数表达式变量”定义规律，必须事先使用“表达式”对话框定义所有变量，并且表达式必须使用参数表达式变量“t”。参数表达式变量“t”是个单值函数，UG 软件使用默认的参数表达式变量，标准化范围为 0 到 1（$0 \leqslant t \leqslant 1$）。

例如，考虑下面标准数学形式的抛物线方程。

$$y = 2 - 0.25x^2$$

设参数表达式变量 t（系统默认），xt、yt 和 zt 分别是 X、Y、Z 的分量，是 t 的函

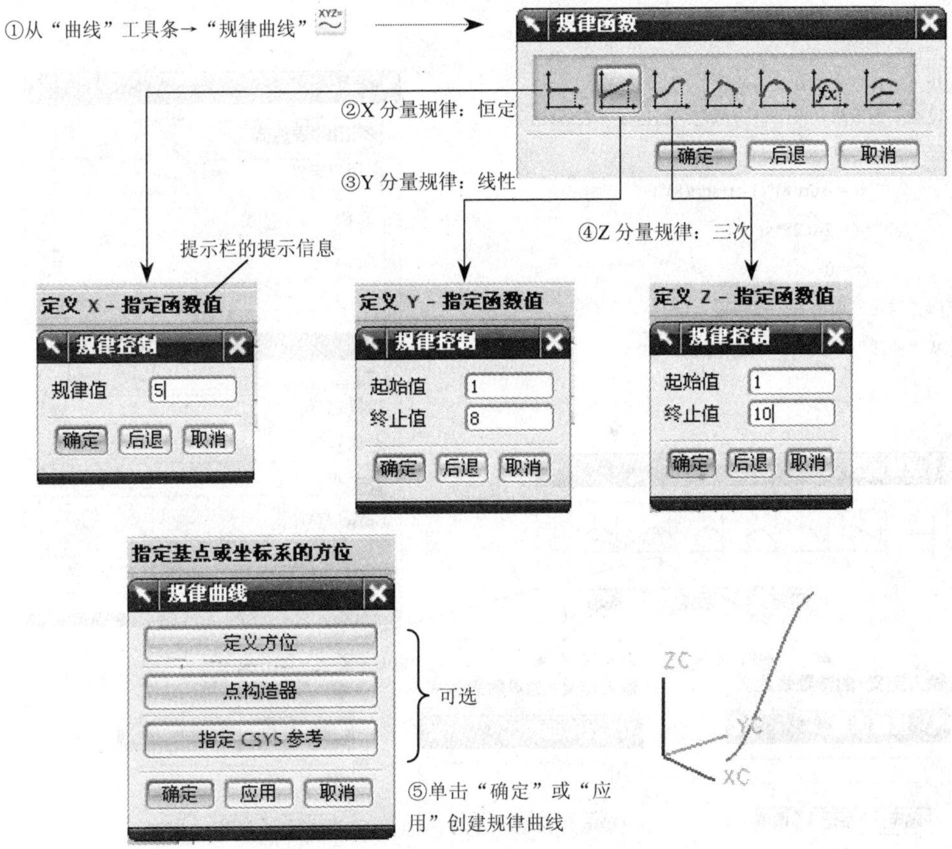

图 6-62 创建无脊线规律曲线的操作示例

数，在“表达式”对话框中，编辑如下表达式：

t=0

xt= –sqrt(8)*(1–t)+sqrt(8)*t

yt = 2–0.25*xt^2

zt = 0

其中，用 a*(1–t)+b*t 来表示参数线性范围，当 t=0 时，表达式的值为 a；当 t=1 时，表达式的值为 b。

创建规律方程的规律曲线（以上述的抛物线为例）操作示例如图 6-63 所示。

6.2.10 螺旋线

“螺旋线”是通过定义圈数、螺距、半径方法（规律或恒定）、旋转方向和适当的方位创建的，其结果是一个样条曲线。

当螺距不为 0 时，创建 3D 的螺旋线；当螺距为 0 时，创建 2D 的螺旋线，通常称为涡旋线。

螺旋起始的中心称为基点，系统默认基点为 WCS 的原点；螺旋线的轴线矢量称为 Z 轴（不一定通过基点），系统默认平行于 WCS 的 ZC 轴；由基点和 Z 轴构成螺旋线的旋转轴。螺旋的起始旋转点从开始于指定的 X 轴（默认为 WCS 的 XC 轴）上的点。

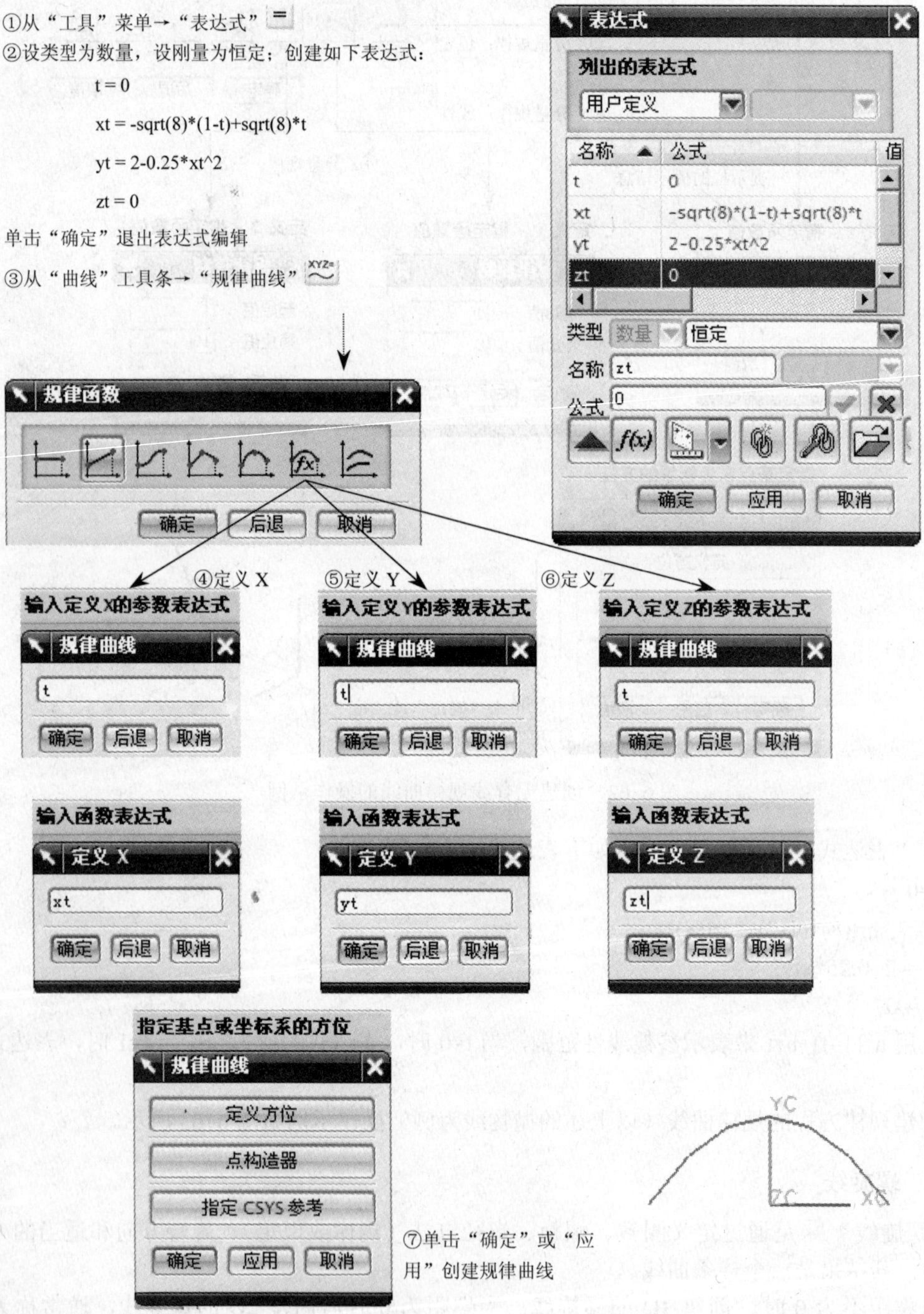

图 6-63　创建规律方程的规律曲线操作示例

6.2.10.1　创建恒定半径的螺旋线

创建圈数为 8，螺距为 4，半径为 15，并按通过定义方位的螺旋线，操作示例如图 6-64 所示。

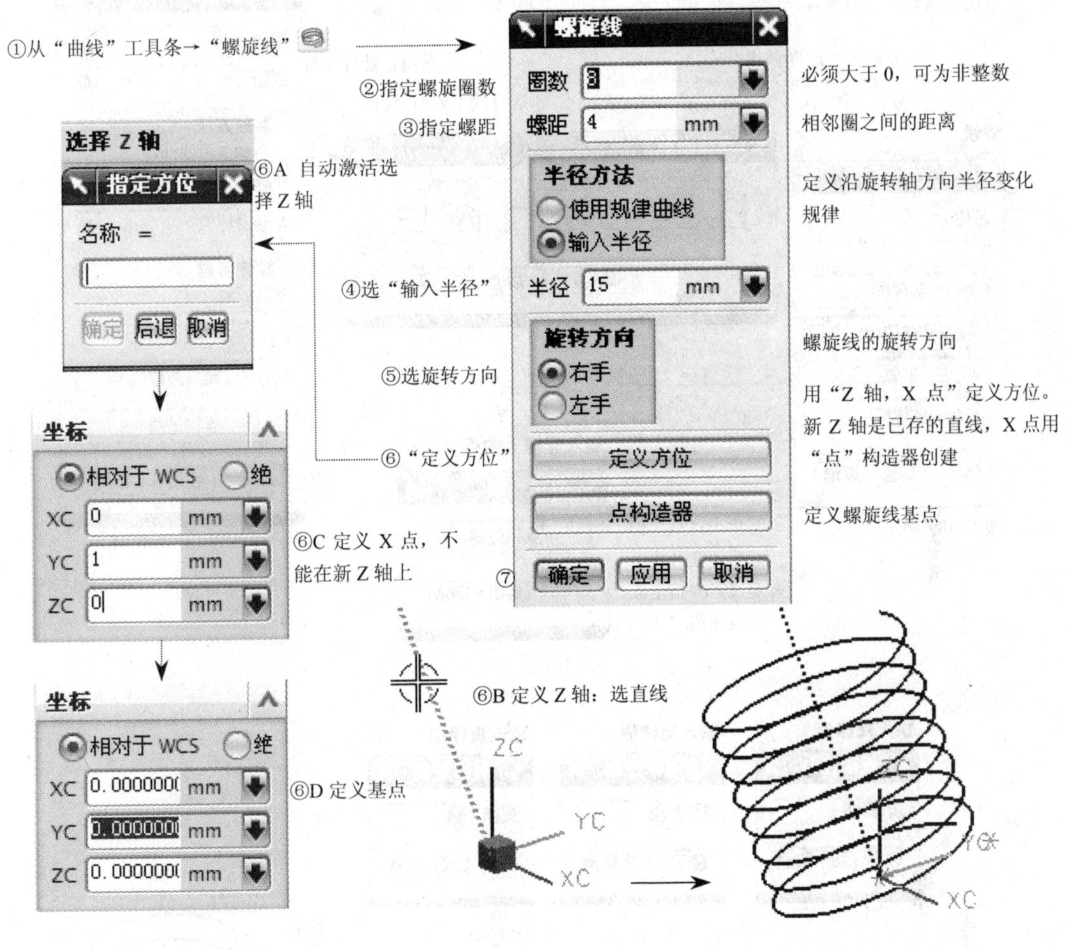

图 6-64　创建恒定半径的螺旋线

操作提示：(1) 步骤 ⑥C 和⑥D 使用“点”构造器，在图 6-64 中只截取了坐标选项，也可使用“点捕捉”选择 X 点和基点；(2) 步骤⑥B 定义的 Z 轴和 ⑥C 定义的 X 点构成一 X-Z 平面，螺旋线的旋转起始点在该平面上。

6.2.10.2　创建使用规律曲线控制半径变化的螺旋线

使用规律函数来控制螺旋线的半径变化，可创建沿螺旋线轴线方向上半径变化的螺旋线，其操作示例如图 6-65 所示。

操作提示：(1) 在选择脊线时，应注意光标选择时光标位置与脊线方向箭头的关系，脊线方向箭头始于离光标近端点，指向离光标远的端点；(2) 在图 6-65 的示例中，基点选择在脊线上，也可以不在脊线上，可根据需要定基点；(3) 脊线的长度与生成的螺旋线高度不一定相等，但螺旋线在高度方向上的半径变化遵循定义的规律；(4) 本示例中没定义方位，使用默认方位创建螺旋线。

6.2.10.3　创建 2D 的螺旋线

创建 2D 的螺旋线时，螺距应为 0，“半径方法”应选“使用规律曲线”→“线性”，操作与上述螺旋线相似，不再表述。

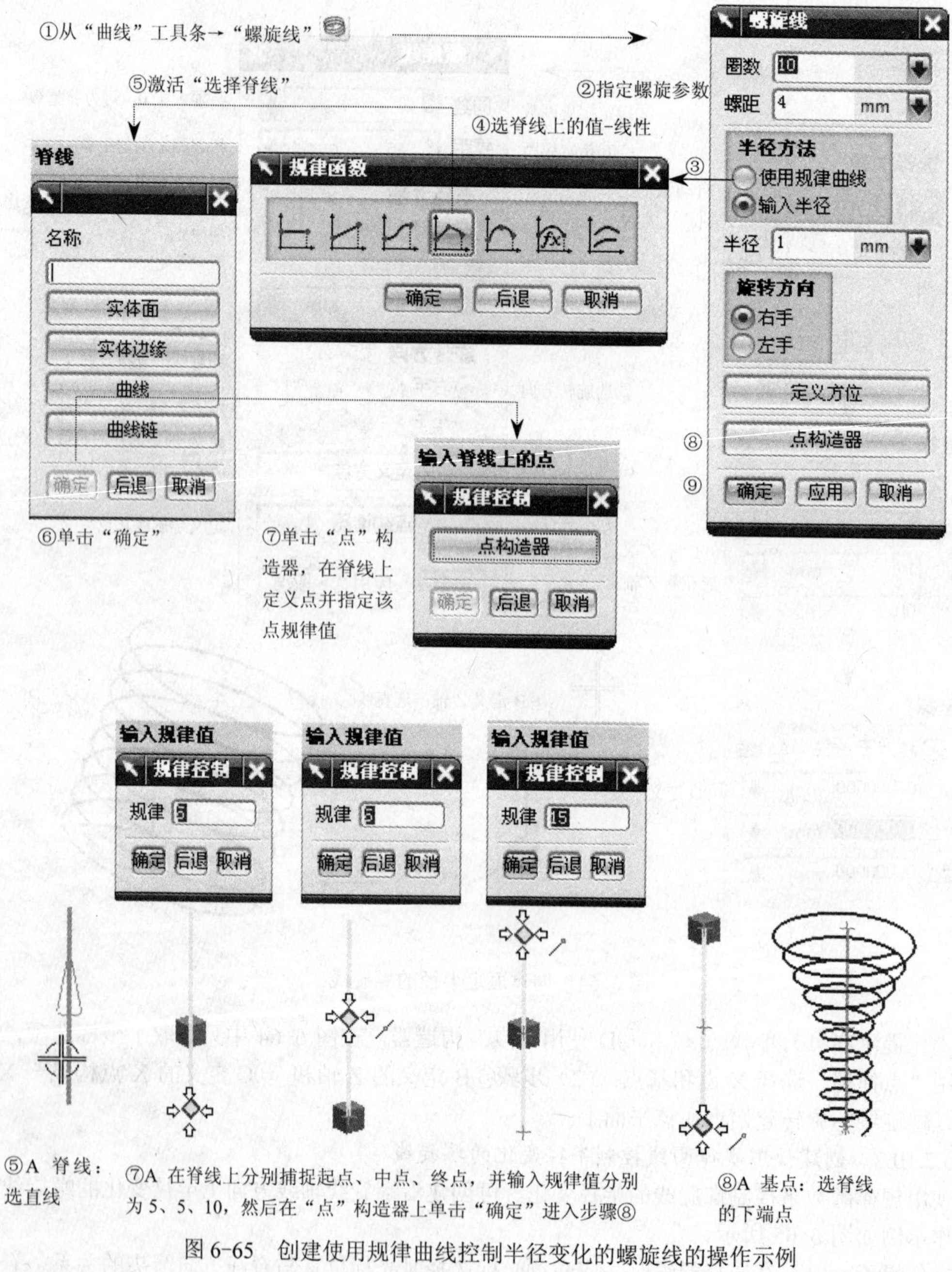

图6-65　创建使用规律曲线控制半径变化的螺旋线的操作示例

6.3　曲线编辑

UG NX的曲线编辑功能集成在“编辑曲线”工具条中，如图6-66所示，用于编辑非关联的曲线。

6.3.1　编辑曲线

“编辑曲线”工具条→“编辑曲线”，弹出“编辑曲线”对话框，它与“编辑曲线”工具条一样，集成了曲线编辑的各种功能。

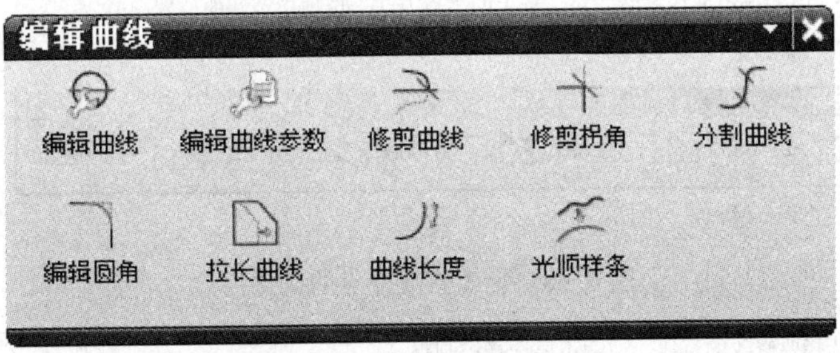

图 6-66 “编辑曲线”工具条

6.3.2 编辑曲线参数

“编辑曲线参数”可编辑大多数类型的曲线。

从“编辑曲线”工具条→“编辑曲线参数”，弹出“编辑曲线参数”对话框，如图 6-67 所示。当该对话框处于活动状态时，选择一条曲线，自动进入编辑模式。

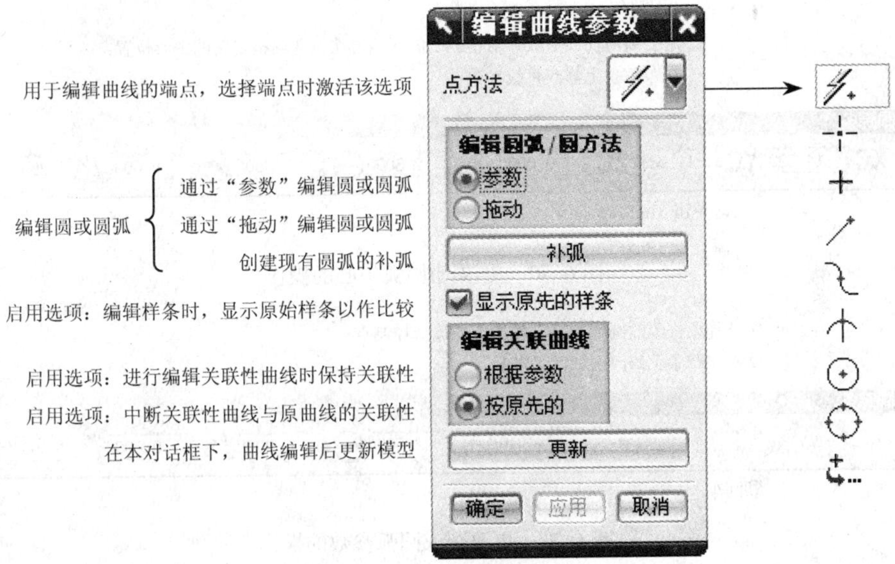

图 6-67 “编辑曲线参数”对话框

6.3.2.1 编辑直线

从“编辑曲线”工具条→“编辑曲线参数”，弹出“编辑曲线参数”对话框，如图 6-67 所示。此时，可更改直线的端点（如图 6-68 所示）或更改直线的参数（如图 6-69 所示）。

6.3.2.2 编辑圆/圆弧

可编辑圆或圆弧的中心（如图 6-70 所示）、参数（如图 6-71 所示）和圆弧的补弧。

6.3.2.3 编辑椭圆

在“编辑曲线参数”对话框打开时，在图形区选择椭圆，可弹出“编辑椭圆”对话框（如图 6-72 所示），修改对话框的参数即可。

①选择要修改的直线一端，可用如下方法编辑直线：

- 直线可以从固定端开始做橡皮筋式拖动；
- 用“编辑曲线参数”对话框上的“点方法”选项指定新的位置；
- 在跟踪条上修改直线参数

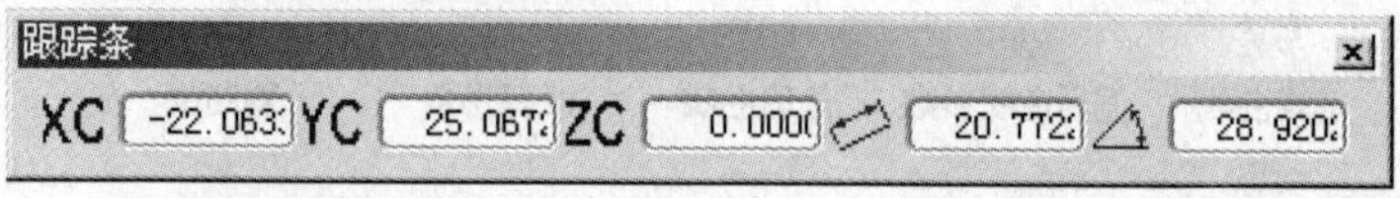

②单击 MB1，或回车

图 6-68　更改直线端点的操作

①选择要修改的直线，注意不要选择控制点

②在跟踪条上修改直线参数

③回车

图 6-69　更改直线参数的操作

①选择要修改的圆或圆弧中心：

- 拖动中心到新的位置；
- 用“编辑曲线参数”对话框上的“点方法”选项指定新的中心位置；
- 在跟踪条上修改直线参数

②单击 MB1，或回车

图 6-70　更改圆/圆弧中心的操作

①选择要修改的圆或圆弧，注意不要选择控制点

②在跟踪条上修改圆或圆弧参数

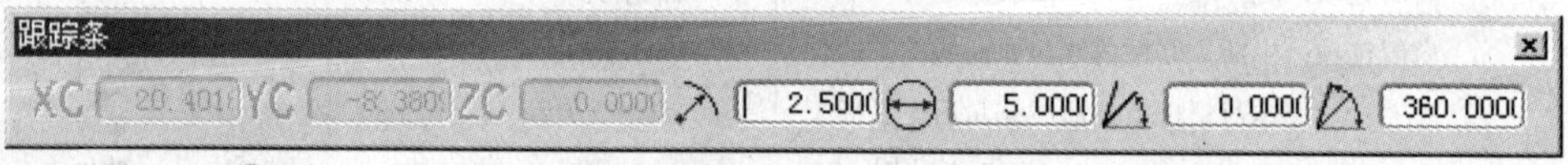

③回车

图 6-71　更改圆或圆弧参数的操作

图 6-72　“编辑椭圆”对话框

6.3.2.4 编辑样条

在“编辑曲线参数”对话框打开时，在图形区选择样条曲线，可弹出“编辑样条”对话框（如图 6-73 所示），在对话框中选择要编辑的选项，进入相应的对话框进行编辑。

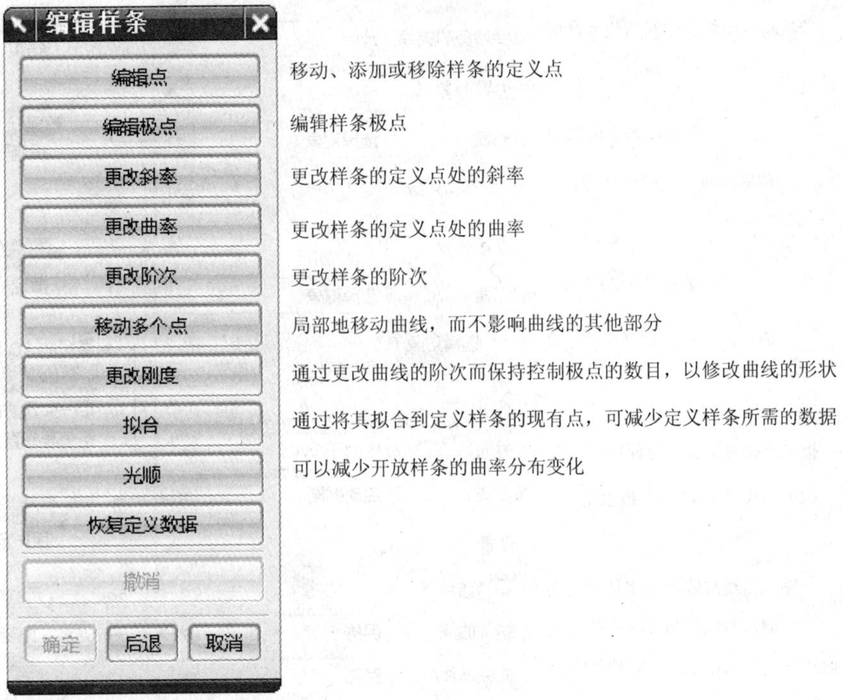

图 6-73 “编辑样条”对话框

6.3.3 修剪曲线

使用“修剪曲线”命令，根据选定的修剪边界（实体和曲线）来调整曲线的端点。要修剪的曲线可以是直线、圆弧、二次曲线或样条；修剪边界可以是曲线、边缘、平面、曲面、点或光标位置；修剪曲线可与原始曲线相关联或非关联。

从“编辑曲线”工具条→“修剪曲线”，弹出“修剪曲线”对话框。修剪曲线操作示例如图 6-74 所示。创建修剪曲线的一般过程如下：

（1）选择“曲线”→“修剪曲线”打开“修剪曲线”对话框，“选择曲线”处于活动状态；

（2）在图形窗口中，选择一条或多条要修剪或延伸的曲线；

（3）在要修剪曲线的端点有一圆圈表示修剪的开始点，指定要修剪或延伸哪一端（“开始”或“结束”）；

（4）指定第一个边界对象，可以使用“选择对象”选项选择曲线、体、面、点、边、基准轴或基准平面，也可以使用“指定平面”选项创建新的基准平面；

（5）（可选）选择第二个边界对象；

（6）在“交点”组中，“方向”列表中选择一个方向，默认为“相对于 WCS”，如果选择沿一矢量方向，则使用矢量选项指定修剪的方向，将“方法”指定为“自动判断的”或“定义的”。

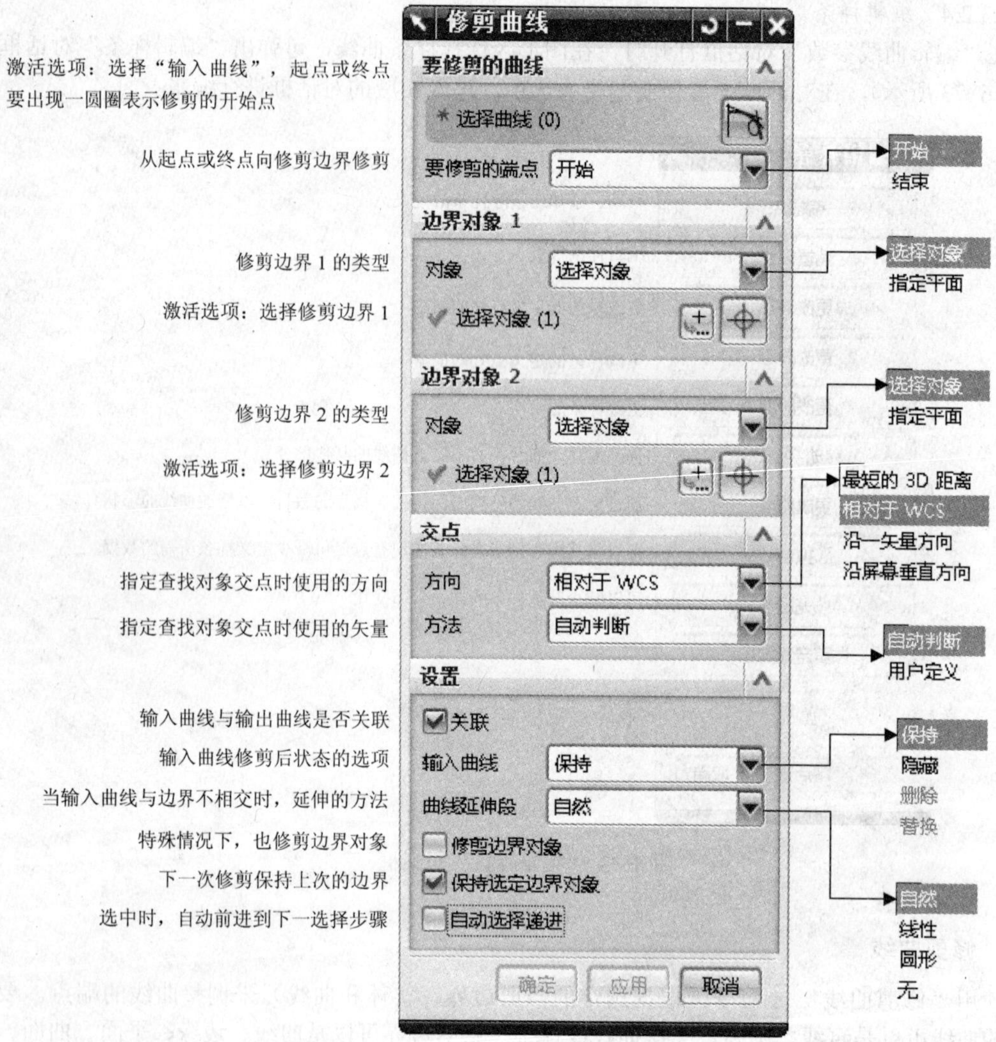

图 6-74 “修剪曲线”对话框

步骤（7）～步骤（9）为可选：

（7）指定修剪操作后输入曲线的状态；

（8）指定所选曲线的延伸方法；

（9）如果希望修剪边界对象，请选中“修剪边界对象”复选框；

（10）单击“确定”或“应用”以创建修剪曲线特征。

6.3.4 修剪拐角

使用“修剪拐角”命令可对两条曲线进行修剪，将其交点前的部分修剪掉，从而形成一个拐角。操作示例如图 6-75 所示。

6.3.5 分割曲线

使用“分割曲线”命令将曲线分割为一组相同的分段（线到线、圆弧到圆弧），所创建的每个分段都是单独的（非关联的）实体，并且与原始曲线使用相同的线性和图层。

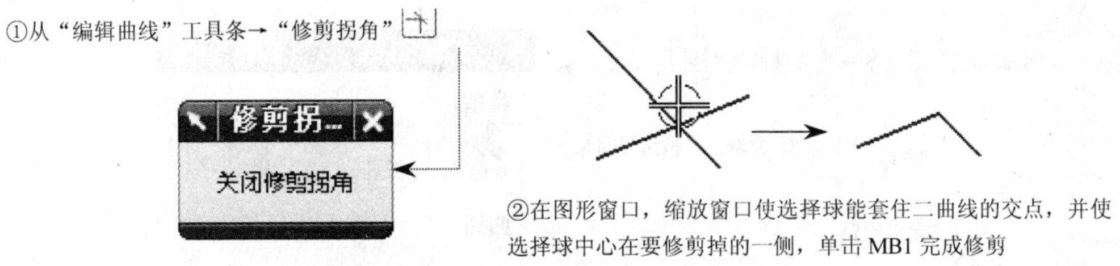

图 6-75 “修剪拐角”操作示例

从“编辑曲线”工具条→“分割曲线”，弹出“分割曲线”对话框，根据分割类型的不同，对话框会有所变化。

6.3.5.1 将曲线分割为等分段

使用曲线的长度或特定曲线参数，将曲线分割为相等的几段，其操作示例，如图 6-76 所示。

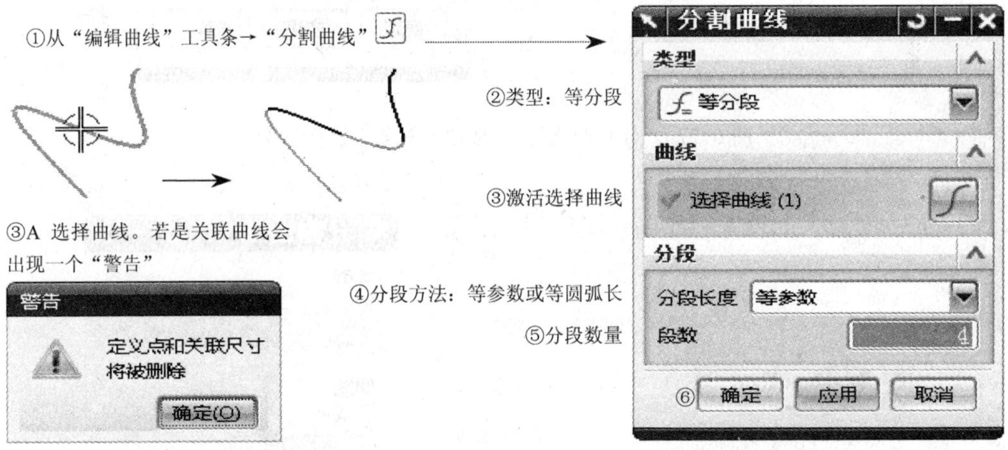

图 6-76 “分割曲线”-“等分段”操作示例

6.3.5.2 根据边界对象分割曲线

使用边界对象（如点、曲线、平面和/或面等）将曲线分段，其操作示例如图 6-77 所示。

6.3.5.3 将曲线分割为圆弧长段

按照为各段定义的圆弧长分割曲线，其操作示例如图 6-78 所示。

6.3.5.4 在结点上分割曲线

使用选定的结点分割曲线，结点是样条分段的端点。

6.3.5.5 在拐角上分割曲线

在拐角上分割样条，拐角是样条中存在弯曲位置处的结点（即该点是一个样条分段的终点方向与下一个分段的起点方向不同时位置处的点）。

6.3.6 编辑圆角

“编辑圆角”用于编辑现有的圆角，此操作类似“基本曲线”→“圆角”→“二曲线圆角”的创建方法。在编辑圆角时，有三种可能的修剪方法：自动修剪、手工修剪和不修剪。其含义与创建圆角时相同。

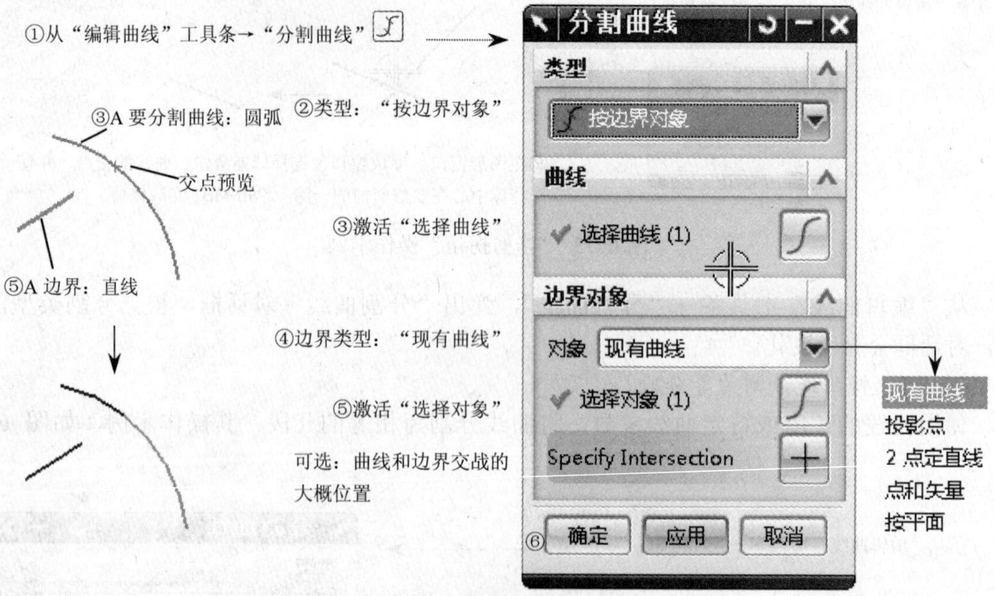

图 6-77　“分割曲线” - “按边界对象”操作示例

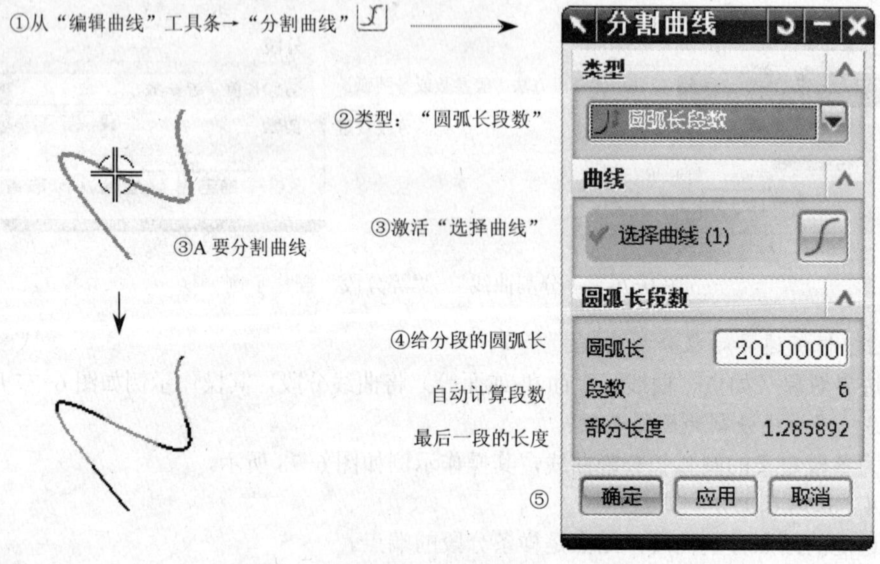

图 6-78　“分割曲线” - “圆弧长段数”操作示例

需要注意的是必须按逆时针方向选择要编辑的对象，这样可以保证新的圆角以正确的方向创建。

6.3.7　拉长曲线

使用“拉长曲线”可移动几何对象，同时拉长或缩短选中的直线。注意的是可以移动大多数对象类型，但只能拉长或缩短直线，其操作示例如图 6-79 所示。

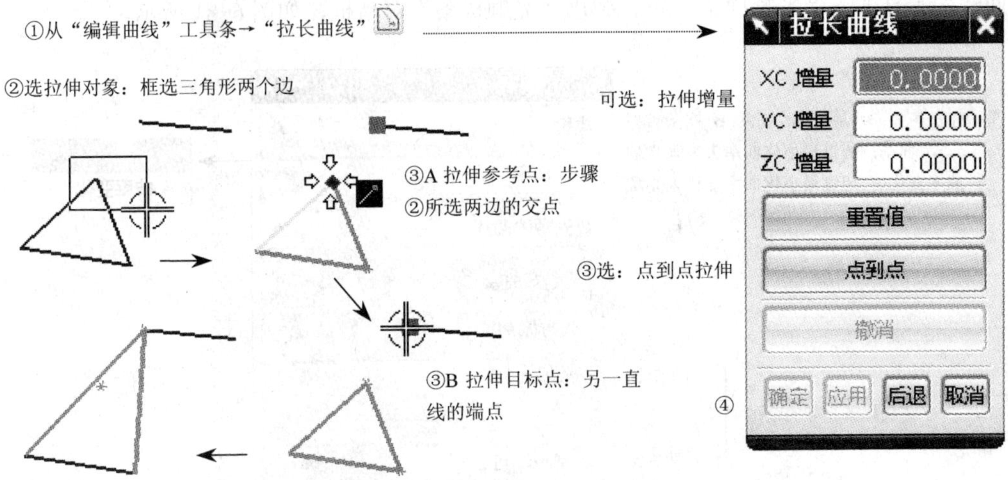

图 6-79 “拉长曲线”操作示例

6.3.8 曲线长度

使用“曲线长度”是根据给定的曲线长度增量或曲线总长来延伸或修剪曲线。从“编辑曲线”工具条→“曲线长度”，弹出“曲线长度”对话框。“曲线长度”操作示例如图 6-80 所示。

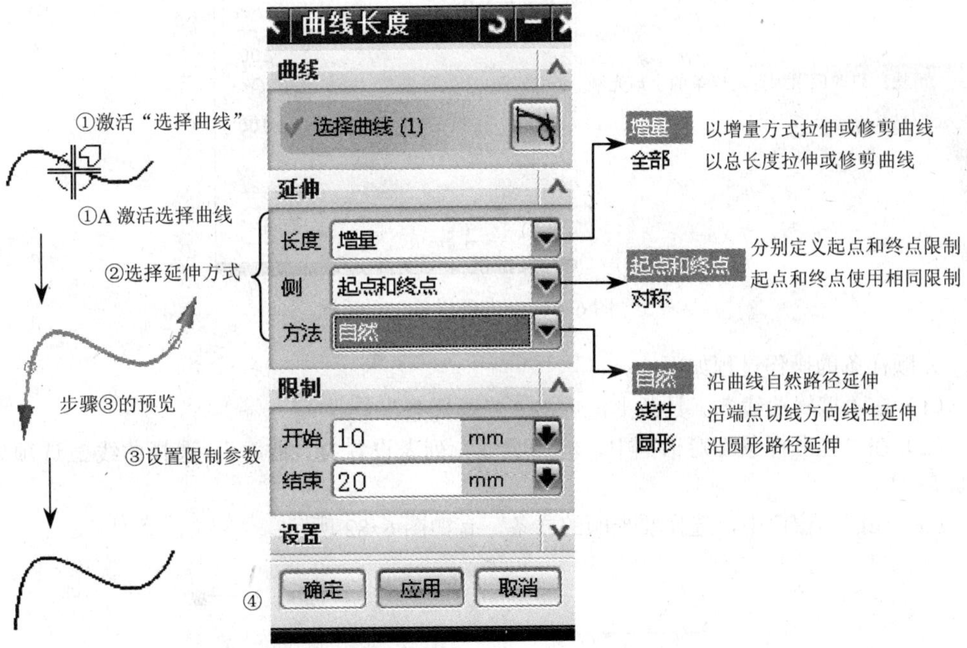

图 6-80 “曲线长度”操作示例

6.3.9 光顺样条

使用“光顺样条”命令，通过最小化曲率大小或曲率变化来移除样条中的小缺陷。从“编辑曲线”工具条→“光顺样条”，弹出“光顺样条”对话框，如图 6-81 所示。

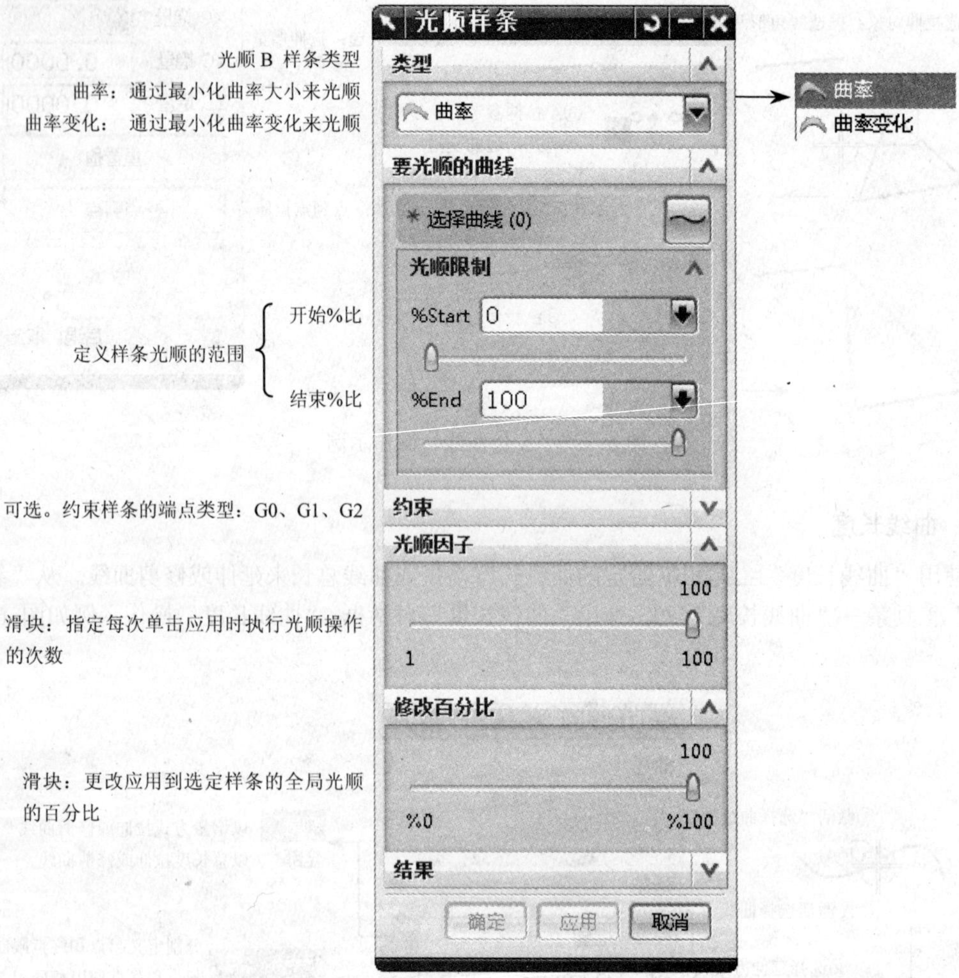

图 6-81 “光顺样条”对话框

光顺样条的操作过程如下：

（1）在“编辑曲线”工具条上，单击“光顺样条”；

（2）在“光顺样条”对话框中，将“类型”列表设置为“曲率”，选择曲线选项处于活动状态；

（3）在图形窗口中，选择要光顺的样条，有如图 6-82 所示；

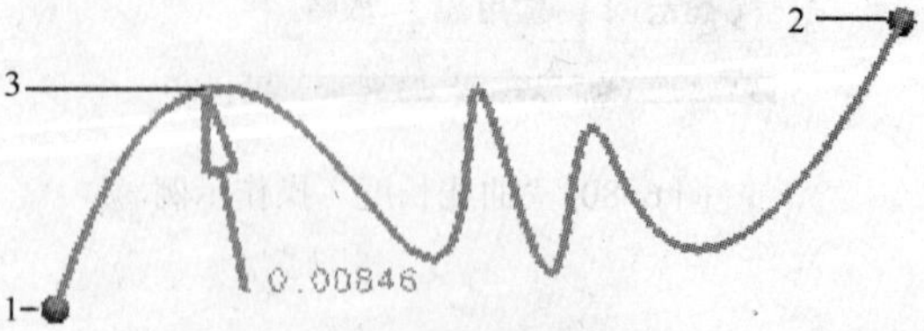

图 6-82　需要光顺的样条

1—起始位置；2—终止位置；3—选定的 B 样条具有指示最大偏差值和位置的箭头

（4）在“光顺限制”组中，拖动“%起始”和 “%终止”滑块定义想要光顺的部分，如图 6-83 所示；

（5）（可选）在约束下，选择想要用于 B 样条起点和终点的约束级别；

（6）在“光顺因子”组，拖动滑块以指定每次单击“应用”时执行光顺操作的次数；

（7）在“修改百分比”组中，拖动滑块来指定希望用于 B 样条的总体光顺级别；

（样条的形状更新，并在图形窗口中显示用箭头指示的与原始曲线的最大偏差，在对光顺参数作其他更改时，会动态更新最大偏差）

（8）单击“应用”来光顺 B 样条，如图 6-84 所示；

（可以继续更改光顺因子和修改百分比值，直到获得所需的形状。在每次更改后单击“应用”可在图形窗口中查看更新）

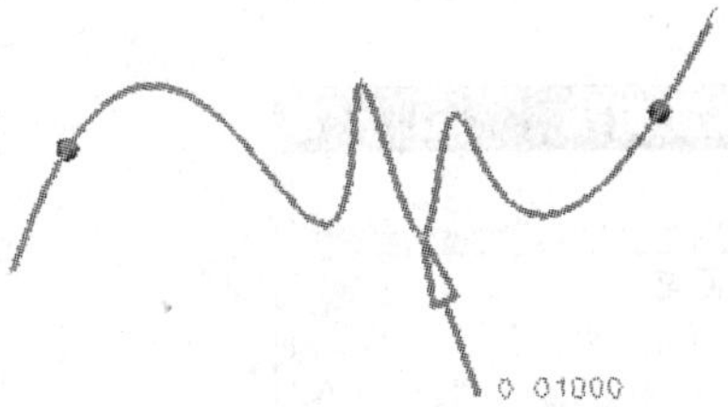

图 6-83 想要光顺的部分

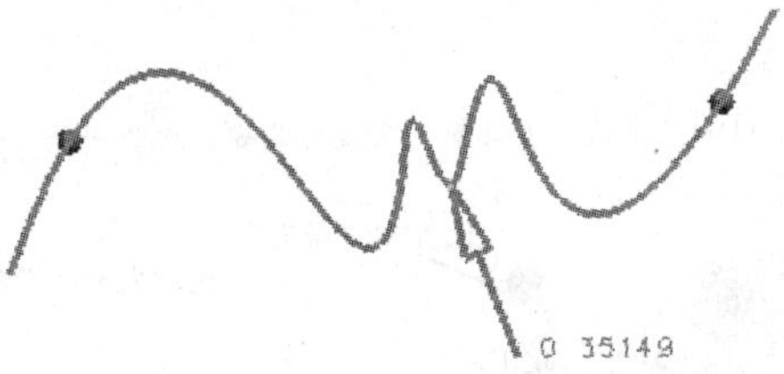

图 6-84 更改光顺因子和修改百分比之后的被修改样条

（9）获得需要的形状后（如图 6-85 所示），单击“确定”可光顺 B 样条并关闭对话框。

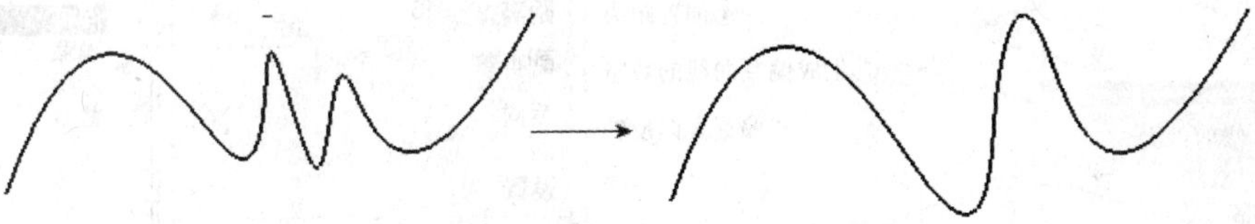

(a) (b)

图 6-85 光顺样条的前后对比

（a）原始样条；（b）光顺样条

6.4 曲线操作

曲线操作是指对已存在的曲线进行规定的处理，如曲线偏置、桥接、投影、合并等。在曲线生成过程中，由于多数曲线为非关联线类型，在空间中具有很大的随意性和不确定性。通常创建完曲线后，并不能满足用户要求，往往需要借助各种曲线的操作手段来不断调整对曲线做进一步的处理，从而满足用户要求。本节将介绍曲线操作的常用方法。

6.4.1 偏置曲线

偏置曲线是指对已有的二维曲线（如直线、弧、二次曲线、样条线以及实体的边缘线等）进行偏置，得到新的曲线。

可以选择是否使偏置曲线与原曲线保持关联，以使偏置生成的曲线随原曲线变化而改变。曲线可以在选定几何体所定义的平面内偏置，也可以使用拔模角和拔模高度选项偏置到一个平行平面上，或者沿着指定的“3D 轴向”矢量偏置。多条曲线只有位于连续线串中时才能偏置。生成的曲线对象类型与其输入曲线相同。

从“曲线”工具条→“偏置曲线”，弹出“偏置曲线”对话框。偏置曲线的类型有：

（1）距离，在输入曲线的平面上的固定距离处创建偏置曲线；

（2）拔模，在与输入曲线平面平行的平面上创建指定角度的偏置曲线，一个平面符号标记出偏置曲线所在的平面；

（3）规律控制，在输入曲线的平面上，在规律类型指定的规律所定义的距离处创建偏置曲线；

（4）3D 轴，创建共面或非共面 3D 曲线的偏置曲线，必须指定距离和方向，ZC 轴是初始默认值，生成的偏置曲线为一样条曲线。

6.4.1.1　创建距离的偏置曲线

创建“距离”偏置曲线的操作示例如图 6-86 所示。

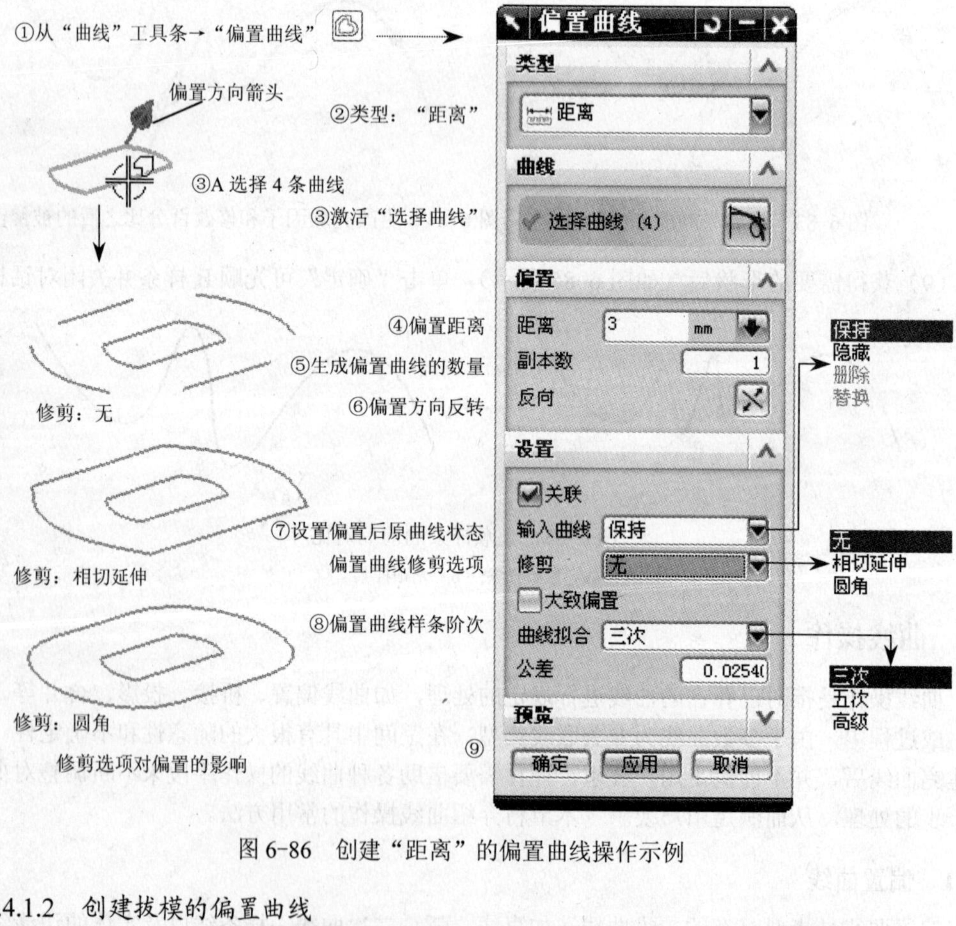

图 6-86　创建“距离”的偏置曲线操作示例

6.4.1.2　创建拔模的偏置曲线

创建“拔模”偏置曲线的操作示例如图 6-87 所示。本示例中，要偏置的曲线为实体的边线。

6.4.1.3　创建规律控制的偏置曲线

可使用规律类型为恒定、线性、三次、沿脊线的线性、沿脊线的三次、根据方程和根据规律曲线，相关概念请参照“规律曲线”一节。沿脊线的规律控制中，一般把要偏置的曲线作为脊线使用，可在其上定义点及该点的偏置值。

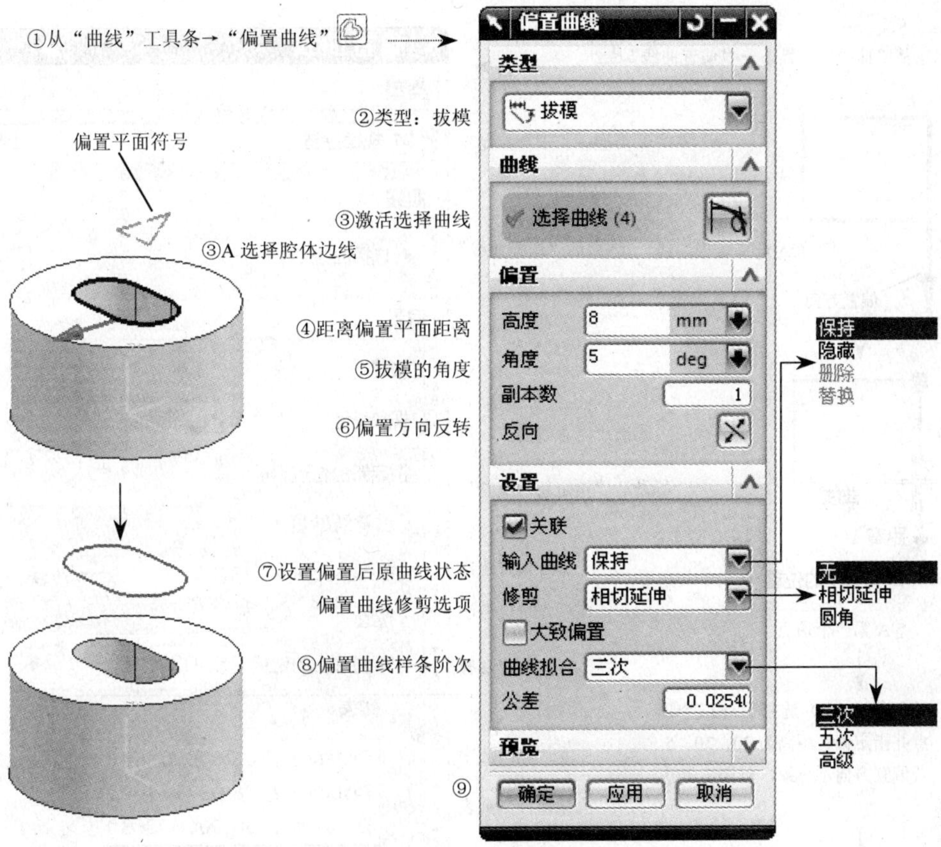

图 6-87 创建“拔模”的偏置曲线操作示例

如图 6-88 所示的操作示例中，使用“沿脊线的三次”规律控制，在矩形的 4 个顶点处分别给定规律值（该点的偏置距离）为：10mm、20mm、30mm，5mm。

6.4.1.4 创建 3D 轴的偏置曲线

3D 轴方法是沿给定轴矢量和 3D 偏置值的方法创建共面或非共面偏置曲线，其示例如图 6-89 所示。

6.4.2 面中的偏置曲线

“面中的偏置曲线”是对曲面上的相连边或曲线在给定的距离和方向上创建偏置曲线。偏置曲线可以是关联的或非关联的。曲线是在面上创建的，且沿着垂直于原始曲线的所在面的截面上来计算偏置距离。

从“曲线”工具条→“面中的偏置曲线”，弹出“面中的偏置曲线”对话框，如图 6-90 所示。创建面中的偏置曲线的过程如下：

（1）从“曲线”工具条上单击“面中的偏置曲线”，打开“面中的偏置曲线”对话框；

（2）“选择曲线” 处于活动状态，在图形窗口选择要偏置的曲线集；

（3）（可选）单击“添加新集” 以指定要偏置的其他曲线集；

（4）（可选）在编辑模式下，可以执行以下操作：

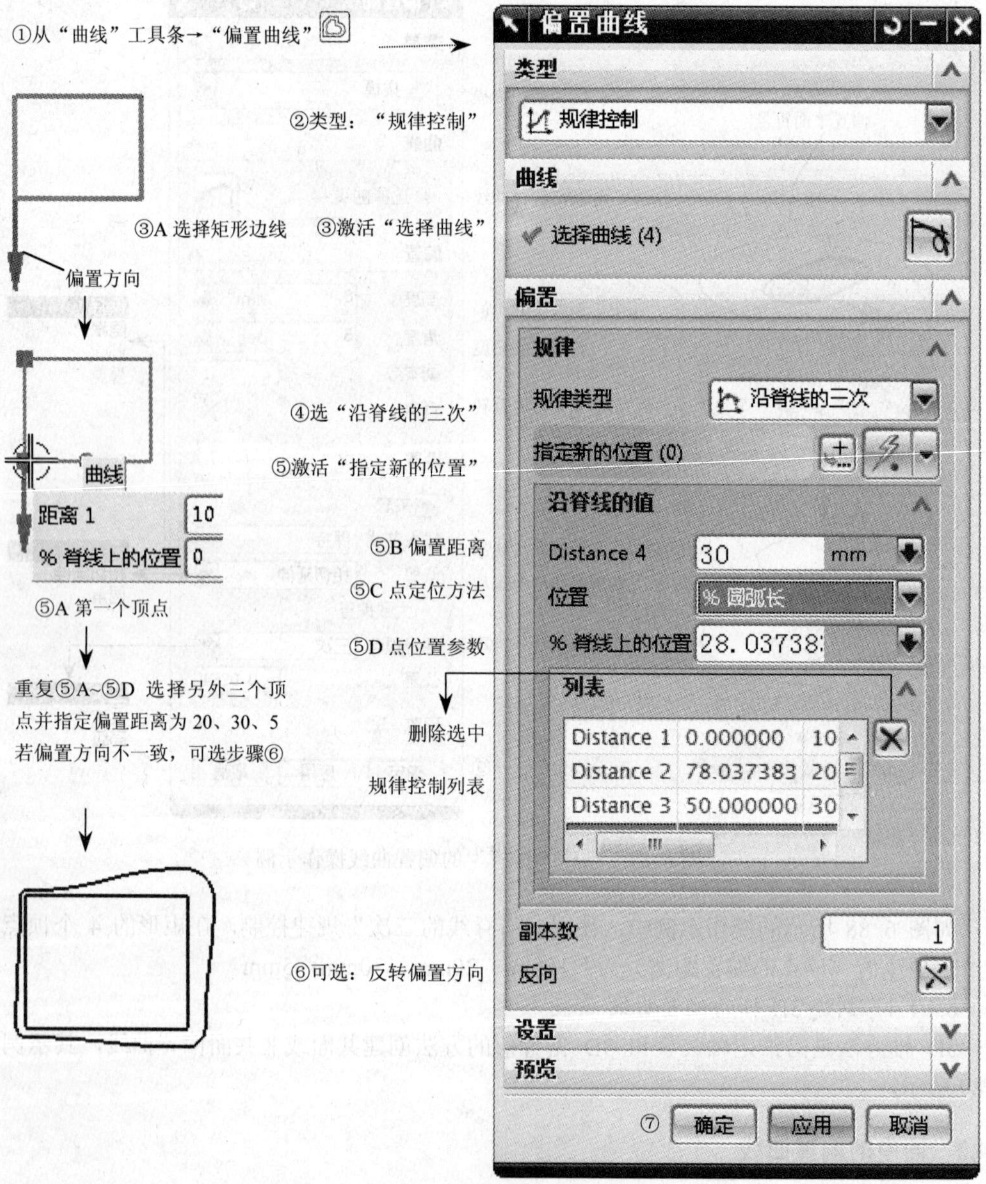

图 6-88　创建“规律控制”的偏置曲线操作示例

1）反转偏置方向，单击“反向”将偏置切换到截面的另一侧；

2）修改偏置距离，拖动偏置手柄，或在屏显输入框中或截面偏置框中输入偏置值；

3）向曲线集添加曲线，右键单击列表框中的曲线集，或图形窗口中的偏置手柄，并选择“向截面添加偏置”以将其他偏置添加到当前曲线集。

（5）在“面”下，激活“选择面”以更改由软件自动判断的面，如果软件不自动判断面，则您必须使用此选项指定选定截面的面；

（6）（可选）在“修剪和延伸偏置曲线”下，选择合适的设置；

（7）单击“确定”或“应用”，创建在面上偏置曲线特征。

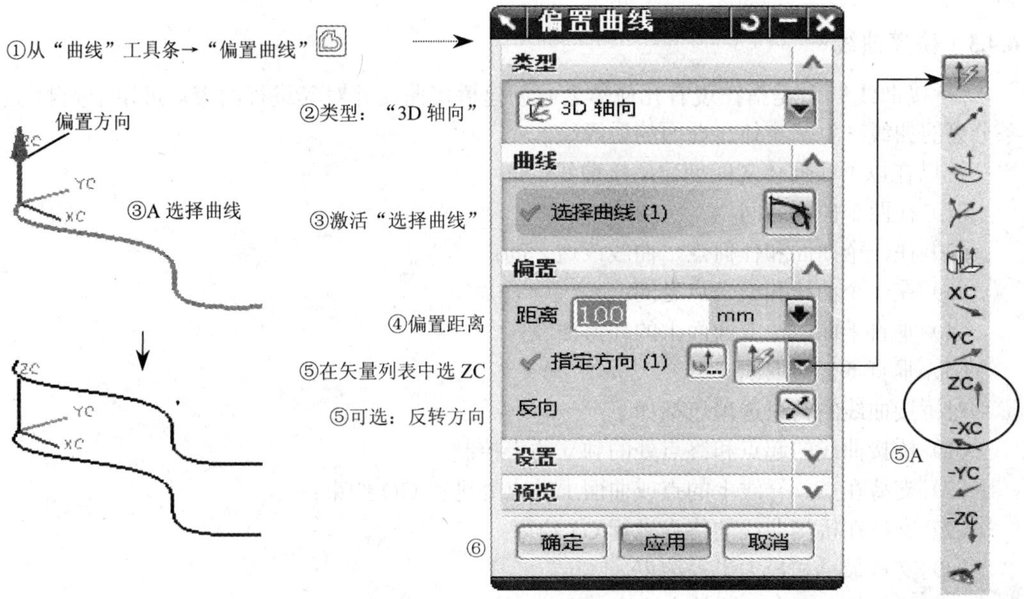

图 6-89 创建“3D 轴”的偏置曲线操作示例

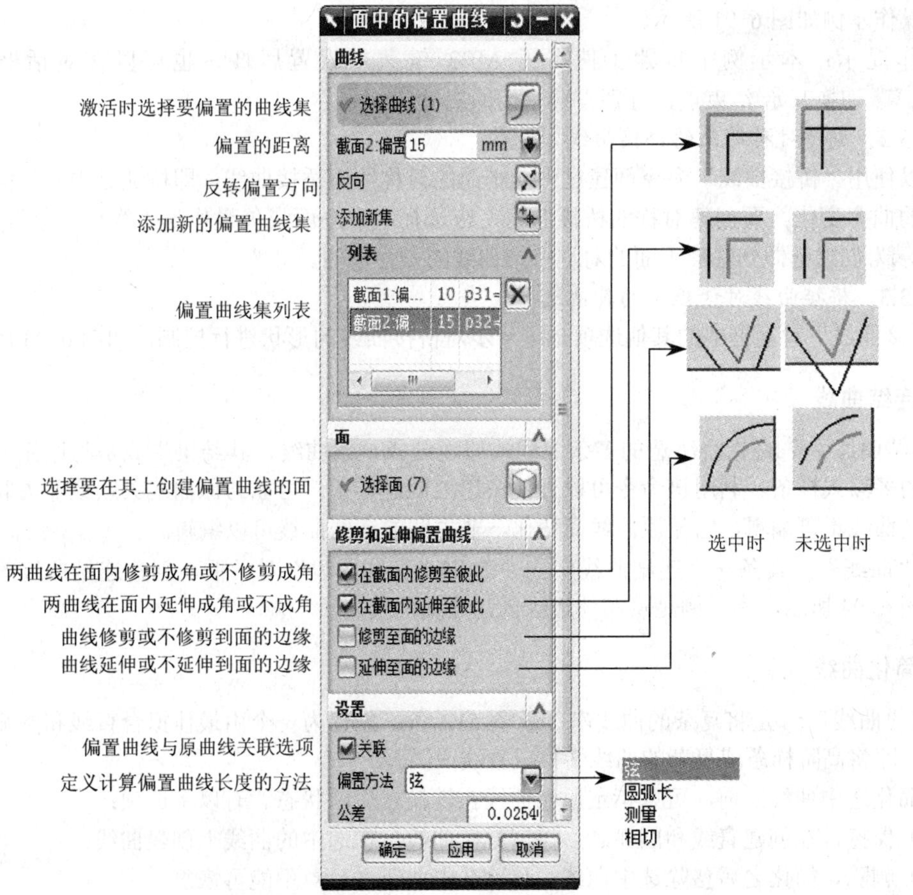

图 6-90 “面中的偏置曲线”对话框

6.4.3　桥接曲线

“桥接曲线”是指在现有几何体之间创建桥接曲线并对其进行约束，可用于光顺连接两条分离的曲线（包括实体、曲面的边缘线）。

可以在以下几何体之间创建桥接曲线：

（1）在两个曲面之间；

（2）在一个曲面和任何点、曲线或边之间；

（3）在一个曲线和一个点之间；

（4）垂直于曲面边或曲面上的任何曲线；

（5）垂直于任何曲线。

对桥接曲线的约束选项包括如下：

（1）桥接曲线的起点和终点处的独立约束控制；

（2）支持在点、脊线上的点或曲面上的点处进行GO约束；

（3）支持在桥接曲线的终点进行G3约束；

（4）支持最小和最大半径约束。

6.4.3.1　在曲面边之间创建桥接曲线

在对分离的曲面之间使用“扫掠”创建连接过渡面时，常用“桥接曲线”为其创建引导线串，其操作示例如图6-91所示。

操作提示：本示例中步骤④使用了 MB3 键菜单设置属性，也可以在对话框中用 ⊙开始 ○结束 切换开始/结束点，分别设置它们的属性。

6.4.3.2　创建对称约束的桥接曲线

可以使用“桥接曲线”命令创建过中心平面的对称约束桥接曲线，即桥通过中心平面时具有光顺的曲率变化。要创建对称的桥接曲线，应选择基准平面或矢量作为“终止对象”，如图6-92所示为创建延伸到基准平面的对称桥接曲线的操作示例。

6.4.3.3　桥接曲线对话框中的其他选项

“桥接曲线”对话框中的其他选项是进一步对桥接曲线的形状进行控制，如图6-93所示。

6.4.4　连结曲线

“连结曲线”是指将所选的多条曲线或边连结成一条曲线，其结果生成是与原先的曲线链近似的多项式样条。利用该命令可以方便快速地创建样条，可以与原曲线关联或非关联，关联的连结曲线不可编辑，它随原曲线而变化，非关联的连结曲线可以编辑。

从“曲线”工具条→“连结曲线”，弹出“连结曲线”对话框。创建连结曲线的操作示例如图6-94所示，本示例是从实体边缘创建连结曲线。

6.4.5　简化曲线

“简化曲线”是将复杂的曲线串（最多 512 条）创建为一个由最佳拟合直线和圆弧组成的线串，即将高阶样条或复杂的曲线转换成直线或圆弧。

在简化选中曲线之前，可以指定原始曲线在转换之后的状态。有以下选项：

（1）保持，在创建直线和圆弧之后保留原始曲线，在选中的曲线上创建曲线；

（2）删除，简化之后移除选中曲线，移除选中曲线之后，不能再恢复；

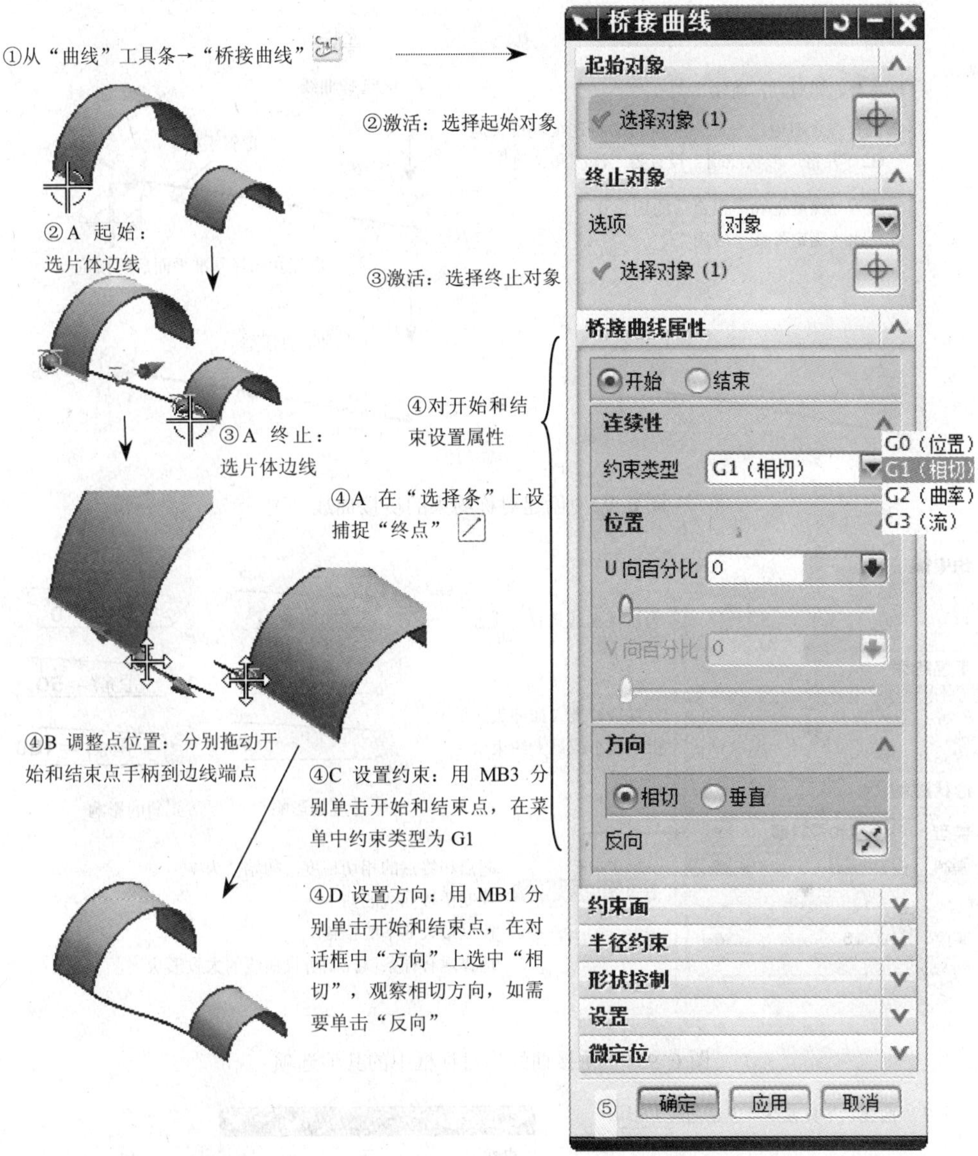

图 6-91 曲面边之间创建桥接曲线

（3）隐藏，创建简化曲线之后，将选中的原始曲线从屏幕上移除，但并未被删除。

从“曲线”工具条→“简化曲线”，调用“简化曲线”对话框。

6.4.6 投影曲线

“投影曲线”，是将曲线、边和点投影到片体、面和基准平面上，投影生成的曲线为 B 样条曲线。投影可以朝向指定的矢量、点或面的法向，或者与它们成一角度。

6.4.6.1 投影曲线对话框

从“曲线”工具条→“投影曲线”，调用“投影曲线”对话框，如图 6-95 所示。

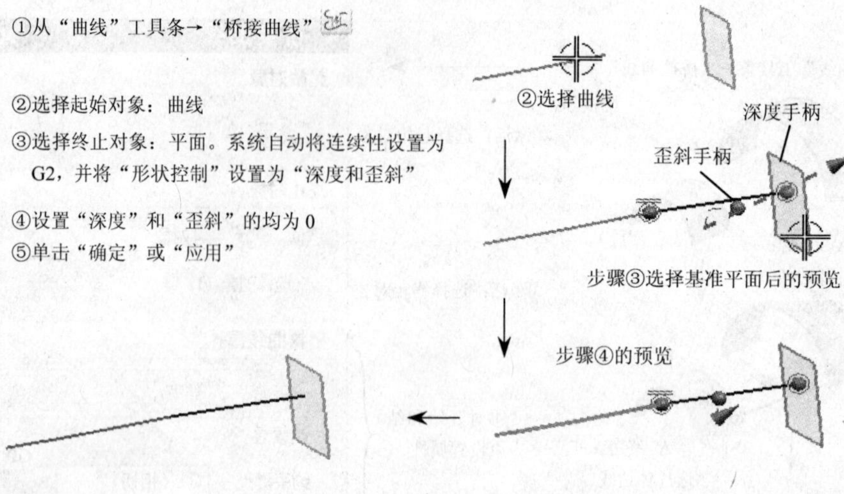

图6-92　创建对称约束的桥接曲线

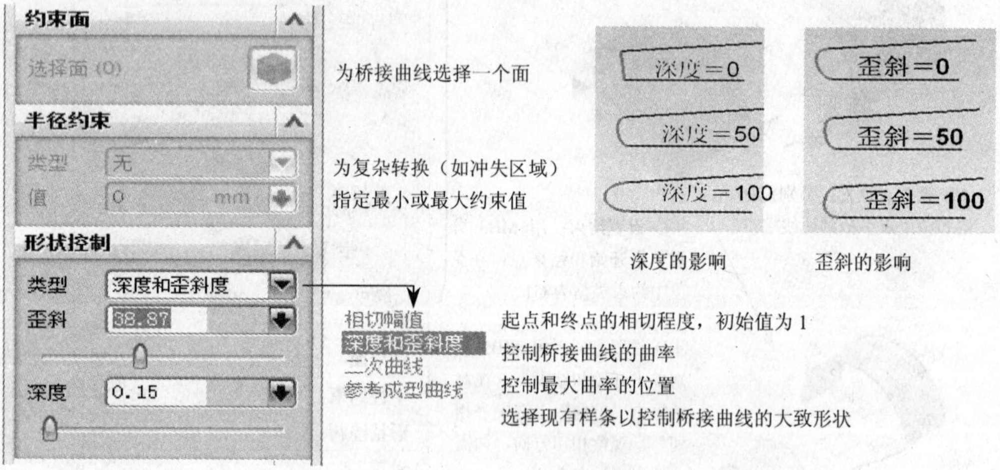

图6-93　“桥接曲线”对话框中的其他选项

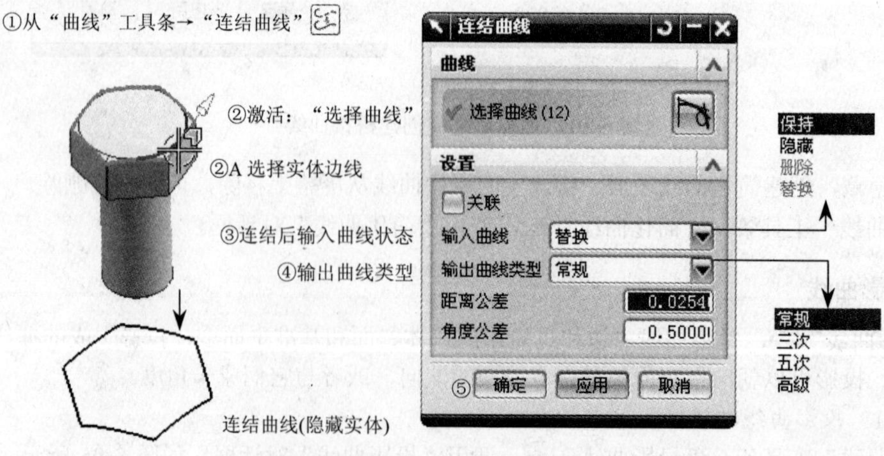

图6-94　创建连结曲线的操作示例

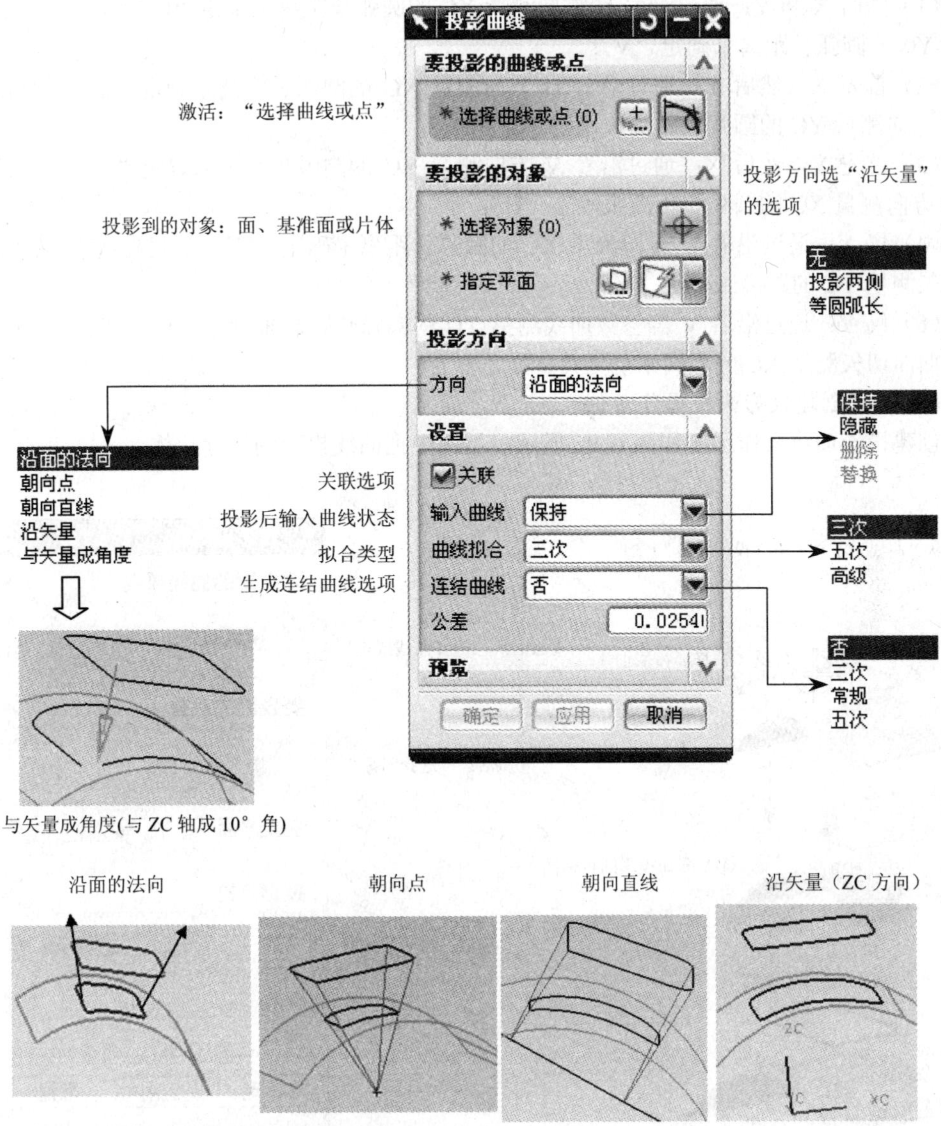

图 6-95 "投影曲线"对话框

当投影方向为"沿矢量"选项时，可选"等圆弧长"和"投影两侧"（意思为"保持长度"）两个选项，现加以说明。

"等圆弧长"选项是将曲线从 XC-YC 平面投影到单个面上，并使曲线的圆弧长度保持不变。此方法可用于将在平面上创建的胎面花纹转移到 3D 曲面上，需要将采用 2D 表示形式的曲线上的点的 XC-YC 坐标，"映射"到所投影到的 3D 面上的参数"U-V"坐标，即需要定义以下两个选项，以确定 XC-YC 平面：

（1）指定 XY 原点，用于选择一个点，以表示要定义的 XC-YC 平面的原点；

（2）指定 X 方向，用于指定 XC-YC 平面的 XC 方向。

采用"投影两侧"（"保持长度"）选项时投影点（XC，YC）的新"U"和"V"坐标取决于如下选项：

（1）同时 X 和 Y：通过沿着 U 方向测量 XC 的圆弧长距离来确定“U”，通过沿着 V 方向测量 YC 的圆弧长距离来确定“V”；

（2）首先 X，然后 Y：通过沿着 U 方向测量 XC 的圆弧长距离来确定“U”，然后通过沿着 V 方向测量 YC 的圆弧长距离来确定“V”；

（3）首先 Y，然后 X：通过沿着 V 方向测量 YC 的圆弧长距离来确定“V”，然后通过沿着 U 方向测量 XC 的圆弧长距离来确定“U”；

（4）仅 X：通过沿着 U 方向测量 XC 的圆弧长距离来确定“U”，通过在 V 方向上沿着曲面切矢测量 YC 的距离来确定“V”；

（5）仅 Y：通过沿着 V 等参数曲线测量 YC 的圆弧长距离来确定“V”，通过在 U 方向上沿着曲面切矢测量 XC 的距离来确定“U”。

6.4.6.2　创建投影曲线操作示例

创建投影曲线操作示例如图 6-96 所示，示例中把曲线投影到目标片体上。

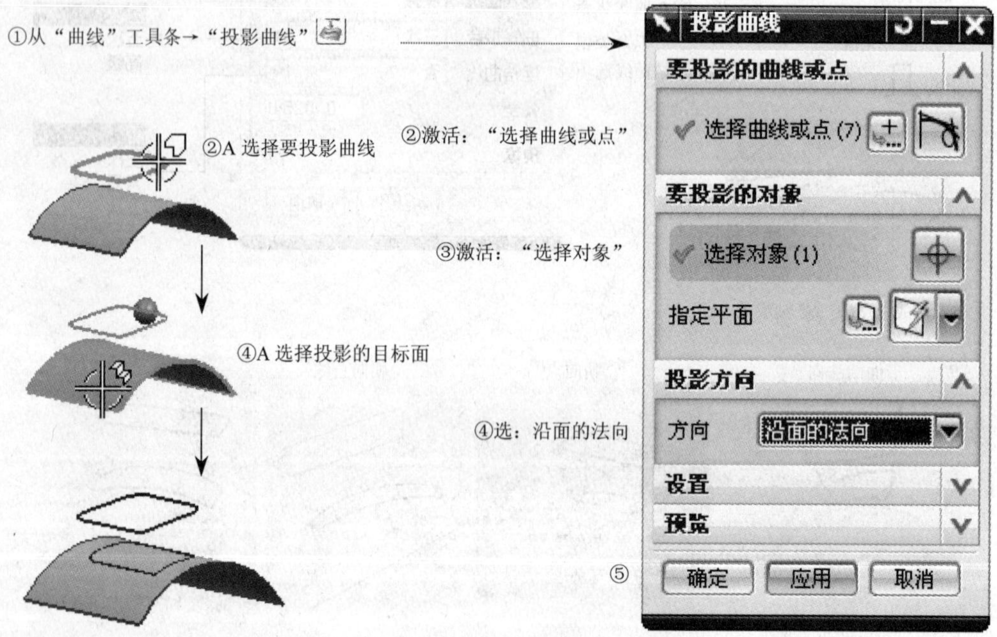

图 6-96　创建投影曲线操作示例

6.4.7　镜像曲线

使用“镜像曲线”命令，可以通过基准平面或平的曲面创建镜像曲线特征，通常用于创建对称的曲线。创建镜像曲线操作示例如图 6-97 所示。

操作提示：步骤②A 中选择片体时，实际是选择片体的所有边线。

6.4.8　相交曲线

“相交曲线”命令可用于在两组对象之间相交创建相交曲线，相交曲线是关联的。创建相交曲线操作示例如图 6-98 所示。

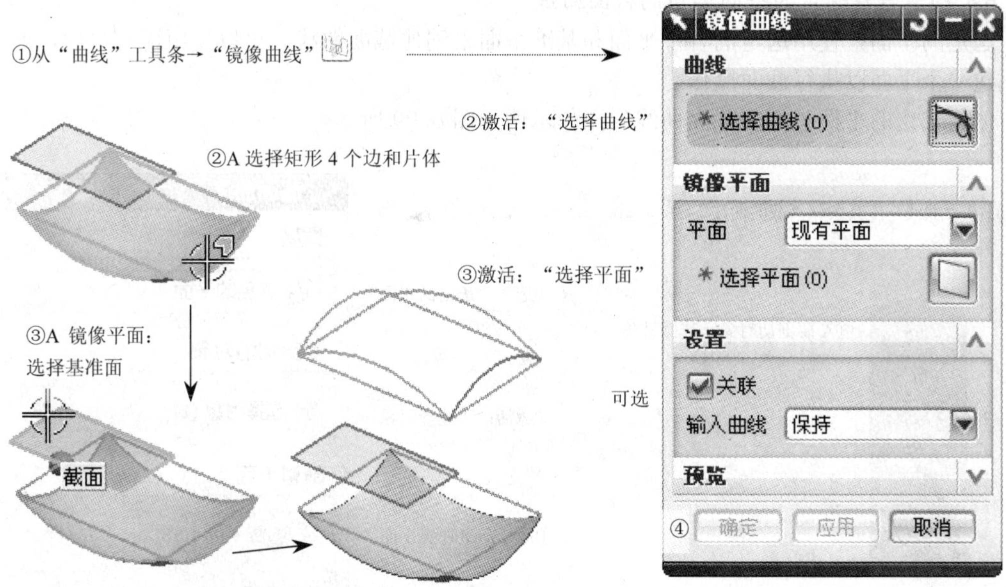

图 6-97 创建镜像曲线操作示例

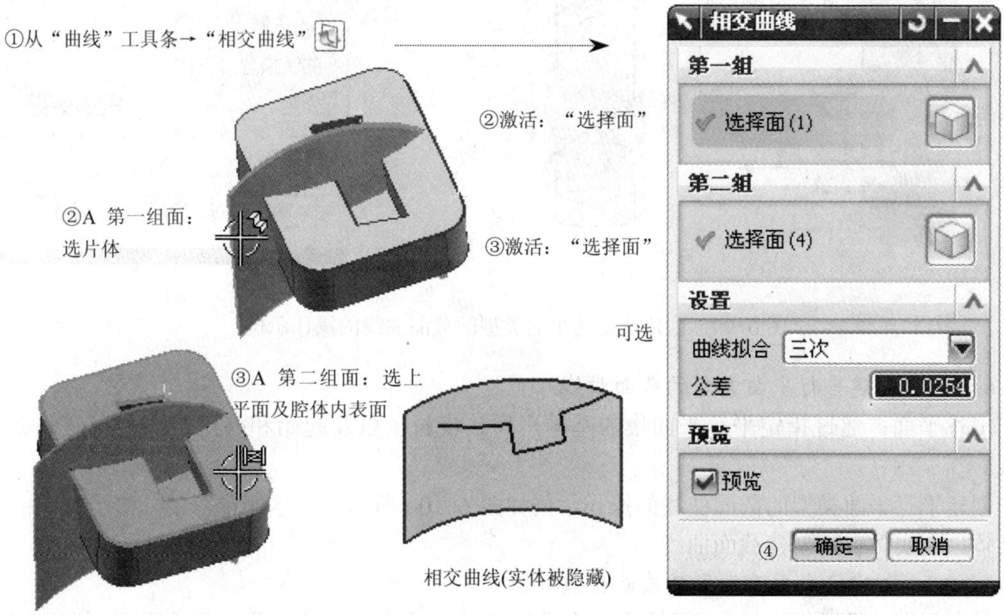

图 6-98 创建相交曲线的操作示例

6.4.9 截面曲线

"截面曲线"命令是在指定的平面与体、面、平面和/或曲线之间创建相交几何体。几何体输出可以是关联的，相交曲线的平面类型有：选定的平面、平行平面、径向平面、垂直于曲线的平面。

6.4.9.1　创建选定的平面类型的截面曲线

选定的平面：使用选定的各个平面和基准平面来创建截面曲线。可以使用现有平面，或动态创建一个平面以执行截面操作。

创建选定的平面类型的截面曲线的操作示例如图 6-99 所示。

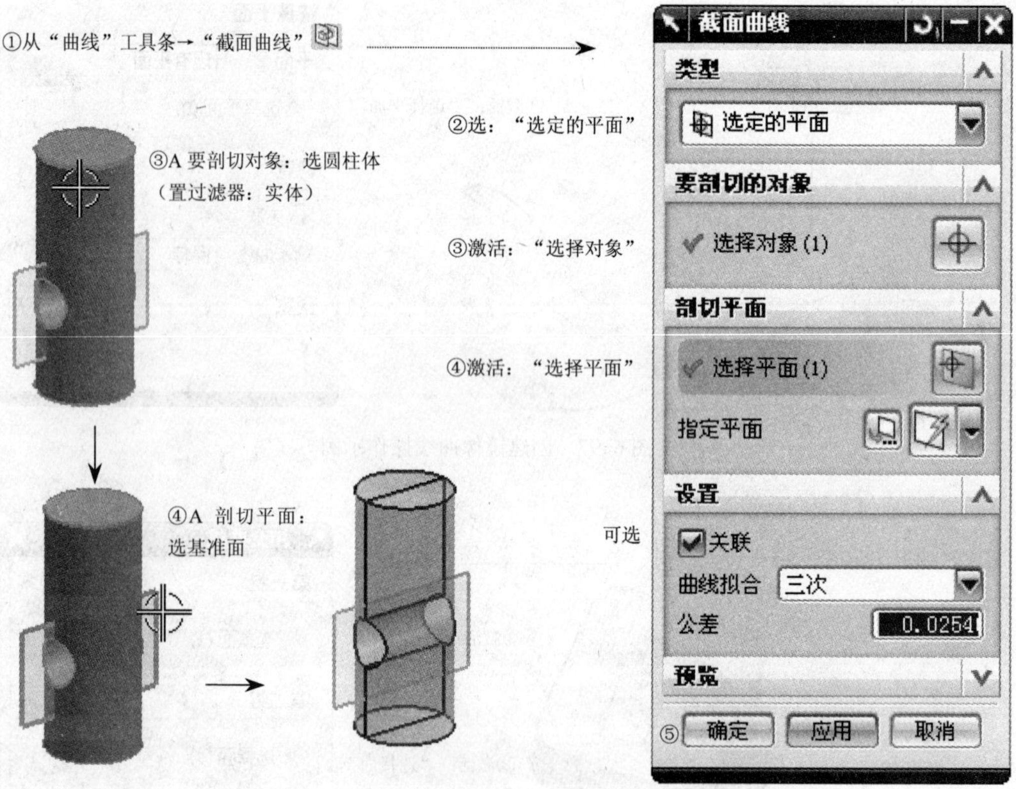

图 6-99　创建选定的平面类型的截面曲线的操作示例

6.4.9.2　创建平行平面类型的截面曲线

平行平面：通过指定平行平面集的基本平面、步长值以及起始和终止距离，来创建截面曲线。

创建平行平面类型的截面曲线的操作示例如图 6-100 所示。本示例中，用一组平行平面剖切实体，在实体表面创建截面曲线。

6.4.9.3　创建径向平面类型的截面曲线

径向平面：通过指定径向平面的辐射轴和一个点来定义径向平面集的基本平面、步长值以及起始和终止角度，以创建截面曲线。

创建径向平面类型的截面曲线的操作示例如图 6-101 所示。

操作提示：步骤④A 的径向轴和步骤⑤A 的点，创建一个基本平面，步骤⑤A 的点不能在径向轴上。

6.4.9.4　创建垂直于曲线的平面类型的截面曲线

垂直于曲线的平面：通过指定多个垂直于曲线或边缘的剖切平面来创建截面曲线，有多个选项来控制剖切平面沿曲线的间距。

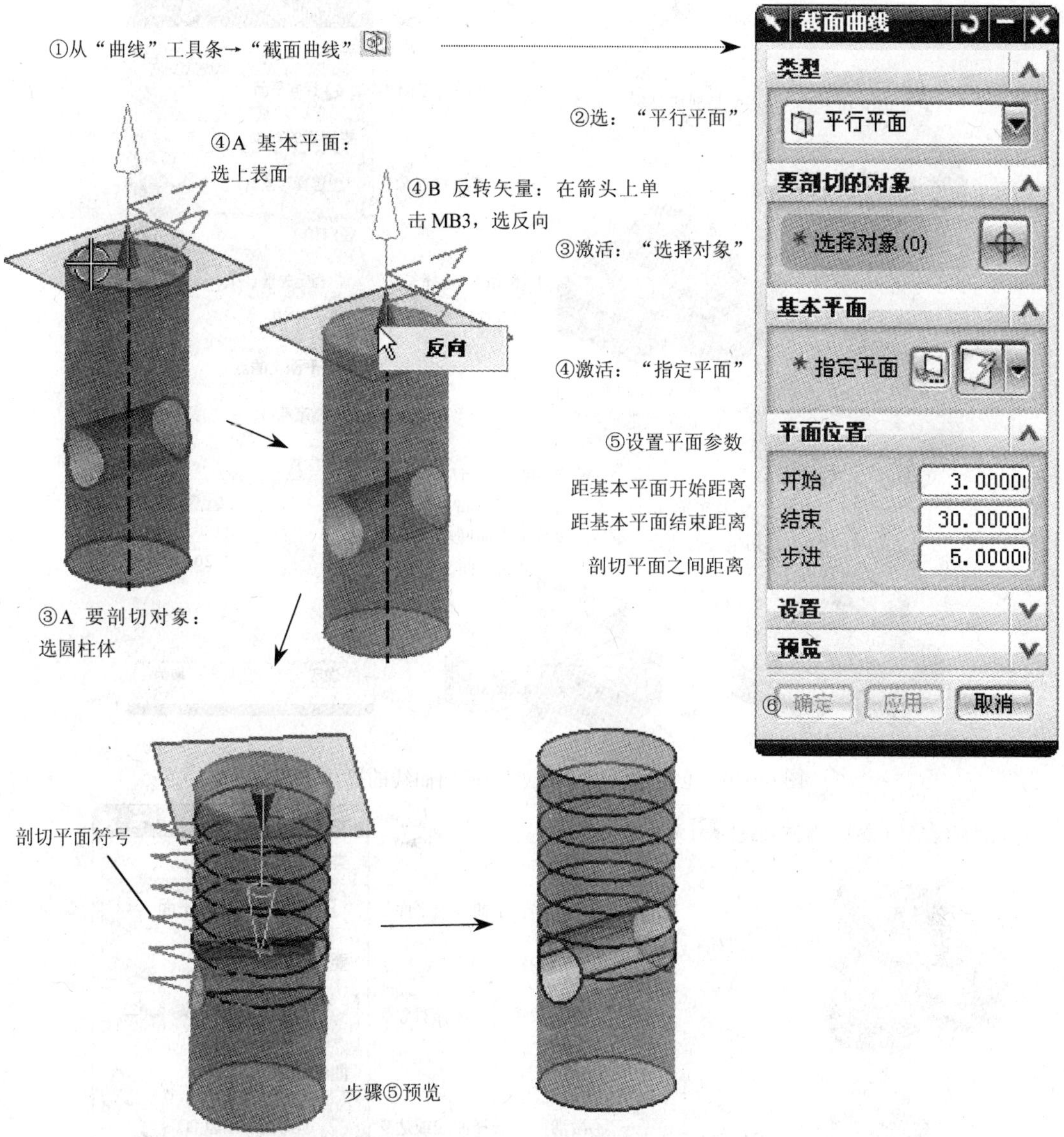

图 6-100 创建平行平面类型的截面曲线的操作示例

创建垂直于曲线的平面类型的截面曲线的操作示例如图 6-102 所示。

6.4.10 抽取曲线

“抽取曲线”是使用一个或多个现有体的边和面创建几何体（直线、圆弧、二次曲线和样条）。大多数抽取曲线是非关联的，但可创建关联的等斜度曲线或阴影轮廓曲线。

抽取曲线的类型有：边缘曲线、等参数曲线、轮廓线、所有在工作视图中的、等斜度曲线和阴影轮廓。

6.4.10.1 边缘曲线

该功能是沿一个或多个现有体的边创建曲线。

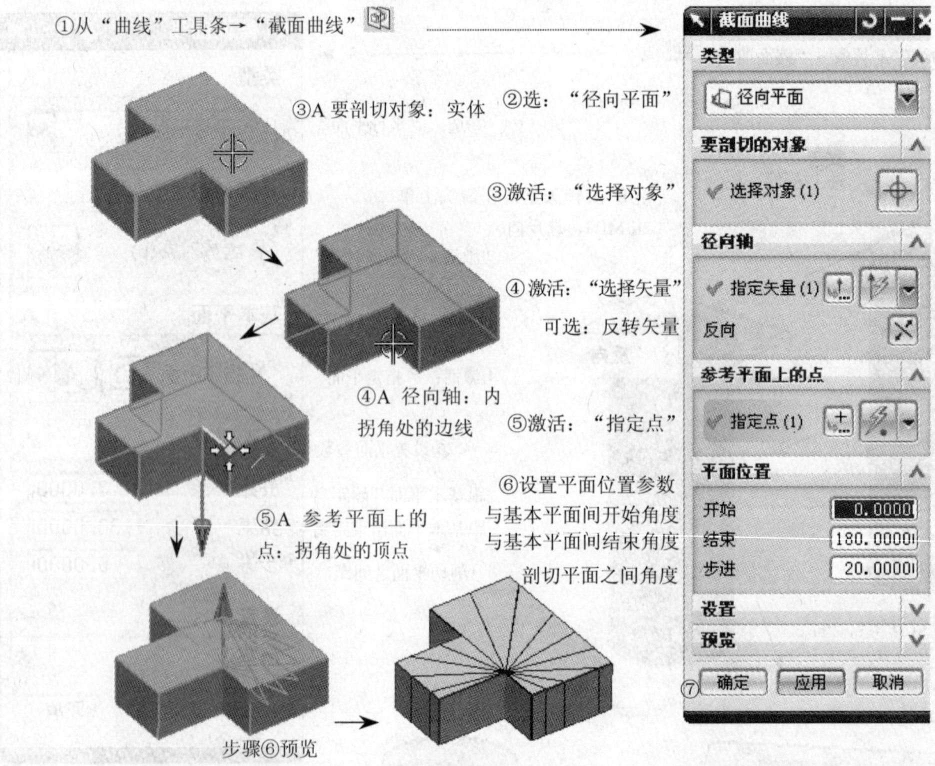

图 6-101　创建径向平面类型的截面曲线的操作示例

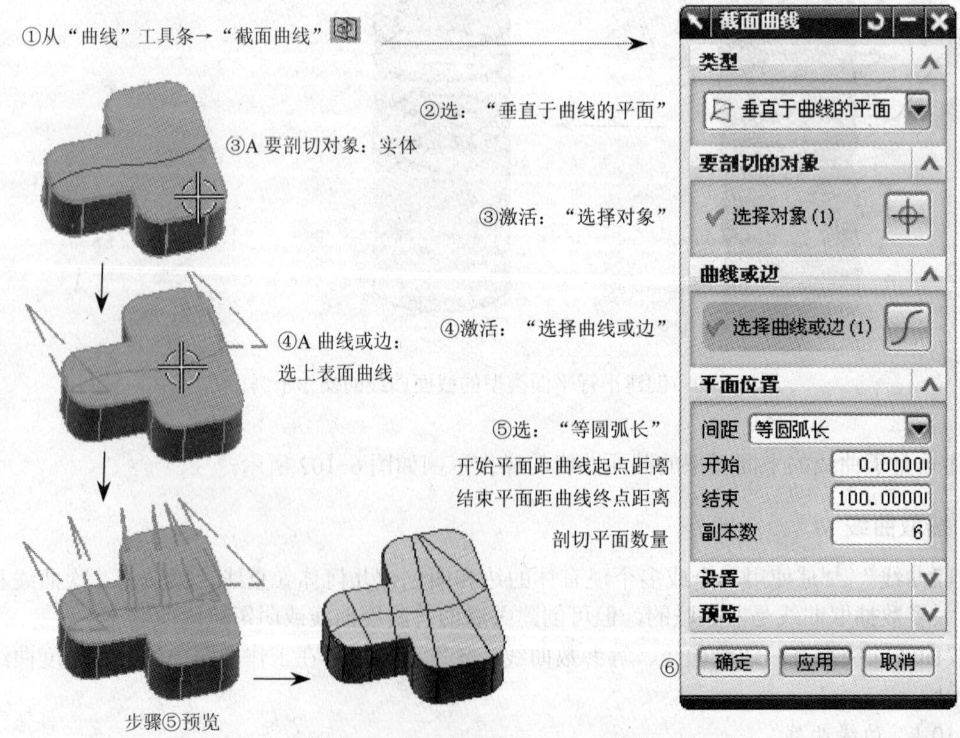

图 6-102　创建垂直于曲线的平面类型的截面曲线的操作示例

从“曲线”工具条→“抽取曲线”→“边缘曲线”，弹出“单边曲线”对话框，如图 6-103 所示。

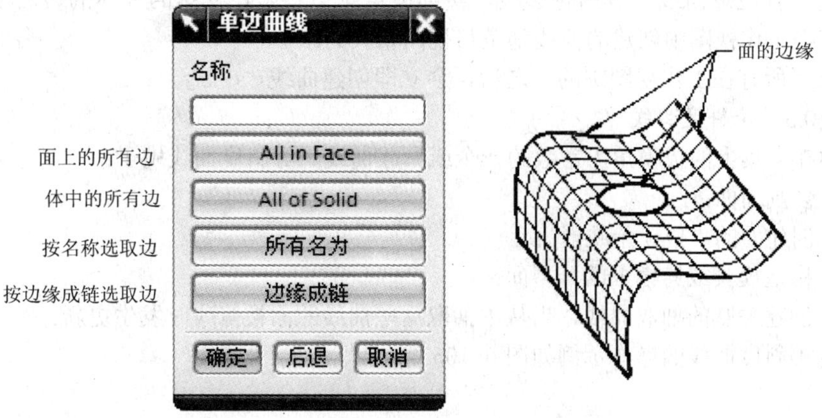

图 6-103 “抽取曲线”-“单边曲线”对话框

在“单边曲线”对话框显示时，每次选择一条所需的边，或使用菜单选择“面上的所有边”、“体中的所有边”、“所有名为”或“成链边缘”选取边。选定边的总数显示在“状态”行中，可以使用“后退”取消选择边。所有边都选择完毕后，选择“确定”，创建曲线。

6.4.10.2 等参数曲线

可以使用该功能沿面上给定的 U/V 参数生成曲线。操作示例如图 6-104 所示。

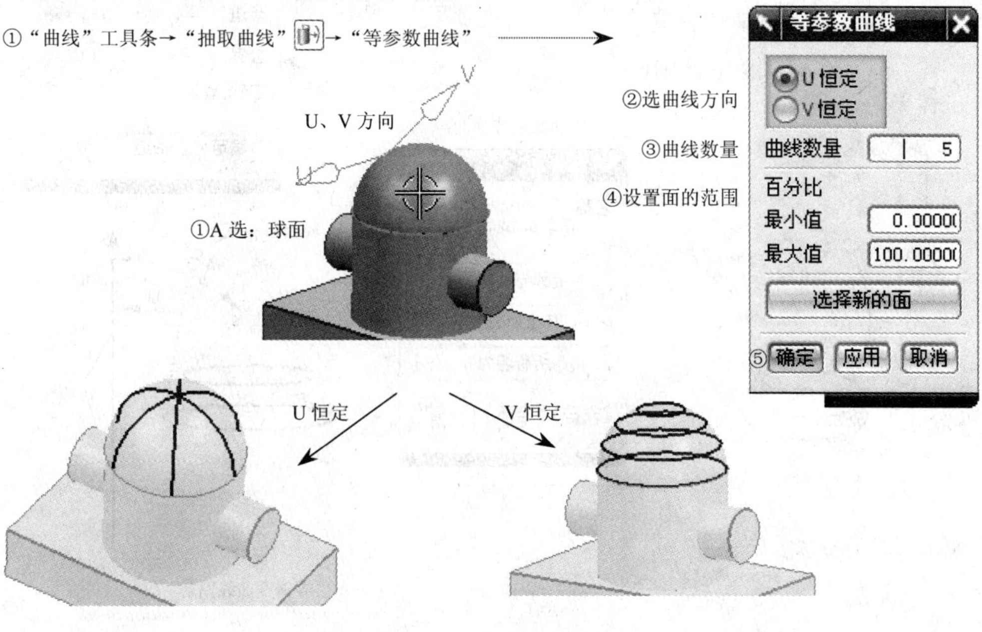

图 6-104 “抽取曲线”-“等参数曲线”操作示例

6.4.10.3 轮廓线

为体创建轮廓曲线（曲面从指向视线更改为指离视线所在位置的直线）。

从“曲线”工具条→“抽取曲线”→“边缘曲线”，弹出“单边曲线”对话框。选择所需体时，会立即创建轮廓曲线，且系统会提示选择另一体。

6.4.10.4　所有在工作视图中的曲线

创建所有边缘曲线，包括轮廓线、实体的可见边和工作视图的片体的边。使用这个选项时，所有在工作视图中创建的曲线都是与视图相关的。

选取“所有在工作视图中的”之后，会立即创建曲线。

6.4.10.5　等斜度曲线

创建在面集上的拔模角为常数的一个或一簇曲线。等斜度曲线用于：

（1）分割曲面；

（2）创建面的“拔模角映射”；

（3）构造模具或铸模上的分型面；

（4）创建关联的抽取曲线，当从中抽取这些曲线的面被修改时发生更新。

创建等斜度曲线的操作示例如图 6-105 所示。

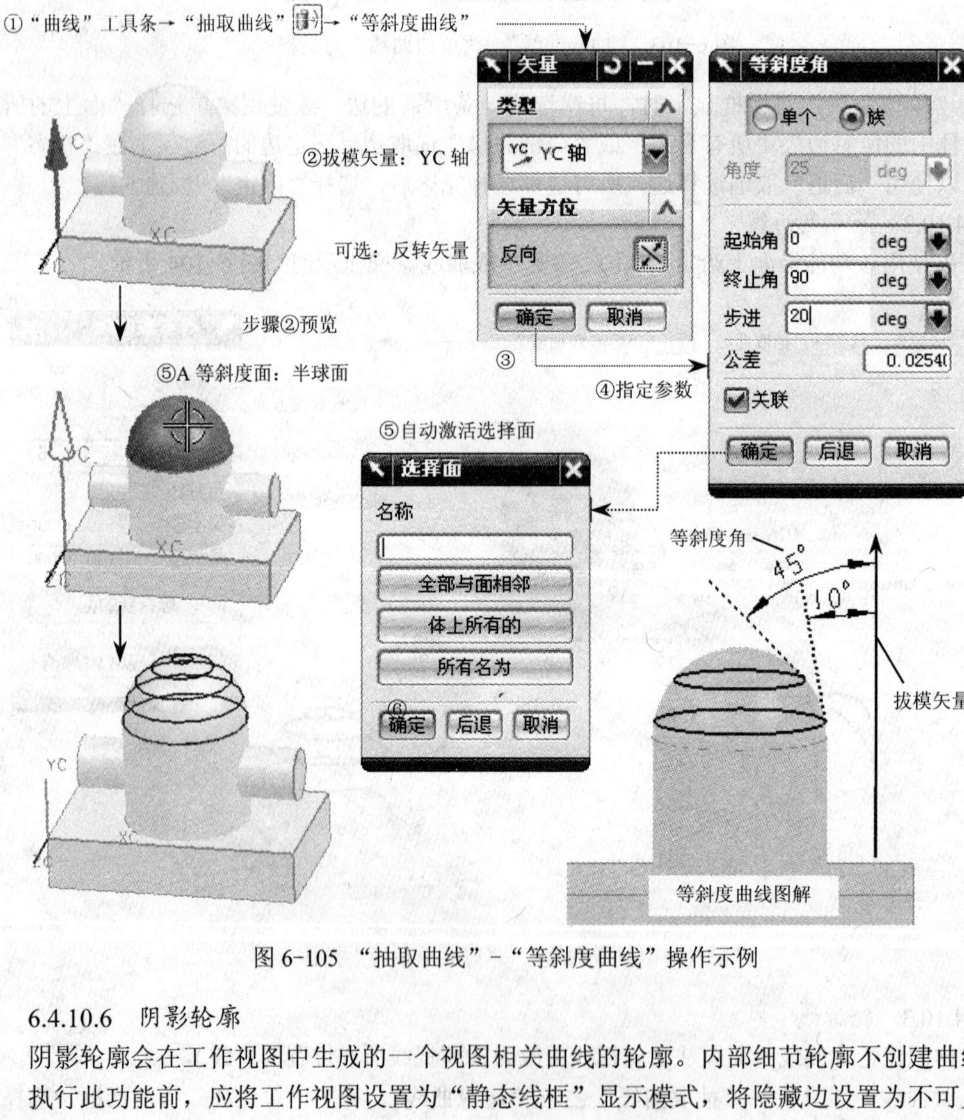

图 6-105　“抽取曲线”-“等斜度曲线”操作示例

6.4.10.6　阴影轮廓

阴影轮廓会在工作视图中生成的一个视图相关曲线的轮廓。内部细节轮廓不创建曲线。

执行此功能前，应将工作视图设置为“静态线框”显示模式，将隐藏边设置为不可见，然后选择阴影轮廓。

6.4.11 组合投影

使用“组合投影”命令可通过组合两条现有曲线沿各自的投影方向投影来创建一条新曲线。相当于两条曲线沿各自的投影方向拉伸生成片体的相交曲线。常用于两条 2D 的曲线通过组合投影生成 3D 空间曲线。

从“曲线”工具条→“组合投影”，弹出“组合投影”对话框。“组合投影”命令的操作示例如图 6-106 所示。在示例中，XC-YC 平面上的曲线集与 XC-ZC 平面上的曲线集，通过投影创建 3D 的组合投影曲线。

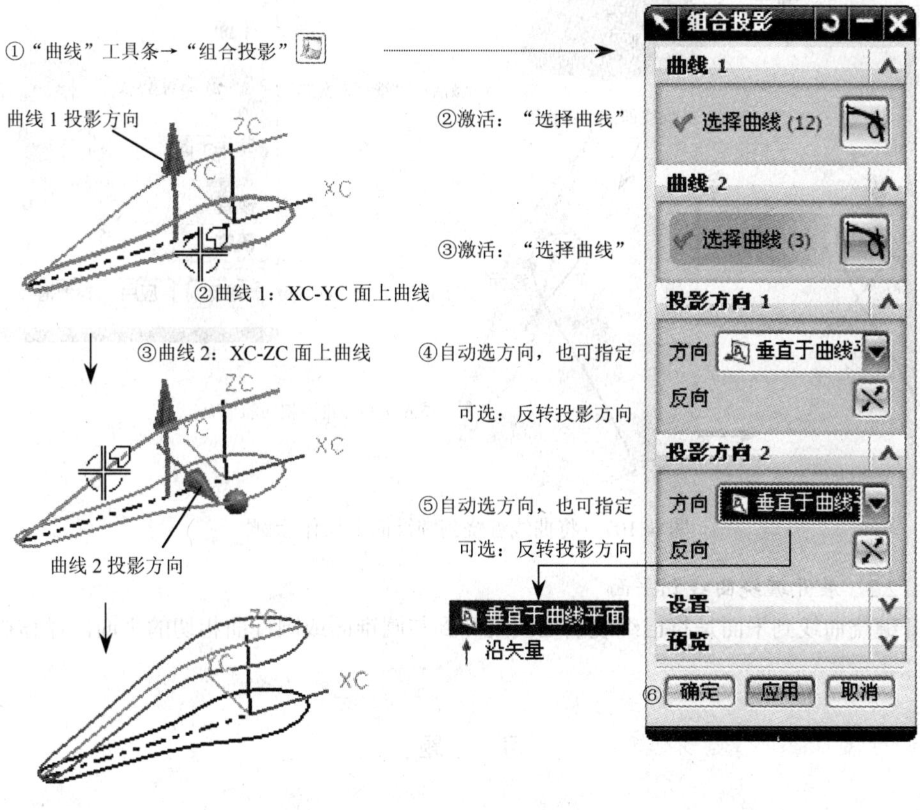

图 6-106 “组合投影”命令的操作示例

6.4.12 缠绕/展开曲线

使用“缠绕/展开曲线”功能将曲线从一个平面缠绕到一个圆锥面或圆柱面上，或从圆锥面或圆柱面展开到一个平面上。

使用缠绕选项时需要一个曲线集，一个与圆锥面或圆柱面相切的平面，曲线集如果不在平面上，则投影到平面后进行。

从“曲线”工具条→“缠绕/展开曲线”，调用“缠绕/展开曲线”对话框。

6.4.12.1 将曲线缠绕到圆锥面上

将一条曲线缠绕到圆锥面上的操作示例如图 6-107 所示。

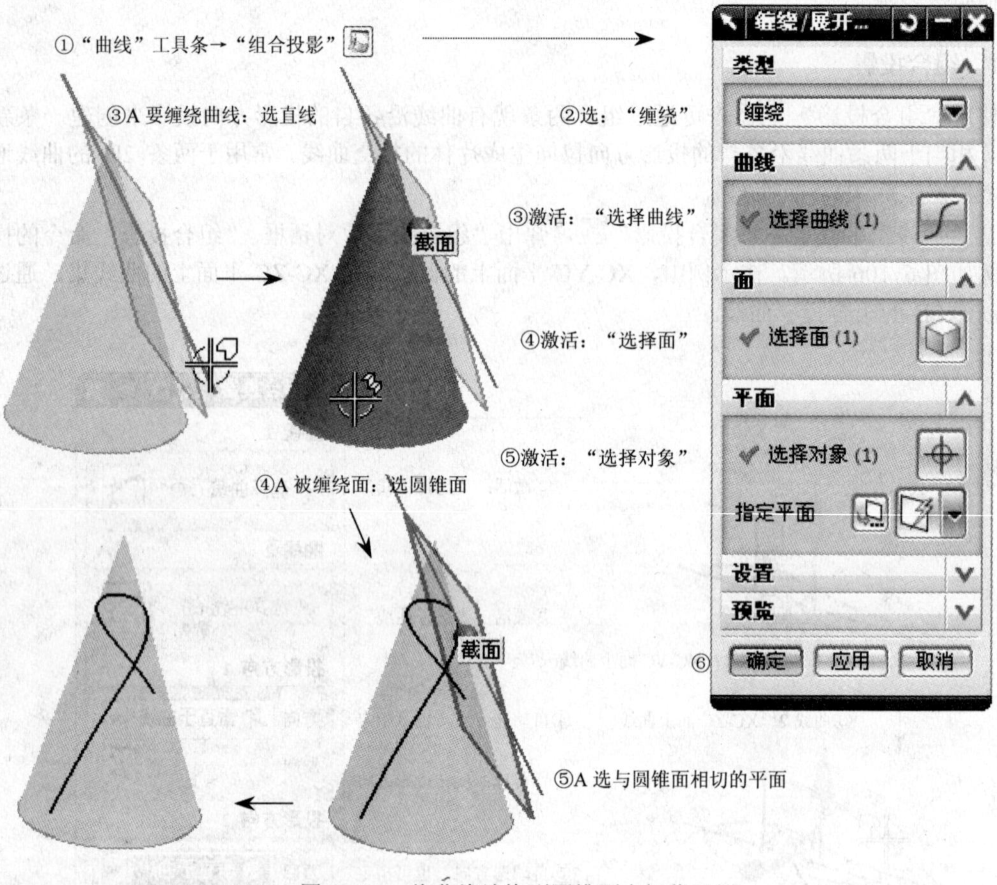

图 6-107　将曲线缠绕到圆锥面上操作示例

6.4.12.2　展开缠绕曲线到平面

展开缠绕曲线到平面是将已缠绕的曲线展开到与圆锥面或圆柱面相切的平面。操作过程与缠绕相似。

习　　题

6-1　使用曲线创建图 6-108 所示的图形。

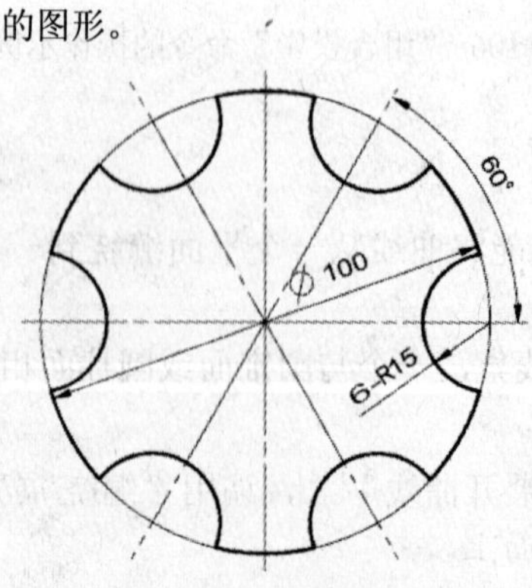

图 6-108

6-2　使用曲线创建图 6-109 所示的图形。A～E 点之间为通过点的 3 阶样条曲线，端点与相连的曲线相切。

	X	Y
A	10	50
B	21	36.5
C	34	28
D	63.3	20.5
E	78	19

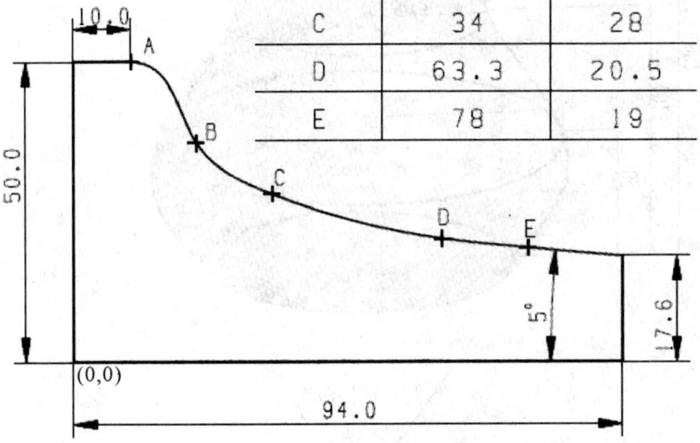

图 6-109

6-3　使用曲线创建图 6-110 所示的图形。

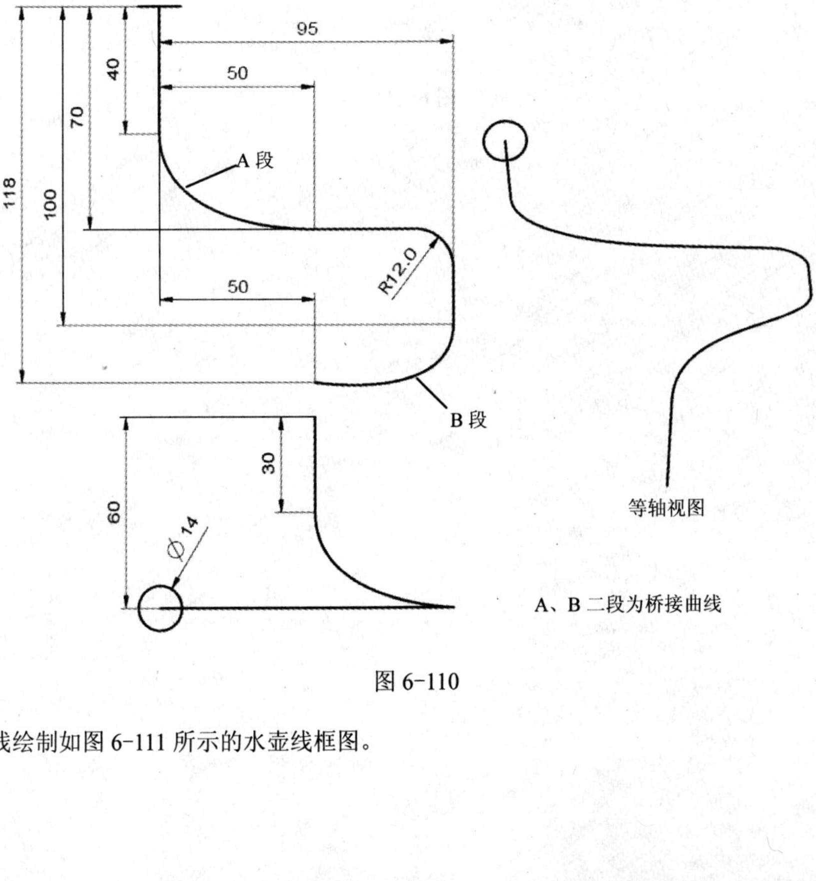

图 6-110

6-4　用曲线绘制如图 6-111 所示的水壶线框图。

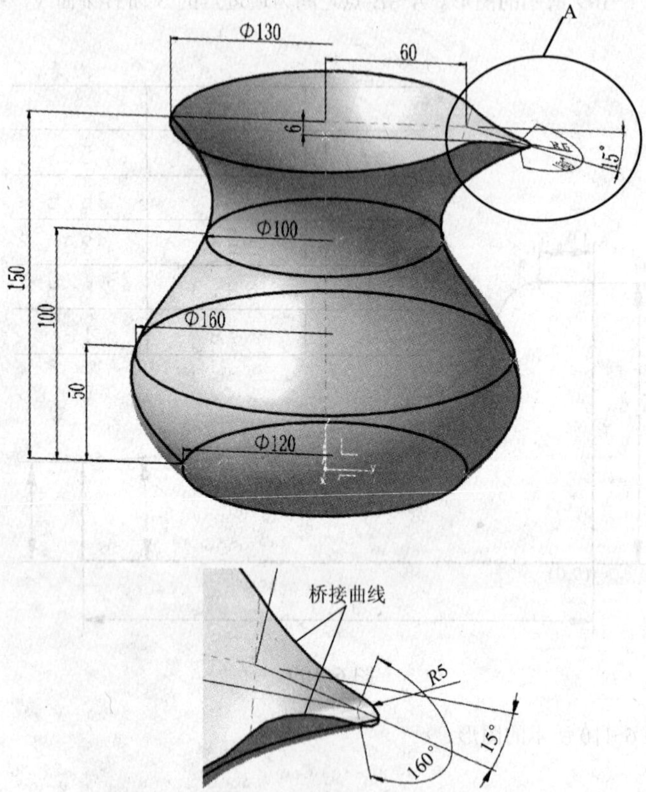

A放大

图 6-111

第 7 章　曲　　面

使用基本的特征建模方法能够完成一般形状简单的产品开发，大多数实际产品的设计都离不开曲面建模，曲面建模用于构造标准建模方法无法创建的复杂形状。UG 提供了曲面的特征建模模块、曲面编辑模块及曲面变换模块，通过曲面的特征建模模块可以方便地生成曲面薄体或实体模型；通过曲面编辑模块和自由曲面变换模块可以实现对自由曲面的各种编辑修改操作。本章主要介绍曲面模型建立和编辑。

UG 的曲面功能命令集成在“曲面”工具条中，如图 7-1 所示。曲线编辑命令集成在“编辑曲面”工具条中，如图 7-2 所示。

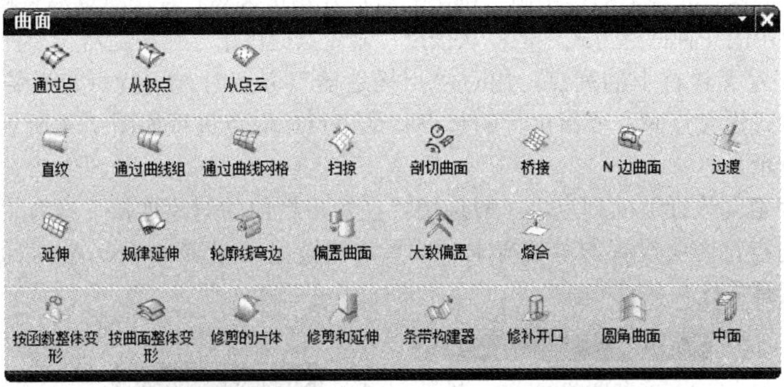

图 7-1　“曲面”工具条

图 7-2　“编辑曲面”工具条

7.1　点构造曲面

7.1.1　“通过点”/“从极点”构造面

“通过点”用于指定体将要通过的矩形阵列点，使用这个选项，可以很好地控制体，使它总是通过指定的点。

“从极点”用于指定作为定义片体外形的控制极点（顶点）的点，使用极点可以更好地控制体的整体外形和特征。

由“通过点”或“从极点”构造曲面可分如下两个步骤：

7.1.1.1　定义片体的参数

从“曲面”工具条→“通过点”，或“从极点”将弹出同样的对话框，如图 7-3 所示。在此对话框中，对片体的参数进行设置。

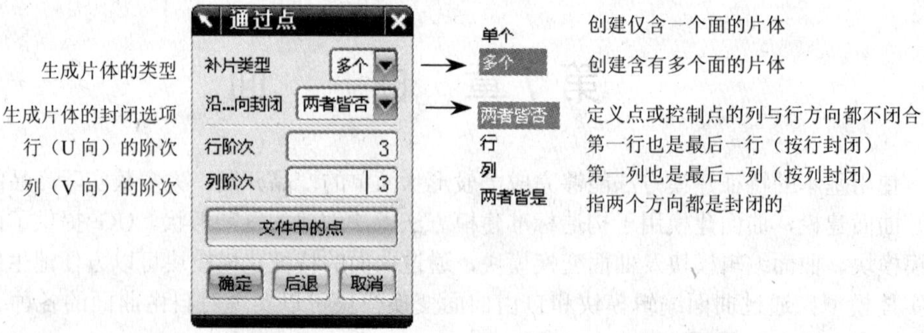

图 7-3　“通过点”或“从极点”对话框

7.1.1.2　定义点

在上述对话框设置完参数后，单击“确定”后，开始定义点。弹出“过点”对话框，提供了如图 7-4（a）所示的 4 种选点方式，但“从极点”命令只提供用“点构造器”一种定义点方式。

按行依顺序定义该行上的列点，用点“点构造器”取点时，一行点定义结束后，应单击“确定”；其他方式定义点时，要指出行的起点和结束点。取点过程如图 7-4 所示。创建片体的实例如图 7-5 所示。

按行依顺序定义该行上的列点，一般选用“在矩形框内的对象连接”或者“点”构造器定义点，当选取的点符合所设置的参数要求时，系统即会显示图 7-4（b）的对话框，让用户选择增加定义点或是构建片体。

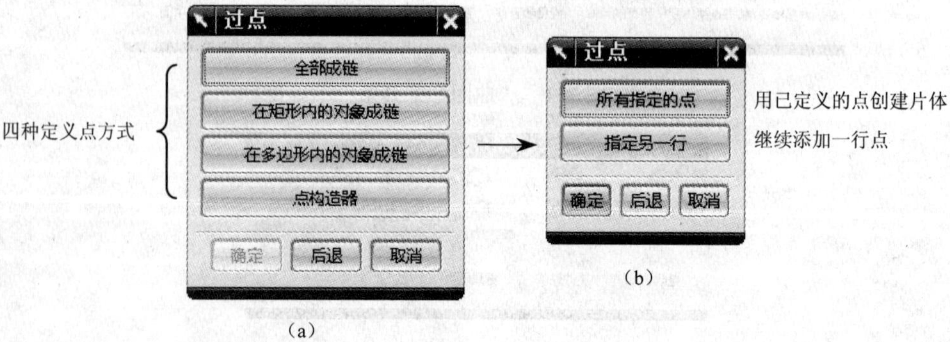

图 7-4　“通过点”或“从极点”的取点过程

（a）取点时“过点”对话框 ；（b）取点可创建片体时“过点”对话框

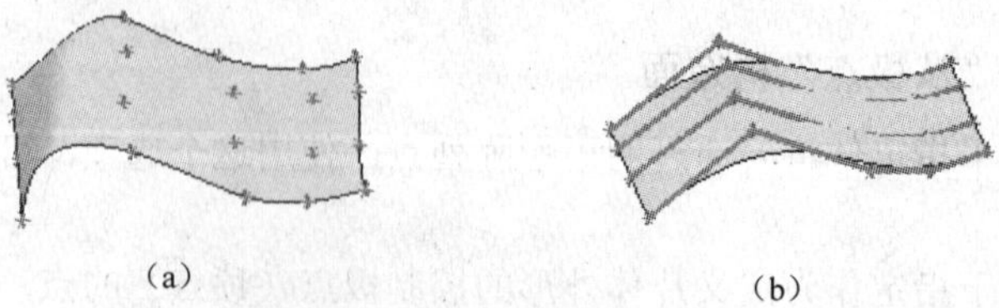

图 7-5　构造片体的实例

（a）“通过点”创建的片体；（b）“从极点”创建的片体

7.1.2 “从点云”构造面

“从点云”用于创建片体近似于一个大的数据点“云”，由扫描和数字化产生片体。得到的片体比使用“通过点”方法创建的片体要“光顺”得多，但不如后者更接近于原始点。

从“曲面”工具条→“从点云”，弹出“从点云”对话框，如图 7-6 所示。

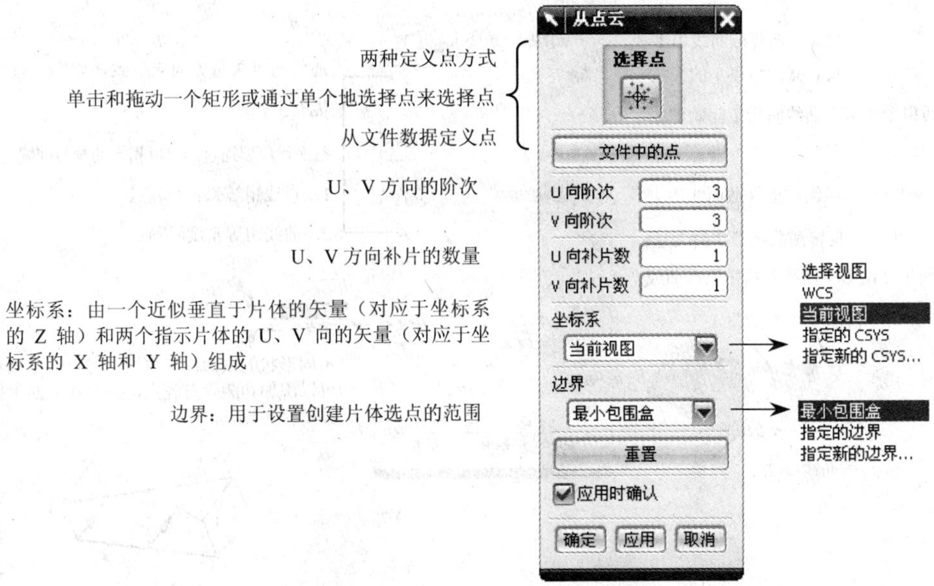

图 7-6 “从点云”对话框

7.1.2.1 坐标系定义的 5 种方式

（1）视图选择，U-V 平面在视图的平面内，并且法向矢量与视图的法向一致。U 矢量指向右，V 矢量指向上。

（2）WCS，用当前的工作坐标系指定 U、V 方向。

（3）当前视图，以当前工作视图作为 U、V 平面的坐标，该选项与工作坐标系统无关。

（4）指定的坐标系，指定现有的 CSYS 的坐标系。

（5）指定新的 CSYS，使用 CSYS 子功能，创建一个新的坐标系。

7.1.2.2 边界定义的方法

（1）最小包围盒，系统产生的默认边界。所选点投影到 U-V 平面上，包围这些点的最小矩形，并沿着法向矢量将其投影到点云上所包围的长方体空间。

（2）指定边界，在 U-V 平面上定义 4 个点构造一个四边形边界，U 向为点 1-4 边中点指向点 2-3 边中点的矢量，V 向为点 1-2 边中点指向点 3-4 边中点的矢量。

（3）指定新的边界，指定边界定义新边界。

7.2 曲线构造曲面

7.2.1 直纹面

使用“直纹面”命令可通过选定两组曲线轮廓线或截面线串来创建直纹片体或实体。

截面线串可由一个或多个对象组成，每个对象可以是曲线、实体边或实体面。第一个截面线串也可以是曲线上的点或端点。

7.2.1.1　直纹对话框

从“曲面”工具条→“直纹”，弹出“直纹”对话框，如图 7-7 所示。

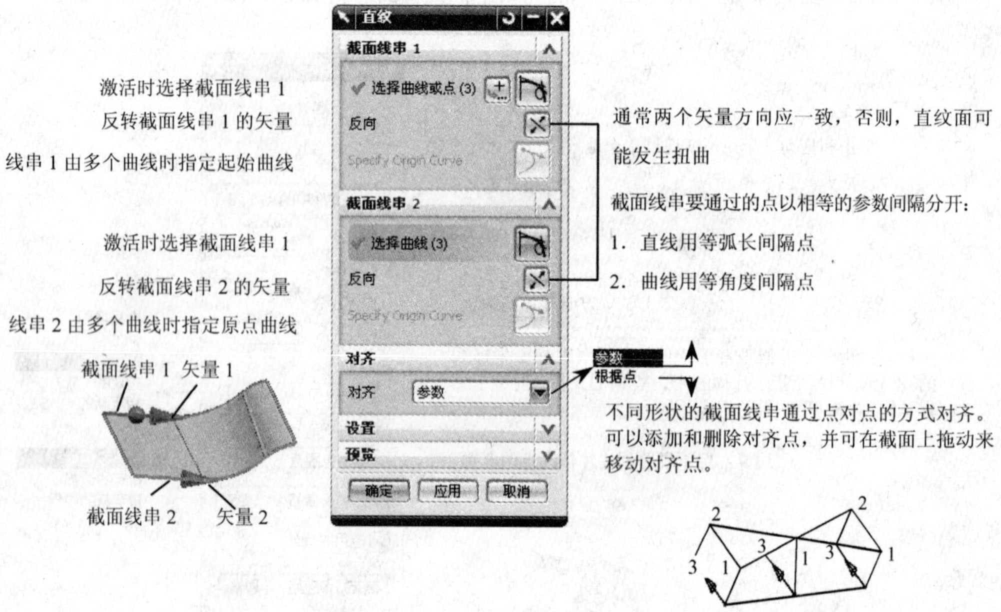

图 7-7　“直纹”对话框

7.2.1.2　构造直纹面的操作示例

构造直纹面的操作示例如图 7-8 所示。在示例中，一个截面为圆，另一截面为长方形，截面形状相差很大，需要使用“根据点”的对齐方法调整两个截面的对齐点。

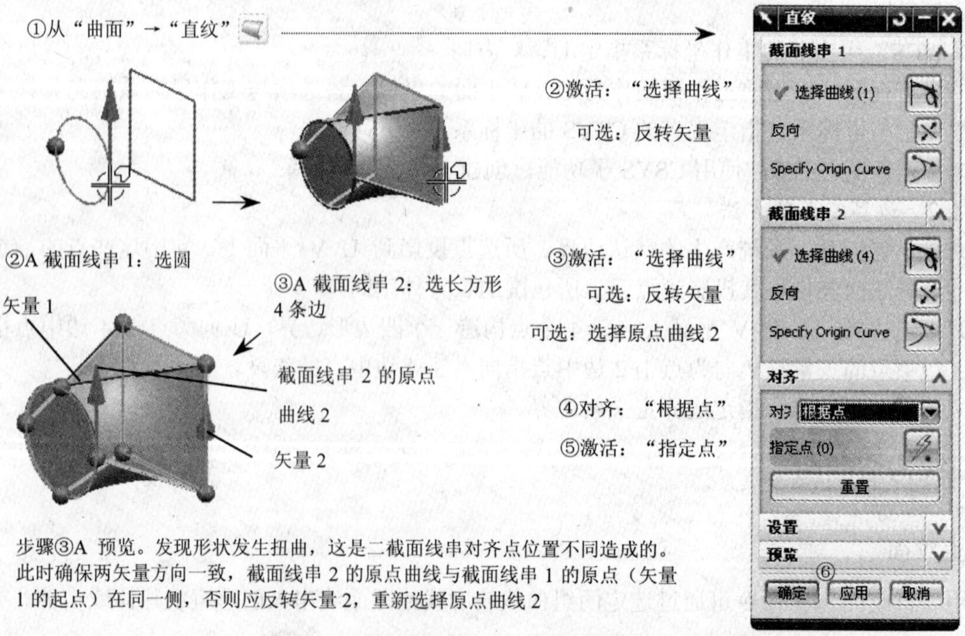

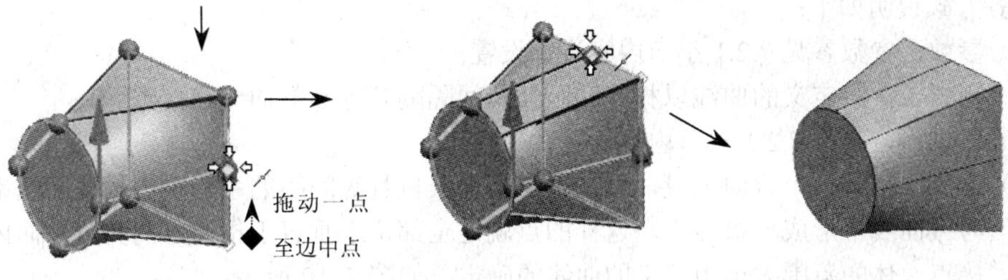

⑤A 确保“选择条”“中点”选项启用。拖动线串 2 上一顶点到该边的中点

⑤B 用⑤A 方法拖动其他 3 个点到对应边的中点

图 7-8 构造直纹面的操作示例

操作提示：（1）当有多个不光顺连接曲线组成截面线串时，选择的第一条曲线系统默认为原点曲线，且距离光标最近的端点为该线串的原点，所以，每次选择的位置和顺序要相同，使矢量产生的位置和方向要相同，以减少后面的调整操作；（2）本示例中，步骤⑤A 用 F3 关闭了动态跟踪条，可重新按 F3 打开跟踪条，可在跟踪条中输入“%弧长”来确定点的位置。

7.2.2 通过曲线组

“通过曲线组”命令将通过一组多达 150 个大致平行的截面线串来创建片体或实体。截面线串可以由一个对象或多个对象组成，并且每个对象既可以是曲线、实体边，也可以是实体面。“通过曲线组”类似于“直纹面”，但是可以指定两个以上的截面线串。

7.2.2.1 通过曲线组对话框

从“曲面”→“通过曲线组”，可调用“通过曲线组”对话框，如图 7-9 所示。

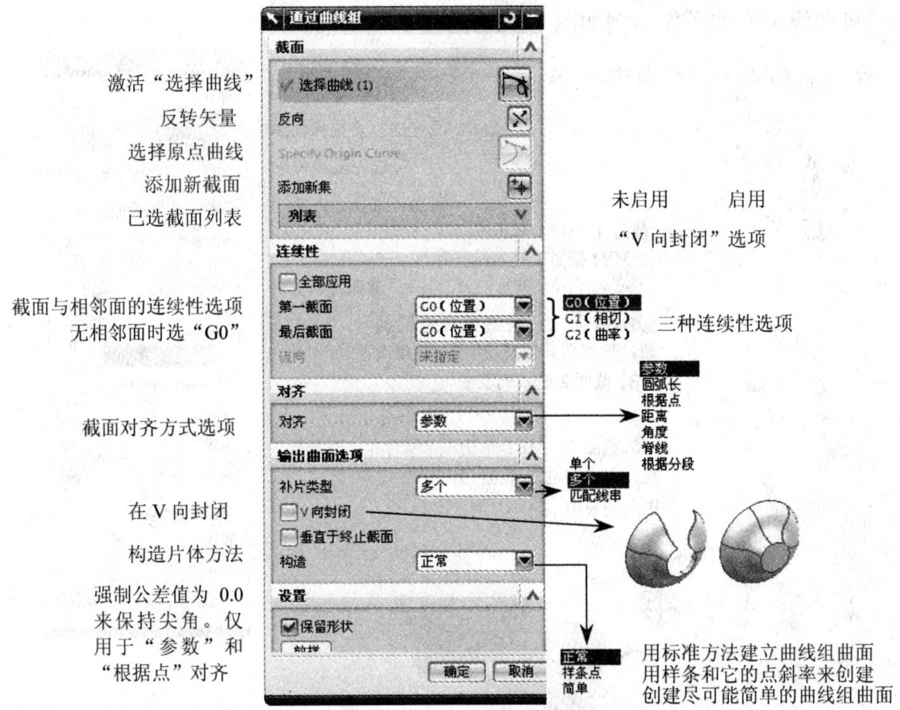

图 7-9 “通过曲线组”对话框

对齐方式说明如下：

（1）参数，参数参见 7.2.1 小节内容进行设置；

（2）圆弧长，沿定义的曲线以相等的圆弧长间隔隔开等参数曲线连接点；

（3）根据点，参见 7.2.1 小节内容设置；

（4）距离，指定一个方向矢量，用垂直于指定矢量且等间距的系列平面与截面线串相交，每个平面与截面线串形成一组交点，这样的点就是全部位于垂直于指定方向矢量平面内的等参数曲线连接点。体的范围大小由定义的曲线的确定，如图 7-10 所示；

（5）角度，绕公共轴线形成一系列等角分布的平面与截面线串相交，每个平面与截面线串形成一组交点，这样的点就是全部包含公共轴线的平面内的等参数曲线连接点，如图 7-11 所示；

（6）脊线，“脊线”将等参数点放置在选定截面线串与垂直于输入曲线（脊线）的平面的相交处；

（7）根据分段，与参数对齐方法相似，只是 NX 沿每条曲线段等距隔开等参数曲线，而不是按相同的圆弧长参数间隔隔开。

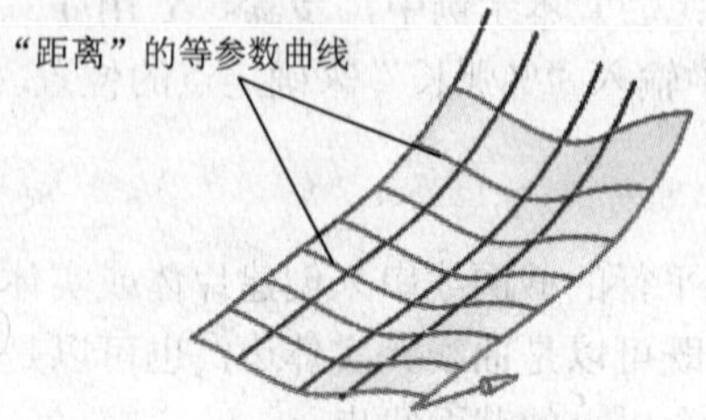

图 7-10　“距离”的等参数曲线

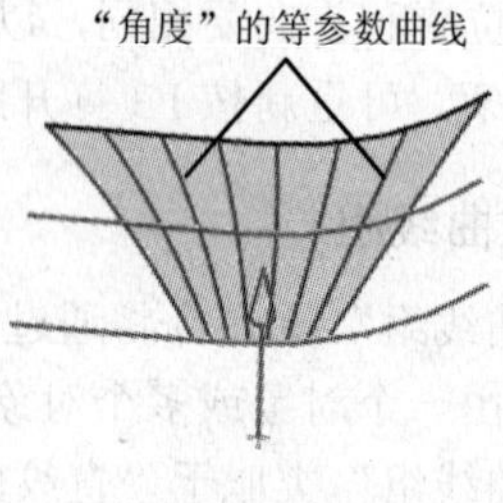

图 7-11　“角度”的等参数曲线

7.2.2.2　构造通过曲线组面的操作示例

构造通过曲线组面的操作示例如图 7-12 所示。

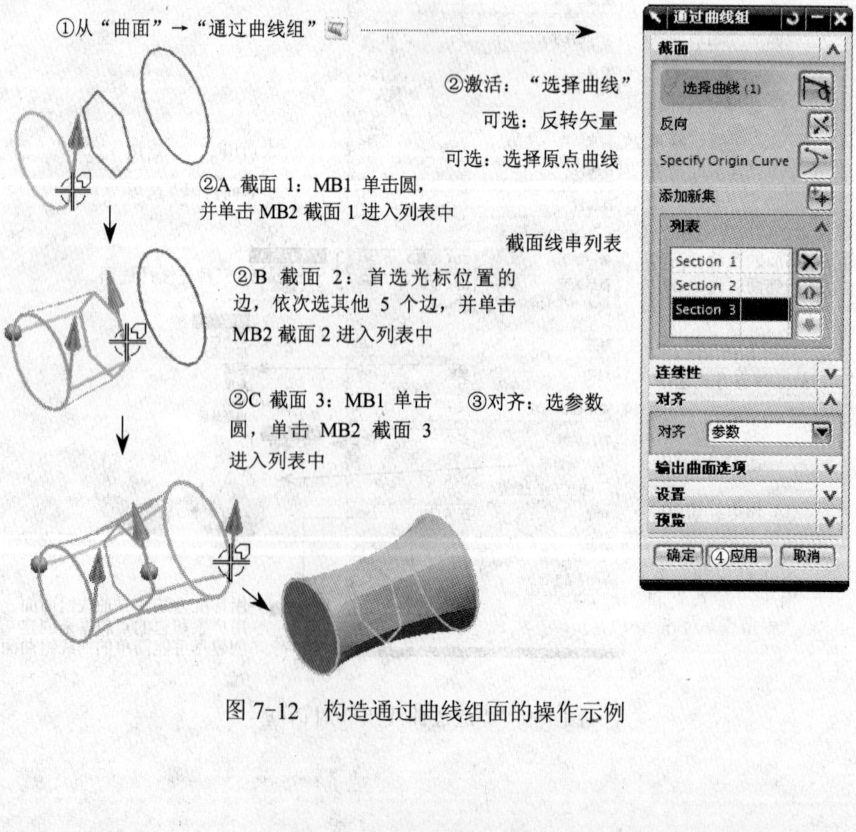

图 7-12　构造通过曲线组面的操作示例

操作提示：与“直纹”一样，选取截面原点曲线时光标位置应尽量相同，且它们的矢量一定要指向同一方向，否则应反转矢量。

7.2.2.3 创建并约束的“通过曲线组”曲面

如图 7-13 所示的示例，“通过曲线组”曲面连接两个片体，其中第一截面和最后截面分别是两个片体的边缘，且通过中间的一段曲线组成截面集，第一截面和最后截面处分别与两个片体通过“相切”约束实现光顺连接。

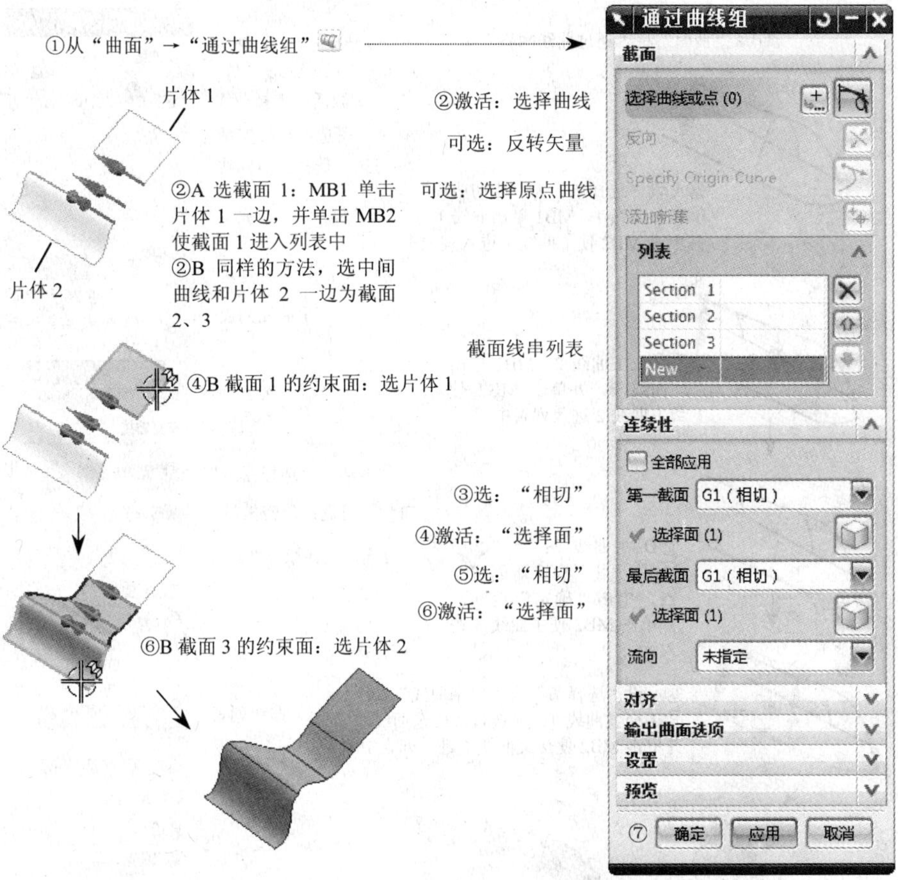

图 7-13 创建并约束的“通过曲线组”曲面的操作示例

7.2.3 通过曲线网格

“通过曲线网格”是几个主曲线和交叉曲线集的创建体，其中选择的第一线串为主曲线，第二组曲线线串为交叉曲线。每个集中的线串必须互相大致平行，并且不相交。主曲线必须大致垂直于交叉曲线。

“通过曲线网格”的曲面可以约束为 G0、G1 或 G2 连接；也可以通过使用脊线串实现交叉曲线的参数化处理。主曲线中允许使用点作为一个截面，交叉线串中不允许使用点。

从“曲面”→“通过曲线网格”，弹出“通过曲线网格”对话框，如图 7-14 所示。其对话框中的选项与“通过曲线组”相似，多一组交叉线串选项。对“输出曲面选项”中“着重”选项做如下说明：

（1）在主曲线和交曲线不相交时，“着重”选项为生成的体通过主曲线或交叉曲线，或者两个曲线的平均曲线上；

（2）两者皆是 ：主曲线和交叉曲线有同样的效果，在主曲线和交叉曲线的平均曲线上生成体；

（3）主线串 - 主曲线更有影响，主曲线更靠近生成的体；

（4）交叉线串 - 交叉曲线更有影响。交叉曲线更靠近生成的体。

构建“通过曲线网格”曲面的示例如图 7-14 所示。

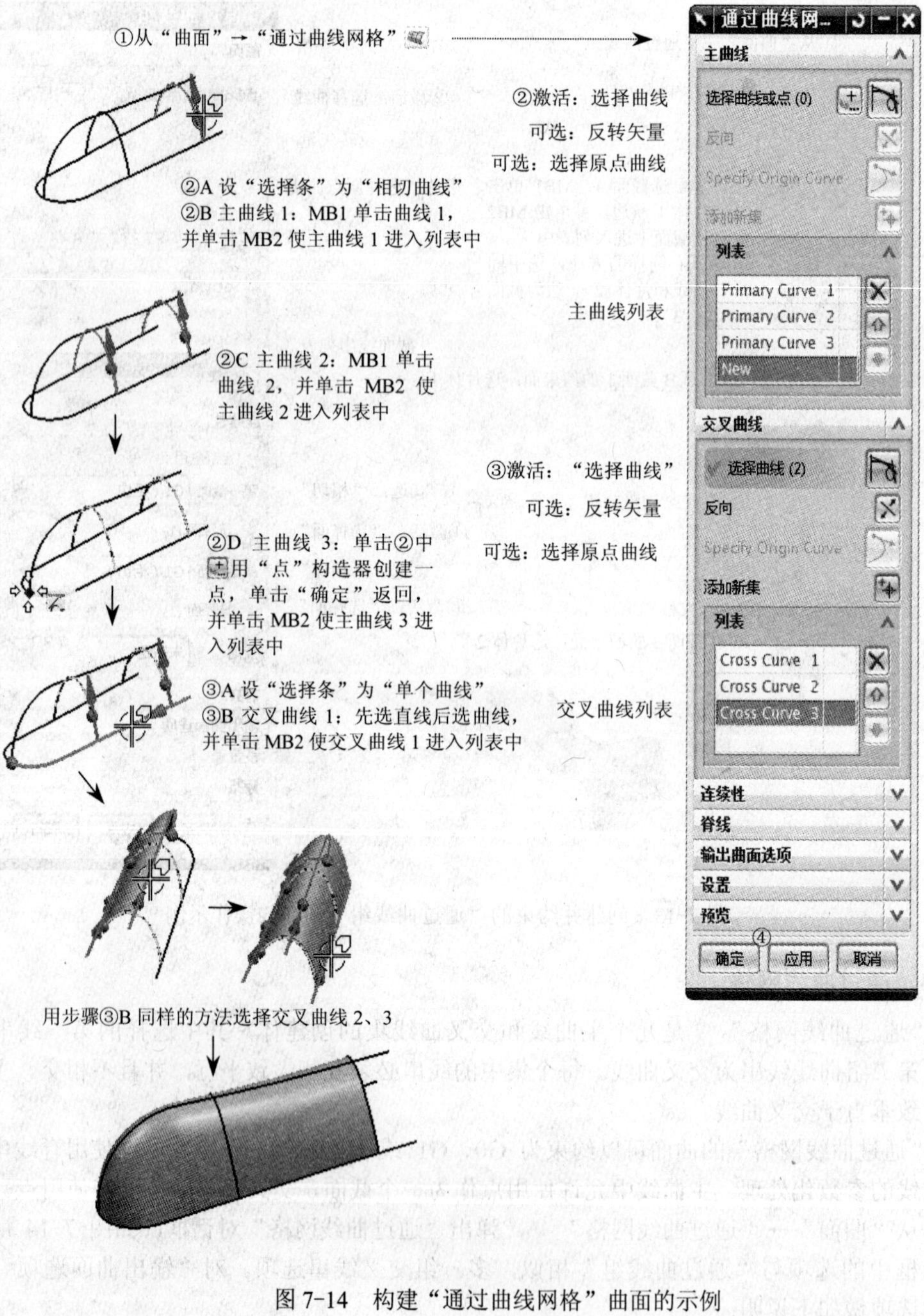

图 7-14 构建“通过曲线网格”曲面的示例

7.2.4 扫掠

"扫掠"命令可通过沿引导线串（最多 3 条）扫掠一个或多个截面线串（最多 150 条），来创建实体或片体。它可以控制比例和方位的变化，具有灵活性，但也是使用最复杂的命令之一，在工业设计中有着广泛的应用。

7.2.4.1 扫掠对话框

从"曲面"→"扫掠"，弹出"扫掠"对话框，如图 7-15 所示。其中截面和引导线与前述的"通过曲线网格"的主曲线选择方法相同，只显示了新增选项。

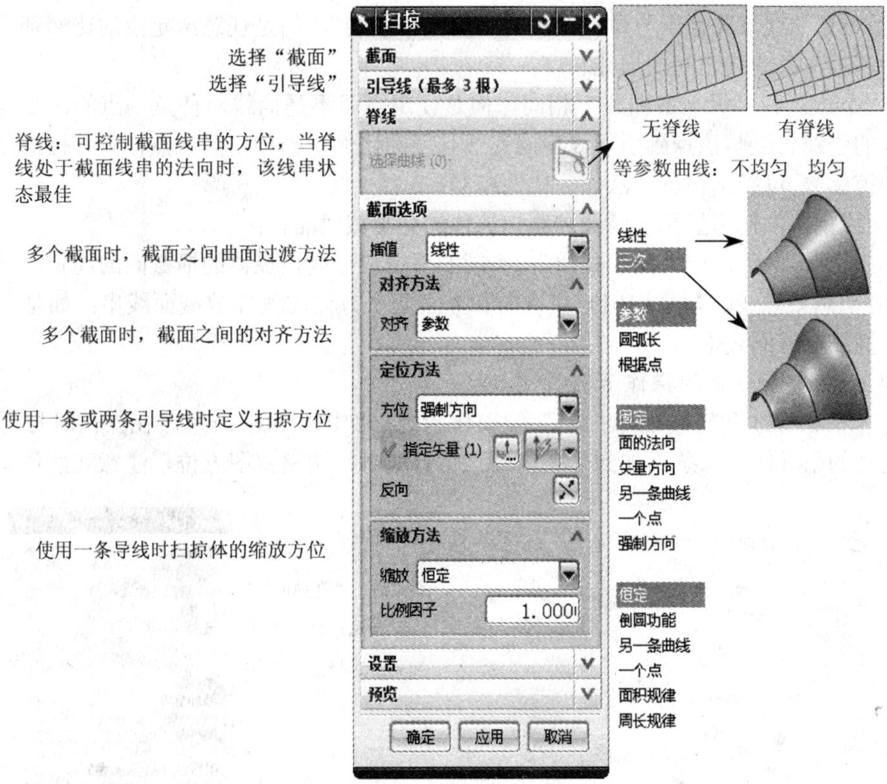

图 7-15 "扫掠"对话框

（1）定位方法（适用于使用一条或两条引导线时）：

1）固定，在截面线串沿着引导线移动时保持固定的方位简单扫掠，不需要指定矢量；

2）面的法向，扫掠一方面沿一个或多个引导线方向进行，同时扫掠的第二个方向与指定面法向一致；

3）矢量方向，扫掠的第二个方向与在整个引导线串长度上指定的矢量一致；

4）另一条曲线，用另外一条曲线或实（片）体的边来控制截面线的方位，扫掠时截面线变化的第二个方向由引导线与另外一条曲线各对应点之间的连线的方向来控制（好像用两条线作了一个直纹面）；

5）一个点，和"另一条曲线"相似，这时两条曲线之间的直纹面被引导线与点之间的直纹面所代替，这个方法仅适用于创建三边扫掠体的情况，这时截面线的一个端点占据一固定位置，另一个端点沿引导线滑行；

6）角度规律，使用规律子函数定义一个控制方位的规律，控制扫掠体相对于截面线的转动角度，角度规律仅可用于一个截面线串的扫掠；

7）强制方向，使用一个矢量方向来固定扫掠的第二个方向，截面线在一系列平行平面内沿引导线扫掠。

（2）缩放方法（只适用使用一条导线串时）：

1）恒定，沿整条导线保持恒定的比例因子进行扫掠；

2）倒圆功能，在引导线串的起点和终点可指定缩放不同的比例因子，且不同比例因子之间过渡按线性或三次规律变化；

3）另一条曲线，类似于方位控制中的“另一条曲线”，但是任意给定点的比例基于它与以引导线串和另一条曲线之间的连线长度；

4）一个点，和“另一条曲线”相同，但是使用点而不是曲线，任意一点的比例等于该点到选择点的连线长度与该点到引导线串的连线长度的比例，当使用同一点作为方位控制时（构造三边扫掠体），可以选择该方法作为比例控制；

5）面积规律，使用规律子函数控制扫掠体的交叉截面面积；

6）周长规律，类似于“面积规律”，不同的是用户控制扫掠体的横截面的周长；

7）对于两条导线，如是均匀则在横向和竖直两个方向比例缩放截面线串；如是横向则仅在横向比例缩放截面线串。

7.2.4.2　创建扫掠体的操作示例

创建三条引导线和脊线的“扫掠”的操作示例，如图 7-16 所示。在操作时打开预览选项，当选择的引导线由一条添加到三条以及添加脊线时，调整视图方位，注意观察预览片体的变化。

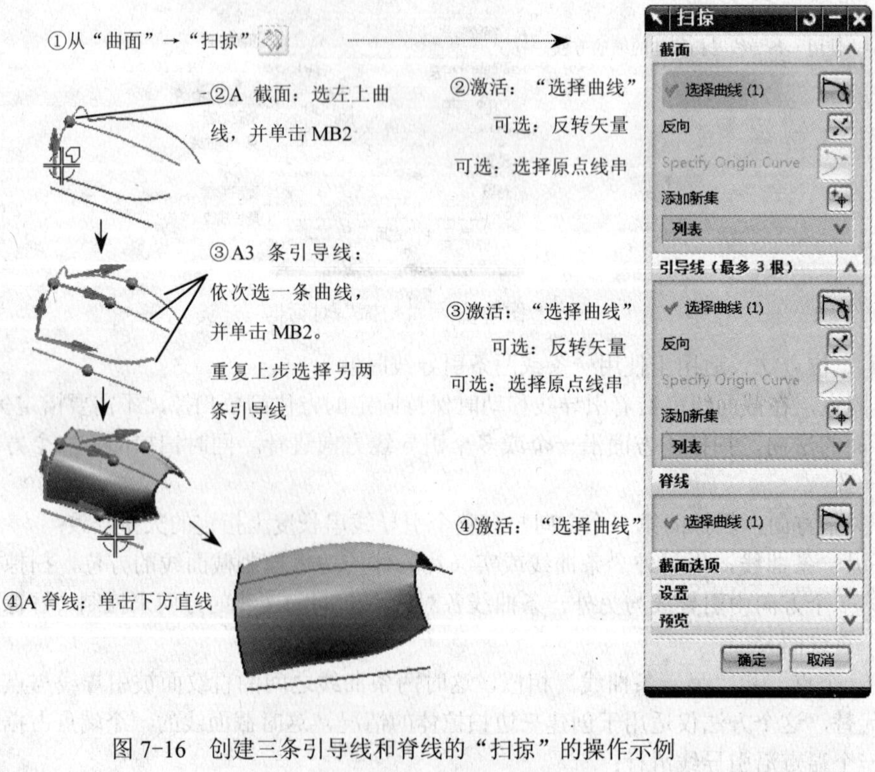

图 7-16　创建三条引导线和脊线的“扫掠”的操作示例

“定位方法”使用了“角度规律”的“扫掠”的操作示例，如图 7-17 所示。截面和引导线串的操作同上例，“角度规律”变化值从 0 ~3600°，创建的片体是沿引导线串扫掠的同时，绕引导线串旋转了 10 圈（即 3600°）的类似螺旋的片体。

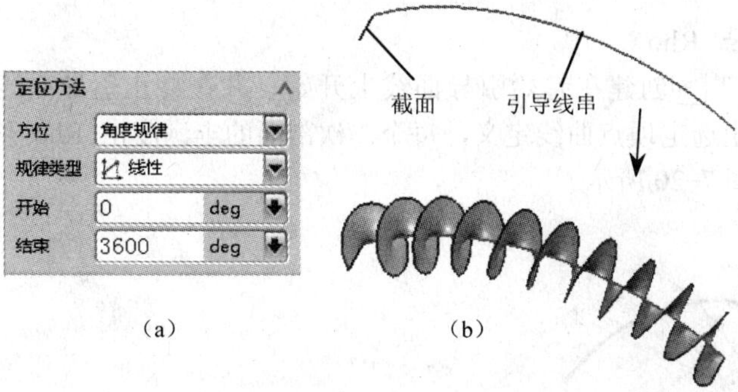

（a） （b）

图 7-17 “角度规律”的“扫掠”的操作示例

（a）角度规律的参数设置；（b）构建螺旋形片体

7.3 其他构造曲面方法

7.3.1 截面体

“截面体”（或）是使用二次曲线构造方法创建通过曲线或边的截面的曲面体（B 曲面）。剖切曲面可以理解由预想的无数多个平面内的截面曲线构建，它起始和终止于某些选定的控制曲线，并且通过这些控制曲线，并使用脊线控制平面的方向，使得平面总与脊线保持垂直。

从“曲面”→“剖切曲面”、或“自由曲面形状”→“剖切曲面”、或“自由曲面形状”→“剖切曲面”工具条，弹出“剖切曲面”对话框，如图 7-18 所示。UG 共有 20 种截面类型，生成方法的思路类同，本节简单介绍 4 种。

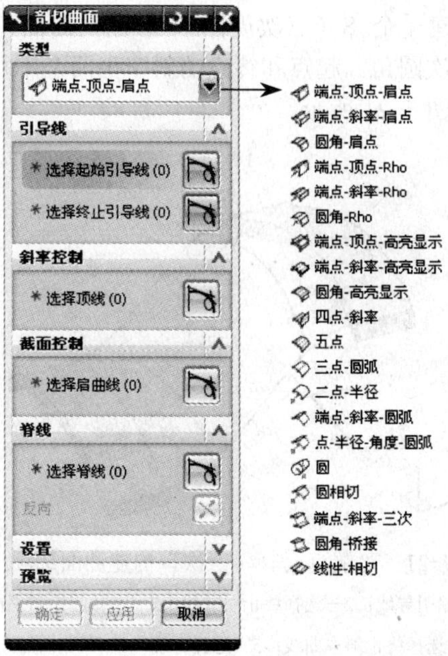

图 7-18 “剖切曲面”对话框

7.3.1.1　端点-顶点-肩点

“端点-顶点-肩点”用于创建一个剖切曲面，它起始于起始引导曲线，穿过内部肩曲线并终止于终止引导曲线。每个端点的斜率由顶点曲线定义，脊线决定剖切平面的方位，如图 7-19 所示。

7.3.1.2　端点-顶点-Rho

“端点-顶点-Rho”创建在起始引导曲线上开始，并在终止引导曲线上终止的剖切曲面。每个端点的斜率由选定顶点曲线定义，每个二次剖面的丰满度由 Rho 值控制，脊线决定剖切平面的方位，如图 7-20 所示。

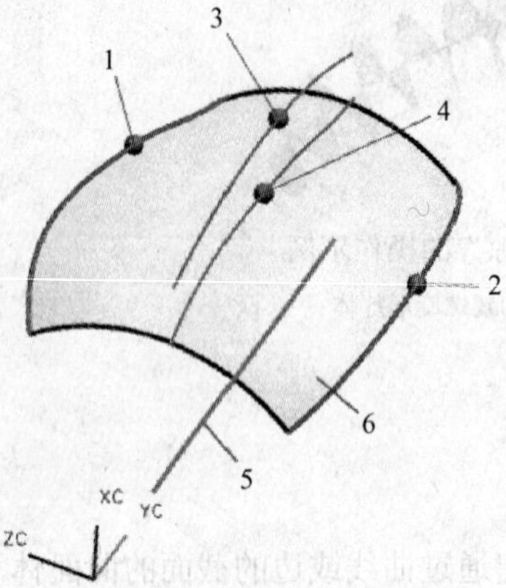

图 7-19　“端点-顶点-肩点”构建曲面选项

1—选择起始引导线；2—选择终止引导线；3—选择顶点曲线；4—选择肩曲线；5—选择脊线；6—预览曲面

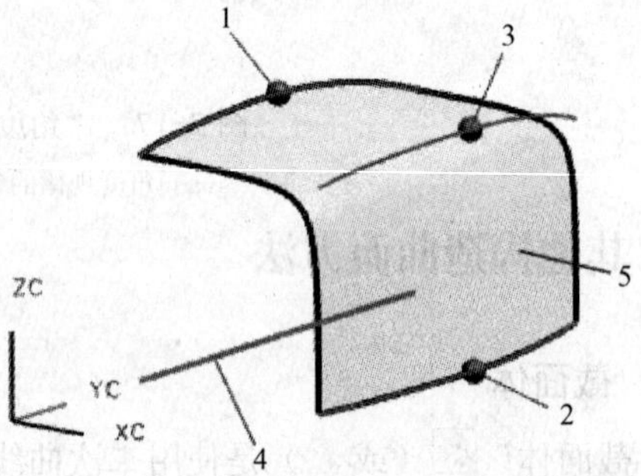

图 7-20　“端点-顶点-Rho”构建曲面选项

1—选择起始引导线；2—选择终止引导线；3—选择顶点曲线；4—选择脊线；5—预览曲面

7.3.1.3　端点-斜率-三次

“端点-斜率-三次”创建一个 S（三次规律）形剖切曲面，其在起始引导曲线与终止引导曲线之间形成一个光顺三次圆角。起点和终点的斜率由两个不相关的斜率控制曲线定义，脊线决定剖切平面的方位，如图 7-21 所示。

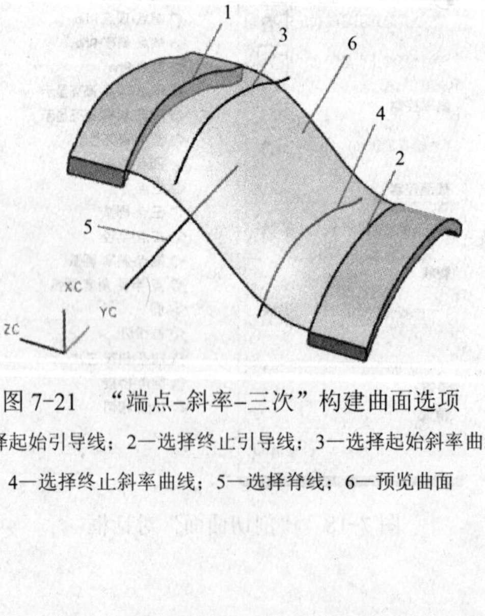

图 7-21　“端点-斜率-三次”构建曲面选项

1—选择起始引导线；2—选择终止引导线；3—选择起始斜率曲线；4—选择终止斜率曲线；5—选择脊线；6—预览曲面

7.3.1.4 圆角-桥接

"圆角-桥接"创建在两组面上的两条曲线之间形成桥接的剖切曲面，如图 7-22 所示。使用下列方法来控制圆角-桥接曲面的外形：

（1）使用截面控制的连续性选项可通过匹配圆角-桥接截面处的切线（G1）、曲率（G2）或流（G3）来更改外形，还可使用深度和歪斜选项对外形进行进一步调整，直到获得所要的外形；

（2）选择一条脊线，它的一般形状决定圆角-桥接曲面的外形。

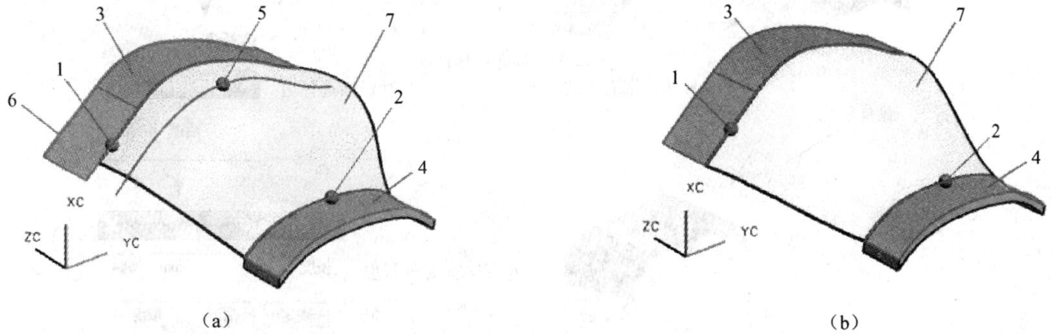

图 7-22 "圆角-桥接"构建曲面选项

（a）曲线继承形状的圆角-桥接曲面的选择；（b）使用连续性来匹配末端相切的圆角-桥接曲面的选择

1—选择起始引导线；2—选择终止引导线；3 —选择起始斜率曲线；4—选择终止斜率曲线；

5—选择脊线；6—预览曲面 7—圆角-桥接曲面

7.3.2 曲面延伸

"延伸"命令是从现有的基本片体上创建切向延伸片体、垂直于曲面延伸片体、角度控制的延伸片体或圆弧控制的延伸片体。从"曲面"→"延伸"，调用"延伸"命令，如图 7-23 所示。

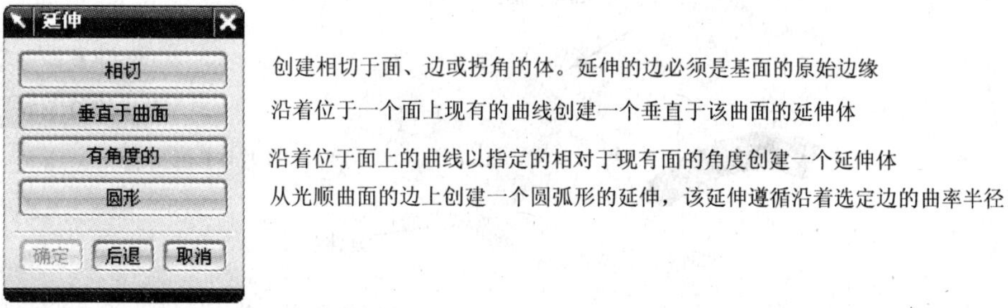

图 7-23 "延伸"命令

7.3.2.1 创建切向延伸片体

切向延伸通常是相邻于现有基面的边或拐角而创建，这是一种扩展基面的方法。这两个体在相应的点处拥有常见的切面，因此它们之间的过渡是平滑的。操作示例如图 7-24 所示。

7.3.2.2 创建垂直于曲面的延伸片体

在曲面法向延伸体中，直纹线都垂直于基面，并且远轨曲线沿着基面的法向从基本曲线偏置指定的距离。该指定的距离称作法向面的长度。操作示例如图 7-25 所示。

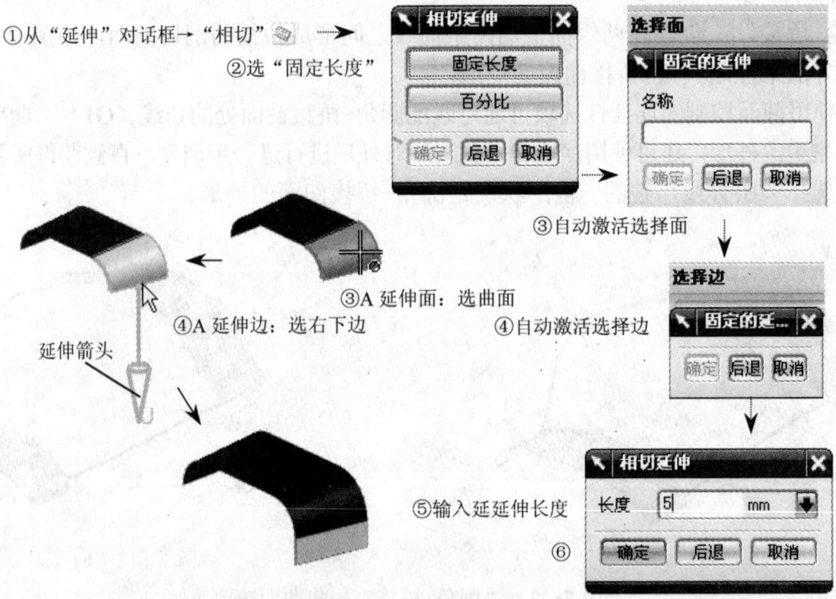

图 7-24　创建切向延伸片体的操作示例

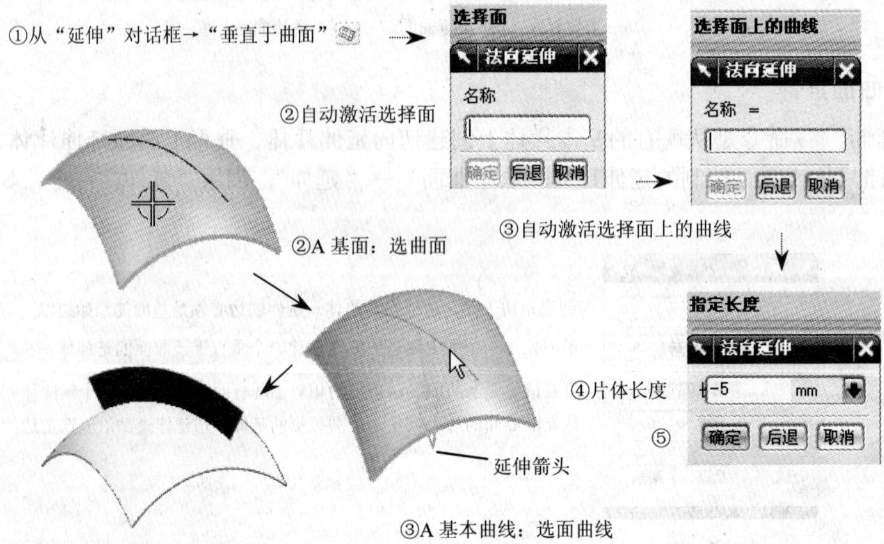

图 7-25　创建垂直于曲面的延伸片体的操作示例

延伸方向由延伸箭头和长度参数的符号决定，符号为正时延伸与延伸箭头方向一致，符号为负延伸与延伸箭头方向相反。

7.3.2.3　创建角度控制的延伸片体

垂直于曲面的延伸和切向延伸都可看作角度延伸体的特殊情况。在选择了基面和基本曲线后，由两个方向矢量建立一个测量角度的参照系，一个矢量在面的切平面内，垂直于基本曲线，而另一个矢量垂直于该面。操作示例如图 7-26 所示。

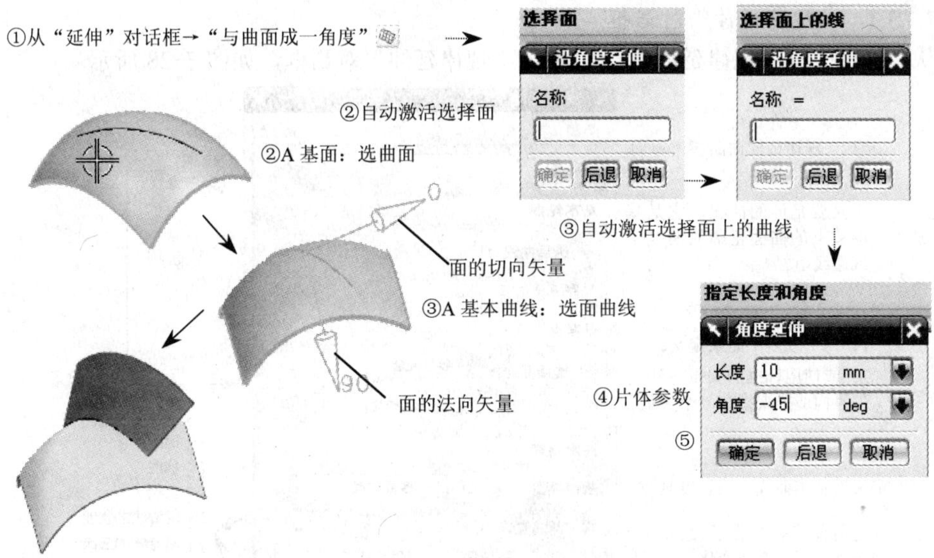

图 7-26 创建角度控制的延伸片体的操作示例

7.3.2.4 创建圆形控制的延伸片体

要创建圆弧的边界延伸，选定的基本曲线必须是面的未修剪的边。延伸的曲面边的长度不能大于任何由原始曲面边的曲率确定半径的区域的整圆的长度，如图 7-27 所示。

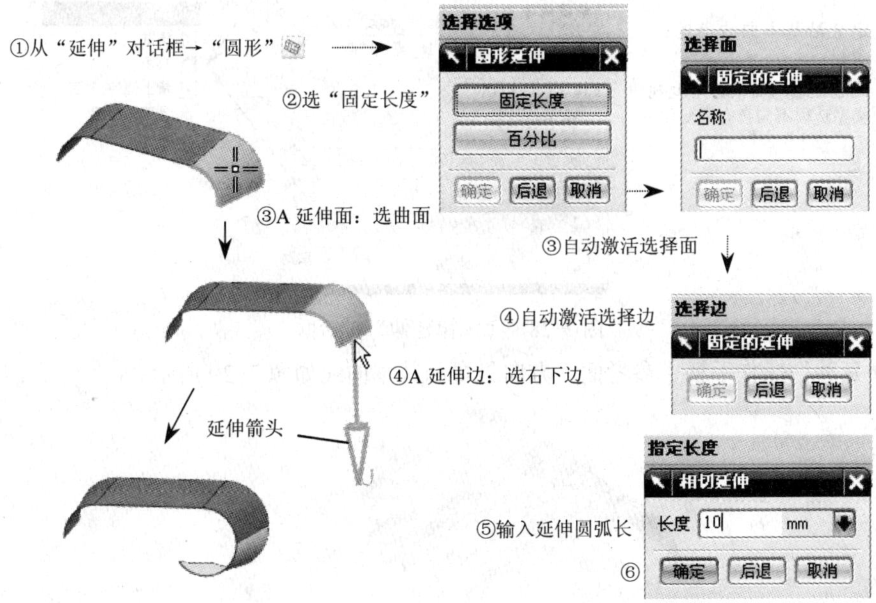

图 7-27 创建圆形延伸片体的操作示例

7.3.3 规律延伸

"规律延伸"可动态地或根据距离和角度的规律来创建现有基本片体的规律控制延伸，其主要用于扩大曲面，通常采用近似方法建立。

7.3.3.1　“规律延伸”对话框

从“曲面”→“规律延伸”，弹出“规律延伸”对话框，如图 7-28 所示。

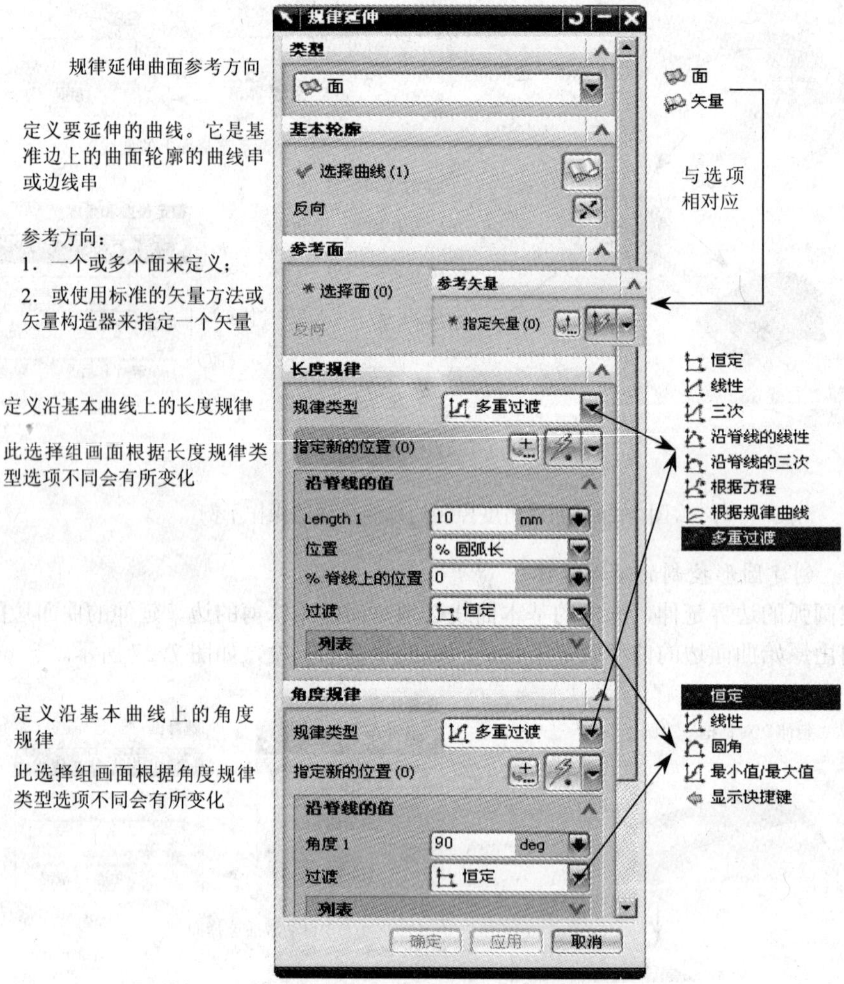

图 7-28　“规律延伸”对话框

“规律延伸”操作手柄、参考面、方向矢量和基本曲线如图 7-29 所示。

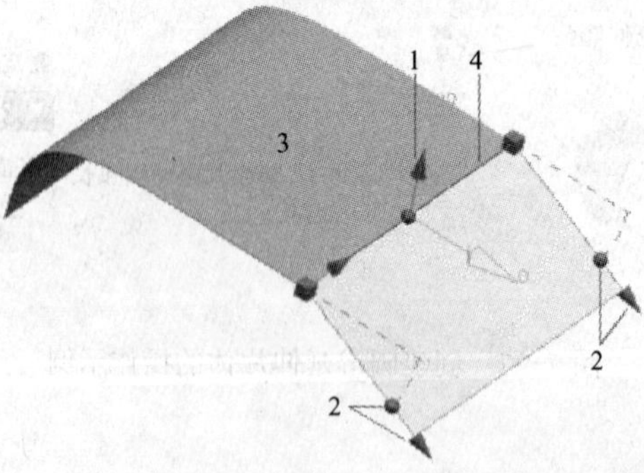

图 7-29　“规律延伸”操作手柄、参考面、方向矢量和基本曲线

1—参考方向矢量：系统自动建立，是建立片体角度的参考框架；2—长度及角度手柄：用于设置延伸的长度及角度，也可在对话框设置，或创建规律控制的延伸片体；3—参考面；4—位于面上的基本曲线

“规律延伸”对话框中的长度规律和角度规律的“过渡”选项说明如图 7-30 所示。

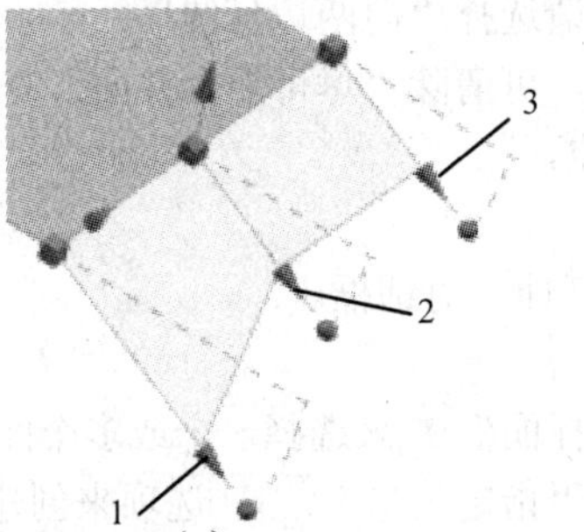

（a）

从手柄 1-2 之间线性变化过渡到手柄 2-3 之间以恒定的规律变化

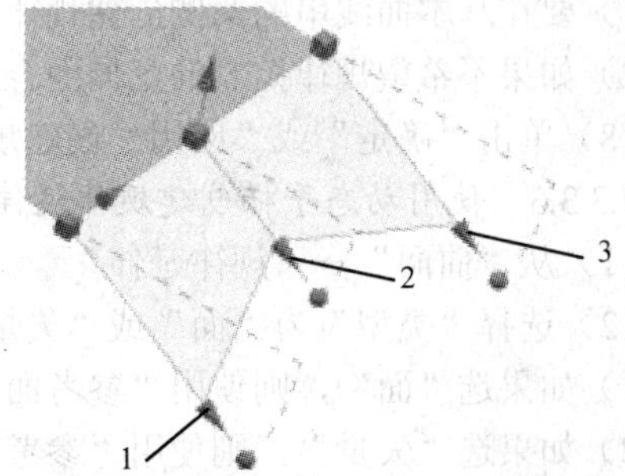

（b）

从手柄 1-2、手柄 2-3 之间以线性的规律变化

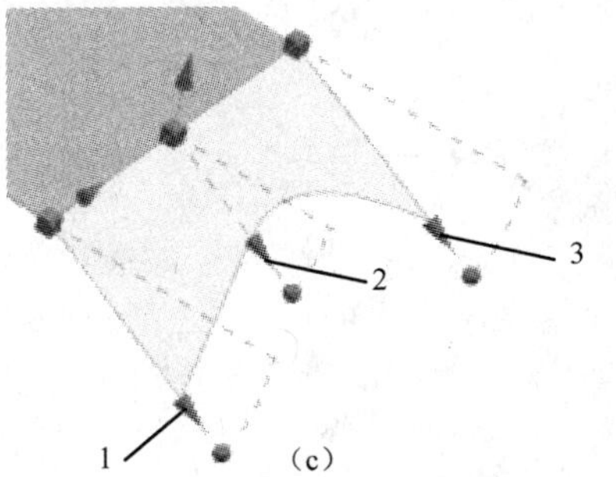

（c）

手柄 2-3 之间以 S 型（三次）的规律变化，并与前一段光顺连接

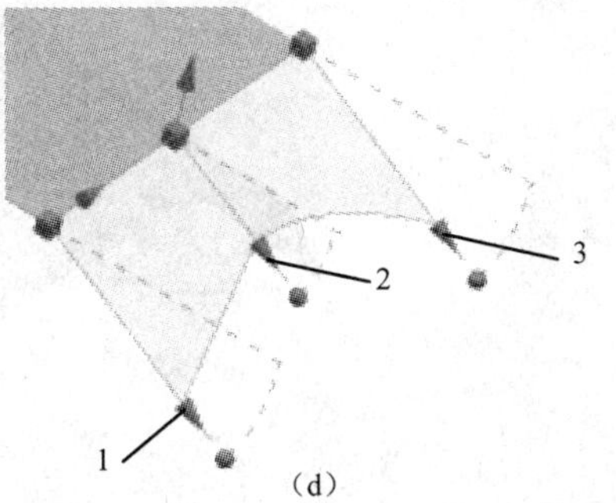

（d）

手柄 2-3 之间的曲线为与前一段曲线的桥接曲线

图 7-30　“规律延伸”对话框中的长度规律和角度规律的“过渡”选项

（a）恒定；（b）线性；（c）最大/最小；（d）圆角

7.3.3.2　创建根据距离和角度规律延伸的基本步骤

（1）从“曲面”→“规律延伸”，弹出“规律延伸”对话框。.

（2）选择“类型”为“面”或“矢量”：

1）如果选“面”，则使用“参考面”组中的“选择面”来选择一个或多个面；

2）如果选“矢量”，则使用“参考矢量”组中的“指定矢量”选项来创建矢量。

（3）为基本轮廓选择一条曲线或边，延伸从基本轮廓处显示预览。

（4）一旦建立了基本曲线及参考面，NX 会显示方向矢量，为用户指定角度提供参考，如图 7-31 所示。

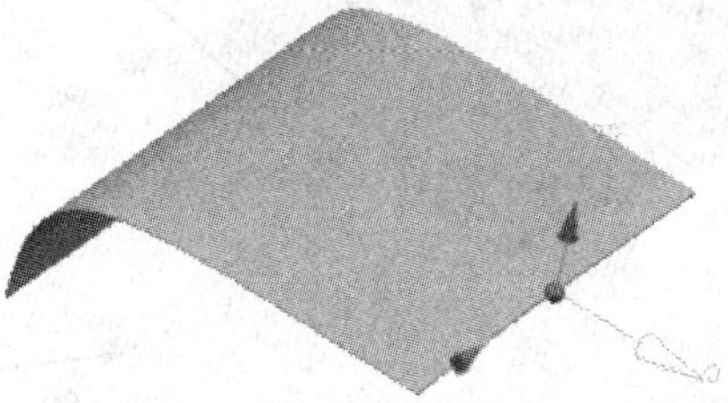

图 7-31　参考方向矢量和 0～90° 参考角度

（5）在长度规律组中，选择长度的规律类型，然后输入相应的值。

（6）在角度规律组中，选择角度的规律类型，然后输入相应的值。

（7）（可选）可以执行以下操作：

1）要在基本曲线串的两侧创建规律控制的延伸，请选择“向两边延伸”；

2）如果不希望规律控制的延伸面合并为一个片体，可清除“尽可能合并面”复选框。

（8）单击“确定”或“应用”创建规律控制的延伸。

7.3.3.3 使用动态手柄创建规律延伸的基本步骤

（1）从“曲面”→“规律延伸”，弹出“规律延伸”对话框。.

（2）选择“类型”为“面”或“矢量”：

1）如果选“面”，则使用“参考面”组中的“选择面”来选择一个或多个面；

2）如果选“矢量”，则使用“参考矢量”组中的“指定矢量”选项来创建矢量。

（3）为基本轮廓选择一条曲线或边，延伸从基本轮廓处显示预览。

（4）生成延伸预览，且两个手柄出现在基本线串的起始端和终止端，如图 7-32 所示。

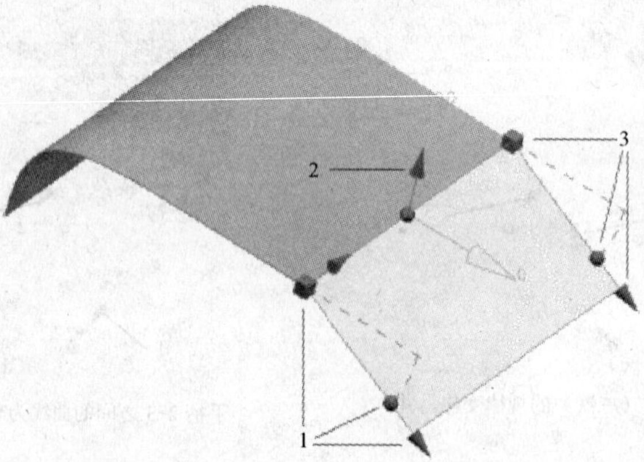

图 7-32 延伸预览手柄及参考方向

1—起始手柄；2—参考方向矢量；3—终止手柄

（5）可拖动动态手柄（长度、角度或起始/终止手柄）来更改延伸的长度、角度或起始/终止位置。

（6）（可选）可以执行以下操作：

1）单击基本曲线可添加一个控制基点，在所选点位置处将显示一个新的手柄预览，如图 7-33 所示；

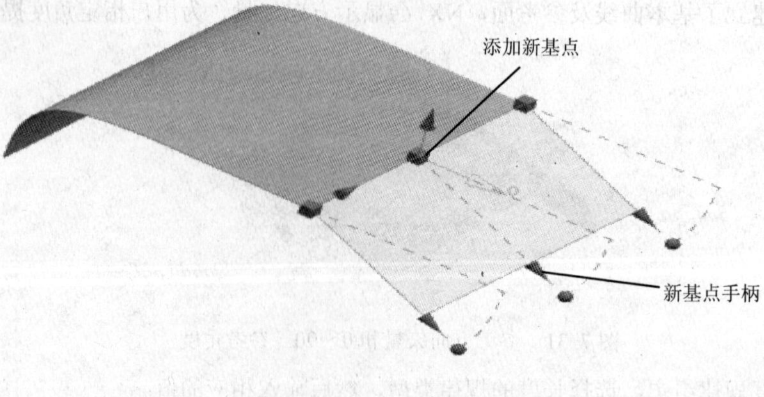

图 7-33 添加新基点及手柄

2）旋转或拖动手柄以指定点的角度或长度值，也可以选择手柄并在屏幕输入框中键入值；

3）使用脊线组中的选择曲线为规律控制延伸的备选方位选择一条脊线；

4）在角度或距离手柄上右键单击以显示更改“过渡”类型的选项；

5）要在基本曲线串的两侧创建规律控制的延伸，可选择“向两边延伸”；

6）若终止长度和角度具有相同的值，可选择“锁定终止长度/角度手柄”，使用此选项可在周期基本线串上创建周期弯边；

7）如果不希望规律控制的延伸面合并为一个片体，请清除“尽可能合并面”复选框；

8）要预览生成的规律控制延伸，请在“预览”组上单击“显示结果”。

（7）单击“确定”或“应用”创建规律控制的延伸。

7.3.4　偏置曲面

“偏置曲面”是沿指定曲面的法向偏置点来生成用户所需的曲面，其主要用于从一个或多个已有的面生成曲面，已有面称之为基面，指定的距离称为偏置距离。

从“曲面”工具条→“偏置曲面”，弹出“偏置曲面”工具条。创建偏置曲面的操作示例如图 7-34 所示。

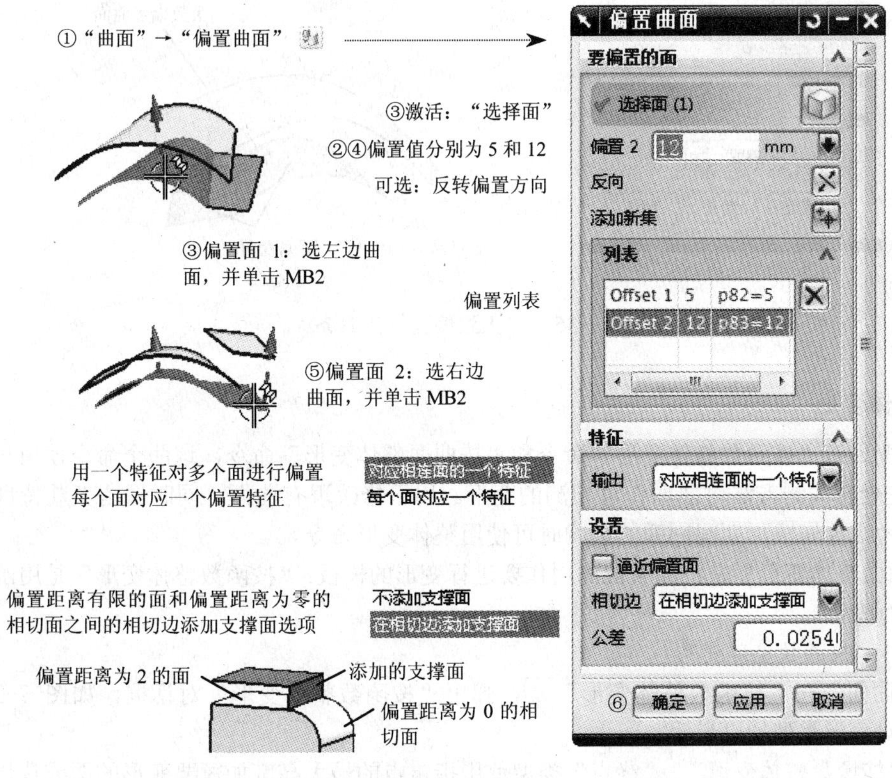

图 7-34　创建“偏置曲面”的操作示例

7.3.5　大致偏置

“大致偏置”是对多个不平滑过渡的片体同时平移一定的距离，并生成没有自相交、锐边或拐角的单一平滑过渡的片体。

从“曲面”工具条→“大致偏置”，弹出“大致偏置”工具条，如图 7-35 所示。

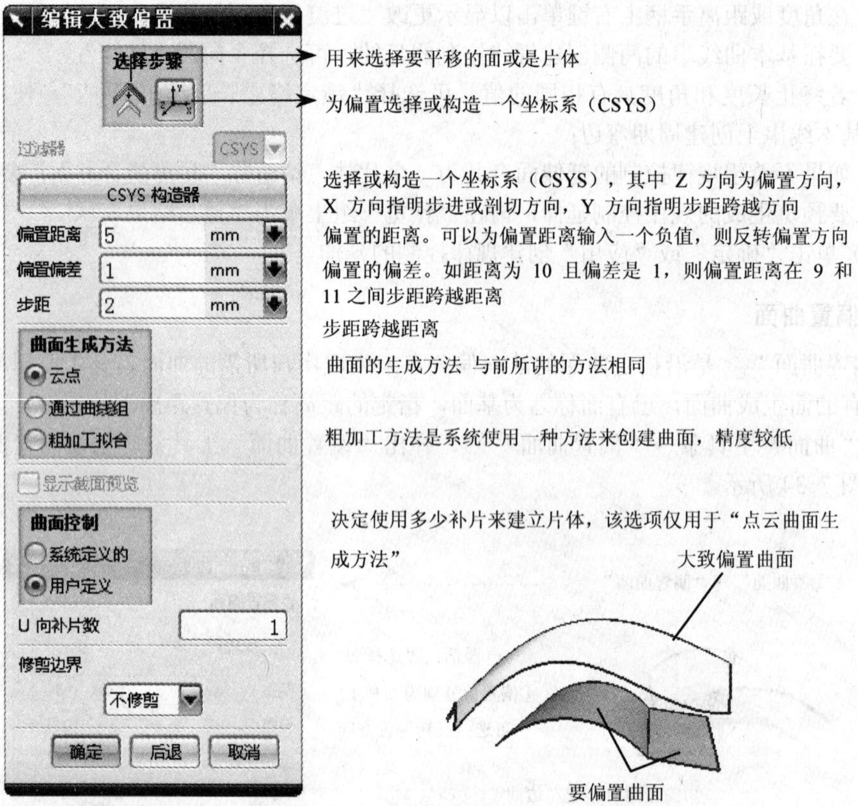

图 7-35　“大致偏置”工具条

7.3.6　整体变形

整体变形有“按函数整体变形”命令和“按曲面整体变形”命令，这两个命令使用与目标（参考）完全相关的方法对曲面作可预测的变形。用于修改现有曲面，同时保留美观特性。如在设计时考虑金属成形期间回弹的影响时可使用整体变形命令。

“按曲面整体变形”是将参考曲面用作要进行变形的模板；“按函数整体变形”是用函数控制曲面进行变形。

7.3.6.1　按函数整体变形

从“曲面”→“按函数整体变形”，弹出“按函数整体变形”对话框，如图 7-36 所示。下面对变形类型加以说明。

（1）“按函数整体变形”-“终点”类型使用指定点的最大高度加冠要变形的面或片体，区域边界必须封闭。如图 7-37 所示。

（2）“按函数整体变形”-“到曲线”类型是将要变形的面或片体加冠到开放或封闭的目标曲线，目标曲线可以使用一条或两条曲线。如果是两条，则曲线 2 必须包含曲线 1。变形区域边界必须封闭，如图 7-38 所示。

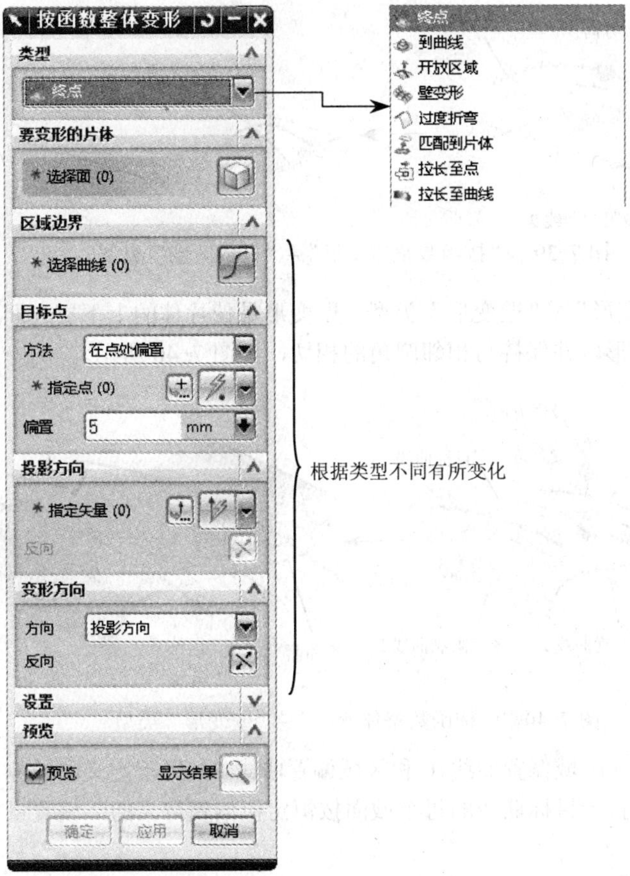

图 7-36 “按函数整体变形”对话框

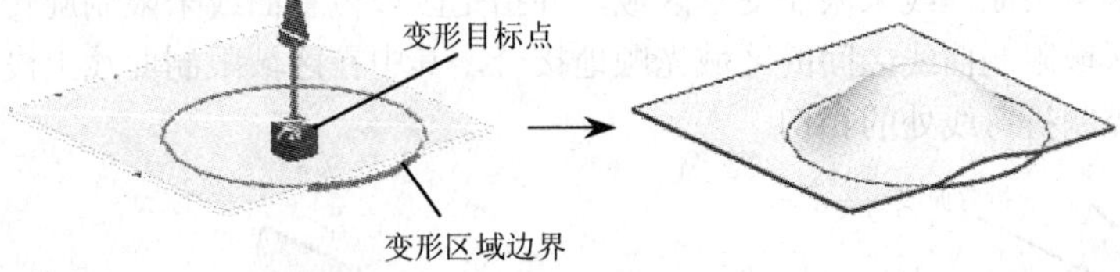

图 7-37 “按函数整体变形”-“终点”类型

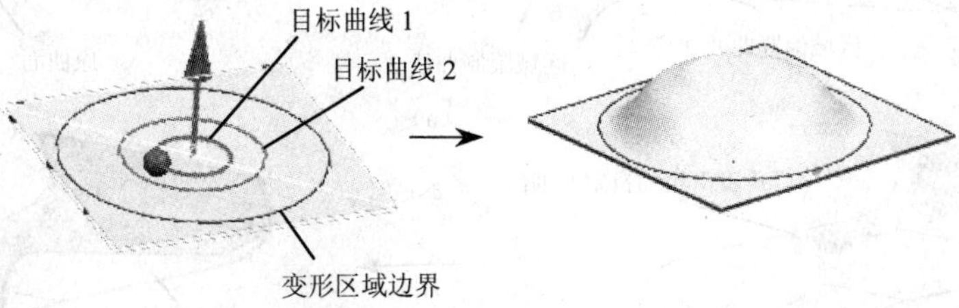

图 7-38 “按函数整体变形”-“到曲线”类型

（3）“按函数整体变形”-“开放区域”类型是将要变形的面或片体加冠到开放的目标曲线。两个区域限制曲线都是开放的，如图 7-39 所示。

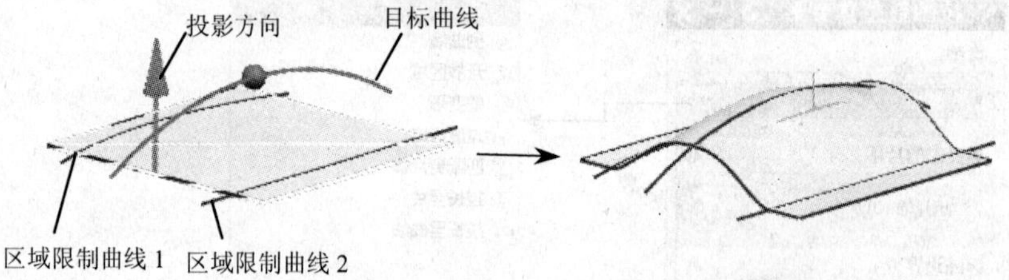

图 7-39 “按函数整体变形”-“开放区域”类型

（4）“按函数整体变形”-“壁变形”类型，壁变形是使片体的上下层之间进行光顺过渡，它是沿给定方向进行变形，并保持与相邻圆角的相切，如图 7-40 所示。

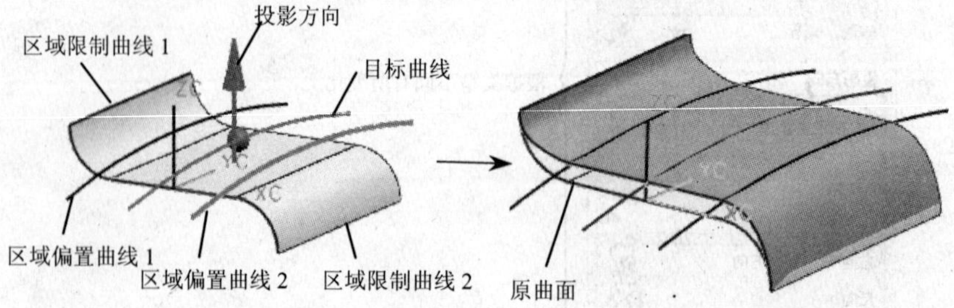

图 7-40 “按函数整体变形”-“壁变形”类型

其中两条开放曲线（区域偏置曲线 1 和区域偏置曲线 2）用于定义区域偏置边界。这两条曲线之间的区域是沿垂直于目标曲线的每个截面按恒定值偏置得来的。偏置量由截面上目标曲线的高度确定。

（5）“按函数整体变形”-“过渡折弯”类型，过渡折弯命令通过围绕指定折弯线将选定曲面旋转指定角度，来对体进行变形。如图 7-41 所示。

可以指定区域限制曲线来限制变形区域，并指定区域偏置曲线来限制旋转区域。区域偏置曲线与对应的区域限制曲线之间的区域光顺地接合，其中在区域限制曲线上没有变形。也可以使用限制曲线控制折弯线处的相切。

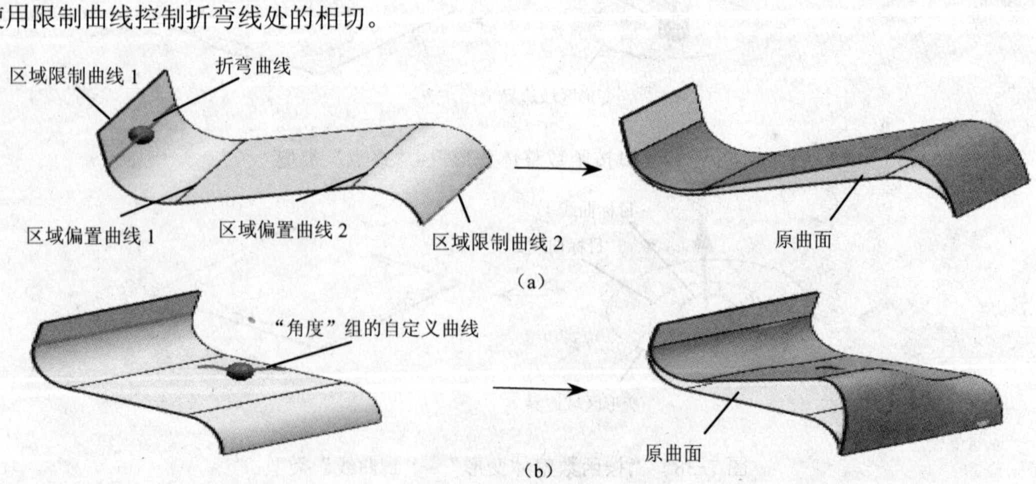

图 7-41 “按函数整体变形”-“过渡折弯”类型

（a）基本的“过渡折弯”；（b）“角度”组选距离并用自定义曲线的“过渡折弯”

（6）“按函数整体变形”－“匹配到片体”类型，匹配到片体将对片体的边进行变形，使之与目标片体上的目标曲线匹配，变形片体的相切将与目标片体的相切情况匹配，如图 7-42 所示。

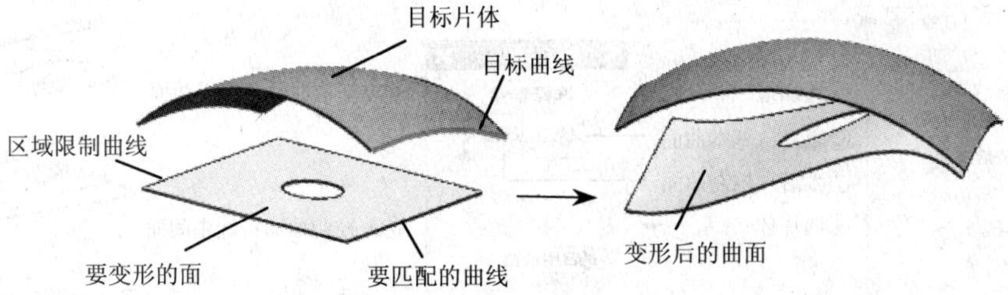

图 7-42 “按函数整体变形”－“匹配到片体”类型

（7）“按函数整体变形”－“拉长至点”类型是使用指定点的最大高度加冠并拉长要变形的面或片体，区域边界必须封闭，指定的点要在区域边界内。

（8）“按函数整体变形”－“拉长至曲线”类型是将变形的面或片体加冠并拉长到指定的开放式曲线，区域边界必须封闭，指定的曲线点要在区域边界内。

7.3.6.2 按曲面整体变形

“按曲面整体变形”是使用片体的基本曲面和控制曲面产生一个相对于它们变形新曲面。有三种类型并遵守相同变形规律。定义基本曲面和控制曲面的要求是：应要变形片体上的点向基本曲面作垂直投影并且产生单个解。

创建“按曲面整体变形”的两个对话框如图 7-43 所示；操作示例如图 7-44 所示。

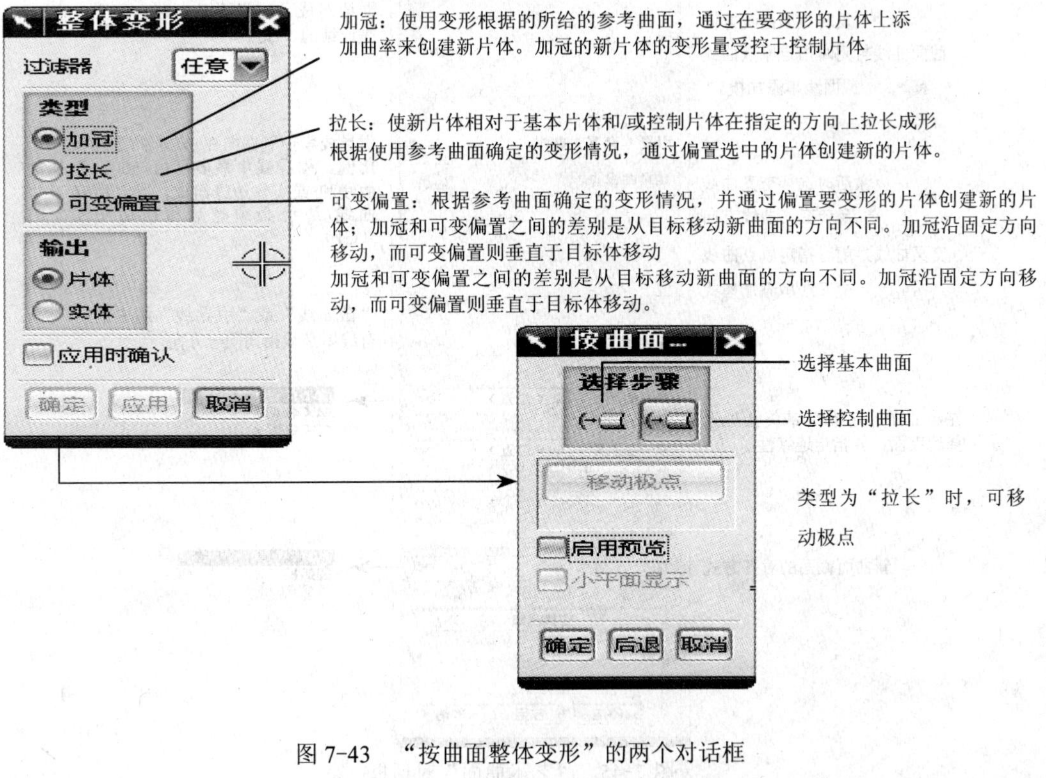

图 7-43 “按曲面整体变形”的两个对话框

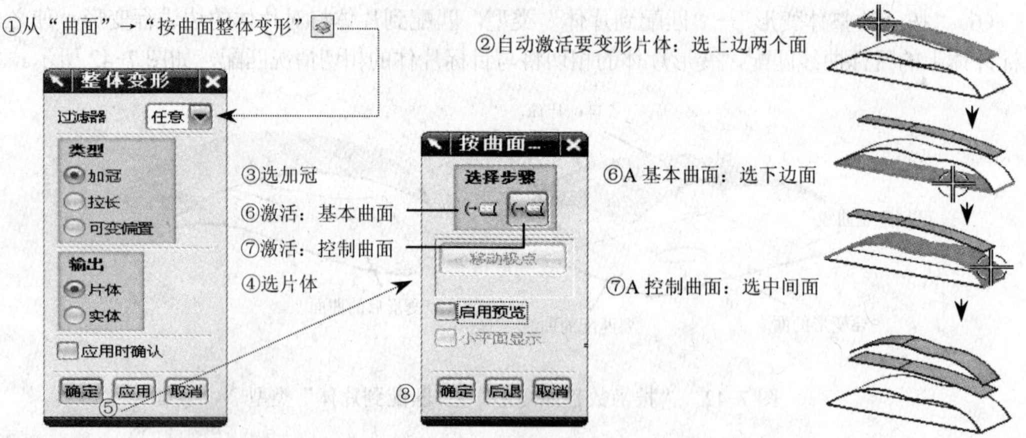

图 7-44　创建"按曲面整体变形"操作示例

7.3.7　艺术（n×n）曲面

"艺术曲面" 是截面线串网络、或者截面线串网络和最多三条引导线串创建扫掠或放样曲面。它也可以使用约束创建与相邻面连接的艺术曲面。

在"外观造型设计"模块下，从"曲面"工具条→"艺术曲面"，弹出"艺术曲面"对话框，如图 7-45 所示。

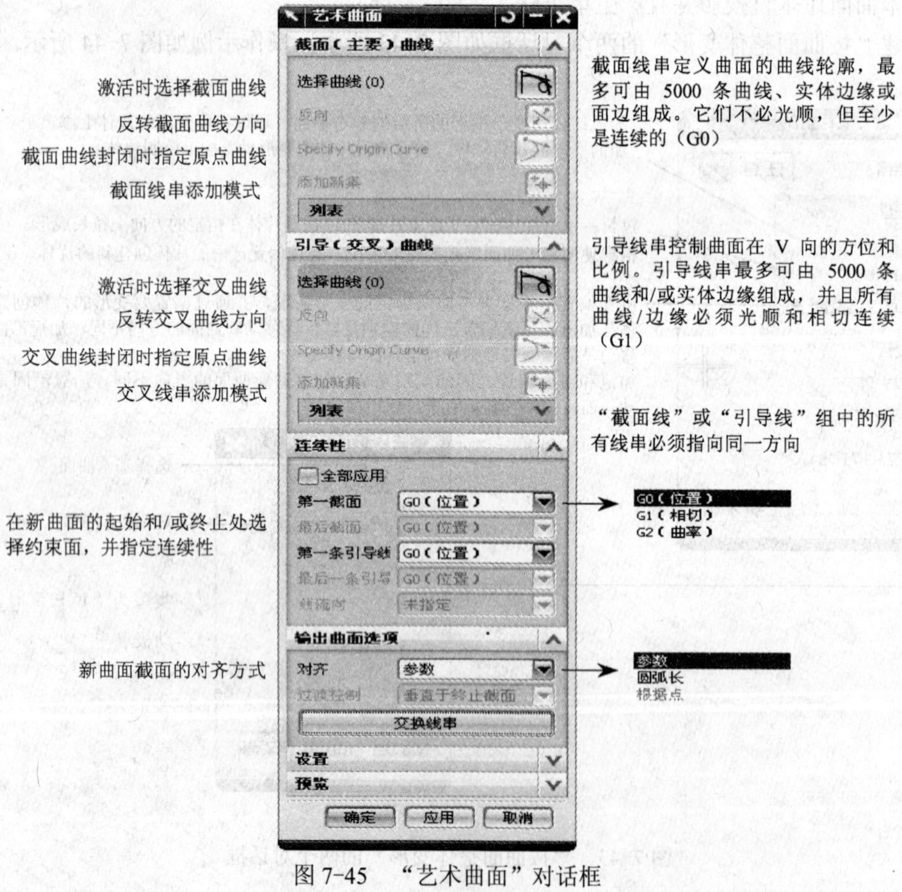

图 7-45　"艺术曲面"对话框

7.3.7.1 创建具有约束过渡的艺术曲面

在两个现有面间创建艺术曲面，并与两面相切，操作如图 7-46 所示。

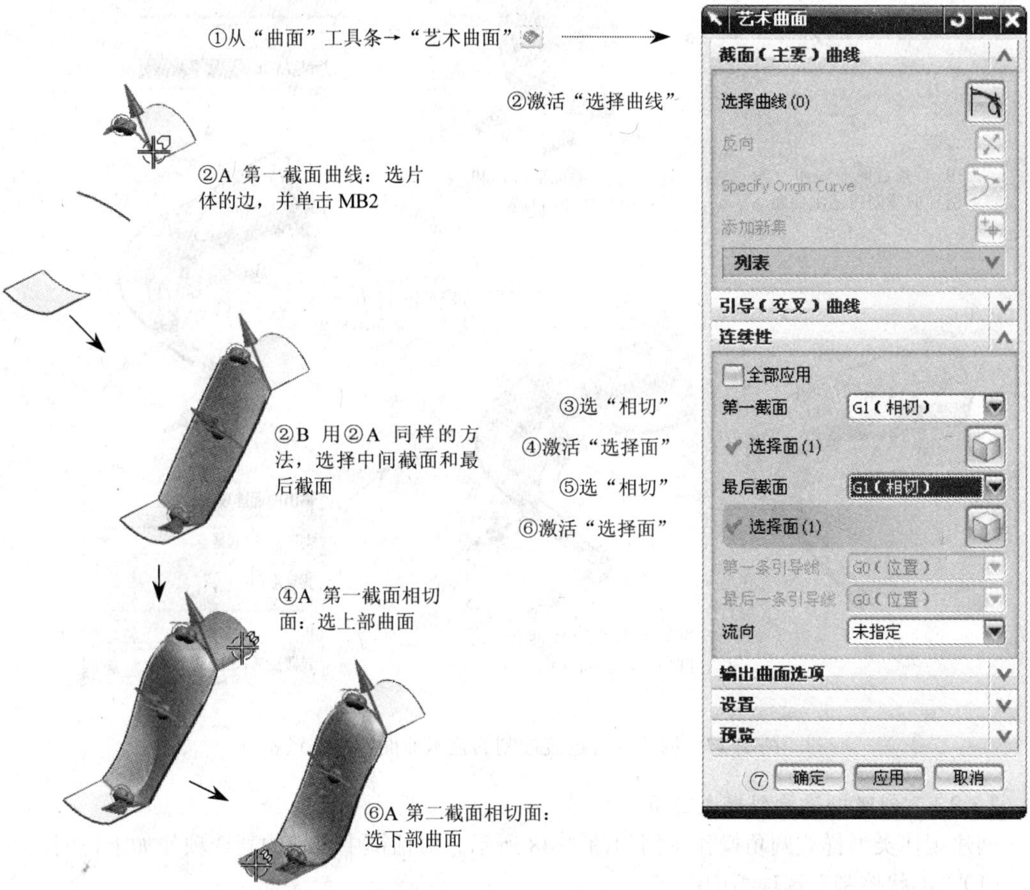

图 7-46 创建具有约束过渡的艺术曲面操作示例

7.3.7.2 创建具有过渡控制的艺术曲面

用 4 条截面曲线和一条引导曲线创建艺术曲面。使用“输出曲面选项”组中，“对齐”方式选用“点对齐”，“过渡控制”选择“线性和圆角”选项，获得理想的曲面。操作过程如图 7-47 所示。

7.3.8 样式圆角

“样式圆角”会将片体和/或实体中的壁倒圆，并将相切和曲率约束应用于圆角的相切曲线。在“外观造型设计”模块下，从“曲面”工具条→“样式圆角”，弹出“样式圆角”对话框。样式圆角有三种倒圆方法：

（1）规律，通过壁与管道相交而生成的相切控制线，其中规律控制切线决定管道的半径；

（2）曲线，用户选定相切控制线；

（3）轮廓，通过壁与管道相交及已定义轮廓而定义的相切曲线。

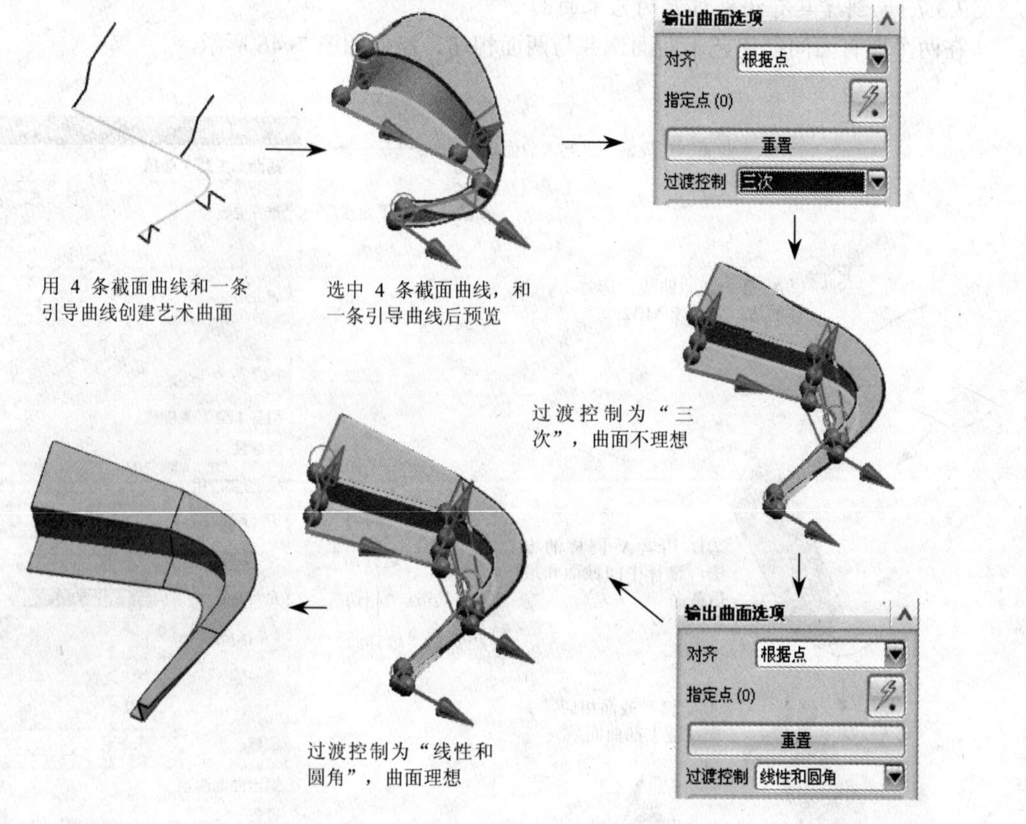

图 7-47　创建具有过渡控制的艺术曲面的操作过程

7.3.8.1　创建规律类型样式圆角

创建规律类型样式圆角操作示例如图 7-48 所示。对话框中出现的新选项作如下说明。

（1）“形状控制”选项组中：

1）“单个管道”选项只在“规律”类型可用，其作用是修改参数时可同时传播到所有的壁。

2）“链接手柄”选项为控制类型和规律类型链接图形窗口中的动态位置手柄。

3）“控制类型”列表中的选项包括：

管道半径 1 指第一个壁的过渡半径和连续性；

管道半径 2 指第二个壁的过渡半径和连续性；

深度指可改变圆角的深度用于控制圆角的截面曲率；

歪斜指更改圆角上最大曲率的位置；

相切幅值指更改截面曲线端点处的相切幅值。

4）“规律类型”列表中的选项包括：

多重过渡指允许沿圆角的脊线从基点到基点进行多种过渡形式；

非拐指更改圆角的半径，定义圆角以使其形成非拐图样；

S 型指更改圆角的半径，定义圆角以使其形成 S 型图样；

5）起始节点/中间节点/终止节点，为倒圆管道指定起始、中间和终止节点处半径值，其中，“规律类型”设为“S 型”后，中间选项变为“斜率节点”，可定义该点的斜率。

（2）“圆角输出”选项组：

1）“延伸圆角”选项是基于指定的脊线来延伸圆角；
2）“修剪方法”选项包括：
不修剪指生成圆角，但不修剪和附着；
修剪和附着指圆角被修剪并附着到基础面集上；
修剪输入壁指向上修剪输入壁，直到相切曲线为止；
修剪输入圆角指修剪圆角 1 和圆角 2，直到新过渡圆角的边为止。

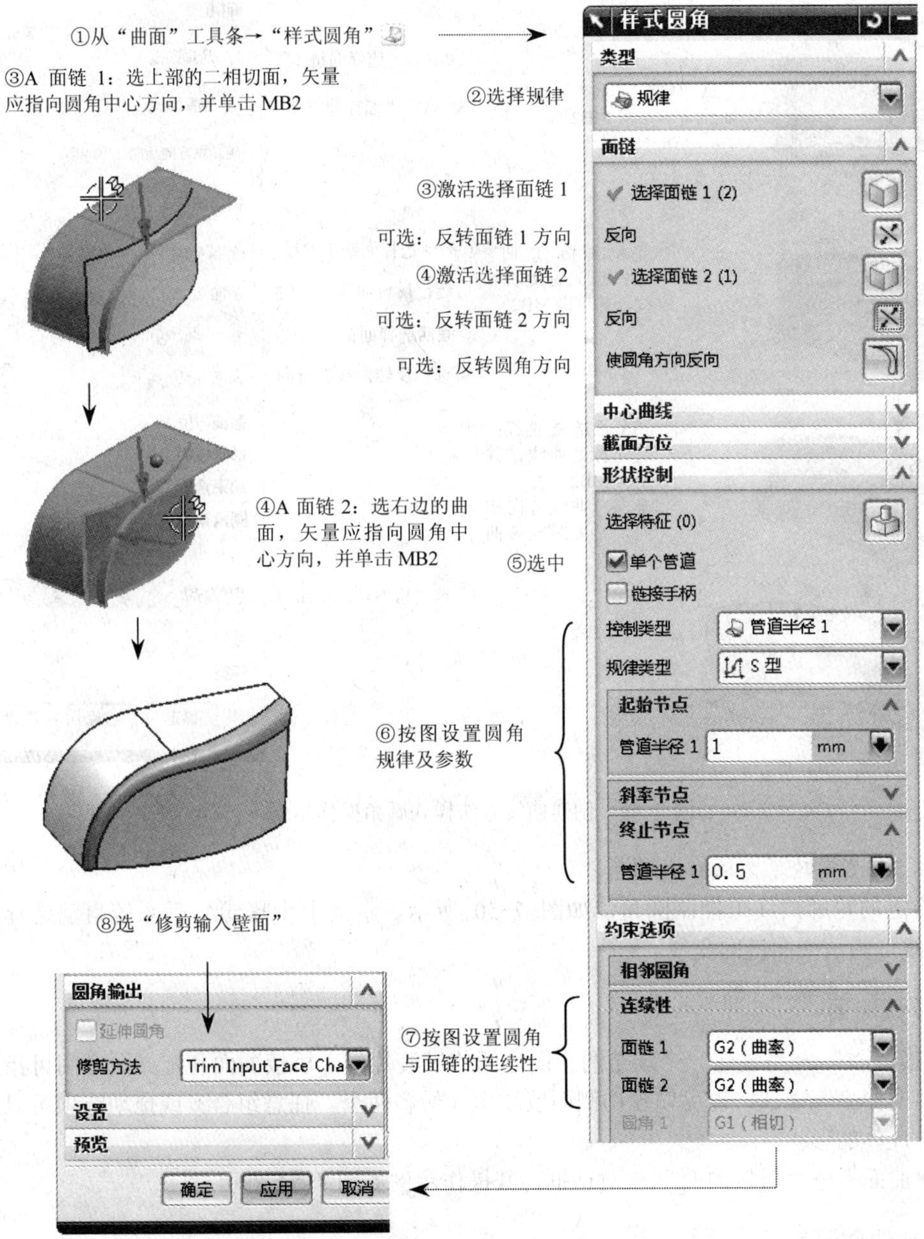

图 7-48 创建规律类型样式圆角操作示例

7.3.8.2　创建曲线方法样式圆角

使用两组面壁上的曲线来控制圆角的大小。操作示例如图 7-49 所示。

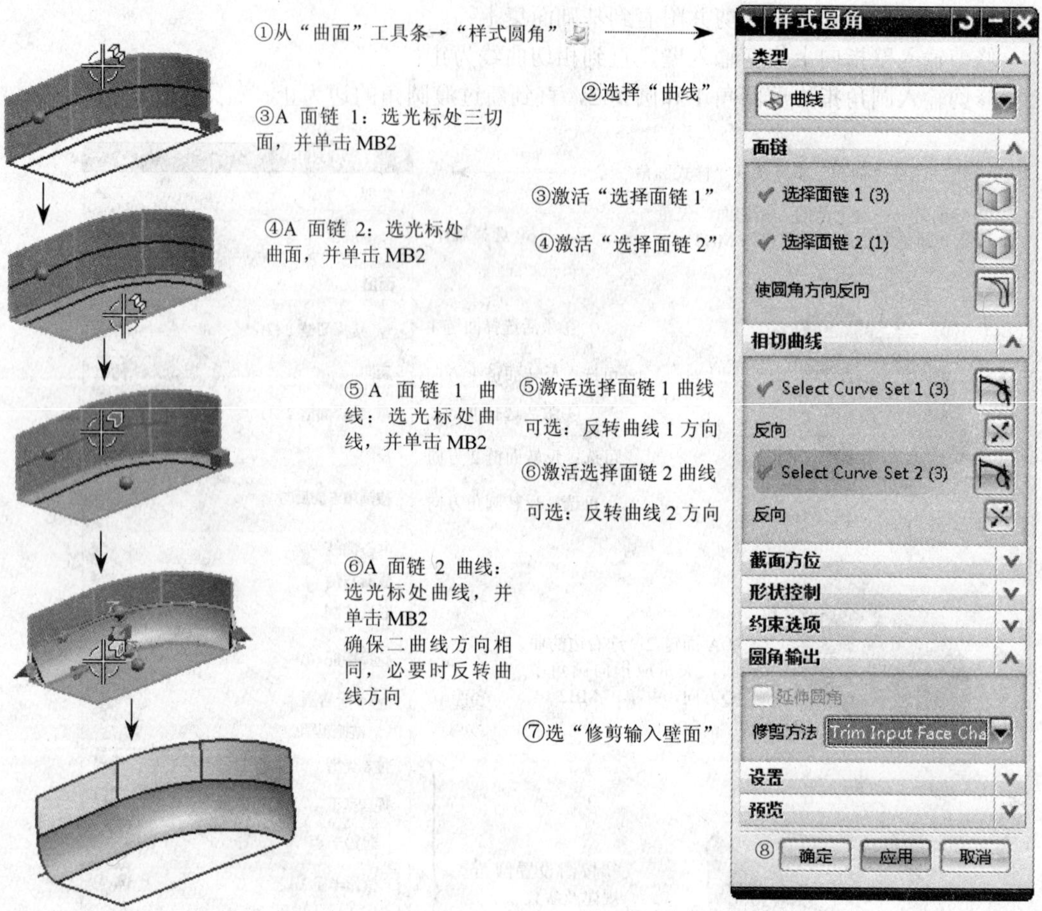

图 7-49　创建曲线方法样式圆角操作示例

7.3.8.3　创建轮廓方法样式圆角

由给定的轮廓曲线来控制圆角，如图 7-50 所示。示例中步骤⑤A 后系统自动选择默认“中心曲线”为两个面链的交线。

7.3.9　桥接曲面

“桥接曲面”是创建一个连结两个面之间的过渡片体。桥接曲面和定义面之间可指定相切连续性或曲率连续性，也可以使用侧面或线串（最多两个，任意组合）或拖动选项可以用来控制桥接片体的形状。

从“曲面”→“桥接曲面”对话框，其操作示例如图 7-51 所示。

7.3.10　N 边曲面

“N 边曲面”用于创建由 N 边构成的曲面特征，并由指定外部的约束面来控制 N 边曲面特征的位置、斜率和曲率。N 边曲面有两种类型：

（1）已修剪，创建单个曲面，覆盖选定曲面的开放或封闭环内的整个区域；

（2）三角形，在选中曲面的闭环内创建一个由单独的、三角形补片构成的曲面，每个补片由每个边和公共中心点之间的三角形区域组成。

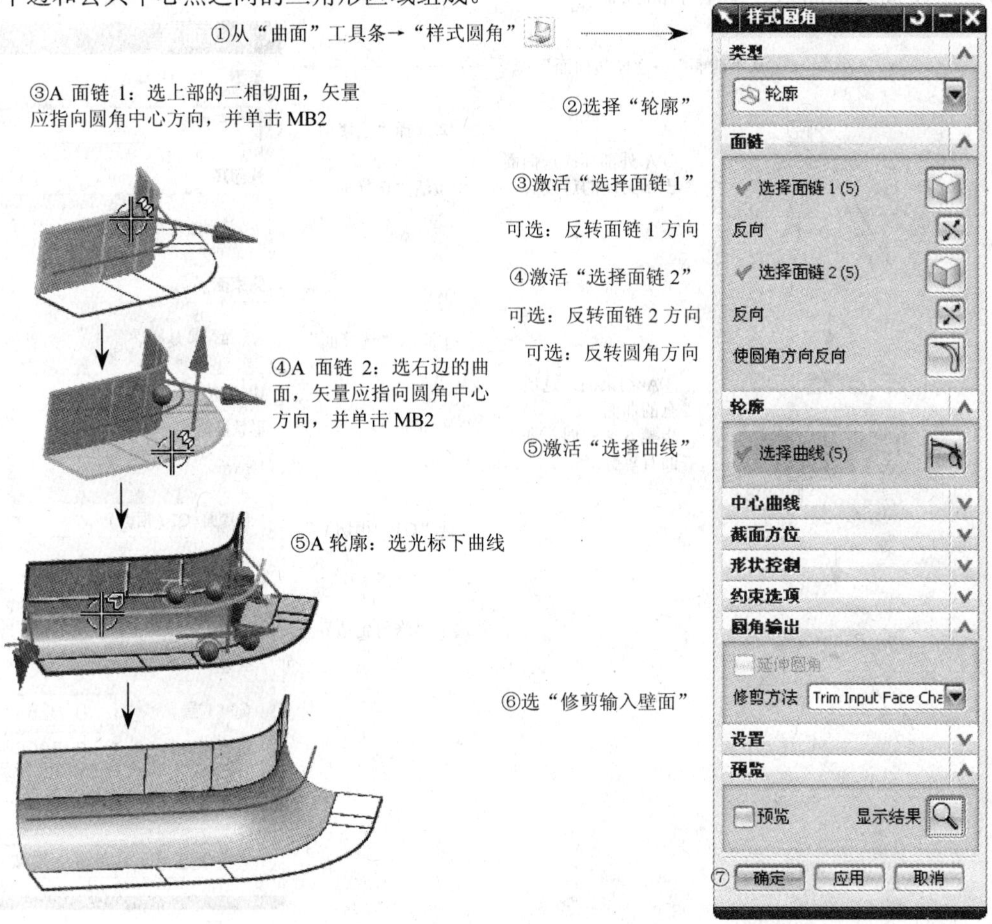

图 7-50 创建轮廓类型样式圆角操作示例

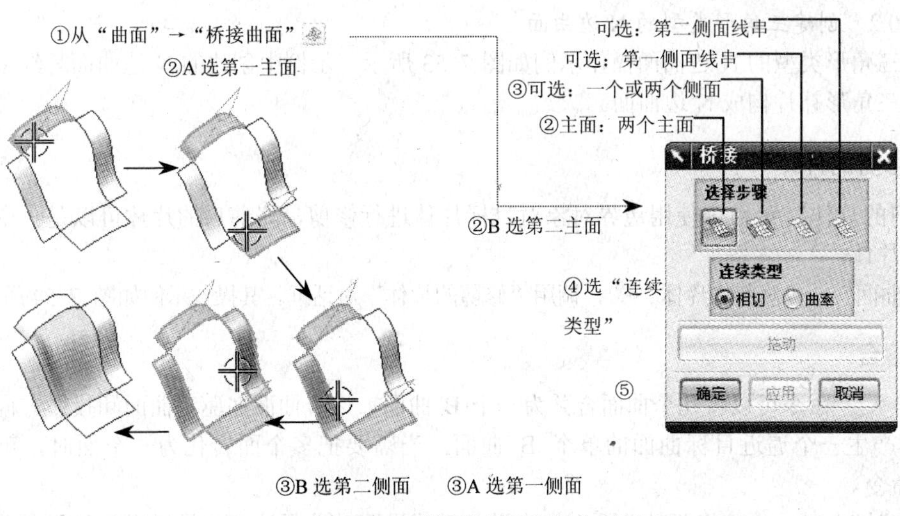

图 7-51 “桥接曲面”操作示例

7.3.10.1　创建修剪类型的 N 边曲面

创建修剪类型的 N 边曲面操作示例如图 7-52 所示。示例中创建的 N 边曲面与约束面相切，并且 N 边曲面为一个单个曲面。

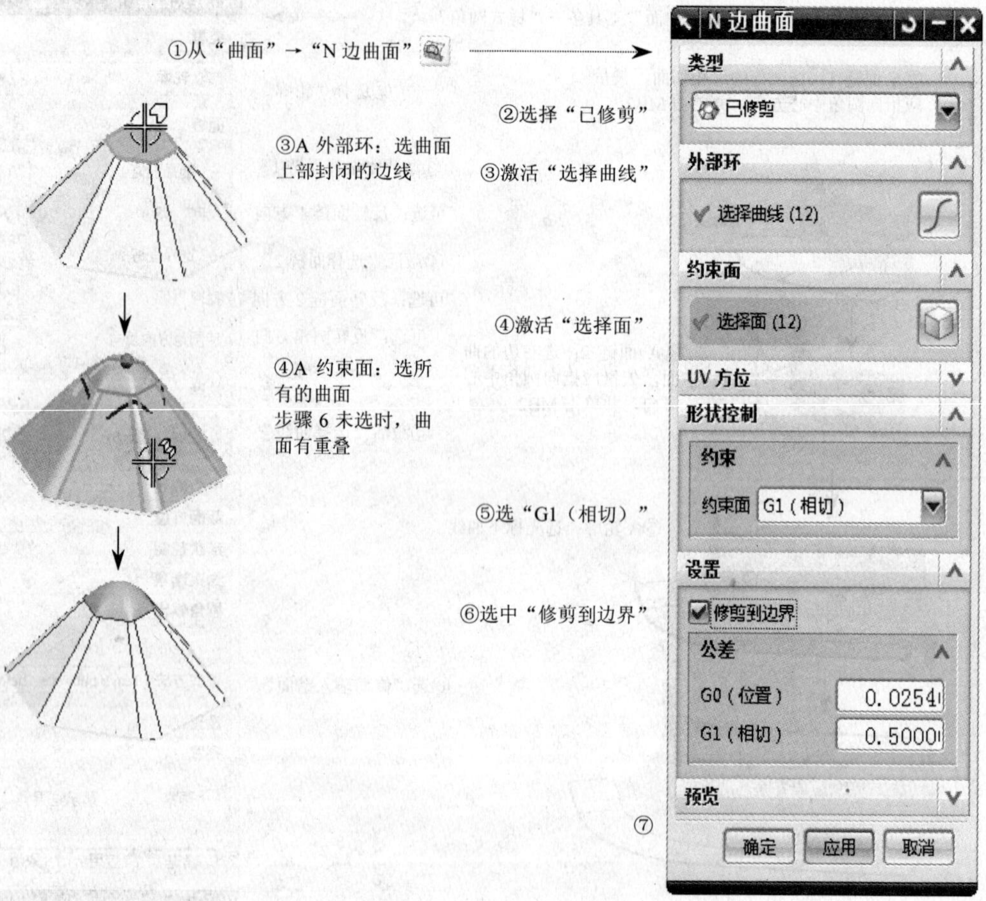

图 7-52　创建修剪类型的 N 边曲面操作示例

7.3.10.2　创建三角形类型的 N 边曲面

创建三角形类型的 N 边曲面操作示例如图 7-53 所示。示例中创建的 N 边曲面与约束面相切，且由三角形补片构成 N 边曲面。

7.3.11　修剪的片体

"修剪的片体"命令使用边界对象对目标片体进行修剪，修剪后的片体可以是一个也可以是多个片体。

从"曲面"→"修剪的片体"，调用"修剪的片体"对话框。其操作示例如图 7-54 所示。

7.3.12　熔合

"熔合"命令可以将几个曲面合并为一个 B 曲面。熔合曲面在驱动曲面和投影方向决定的区域内产生一个逼近目标曲面的单个 B 曲面。当需要把多个面转化为一个面时，可使用"熔合"命令。

在创建熔合时，系统将驱动曲面上的点沿矢量或沿驱动曲面法向矢量投影到目标曲面（被逼近的面）上。然后用这些投影点构造逼近 B 曲面。可以把投影想象为从每个原始点到目标曲面的光束放射过程。驱动曲面和目标曲面不能垂直。

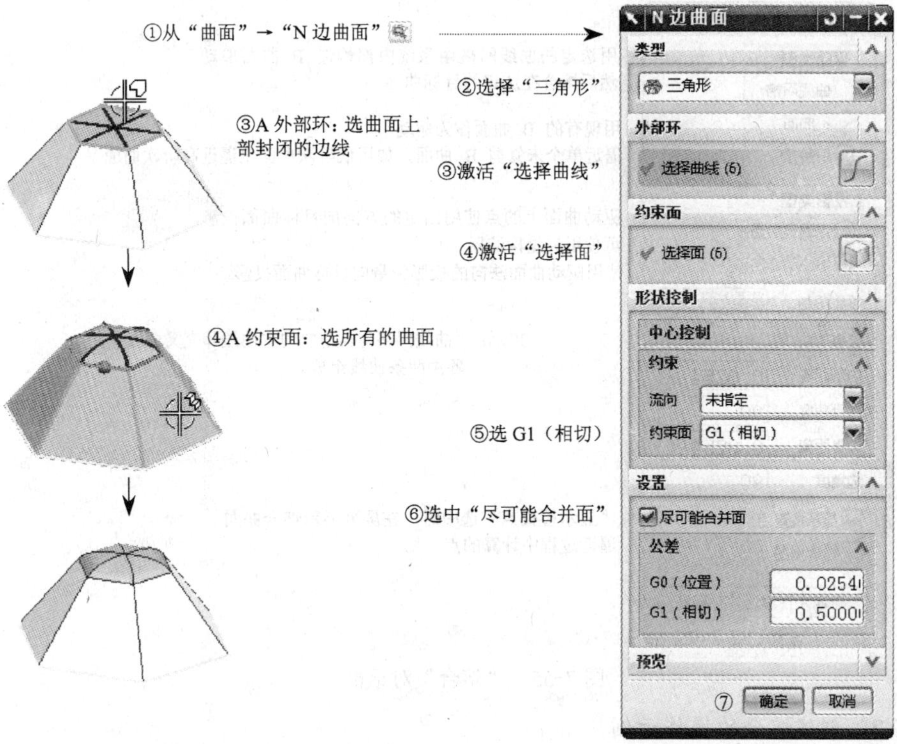

图 7-53　创建三角形类型的 N 边曲面操作示例

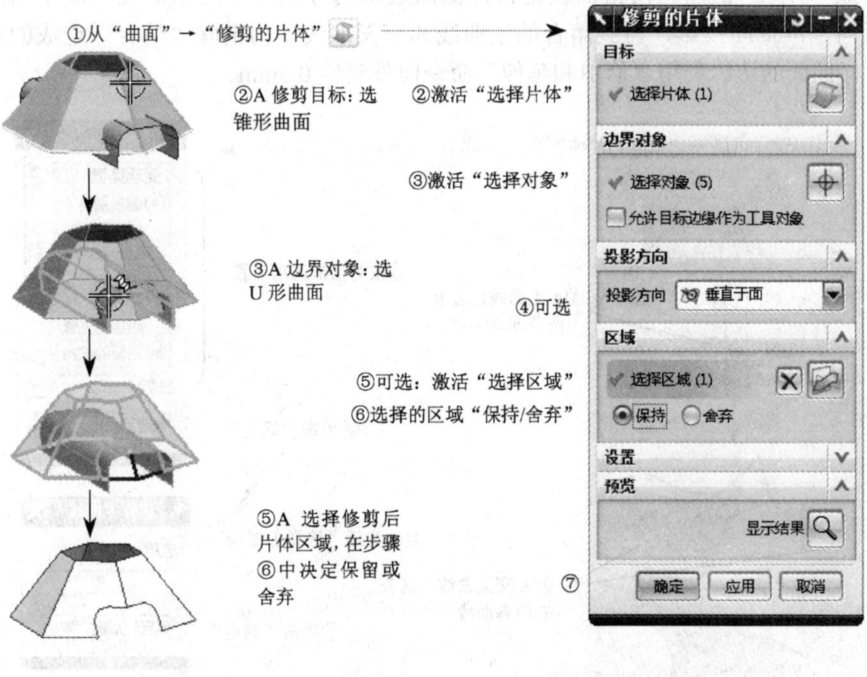

图 7-54　“修剪的片体”操作示例

7.3.12.1　熔合对话框

从“曲面”→“熔合”，弹出“熔合”对话框，如图7-55所示。

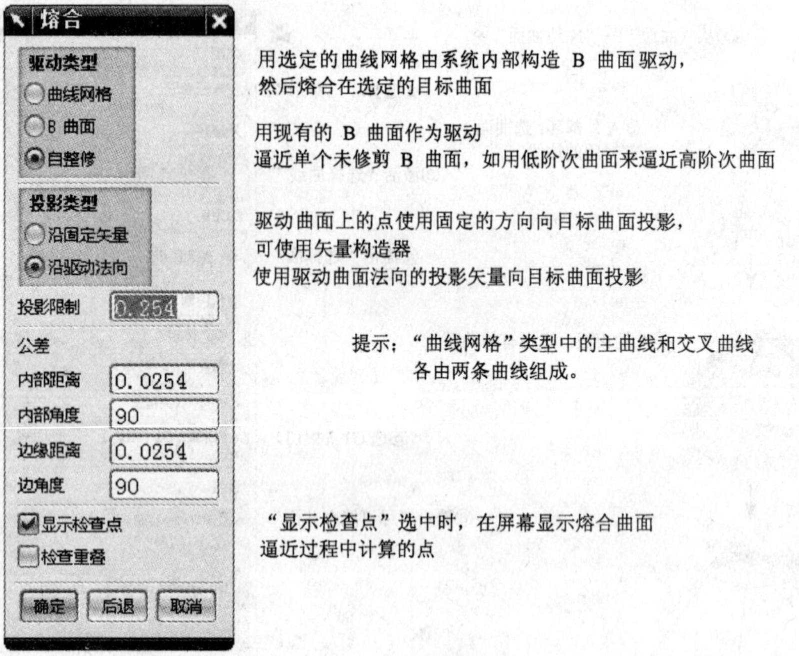

图7-55　“熔合”对话框

7.3.12.2　创建熔合的操作示例

创建“熔合”的操作示例如图7-56所示。示例中获得的熔合曲面把由多个面构成的目标曲面合并成一个 B 曲面。网格曲线是目标曲面边缘的分别用“连结曲线”命令创建连接曲线，然后向基准平面投影，得到熔合的主曲线和交叉曲线。为消除“熔合”造成的超公差现象，对目标曲面的边缘利用“修剪和延伸”命令向外延伸0.5mm。

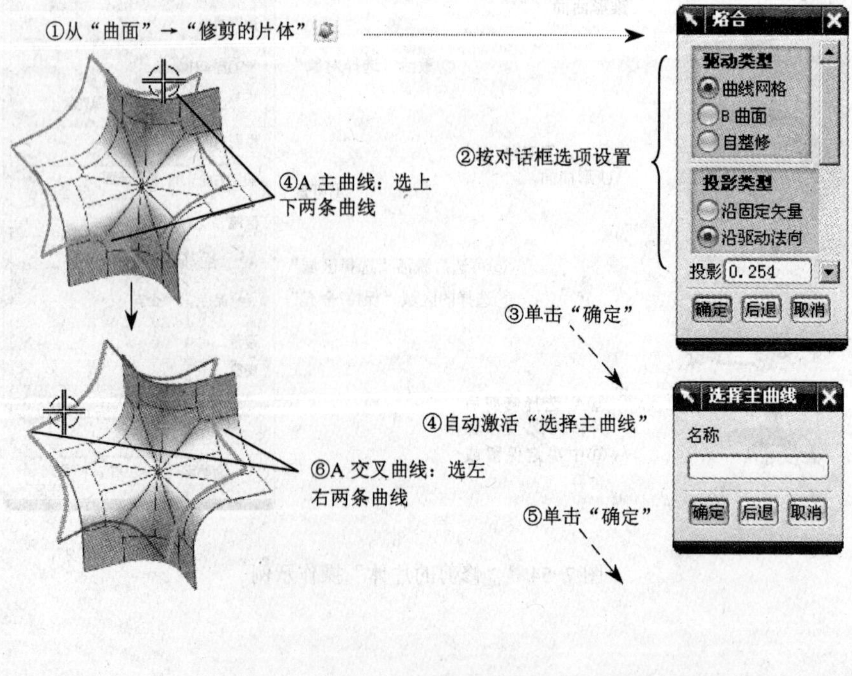

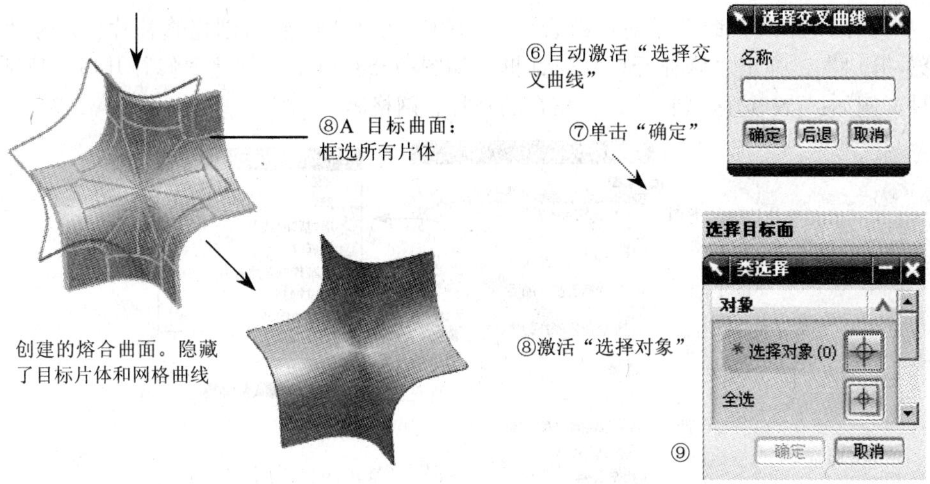

图 7-56　创建“熔合”的操作示例

7.3.13　过渡

“过渡”命令是在两个或多个截面曲线之间创建一个“过渡”特征。过渡特征是参数化的并与在其创建时所使用的任何几何体关联，可以在截面上设定相切或曲率约束。

从“曲面”→“过渡”，弹出“过渡”对话框。其操作示例如图 7-57 所示。其中“支持曲线”选项组用来动态编辑、插入、删除任意桥接曲线耦合点。

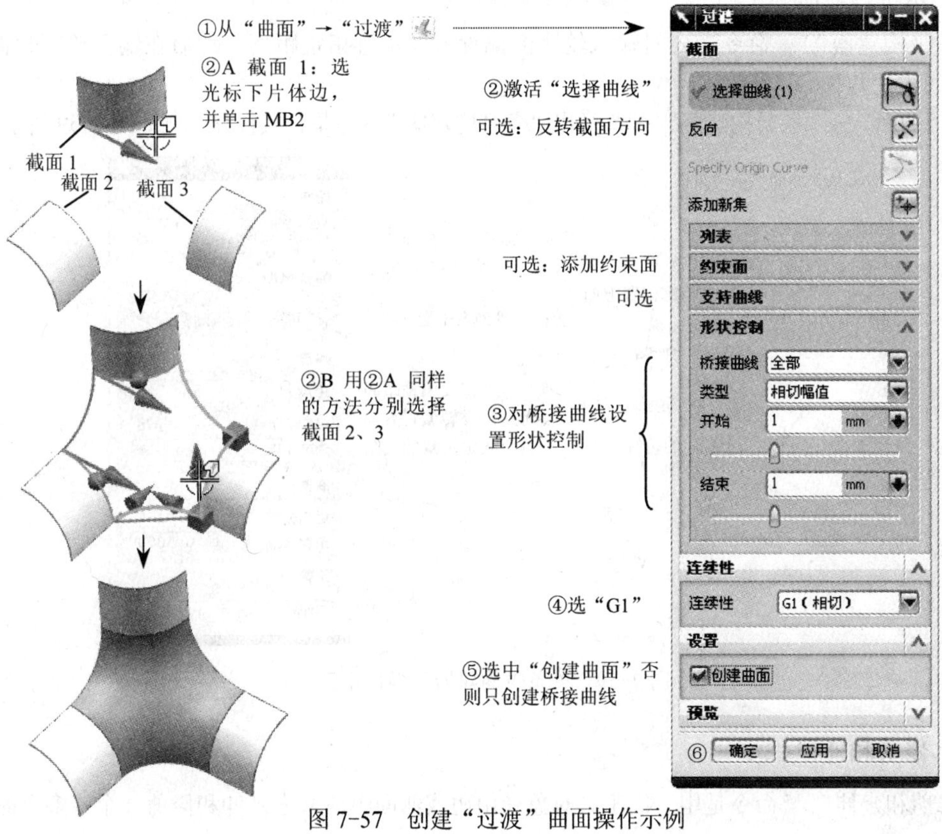

图 7-57　创建“过渡”曲面操作示例

7.3.14　修补开口

“修补开口”命令是对已缝合到一起的一组面中的开口创建修补片体。从“曲面”→“修补开口”，弹出“修补开口”对话框，如图 7-58 所示。创建“修补开口”特征的方法有多种，例如：N 边区域补片、已熔合的补片、网格等。

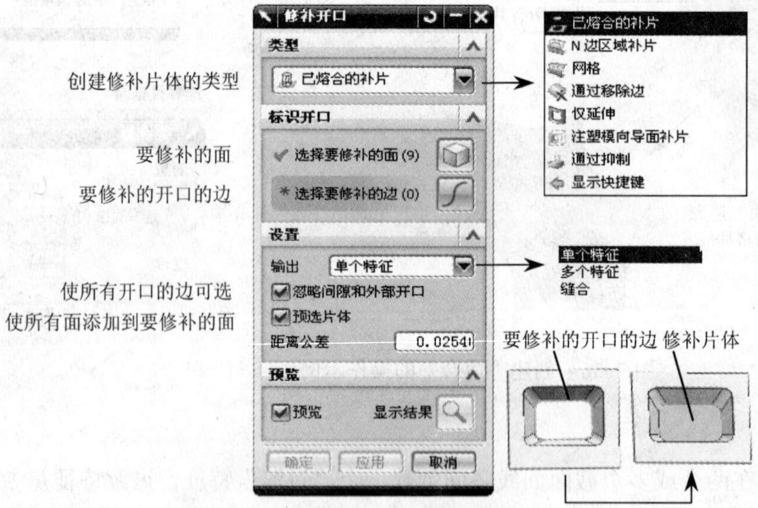

图 7-58　“修补开口”对话框

7.3.15　条带构造器

“条带构建器”命令首先对输入轮廓沿偏置方向偏置指定距离，然后在输入轮廓和偏置轮廓之间构建片体。

从“曲面”→“条带构建器”，弹出“条带构建器”对话框，其操作示例如图 7-59 所示。

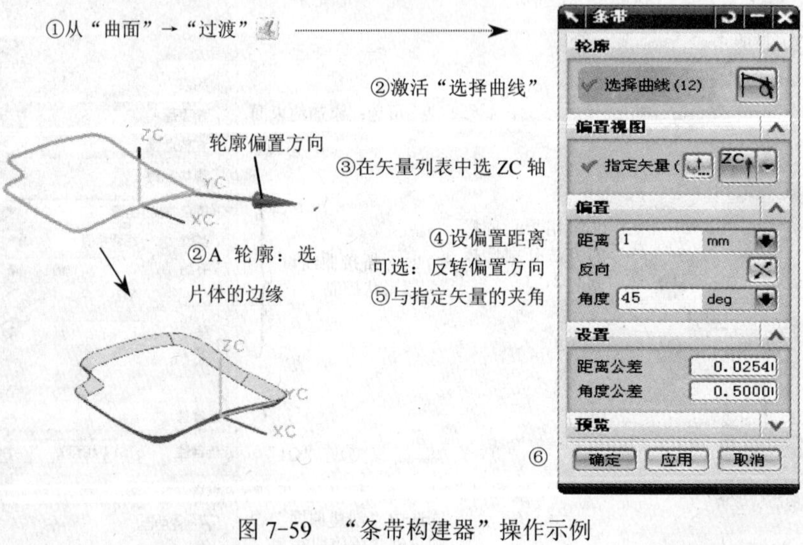

图 7-59　“条带构建器”操作示例

7.3.16　修剪和延伸

“修剪和延伸”命令是用一组工具对象（由边或曲面组成）来延伸和修剪一个或多个面。

7.3.16.1　利用修剪和延伸功能使用片体修剪实体

利用“修剪和延伸”功能使用片体修剪实体示例如图 7-60 所示。

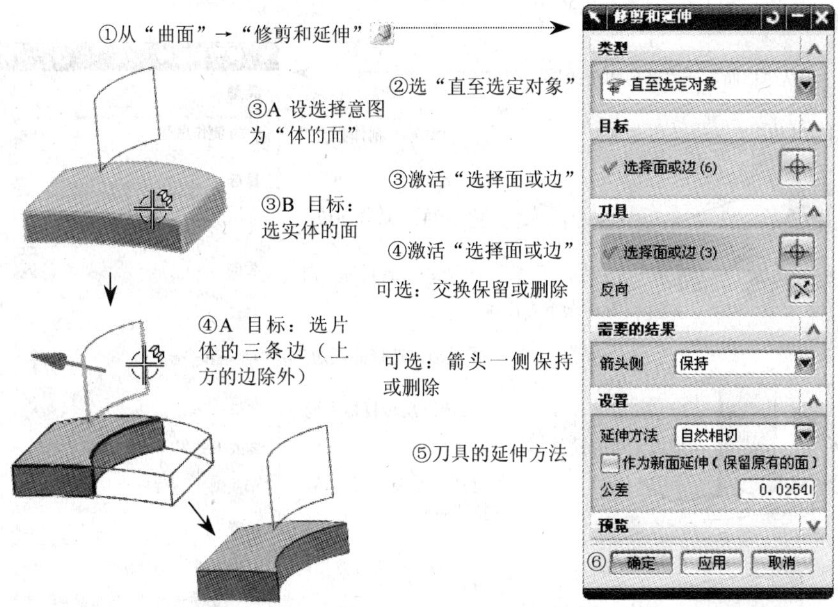

图 7-60　利用“修剪和延伸”功能使用片体修剪实体示例

在示例中选择“直至选定对象”类型，可使用边或面作为工具修剪或延伸目标；若选择边作为目标或工具，则可以在修剪之前进行延伸，延伸量是由系统决定；若选择面，则在修剪之前不会进行延伸，选定的面仅可用于修剪。

选择了合适的工具时，一个箭头将显示在工具上，目标被修剪结果受“箭头侧”选项（保持或删除）影响。该箭头是工具面法向矢量。

7.3.16.2　使用修剪和延伸延伸片体

使用“修剪和延伸”延伸片体的操作示例如图 7-61 所示。

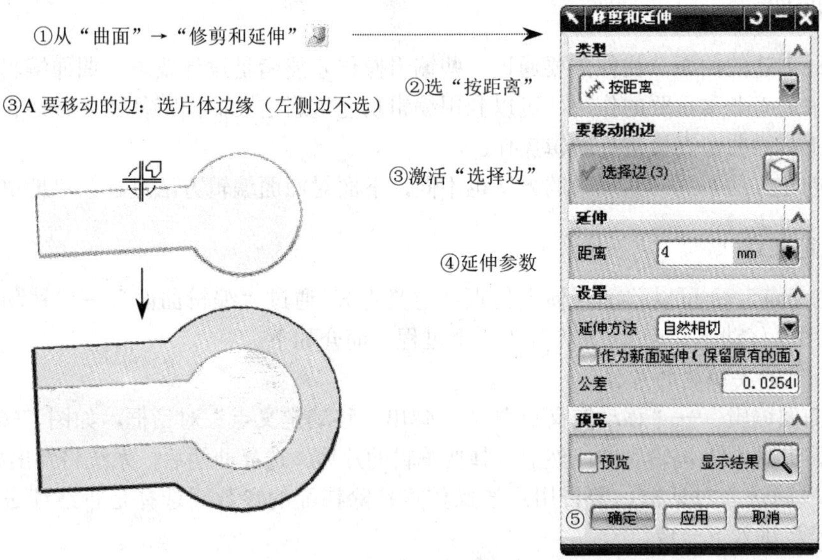

图 7-61　使用“修剪和延伸”延伸片体

7.3.16.3 使用修剪和延伸创建拐角

“修剪和延伸”对话框中选择类型为“创建拐角”将在目标和工具之间形成拐角。操作示例如图 7-62 所示。

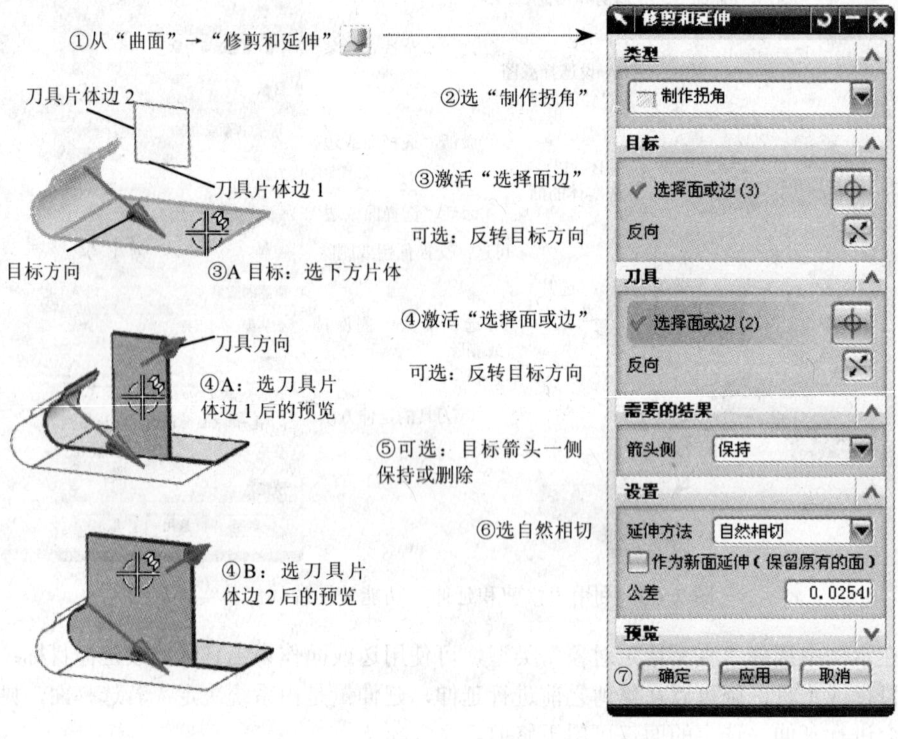

图 7-62 使用“修剪和延伸”创建拐角操作示例

操作提示：目标方向与“需要的结果”选项决定目标哪一侧被保持，本示例中目标方向指向目标（箭头向右），“需要的结果”选项选“保持”。

7.4 编辑曲面

对于已经创建的曲面，往往需要通过一些编辑操作才能满足设计要求。曲面编辑操作在整个建模过程中起着非常重要的作用，可以利用编辑功能重新定义曲面特征的参数，也可以通过变形和再生工具对曲面直接进行编辑操作。

曲面的创建方法不同，其编辑的方法也不同，下面对曲面编辑方法进行简单地讲解。

7.4.1 移动定义点

“移动定义点”可以移动片体上的点（定义点）。通过“编辑曲面”→“移动定义点”，开始启用“移动定义点”，大体分为三个过程。简介如下。

7.4.1.1 选择要编辑的片体

通过“曲面编辑”→“移动定义点”，弹出“移动定义点”对话框，如图 7-63（a）所示。先选择编辑原片体/编辑副本，然后选择要编辑的片体。选择曲面后，系统将弹出如图 7-63（b）所示的“确认”对话框，警告用户该操作将移除特征的参数，选择是否继续进行该项操作，选“确定”进入下一步。

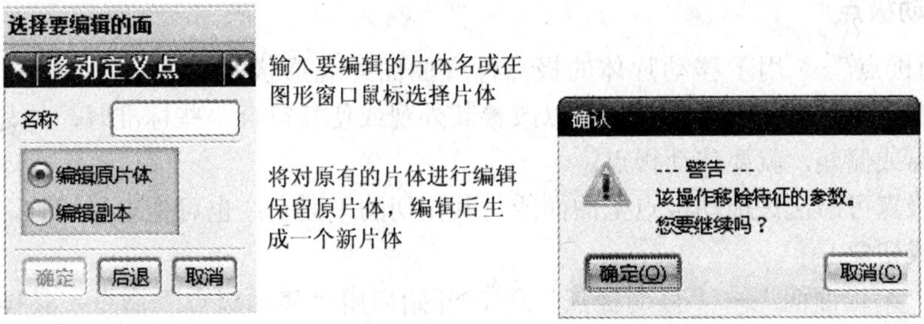

图 7-63 “移动定义点”-选择要编辑曲面的两个对话框

(a)“移动定义点”对话框；(b)“确认”对话框

7.4.1.2 选择移动点

在“确认”对话框单击“确定”后，弹出“移动点”对话框，如图 7-64 所示。在对话框中指定选择移动点的方法，然后在图形窗口进行选择点操作。

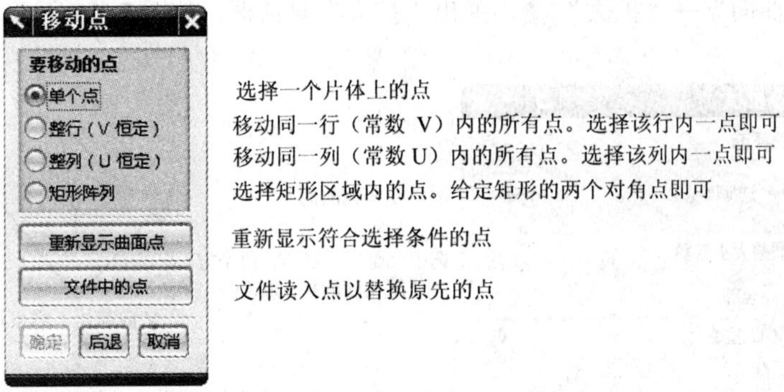

图 7-64 “移动点”对话框

7.4.1.3 移动定义点

在“移动点”对话框中指定选点方法，并在图形窗口选点后，单击“确定”，弹出“移动定义点”对话框，如图 7-65 所示。可以使用增量、沿法向的距离以及拖动等方法移动所选择的点。

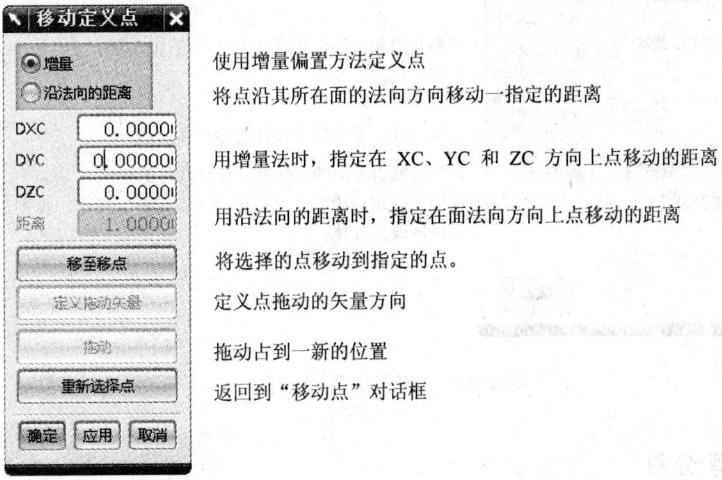

图 7-65 “移动定义点”对话框

7.4.2　移动极点

“移动极点”用于移动片体的极点，在曲面外观形状的交互设计（如消费品和汽车车身）中非常有用。当要修改曲面形状以改善其外观或使其符合一些标准时，如与其他几何元素的最小距离或偏差，就要移动极点。

移动极点可沿法矢拖动极点至曲面或与其相切的平面上；也可拖动行或列，同时保留在边处的曲率或切向。

通过“编辑曲面”→“移动极点”，开始启用“移动极点”命令，其操作与“移动定义点”步骤相似，不再详细论述。

7.4.3　扩大曲面

“扩大”命令可修改片体或面的大小。扩大的曲面与原始面关联，当使用片体建模型时，创建的片体大于需要片体是一个良好的习惯，使用“扩大”命令可以完成这一要求，新片体同时保持当前片体的参数。

从“编辑曲面”→“扩大”，弹出“扩大”对话框，如图 7-66 所示。

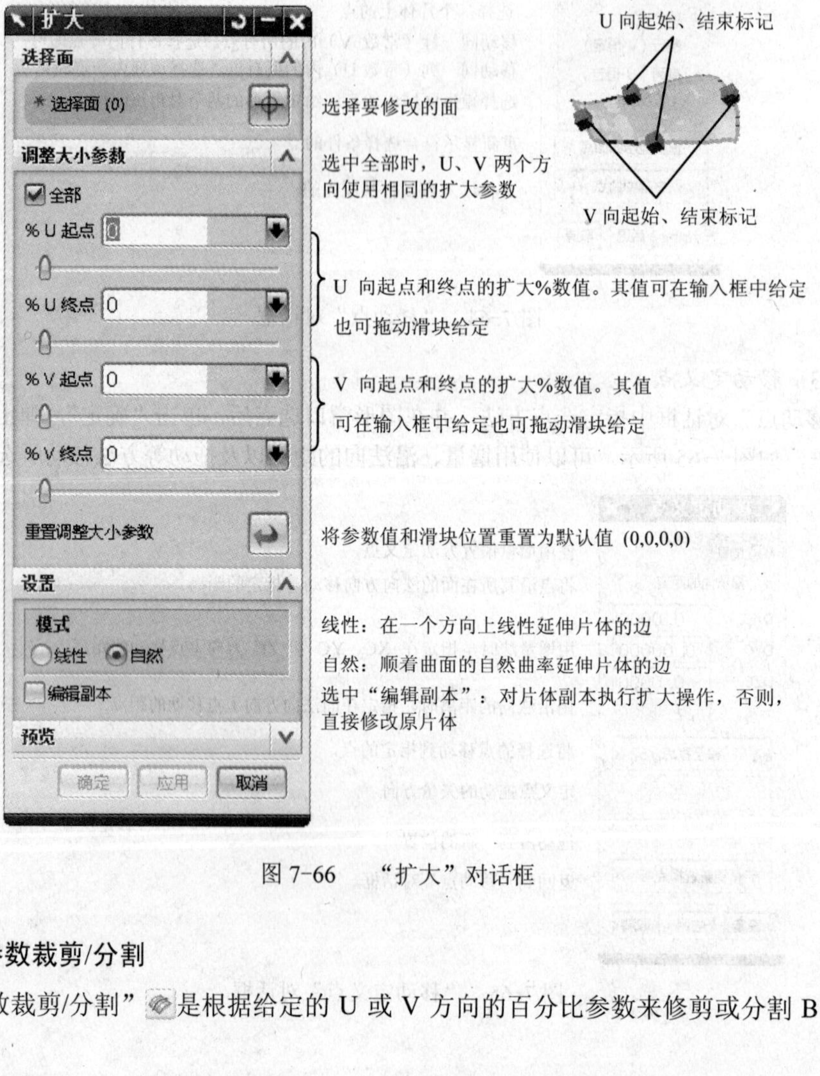

图 7-66　“扩大”对话框

7.4.4　等参数裁剪/分割

“等参数裁剪/分割”是根据给定的 U 或 V 方向的百分比参数来修剪或分割 B 曲面。当指定的参数在 0.0%和 100.0%之间时，修剪或分割一个片体；当指定的参数小于 0.0%或大于 100.0%时，可以延伸一个片体。

从“编辑曲面”→“等参数裁剪/分割”，启用“等参数裁剪/分割”命令，其操作的一般过程如图 7-67 所示。

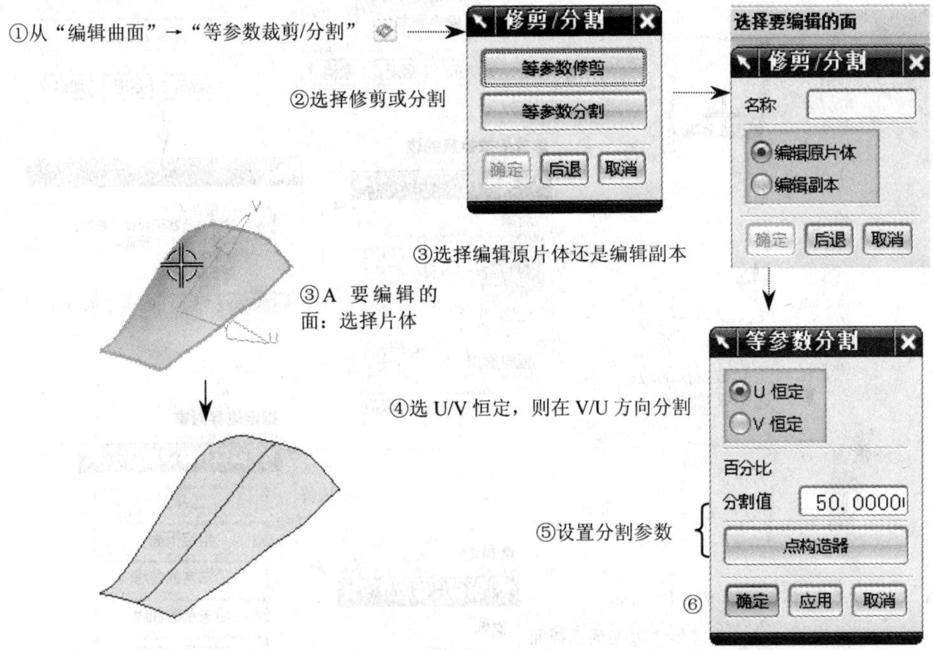

图 7-67 创建“等参数裁剪/分割”的一般过程

7.4.5 片体边界

“边界”命令是修改或替换片体的现有边界，它可以移除修剪或移除片体上独立的孔，如果片体是单面片体，也可以延伸边界。所要修改的片体称为基本片体。

从“编辑曲面”→“边界”，开始启用“边界”命令，选择要修改的片体后，弹出“编辑片体边界”类型对话框，如图 7-68 所示。“边界”的“替换边”功能示例如图 7-69 所示。

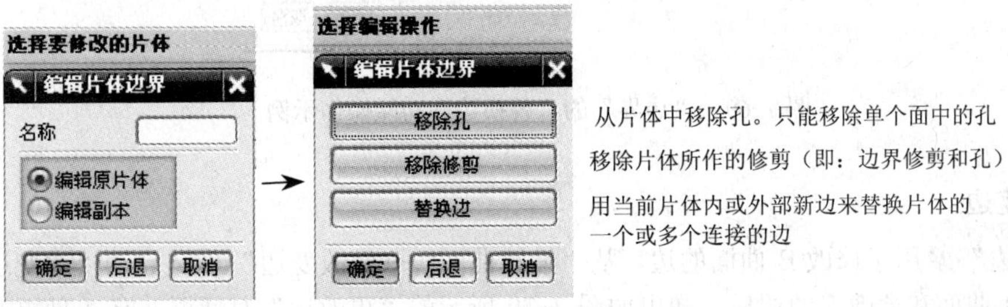

图 7-68 “边界”命令的调用

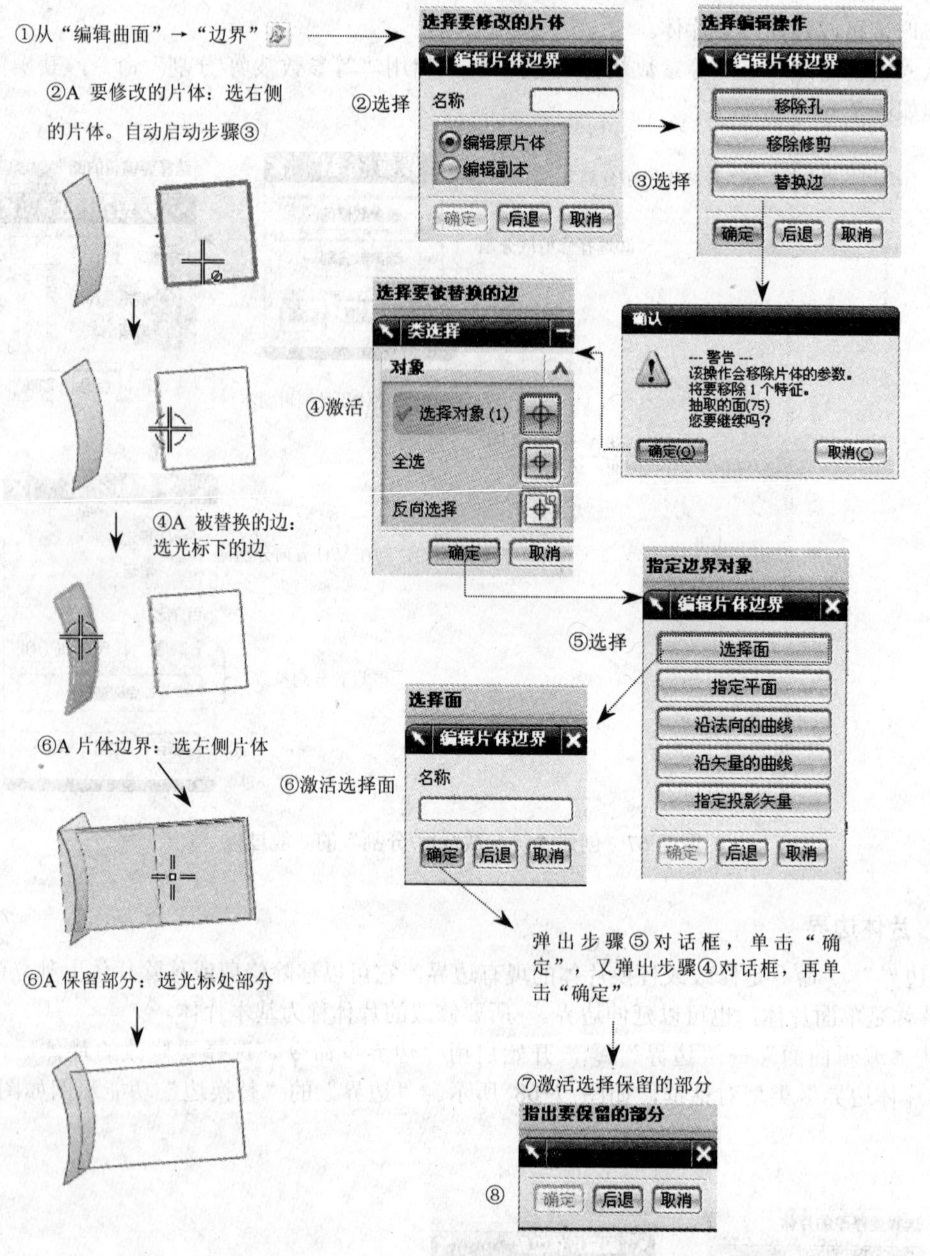

图 7-69　“边界”的“替换边”功能操作示例

7.4.6　改变边

“改变边”用于修改 B 曲面的边。从“编辑曲面”→“改变边”，启动“改变边”命令，选择 B 曲面和要改变的边后，弹出如图 7-70 所示的“更改边”对话框。有 4 种更改边的选项，简述如下。

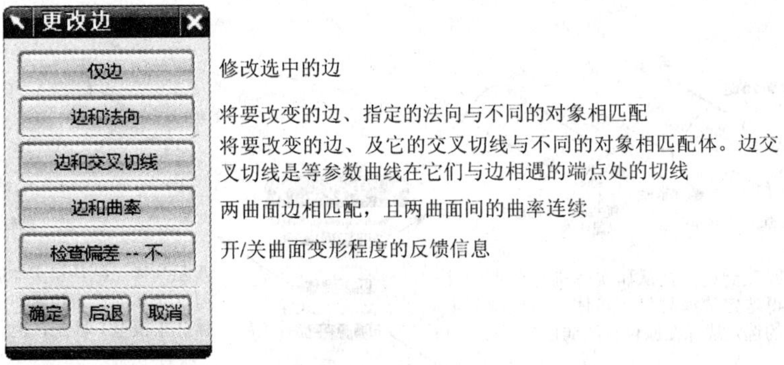

图 7-70 “更改边”对话框

7.4.6.1 仅边选项

在图 7-70“更改边”对话框中选择“仅边”选项，弹出“仅边”的更改边方法选择对话框，如图 7-71 所示，有 4 种更改边的方法。

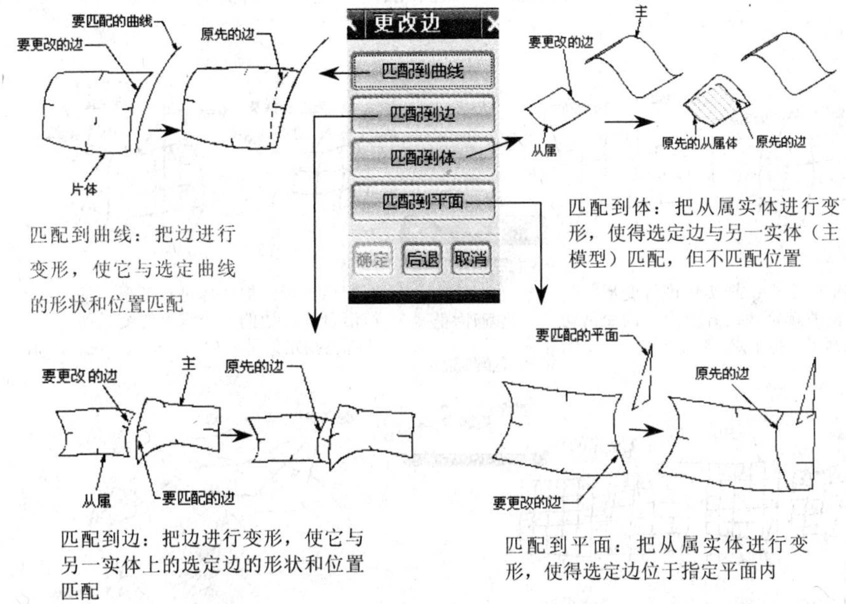

图 7-71 “更改边”-“仅边”选项对话框

7.4.6.2 边和法向选项

在图 7-70“更改边”对话框中选择“边和法向”选项，弹出“边和法向”的更改边方法选择对话框，如图 7-72 所示，有 3 种更改边的方法。

7.4.6.3 边和交叉切线选项

在图 7-70“更改边”对话框中选择“边和交叉切线”选项，弹出“边和交叉切线”的更改边方法选择对话框，如图 7-73 所示，有 3 种更改边的方法。

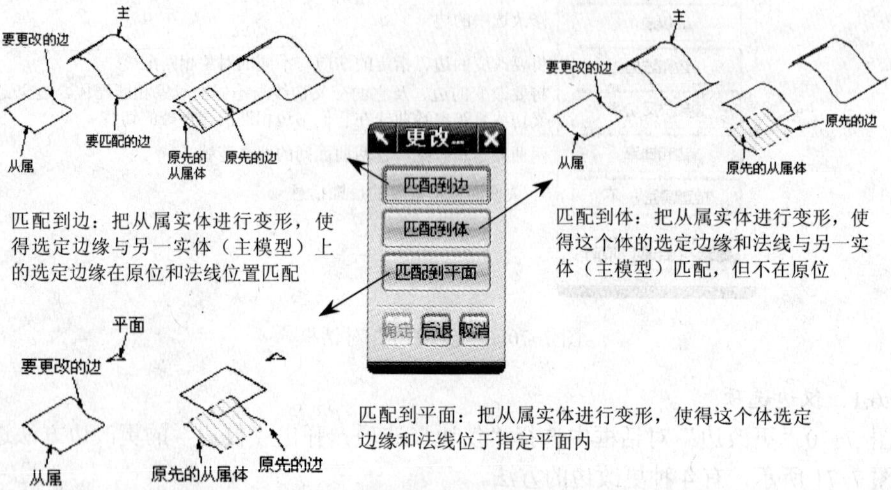

图 7-72　“更改边”–“边和法向”选项对话框

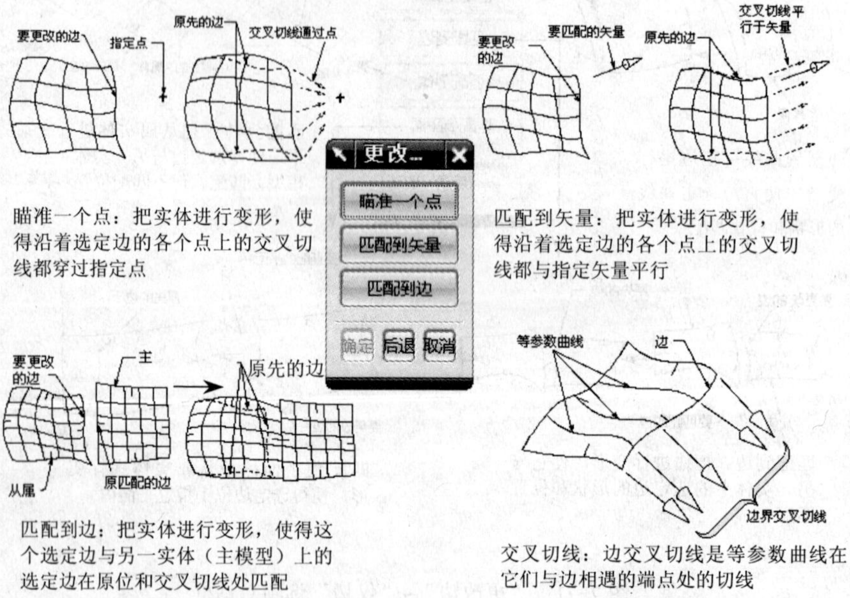

图 7-73　“更改边”–“边和交叉切线”选项对话框

7.4.6.4　边和曲率选项

在图 7-70“更改边”对话框中选择“边和曲率”选项，启动“边和曲率”方法改变边的操作。其结果是要从属曲面要改变的边与第二个曲面（主模型）的边相匹配，且与两曲面以曲率连续。图解如图 7-74 所示。

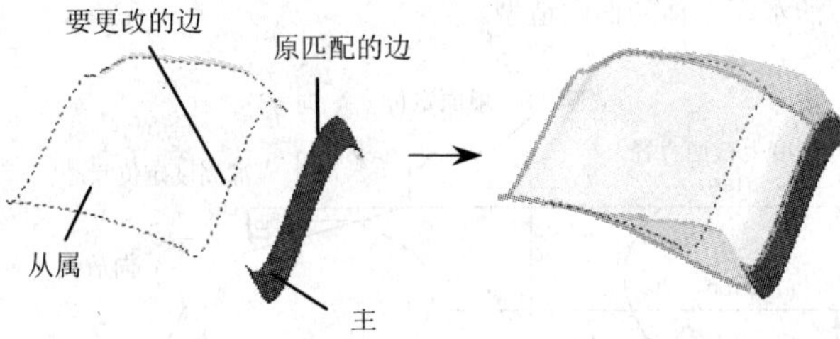

图 7-74　“更改边” - “边和曲率”选项图解

习　题

7-1　完成如图 7-75 所示的三维实体建模。

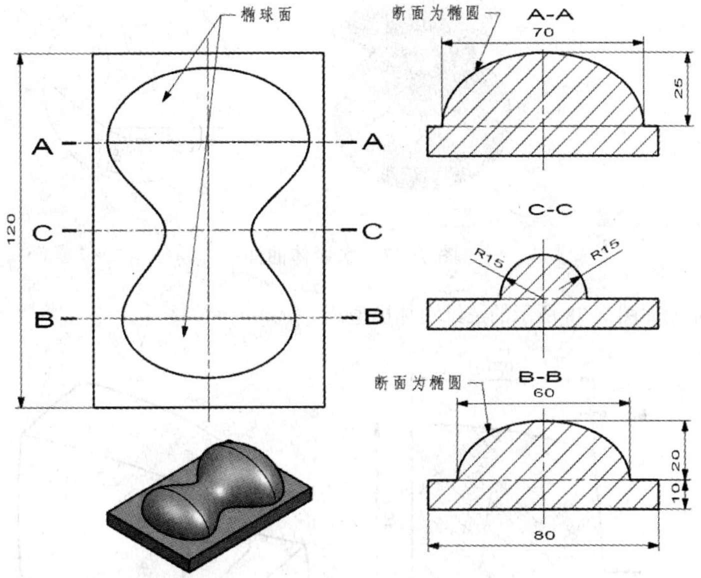

图 7-75

7-2　创建如图 7-76 所示的曲面造型。

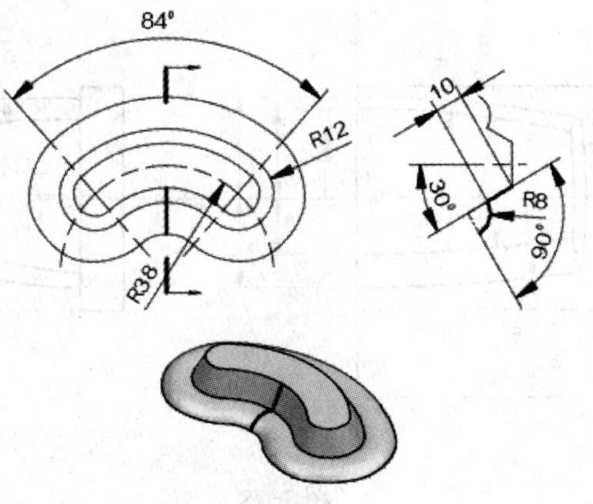

图 7-76

7-3　创建如图 7-77 所示的水壶本体的曲面造型。

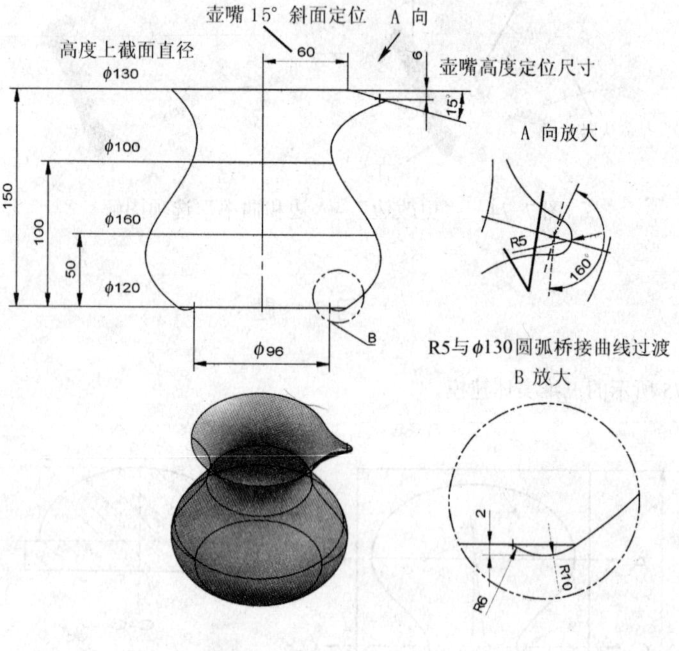

图 7-77　水壶体曲面

7-4　用曲面造型完成如图 7-78 所示的三维实体模型。

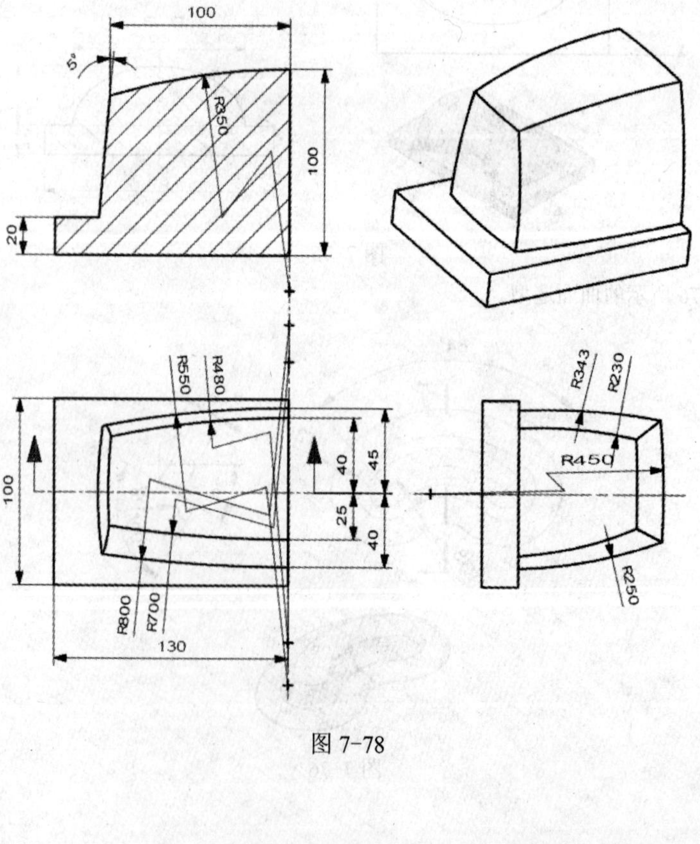

图 7-78

参 考 文 献

1．王树勋，等. UG NX4.0 三维建模实用教程[M]. 广州：华南理工大学出版社，2006.
2．龙马工作室. 新编 UG NX5 中文版从入门到精通[M]. 北京：人民邮电出版社，2009.
3．岳宁等. UG NX5.0 中文版零件设计技术指导 [M]. 北京：电子工业出版社，2008.
4．张昊等. UG NX4.0 高级教程[M]．北京：电子工业出版社。2008.
5．江洪等. UG NX5.0 基础教程[M]．北京：机械工业出版社，2008.
6．Siemens 公司. UG NX6.0 帮助文档[CP].